U0866785

装备科技译著出版基金

# 金属增材制造的科学、技术及应用

## Science, Technology and Applications of Metals in Additive Manufacturing

巴斯卡尔·杜塔(Bhaskar Dutta)
[美]苏丹·巴布(Sudarsanam Babu) 编著
布拉德利·贾里德(Bradley Jared)

于 皓 谈玲华 译

国防工业出版社

·北京·

**著作权合同登记　图字：01-2025-0704 号**

**图书在版编目(CIP)数据**

金属增材制造的科学、技术及应用／(美) 巴斯卡尔 · 杜塔 (Bhaskar Dutta), (美) 苏丹 · 巴布 (Sudarsanam Babu), (美) 布拉德利 · 贾里德 (Bradley Jared) 编著 ; 于皓, 谈玲华译. -- 北京 : 国防工业出版社, 2025. 6. -- ISBN 978-7-118-13687-6

Ⅰ. TB4

中国国家版本馆 CIP 数据核字第 202539KU56 号

Science, Technology and Applications of Metals in Additive Manufacturing
Bhaskar Dutta, Sudarsanam Babu, Bradley H. Jared
ISBN:978-0-12-816634-5


※

国防工业出版社　出版发行
(北京市海淀区紫竹院南路 23 号　邮政编码 100048)
雅迪云印(天津)科技有限公司印刷
新华书店经售

*

**开本** 710×1000　1/16　**插页** 10　**印张** 18　**字数** 318 千字
2025 年 7 月第 1 版第 1 次印刷　**印数** 1—1500 册　**定价** 98.00 元

**(本书如有印装错误,我社负责调换)**

国防书店:(010)88540777　　书店传真:(010)88540776
发行业务:(010)88540717　　发行传真:(010)88540762

# 译者序

增材制造技术(又称3D打印)是以数字模型为基础,通过逐层堆积粉末状金属或塑料等可黏合材料实现物体成形的先进制造技术。现代意义上的增材制造可以追溯到20世纪80年代末,爱荷华州立大学团队运用光固化法和熔融沉积法成功制造出首个增材成形物体。1986年美国科学家Charles Hull研制出首台商用3D打印机,其工作原理与普通打印机相似,通过计算机控制将液态或粉末材料逐层叠加,将数字模型转化为实体物件。

该技术在工业生产中具有显著优势:突破传统加工限制,实现复杂多面体结构的一体成形;免除切削工序与模具使用,显著缩短生产周期;所制部件具有轻量化、薄壁化特征,在降低制造成本的同时提升设计自由度。尤其在金属制造领域,其应用已拓展至汽车、航空航天及军工等领域,可加工材料涵盖钢、铝、钛、镁、铜、镍、钽等多种金属。

金属增材制造技术发展历程可分为两个阶段:初期以热成形和熔融沉积工艺为主,后期逐步发展出电子束熔融、激光选区熔化、粉末床熔融等先进工艺。这些技术可实现复杂金属构件的高精度快速制造,有效缩短产品研发周期,提升产品质量并降低生产成本。其环保效益体现在材料利用率提升85%以上,能源消耗较传统工艺减少30%~50%。

《金属增材制造的科学、技术及应用》(爱思唯尔,2019)是该领域权威著作,由DM3D总工程师Bhaskar Dutta、橡树岭国家实验室Sudarsanam Babu博士及桑迪亚国家实验室Bradley Jared博士联合编撰。全书系统阐释了金属增材制造的技术原理、材料特性、设计规范、微观组织控制、质量评估及仿真模拟等内容,涵盖基础理论、应用研究及政策法规等维度,现已成为全球高校及科研机构的核心参考教材之一。

本书中文版由南京工程学院于皓团队完成主要翻译工作(第1~6章),南京工程学院陶学伟、郝振东参与了第7、第8章的翻译,江苏省人民医院朱妍慧完成了第9章的翻译,南京理工大学谈玲华教授领衔校审。术语翻译严格遵循GB/T 35351—2017《增材制造 术语》国家标准,重要术语还在页下注与括号中标注通用表述。在译校过程中，编委会特别致谢谈玲华教授的专业指导，同时声明因学科交叉性强、技术发展迅速，译本难免存在疏漏，诚邀业界专家指正完善。

译者

2024 年 9 月 1 日

# 缩略词表

2D:two-dimensional 二维

3D:three-dimensional 三维

AM:additive manufacturing 增材制造

AMF:additive manufacturing file 增材制造文件

AMS-AM:Aerospace Material Specifications-Additive Manufacturing committee 航空航天材料规范—增材制造委员会

ASME:American Society of Mechanical Engineers 美国机械工程师协会

ASTM:American Society for Testing of Materials 美国材料试验学会

AWS:American Welding Society 美国焊接协会

BALD:bleed air leak detector (bracket) 漏气检测器(支架)

BJ:binder jetting 粘结剂喷射

CAD:computer-aided design 计算机辅助设计

CAM:computer-aided manufacturing 计算机辅助制造

CMF:cranio maxillofacial 颅颌面

CNC:computer numerical control 计算机数控

CT:computed tomography 计算机断层扫描

DED:direct energy deposition 定向能量沉积

DM:direct manufacturing 直接制造

DMD:direct metal deposition 直接金属沉积

DMDCAM:direct metal deposition computer-aided manufacturing 直接金属沉积计算机辅助制造

DMLS:direct metal laser sintering 直接金属激光烧结

EBAM:electron beam additive manufacturing 电子束增材制造

$EBF^3$:electron beam freeform fabrication 电子束熔丝沉积

EBM:electron beam melting 电子束熔化

EDM:electrical discharge machining 电火花加工

EDS:energy-dispersive spectroscopy 能谱仪

ELI :extra low interstitial (composition) 超低间隙(成分)

EPBF:electron beam-powder bed fusion 电子束粉末床熔融

FAA :Federal Aviation Administration 联邦航空管理局

FDA:Food and Drug Administration 食品和药品管理局

FEA:finite element analysis 有限元分析

GD&T:geometric dimensioning and tolerancing 几何尺寸和公差

GE:General Electric Corporation 通用电气公司

HAZ:heat-affected zone 热影响区

HIP:hot isostatic press 热等静压

HPC:high performance computing 高性能计算

HPDC:high-pressure die casting 高压压铸

ICME:integrated computational materials engineering 集成计算材料工程

IGES:initial graphics exchange specification 初始图形交换规范

ISO:International Organization for Standardization 国际标准化组织

JSF:joint strike fighter 联合攻击机

LEAP:leading edge aviation propulsion 尖端航空推进系统

LENS:laser energy net shaping 激光工程化净成形(激光近净成形)

LM:laser melting 激光熔化

LPBF:laser-powder bed fusion 激光粉末床熔融

MDF:manufacturing demonstration facility 制造示范设施

ME:material extrusion 材料挤出

MER:Materials and Electrochemical Research (Corporation) 材料和电化学研究(公司)

MJ:material jetting 材料喷射

MPIF:Metal Powder Industries Federation 金属粉末工业联合会

NDE:nondestructive evaluation 无损评价

NDT:nondestructive testing 无损检测

NIST:National Institute of Standards and Technology 国家标准与技术研究所

NNMI:National Network for Manufacturing Innovation 美国国家制造业创新网络

OCT:optical coherence tomography 光学相干断层成像

OEM:original equipment manufacturer 原始设备制造商

ORNL:Oak Ridge National Laboratory 橡树岭国家实验室

P/M(PM):powder metallurgy 粉末冶金

PBF:powder bed fusion 粉末床熔融

PREP:plasma rotating electrode process 等离子体旋转电极工艺

PSD:particle size distribution 粒径分布
PSPP:process-structure-property-performance 工艺-结构-属性-使役性能
QC:quality control 质量控制
RP:rapid prototyping 快速成形技术
RPD:rapid plasma deposition 快速等离子(体)沉积
RVE:representative volume element 代表性体积单元
SAE:Society of Automotive Engineers 国际汽车工程师学会
SDO:standards development organizations 标准开发组织
SEM:scanning electron microscopy 扫描电子显微镜
SL:sheet lamination 薄材叠层
SL:stereo lithography 立体光固化①
SLM:selective laser melting 选择性激光熔化(选区激光熔融)
SLS:selective laser sintering 选择性激光烧结(选区激光烧结)
SMD:shaped metal deposition 形状金属沉积
SO:shape optimization 形状优化
STEP:standard for the exchange of product data 产品模型数据交互标准
STL:standard tessellation language 标准曲面细分语言②
TEM:tunneling electron microscopy 隧道电子显微镜
TO:topological optimization 拓扑优化
UAM:ultrasonic additive manufacturing 超声波增材制造(超声增材制造)
UK: United Kingdom 英国
USA:United States of America 美国
WAAM:wire arc additive manufacturing 电弧增材制造(线弧增材制造)
WLAM:wire laser additive manufacturing 激光熔丝增材制造
XML:extensible markup language 可扩展标记语言
XRD:X-ray diffraction X 射线衍射
Z:atomic number of an element 元素的原子数

① 立体光固化(光聚合)还可以翻译为 vat photo polymeriation。
② 增材制造文件格式的一种,通过将实物表面的几何信息用三角面片的形式表达,并传递给设备,用以制造实体零件或实物。

# 目　录



① 原书标题为“金属增材制造”，根据实际内容，本章主要介绍增材制造、涉及金属方面较少，故译者修改为“增材制造简介”。——译者注。

# 第 1 章　增材制造简介

3D 打印技术被称为第三次工业革命[1]。20 世纪初的第二次工业革命以流水线的发明为特征,极大地推进了产品的大规模生产。与第二次工业革命不同,第三次工业革命以产品的小规模制造、灵活生产及面向客户定制为特征。从 2012 年开始,该技术得到进一步发展,并被成功应用于制造飞机发动机、飞行器、医疗器械、石油天然气,以及其他一系列工业领域。CFM 国际集团[由通用电气(General Electric Company, GE)公司的航空部和赛峰(Safran)集团合资成立的公司]成功地利用 3D 打印技术制造出尖端航空推进系统(leading edge aviation propulsion, LEAP)喷气发动机的燃料喷嘴[2]。Avio Aero 集团也成功打印了 GE9X 发动机的 TiAl 叶片[3]。3D 打印钛合金骨科植入物也越发引起人们的关注[4]。空中客车公司使用 3D 打印技术制造出 A350XWB 飞机的钛合金支架。早期打印速度太慢,被认为无法制造汽车工业中的数百万个零件,但随着生产成本的降低及 3D 打印零件产量的稳步增长,这种观点引起人们的质疑[5]。总之,3D 打印是一项颠覆性的技术,影响从设计到生产的整个产品产业链(图 1.1)。

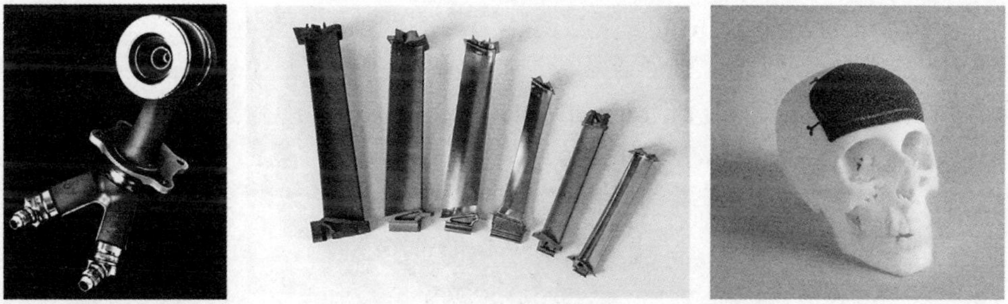

(a)　　(b)　　(c)

图 1.1　3D 打印(a) LEAP 发动机燃料喷嘴[2];(b) GE9X 发动机的 TiAl 叶片[3];(c) 骨植入物[4]
(图片由通用电气(GE)公司的 Mike Cloran 提供)

## 1.1　增材制造的概念及意义

增材制造(additive manufacturing, AM)是使用热源和填充材料从实体模型直接构建零件或组件的技术。该技术包括将零件的实体模型切成多层,创建刀具路径以跟踪各个层,然后在计算机控制的自动化机器中使用填充材料逐层构建零件。由于该技术依赖在每一层中添加材料,从而形成最终零件的几何形状,因此被称为增材制造。相比之下,由于传统的加工技术从一块材料开始,采用材料去除技术来创建最终零件的几何形状,因此也被称为减材制造。

虽然"3D 打印"和"增材制造"经常混用,但 3D 打印实际上是增材制造的一个子集,它使用上述技术从头开始构建零件。然而,增材制造除了包括 3D 打印技术,还包括出于维修、再制造或提升性能等目的对现有零件或组件添加材料的技术。与传统制造相比,增材制造的主要优势在于其能够直接从计算机辅助设计(computer aided design, CAD)数据构建零件。这消除了对工具或模具的需求,并显著缩短了从设计到制造的时间,显著降低了生产小批量零件的成本。除此之外,增材制造还提供了更大程度的设计自由度,并允许制造出采用传统工艺难以制造的几何形状。增材制造的其他优势还包括通过材料的高效使用,减少废料及修复损坏零件。虽然增材制造还不能完全替代传统制造,特别是难以应用于大批量生产,但随着零件越来越精密和复杂,增材制造为制造业提供了一个很好的解决方案,并通过缩短新产品的上市时间来促进创新。

## 1.2 增材制造的历史

金属增材制造的历史至少可以追溯到 1920 年,在美国专利(专利号 1533300)中,Baker 使用金属电极生成电弧制造装饰物的壁结构(图 1.2)[6]。此外,在 19 世纪初由拓扑学和照相雕刻形成了分层制造技术。基于上述想法,结合分层制造概念,形成包括直接金属沉积(direct metal deposition, DMD)、激光近净成形(laser

图 1.2 Baker 写在 1920 年美国专利中的典型装饰物[6]

engineered net shaping, LENS)或直接制造(direct manufacturing, DM)在内的直接从 CAD 数据制造零件的定向能量沉积(direct energy deposition, DED)技术。

早在 1892 年,Blanther 授权了一项制作地形浮雕图模具的发明专利:在一系列蜡板上利用地形轮廓线印模,切割这些蜡板并将它们重新堆叠以创建凸起的纸质浮雕图。1972 年,Matsubara 提出了一种工艺,在石墨粉末/沙子上均匀铺一层光敏聚合物树脂,使用汞蒸气灯加热硬化选定区域,并将剩余区域溶解以形成具有指定几何形状的片材,然后堆叠在一起形成铸模。1974 年,DiMatteo[7]使用类似的堆叠技术用轮廓铣削加工的金属片制造了三维形状,并通过粘结剂、螺栓或锥形杆将其以分层方式连接(图 1.3(a))。1968 年,Swainson 提出了一种工艺,通过在两束激光束交叉处选择性地使用三维聚合光敏聚合物,直接制造塑料图案。基于粉末床熔融技术(power bed fusion, PBF)(图 1.4),Ciraud(1972 年)、Householder(1979 年)(图 1.3(b))[8]、Kodama(1981 年)、Herbert(1982 年)、Hull(1984 年)和 Deckerd(1986 年)的研究为现代 3D 打印技术铺平了道路。而 Ciraud(1972 年)、Arcell 和 Lessmann (1989 年)、Jeantette(1996 年),以及 Koch 和 Mazumder(1998 年)等的专利构成了现代 DED 技术的基础。其他更多关于增材制造和 3D 打印及相关技术商业化的介绍可以参见相关文献[9-10]。

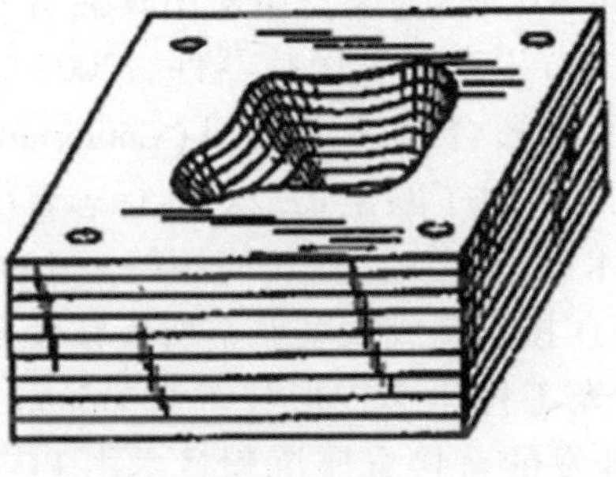
(a)

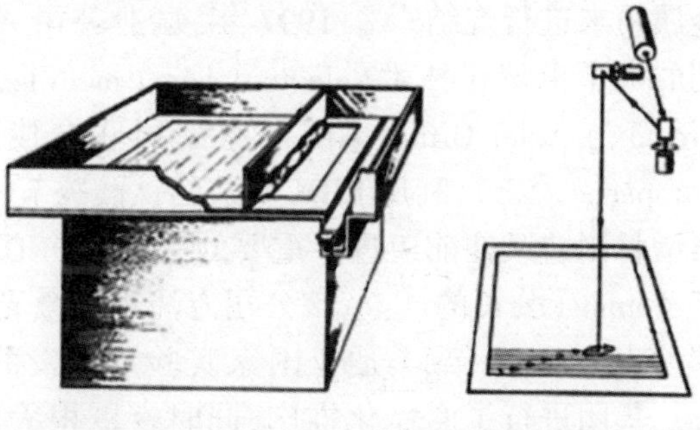
(b)

图 1.3　DiMatteo1974 年专利中的片层模型(a);Householder 专利示意图[8](b)

增材制造技术的商业化尝试始于 1987 年光固化技术(stereo lithography, SL)的发明及 3D Systems 公司的成立。此后,1990—1996 年,EOS GmbH、Stratasys、DTM、Fockele & Schwarze(F&S)、Z Corp 等多家增材制造相关的公司先后成立。在大部分企业聚焦对高分子材料的增材制造时,DTM 公司率先尝试了对金属材料的增材制造。DTM 公司推出了金属烧结系统:通过将具有高分子材料涂层的金属粉末在烧结台上用激光烧结制成生坯,然后在炉中加热去除高分子材料,使金属基体粘结起来,并用二次金属渗透以去除孔隙率。EOS 公司开发了一种更为直接的

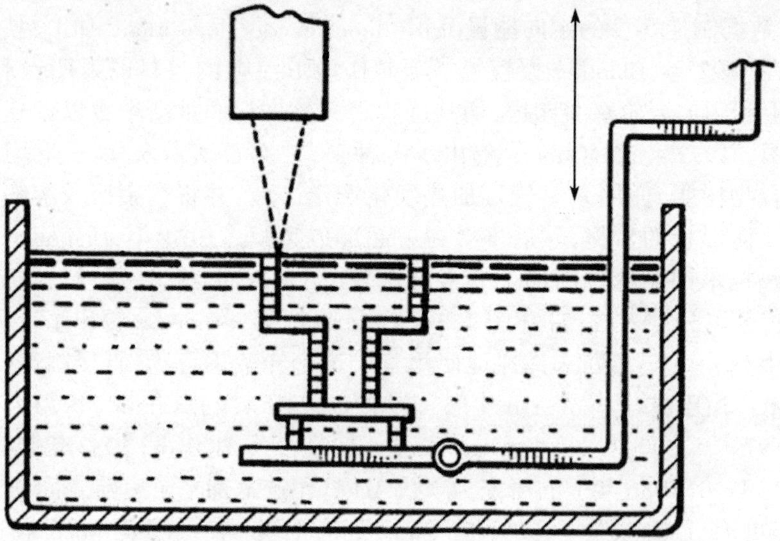

图 1.4　Chuck Hull 发明专利的激光烧结设备[11]

金属激光烧结工艺(direct metal laser sintering, DMLS),直接使用移动的激光束对金属粉末进行烧结[12]。1997 年,瑞典公司 Arcam AB 成立,该公司使用其拥有专利的电子束熔化技术(electron beam melting, EBM)生产了钛医疗器件。2007 年 Arcam 与 Adler Ortho 集团两家公司联合成立了欧洲合格评定组织(Conformité Européene, CE),利用 EBM 制造的钛髋关节植入物通过了欧盟 CE 认证,标志着金属增材制造又往前迈进了重要的一步。DED 技术的第一次商业化应用始于 1997 年 Aeromet 公司的成立,该公司专注利用激光 DED 技术制成大型航空航天钛合金部件[13]。1998 年,桑迪亚国家实验室开发的激光工程化净成形技术由 Optomec Inc. 集团进行了商业化推广,同时密歇根大学开发的直接金属沉积技术由 POM 集团(现为 DM3D 科技集团)推广,这两项技术的推广进一步推动了金属增材制造的发展。由于价格昂贵,因此早期金属增材制造主要用于制造航空航天和医疗器械领域的昂贵零部件,这也导致了大量研究集中在钛及其合金上。另一个早期的金属增材制造另一个应用领域是模具行业。使用 3D 打印可以在注塑成形的嵌件中构建复杂的冷却通道,从而显著缩短加工周期时间、节省成本。与传统制造技术相比,使用"更慢、更昂贵"的增材制造技术却可以节省大量成本。成立于 1999 年的 Solidica(现为 Fabrisonic)集团发明了一种使用超声波能量并基于薄材叠层的新增材制造技术。Sciaky 集团于 2009 年开始使用基于电子束和线材的电子束增材制造(electron beam additive manufacturing, EBAM)工艺来打印大型零件。

得益于金属增材制造的成功,3D 打印在过去几年中获得了极大的市场关注。与此同时,尽管高分子增材制造技术多年来一直在进步,但正是由于采用增材制造技术加工的金属零件具有与传统制造技术相匹配的综合性能及更加卓越的应用表现,金属增材制造技术在科技和工业界得到广泛应用,才将增材制造技术推向了一个全新的水平。自然,这也导致市场产生了重大变化,从雷尼绍(Renishaw)公司收购 MTT 公司开始,经历了几次合并。通用电气公司收购了 Morris Technology 公司的增材制造部门(2012 年)、OEM ARCAM 集团(2016 年)和 Concept Lasers 集团(2017 年);RTI 国际集团收购 NORSK 钛合金集团(2015 年),此后 ALOCOA 又收购了 RTI 国际。两家最大的 3D 打印公司 3D Systems 和 Stratasys 多年来也通过一系列收购实现了集团的增长。随着行业以 35%的复合增长率发展壮大的同时,越来越多企业将研究和生产重点放到金属的增材制造上。

## 1.3　多种增材制造工艺

所有增材制造技术的基本原理都是将要加工的实体分割成多层模型,为每一层创建刀具路径,再将这些数据上传到机器中,并使用热源(激光、电子束、电弧或超声波能量等)和原料(金属粉末、线材或金属薄片等),按照切片模型数据逐层构建零件。美国材料试验协会(American Society for Testing Materials, ASTM)F2792-12a 标准将所有增材制造工艺分为 7 类,即粘结剂喷射(binder jetting, BJ)、定向能量沉积、材料挤出(material extrusion, ME)、材料喷射(material jetting, MJ)、粉末床熔融、薄材叠层和光聚合[14]。BJ 工艺是指铺设一层金属粉末,然后根据零件的 CAD 几何形状添加粘结剂,逐层构建零件,随后将零件放入炉中烘烤以去除粘结剂,与此同时液态金属(如青铜)渗入孔隙中。DED 工艺则使用激光、电子束或气体保护的钨极电弧等热源来制造熔池,并将粉末或线材形式的填充金属添加到熔池,遵循从 CAD 中创建的刀具路径,逐层连续地构建零件。ME 工艺类似于 DED 工艺,将树脂长丝加热并通过工艺喷嘴将其挤出,然后将其逐层沉积在基材上。MJ 工艺则是在紫外光下固化感光材料的液滴,逐层构建部件。MJ 中使用的材料是液态的热固性光聚合物(如丙烯酸树脂)。PBF 工艺使用激光或电子束等热源按照 CAD 数据创建的刀具路径,将聚合物或金属粉末层熔融在一起。薄材叠层工艺使用金属薄片一层一层地铺设,并根据 CAD 数据使用超声波工艺熔合在一起。光聚合工艺使用液态还原性光敏树脂,逐层构建模型,在需要的地方使用紫外光固化或硬化树脂,在每个新层固化后,平台将正在制作的物体向下移动。在这 7 个类别中,只有 4 个可以用于金属加工,即 BJ、DED、PBF 和薄材叠层。近年来,相关企业(如 Markforged)正在使用材料挤压技术通过金属粉末和塑料粘结剂组成的细丝打印金属，打印完成后，溶解掉粘结剂，再将金属粉末烧结成完整的金属部件。上述的这些技术在原理和应用范围上都有很大的不同。本书第 2 章将讨论不同金属增材制造技术的工作原理；第 3 章将讨论各种金属增材制造技术的细节和优缺点；第 4 章将讨论金属增材制造的原材料；第 5 章将讨论金属增材制造的微观组织和性能；第 6 章将讨论金属增材制造工艺建模与仿真；第 7 章将讨论金属增材制造的设计；第 8 章将讨论金属增材制造的质量鉴定；第 9 章将讨论金属增材制造的市场、应用和成本。金属增材制造最前沿的应用包括制造医疗设备和航空航天领域的零部件。在医疗和航空航天领域，金属增材制造技术适合制备成本高、体积小的零件[10,15-16]。除此之外，增材制造技术也越来越多地应用于工具、模具行业以及其他工业中。除了增材制造的设备及其特性，金属增材制造的进一步应用在很大程度上取决于增材制造材料的特性及其构建新颖设计的能力。

## 1.4 与传统制造工艺的相关性

虽然在某些应用场合下，增材制造被视为传统制造工艺如锻造、铸造和机加工的替代品，但在绝大多数应用场合下，增材制造并不是。事实上，对增材制造的最佳解释是设计工程师工具箱中的附加工具。该工具为工程师提供了很大的设计自由度，同时大幅缩短了设计时间，从而有助于市场创新。

对于大批量生产来说，传统的金属成形工艺（如锻造或铸造）是一种更经济、更高产的手段[17]。这些特性使这些工艺适用于成本和产量更为重要的行业，如车辆工程和农业领域。增材制造技术的尺寸限制也阻碍了它们在大件制造中的应用，并限制了它们在石油和天然气、建筑等行业的使用。相比之下，增材制造为短期生产、原型件和一次性零件制造提供了显著的成本效益[18]。增材制造擅长生产几何形状非常复杂的小零件。原材料的低产量和高成本使增材制造更适合航空航天和医疗行业。与传统制造（如锻造和机械加工）相比，增材制造在制备复杂几何形状的零件时极大地节省了材料。随着增材制造技术的成熟，技术人员和工程师正在探索结合传统制造工艺和增材制造优点的混合制造工艺[19]。

增材制造影响制造业的供应链。使用增材制造技术，最终产品可以在更靠近客户的地方制造，从而缩短供应链长度、降低运输成本、节省时间和能源[20]。此外，增材制造按需生产零件的能力也可以减少库存，消除对备件库存的需求[21]，并降低维护成本。

当今世界正面临全球变暖和能源短缺的威胁，增材制造技术正在释放新的部件设计潜力，这些部件在从制造到报废的全生命周期中需要更少的能源。典型案例包括制造更轻的航空部件以减少燃料消耗，或在制造高买飞比（buy-to-fly，

BTF)部件期间节省材料,从而在原材料生产过程中节省大量能源。

上文就是增材制造对传统制造业的影响。增材制造技术正在以不同的方式挑战传统制造业,其以更节能的制造方式改善了环境及我们的生活方式。第 9 章将更详细地介绍金属增材制造对整个社会的影响。

## 1.5　增材制造质量鉴定面临的挑战

在主流制造业中采用增材制造技术的障碍之一是缺乏既定标准,以及难以对增材制造零件的生产过程进行鉴定[22]。鉴定包括以下步骤:①创建增材制造的全过程;②为这些过程建立标准;③监控和验证过程是否符合广泛接受的标准;④开发用于鉴定最终产品的检验技术。与任何新技术一样,增材制造没有既定标准。虽然工程师、技术人员和科学家一直在努力创建新标准,但由于以下事实,该过程缓慢而烦琐:①增材制造技术有七大类别和多个子类别,每个类别都有自己独特的加工方式,因此各自面临独特的挑战和问题;②不同的标准委员会,如 ASTM、国际标准化组织(International Organization for Standardization, ISO)、美国国家标准与技术研究院(National Institute of Standards and Technology, NIST),提出了很多概念上可能相似但方法非常不同的技术,这给增材制造的鉴定提出了额外的挑战;③增材制造工艺与传统制造工艺有很大不同,因此许多标准检测技术需要进行重大修改才能应用于增材制造的零件。ASTM F42 委员会的成立旨在为所有增材制造工艺制定标准。这些标准涉及增材制造、原料处理、储存和处置、机器监测和控制,以及测试增材制造的零件。

从好的方面来说,增材制造是一种数字技术,它允许通过在零件加工过程中监控和采集实时数据来实现数字追溯。此外,增材制造工艺的逐层加工特性允许通过各种无损评估技术(non-destructive evaluation, NDE)检查每一层质量。虽然当前的一些检测技术不适用于增材制造的部件,需要新的检测方法,但仍然有很多标准测试技术适用于增材制造的部件[23-24]。总之,虽然增材制造技术缺乏标准且面临挑战,但从长远来看,该技术对制造过程提供了更好的监控和质量控制。第 8 章将详细介绍增材制造的质量鉴定。

## 参考文献

[1]　A third industrial revolution. Economist, April 21, 2012. Paul Markillie.

[2]　The FAA Cleared the First 3D Printed Part to Fly in a Commercial Jet Engine from GE., https://www.ge.com/reports/post/116402870270/the-faa-cleared-thefirst-3d-printed-part

-to-fly-2/. (accessed 22. 08. 18).

[3] The Blade Runners: This Factory Is 3D Printing Turbine Parts For The World's Largest Jet Engine. ,https://www. ge. com/reports/future-manufacturing-take-lookinside-factory-3d-printing-jet-engine-parts/. (accessed 15. 02. 19).

[4] EBMs for Orthopedic Implantsquality of life built with Additive Manufacturing. http://www. arcam. com/solutions/orthopedic-implants/. (accessed 15. 02. 19).

[5] The Economist Takes a Look at 3D Printing. Economist, July 4, 2017. Michael Petch.

[6] Method of making decorative articles. R. Baker, US Patent 1,533,300, 1925.

[7] Method of generating and constructing three-dimensional bodies. P. DiMtteo, US Patent 3,932, 923, 1976.

[8] Molding Process. R. F. Householder, US Patent 4,247,508,1981.

[9] J. J. Beaman, J. W. Barlow, D. L. Bourell, R. H. Crawford, H. L. Marcus, K. P. McAlea, Solid Freeform Fabrication: A New Direction in Manufacturing, Springer, New York, 1997, pp. 1-21.

[10] Wohlers Report. 3D Printing and Additive Manufacturing State of the Industry. Terry Wohlers, Wohlers Report 2014.

[11] Apparatus for production of three-dimensional objects by stereolithography. Charles W. Hull, US Patent 4,575,330, 1986.

[12] DMLS-Development History and State of the Art. M. Shellabear, O. Nyrhilä, Presented at LANE 2004 Conference, Erlangen, Germany, September 21-24, 2004.

[13] G. Lutjering, J. C. Williams, Titanium, Springer, Berlin, 2003, p. 95.

[14] ASTM F2792-12a, Standard Terminology for Additive Manufacturing Technologies, ASTM International, West Conshohocken, PA, 2012.

[15] B. Dutta, F. H. Froes, Additive manufacturing of titanium alloys, Adv. Mater. Process. 172 (2) (2014) 18-23.

[16] B. Dutta, F. H. Froes, Additive Manufacturing of Titanium Alloys, Elsevier, 2016.

[17] Die Casting vs 3D Printed Metals. ,http://www. diecastingdesign. org/3d-printedmetals. Accessed Dec 20, 2018.

[18] NIST Special Publication 1176, Costs and Cost Effectiveness of Additive Manufacturing, Douglas S. Thomas Stanley W. Gilbert.

[19] M. D. Bambacha, M. Bambachb, A. Sviridovb, S. Weissa, New process chains involving additive manufacturing and metal forming - a chance for saving energy? Proc. Eng. 207 (2017) 1176-1181.

[20] A. Verhoefa, B. W. Buddeb, C. Chockalingamb, B. G. Nodarb, J. M. van Wijkc, The effect of additive manufacturing on global energy demand: an assessment using a bottom-up approach Leendert, Energy Policy 112 (2018) 349-360.

[21] The Defense Industry Is Expanding the Use of 3D Printing. https://www. defenseone. com/technology/2014/09/defense-industry-expanding-use-3d-printing/95396/. Accessed April 16th, 2019.

[22] W. E. Frazier, D. Polakovics, W. Koegel, Qualifying of metallic materials and structures for aerospace applications, JOM 53 (2001) 16–18.

[23] J. Slotwinski, S. Moylan, Applicability of existing materials testing standards for additive manufacturing materials, Ref NIST. IR. 8005. Available from: https://doi.org/10.6028/NIST.IR.8005., 2014.

[24] Measurement science roadmap for metal–based additive manufacturing. Prepared by Energetics Incorporated, Columbia, Maryland for NIST, Deparment of Commerce from presentations made in the Roadmap Workshop on Measurement Science for Metal–Based Additive Manufacturing held on December 45, 2012 at the NIST campus in Gaithersburg, MD.

# 第2章　金属增材制造技术

## 2.1　概　述

所有的金属增材制造技术都是基于对实体模型的切片,并以逐层的方式制造出零件。图2.1显示了一个典型的增材制造工艺流程。首先识别零件并确定要求,一旦完成了这一点,就可以开始后面的设计过程。

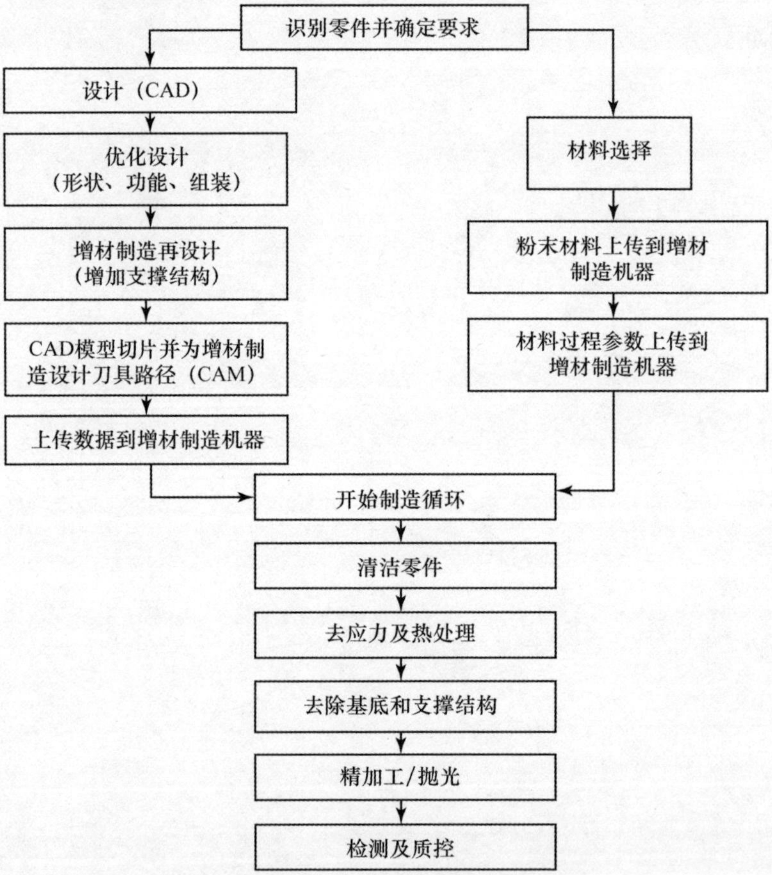


图2.1　典型的增材制造工艺流程

首先设计 CAD 文件，并且优化 CAD 设计以获得最佳性能。有几种方法可以进行优化，包括拓扑结构优化以减轻重量、多材料优化以获得最佳功能、装配优化以减少零件数量等。完成 CAD 优化设计之后，部件的成形布局就构建完成了。上述步骤决定了成形方法，包括成形过程中零件的方向和支持结构的设计等。然后创建计算机辅助制造(computer aided manufacturing, CAM)的工具路径，并为特定的增材制造设备生成机器代码。在另一个步骤中，在上述过程结束前，要确定零件的属性要求，选择合适的制造材料(选用粉末或线材)，确定适当的增材制造工艺参数，并将数据上传至机器。按照每次一层的方法逐层成形零件[1-4]。在成形过程结束时清理零件，并按要求进行去应力或热处理，同时移除基底和支撑结构，按图纸规格进行精加工，检查是否符合要求(质量控制)，最后投入使用。图 2.2 显示了各层和各层内成形道次(或沉积物)的示意。该图还显示了使用 DED 工艺制造 4047Al 合金的不同平面(*XY*-*XZ*-*YZ*)微观结构的三维重组。对微观结构的腐蚀清楚地显示了各层和每层的各个道次[5]。本节首先讨论计算机工具路径的设计和创建，然后讨论加工金属部件的各种增材制造技术，主要包括三种技术：BJ、DED 和 PBF，随后介绍金属板的超声固化。此外，还简要概述了增材制造工艺之后的各种后处理技术和检测技术。本节最后讨论工艺参数对零件质量的影响以及各种工艺监测和控制技术。

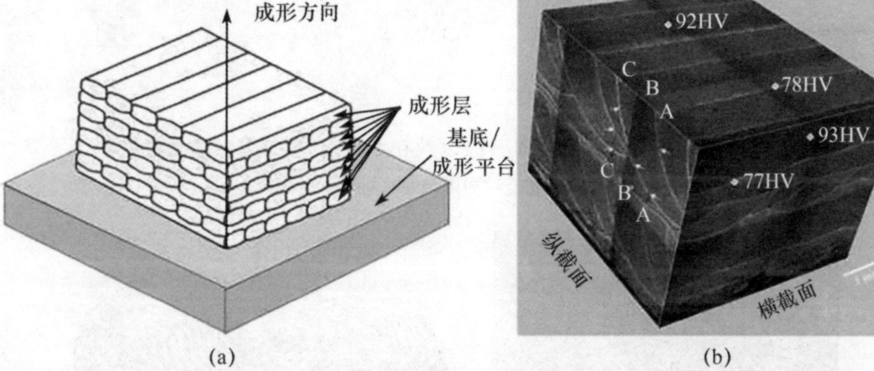


图 2.2　显示 3D 打印中的分层和堆积的示意(a)，以及使用 DMD 工艺建造的 4047Al 合金(b)[5]

## 2.2　增材制造的设计和刀具路径

增材制造区别于传统技术的关键属性之一就是设计自由，本书将专门用一章详细介绍这个特性。为了更好地理解各种增材制造工艺的工作原理及区分它们之间的差异，本章首先简单地介绍设计自由。在第 7 章“金属增材制造的设计”中将详细介绍各种增材制造的设计,以及它们的优缺点和适用性。利用 3D 打印工艺制造零件的一个关键点就是设计和准备工具路径。如前面所述,工艺流程的第一步是零件的 CAD 建模,将 CAD 文件切成多层,并为每层创建一个 CAM 工具路径。尽管不同的 3D 打印技术基于不同类型的实体建模方法使用不同类型的 CAM 软件,但它们的基本原理是相同的。一旦初始设计创建完成,就会立刻进行设计优化,以获得最佳的零件性能。随后针对制造过程中特定的增材制造工艺确定制造策略并修改设计。一个特定的部件有时可以从不同的方向制造,但最佳的制造策略是利用最有效的制造方向以达到最短的制造时间、最少的材料消耗和最好的制造质量。根据构建策略来修改部件的设计,添加支持结构,或者在一些可能需要加工的表面添加额外的材料等。接下来的步骤是将模型切成多层,并为每层制定 CAM 刀具路径。粉末床熔融技术将实体模型切成水平二维层(图 2.3)[6];定向能量沉积技术可以使用水平二维层和三维层构建三维表面,这对现有零部件添加金属以进行再制造、表面涂层应用或混合制造尤为重要。图 2.4 显示了使用 DMDCAM 软件[4]在 CAD 模型上模拟五轴沉积工艺典型的刀具路径。

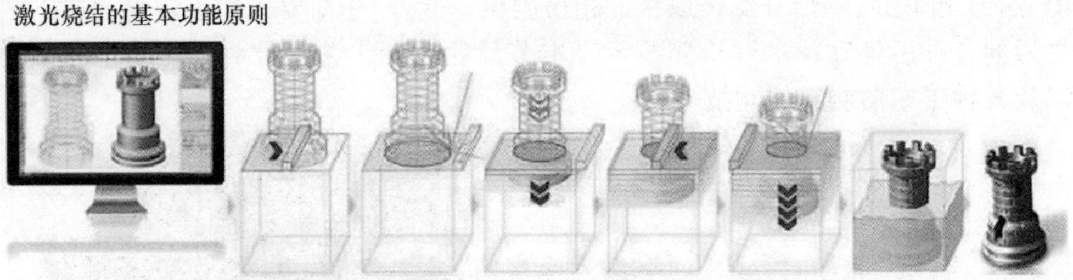


图 2.3 零件设计、CAD 数据切片,以及在 PBF 工艺中逐层建立零件[6]
(图片由 EOS 北美公司的 Adam J. Penna 提供)

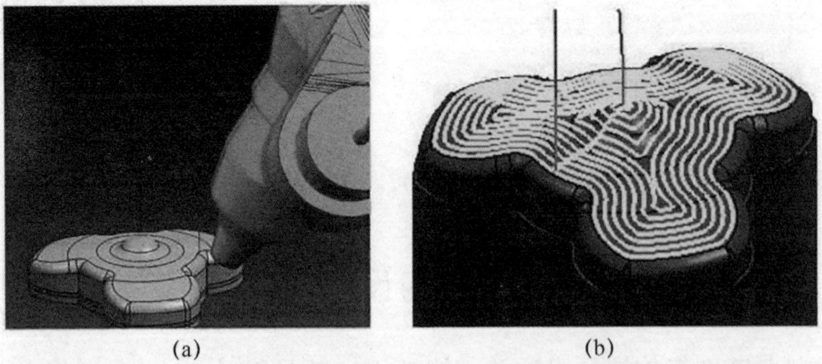


图 2.4 零件和加工头的 CAD 模型(a),以及使用 DMDCAM 软件[4]
进行五轴沉积的模拟刀具路径(b)
(图片由 DM3D 公司提供)

在 PBF 系统中,零件在一次设置后便完全从头开始制造。因此,正确的零件几何定位很关键。此外,这些系统还依靠支撑结构来构建悬垂,设计适当的支撑结构也是成功构建零件的关键[7],包括 Materiallise 公司的 Magics 在内的各种软件都是专门为 PBF 系统制定零件方向和构建支撑结构而设立[8]。一旦零件建造完成,支撑结构就会从零件上移走。

## 2.3　增材制造技术

正如第 1 章提到的,ASTM 将 AM 技术分为 7 类,在这 7 类中,只有 4 类涉及金属加工,分别是 BJ、DED、PBF 和薄材叠层。在每个类别下不同的制造商打造了不同的技术(表 2.1)。PBF 工艺能够构建复杂的特征、空心冷却通道和高精度零件,但该技术的成形范围有限,每次成形只能选择单一的材料,而且水平层构建能力不足。相比之下,DED 工艺提供了更大的成形范围和更高的沉积率,但是它们构建空心冷却通道和更精细几何形状的能力有限。DMD 工艺和 LENS 工艺还提供了在一次成形中沉积多种材料的能力,并能在现有零件上添加金属。BJ 工艺与 PBF 工艺相比打印范围更大,分辨率更高,可以打印空心冷却通道,但需要一个后续的烧结步骤,以去除粘结剂、增强零件,并允许液体金属渗透以减少孔隙。商用增材制造技术使用几种类型的热源熔化原料(粉末或线材),包括激光、电子束、等离子体电弧和钨极气体保护电弧(gus tungsten metal arc, GTMA)。电子束系统需要真空环境,而激光系统需要在惰性气体室中或在惰性气体的局部保护下操作。虽然真空系统更加昂贵,但与激光系统相比,它们具有低残余应力的优势,因而电子束加工的部件可以在没有任何去应力处理的情况下使用。不同的热源、扫描速度、激光光斑大小和其他变量对微观组织和力学性能的影响将在第 5 章“金属增材制造零件的微观组织和性能”中详细讨论。

### 2.3.1　粘结剂喷射工艺

BJ 工艺的基础是将金属粉末分层铺设,使用粘结剂按照部件的 CAM 工具路径将它们粘结起来,然后在烘箱中烧结部件,以去除粘结剂并将液体金属渗入孔隙。图 2.5 所示为这个过程的示意。以下是一个典型 BJ 工艺过程中所涉及的步骤。

(1) 通过一个铺粉刮刀在成形台上铺设一层薄薄的所需金属粉末 。

(2) 通过对零件的 CAD 数据进行切片,从每层的 CAM 工具路径中创建粘结剂喷嘴的沉积路径。带有喷墨喷嘴(类似于桌面式二维打印机中使用的喷嘴)的小车在床面上通过,选择性地沉积粘结剂颗粒,将粉末颗粒粘结在一起。

表 2.1 用于加工金属及合金的各种增材制造工艺[9-26]

| 增材制造工艺 | 方法 | 供应商 | 描述 |
| --- | --- | --- | --- |
| 粘结剂喷射 | | ExOne 公司 | |
| 定向能量沉积 | 直接金属沉积 | DM3D 技术有限责任公司(原 POM 集团) | 使用激光对金属粉末进行熔化和沉积,采用专利闭环工艺 |
| | 激光近净成形 | Optomec Inc. | 使用激光对金属粉末进行熔化和沉积 |
| | 激光沉积技术 | RPM 创新公司 | 使用激光对金属粉末进行熔化和沉积 |
| | 直接能量沉积 | BeAM(AddUp 集团旗下)公司 | 使用激光对金属粉末进行熔化和沉积 |
| | 激光沉积焊接与铣削 | DMG Mori 公司 | 混合沉积和切削技术。使用激光熔化并沉积金属粉末,并且在同一机房内使用 CNC 数控设备进行铣削加工工艺 |
| | 直接制造 | Sciaky Inc. 公司 | 使用电子束对金属线进行熔化和沉积 |
| | 快速等离子沉积 | Norsk 钛合金公司 | 使用等离子电弧对金属(钛)线进行熔化和沉积 |
| | 金属沉积或线弧增材制造 | 尚未商业化(由劳斯莱斯公司申请专利) | 使用电弧对金属丝进行熔化和沉积 |
| 粉末床熔融 | 直接金属打印 | 3D Systems 公司 | 利用激光对金属粉末进行烧结和黏合 |
| | 直接金属激光烧结 | EOS 公司 | 利用激光对金属粉末进行烧结、熔化和黏合 |
| | 激光熔化 | Renishaw 公司 | 使用激光对金属粉末进行熔化和黏合 |
| | 激光选区熔化 | SLM Solutions GmbH 公司 | 使用激光对金属粉末进行熔化和黏合 |
| | 激光熔融 | 通用电气集团(已收购 Concept Laser GmbH) | 使用激光对金属粉末进行熔化和黏合 |
| | 激光选区熔化 | Realizer 公司(被 DMG Mori 收购) | 使用激光对金属粉末进行熔化和黏合 |
| | 激光熔化 | AddUp 集团 | 使用激光对金属粉末进行熔化和黏合 |
| | 金属激光熔化 | Trumpf 公司 | 使用激光对金属粉末进行熔化和黏合 |
| | 金属激光烧结和加工 | Matsuura 公司 | 结合添加剂与减法加工的混合工艺(激光和金属粉末烧结) |
| | 电子束熔化 | 通用电气集团(收购 Arcam AB 公司) | 使用电子束对金属粉末进行熔化和黏合 |
| 薄材叠层 | 超声波增材制造 | Fabrisonic 公司 | 使用超声波能量并结合金属板层制造零件 |

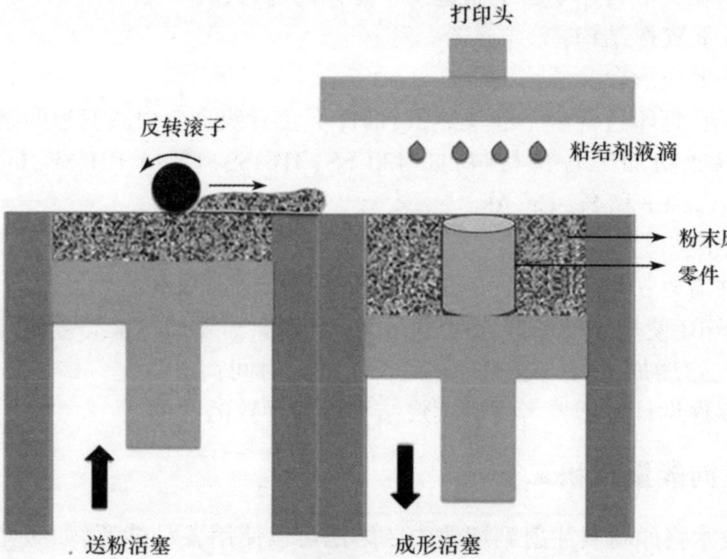


图 2.5　粘结剂喷射过程的示意[27]

(3) 当该层完成后,成形平台向下移动,刀片在表面重新涂上另一层金属粉末。然后重复这个过程,直到整个零件完成。

(4) 打印结束后,多余的粉末通过压缩空气清理掉。粘结剂喷射加工的金属零件在打印完成后处于生坯状态,机械性能差、孔隙率高。

(5) 通常需要烧结或金属渗透等后处理来提升零件强度。金属粉末在炉中烧结来增强零件。用一个低熔点的金属(通常是黄铜)渗入零件中填补由于粘结剂的分解而产生的孔隙,提高零件的密度以进一步增加其强度。

(6) 根据最终要求,在零件特定的表面上进行后加工,并在发货前进行检查。

BJ 的独特之处在于制造过程中不使用热源。其他增材制造技术利用热源,因此在零件中产生残余应力,可能导致零件变形。这些应力需要通过额外的后处理工艺消除。此外,在 BJ 中零件由工作箱里松散的粉末支撑,因此不需要使用成形台。BJ 的铺粉速度明显地超过其他工艺。BJ 有能力打印大型零件,而且通常比其他 AM 方法更经济。

优点包括:

- 提供了许多其他制造工艺(如铸造、锻造、机加工等)无法实现的设计自由;
- 可以实现大批量生产;
- 高速打印;

• 可以在一个打印平台上制造多个不同的零件；
• 不需要支撑结构；
• 不需要成形台；
• 由于在打印过程中不涉及热量，部件不会有残余应力或变形问题；
• 可以成功加工各种材料，如 420 SS、316 SS、17-4 PH SS、Inconel 625、Inconel 718、Co-Cr 和 Fe-Cr-Al。

缺点包括：

• 零件需要在烘箱中进行后续的烧结处理以增加强度；
• 由于 BJ 使用了粘结剂，零件并不完全致密，需要通过液态金属渗入使零件进一步致密，这增加了另一道工序并延长了加工时间；
• 在零件设计时需要考虑后续烧结和渗透导致的收缩。

### 2.3.2 定向能量沉积工艺

DED 技术将原材料注射到熔池中。熔池可以使用各种能源，如激光、电子束、等离子体电弧和气体保护金属电弧，而原材料可以使用金属粉末或金属线材。图 2.6 所示为基于激光的直接金属沉积技术的示意。DED 的工艺步骤如下。

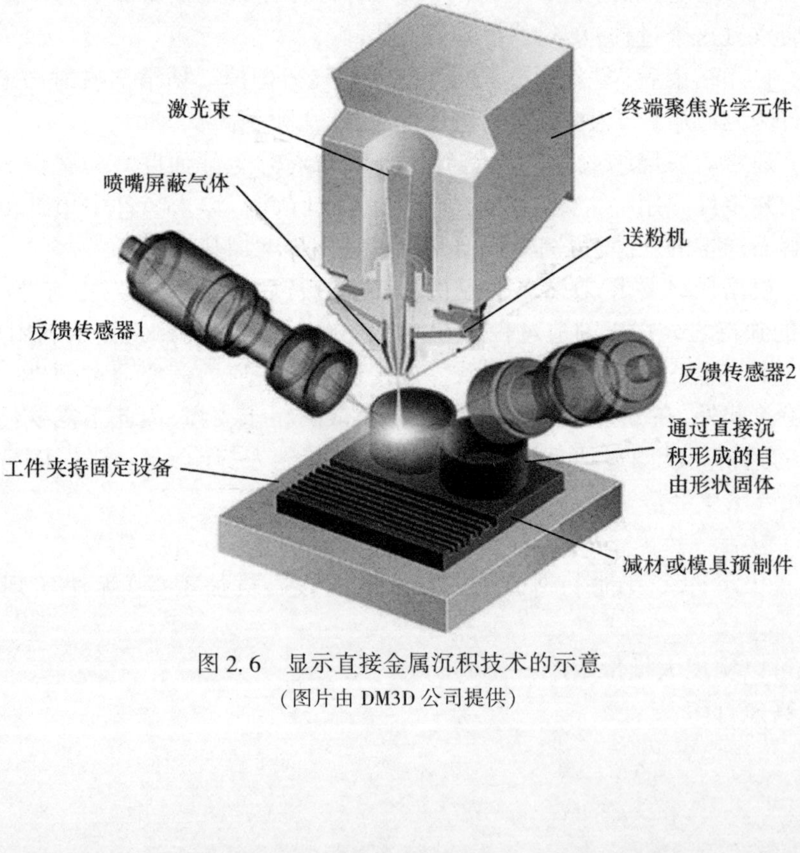


图 2.6　显示直接金属沉积技术的示意
(图片由 DM3D 公司提供)

(1) 将基材或现有零件放置在工作台上。

(2) 与 PBF 类似,关闭机器腔室并填充惰性气体(用于激光加工)或抽真空(用于电子束加工),将腔室中的氧气水平降低到规定水平(AMS4999A 规定低于 0.12%)。DMD 工艺还提供局部屏蔽,对于比钛活性低的金属,如钢、镍合金和钴合金,不需要惰性气体室。

(3) 在循环开始时,带有同心激光(电子束、气体金属电弧) 的加工喷嘴聚焦在零件表面,以形成一个熔池。材料以粉末的形式通过同轴喷嘴(激光加工时)或以金属丝的形式通过侧面输送喷嘴输送。喷嘴遵循 CAD 数据预先创建的刀具路径以恒定的速度移动。当喷嘴(刀尖)移开时,熔池凝固并形成一层金属。

(4) 遵循同样的原则逐层连续加工直到完成部件的打印。

优点包括:

- 与传统的制造工艺(如铸造和锻造)相比,提供自由形式的制造,无须任何工具或模具;
- 提供可扩展性,可以制造非常大的结构件;
- 更大的沉积率或成形速率;
- 部件完全致密;
- 可以修复损坏的部件或在现有部件上制造耐磨、耐腐蚀的涂层/镀层;
- 允许在预制件或现有零件上添加金属;
- 允许在一次增材制造中使用多种材料;
- 已经成功打印各种各样的材料,如 H13/S7/P20/P21 工具钢、4140/4340 合金钢、316L/304/15-5PH/17-4PH 不锈钢、镍合金(如 Inconel 718、Inconel 625、Hastealloy X、Hastealloy C276、Wasp 合金)、钴合金(如 Stellite 6、Stellite 21)、钛合金、铜合金和铝合金;
- 使用金属丝减少粉末的一些安全隐患(火灾、爆炸、吸入等)。

缺点包括:

- 零件有残余应力,需要去应力处理;
- 残余应力会导致变形;
- 与 PBF 相比,加工的零件表面粗糙;
- 难以制造具有严格公差要求的部件;
- 不能有封闭的冷却通道和大的悬垂空间;
- 由于送丝系统,材料的选择受限。

### 2.3.3　粉末床熔融工艺

粉末床熔融技术的原理是在成形平台上铺设一层金属粉末,用激光或电子束等热源扫描粉末床,部分或完全熔化在光束路径上的粉末,然后在冷却时将粉末重新凝固或结合在一起。每一层刀具的路径都是由正在制造的零件的 CAD 数据决定的。图 2.7 所示为整个过程中涉及步骤的示意。

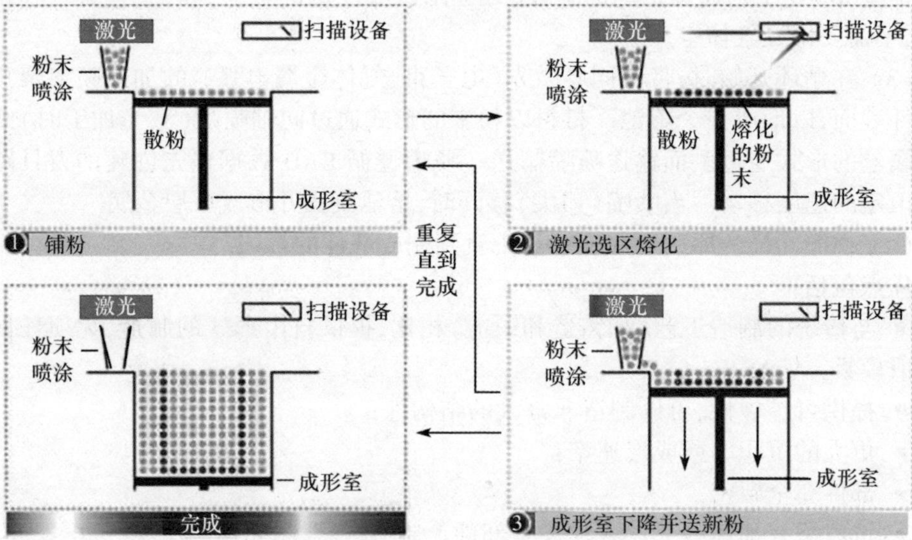


图 2.7　粉末床熔融工艺示意
(SLM 解决方案由 Mark Hoefing 公司提供)

(1) 基底被固定在成形平台上;

(2) 成形室里充满惰性气体(用于激光加工)或抽真空(用于电子束加工),将室中的氧气水平降低到所需水平;

(3) 一层薄薄的金属粉末(20~200μm 厚,视技术和设备情况而定)铺设在基底上,并且使用调平装置(如滚筒、扫刀、刀片或刷子)调平到预定的厚度;

(4) 根据被制造部件的 CAD 数据,激光或电子束按照预先计算好的刀具路径扫描粉末床面;

(5) 在下一层和后续层中重复进行上述步骤,直至成形完成。

优点包括:

• 与传统的制造工艺(如铸造和锻造)相比,制造形式自由,无须任何工具或模具;

• 可以构建具有精细特征的高精度零件;

• 能够建立起悬垂和封闭的冷却通道;

• 部件完全致密;

• 可成功打印各种材料,如 300 马氏体时效钢、316L/304/15-5PH/17-4PH

不锈钢、镍合金(如 Inconel 718、Inconel 625、Hastealloy X)、钴合金(如 Co-Cr)、钛合金、铜合金和铝合金。

缺点包括:

- 零件有残余应力,经常需要去应力处理;
- 残余应力会导致变形;
- 损坏的部件修理困难;
- 难以在现有的零件上增加金属;
- 难以在一次增材制造中使用多种材料。

## 2.3.4　薄材叠层工艺

超声波增材制造(ultrasonic additive manufacturing, UAM)工艺已被应用于加工含有铜、钛和铝的部件。UAM 工艺通过超声波将一连串的金属薄片逐层焊接成三维形状来构建金属物件,并通过周期性的加工操作来制造物件的细节特征。图 2.8(a)显示了一个滚动超声波焊接系统:由一个超声波换能器、一个助推器、一个焊头和一个“伪”助推器组成。换能器通过助推器将振动传递给圆盘形的焊头,从而在薄金属带和底板之间形成超声波固态焊缝,焊头在板材上连续滚动将整个金属带焊接到板材上,这就是 UAM 的基本原理。需要注意的是,图 2.8(b)所示的焊头由一个单一的固体金属片构成,因此必须进行声学设计,从而使其在系统的超声频率(通常为 20kHz)上产生共振。

焊接一系列金属带时,首先将它们并列形成一层,然后逐层焊接(但要以“墙砖”的方式错开,这样接缝才不会重叠),制造出一个三维部件。在制造过程中,周期性地加工部件并增加一些结构特征[如图 2.8(b)中的槽],去除多余的金属

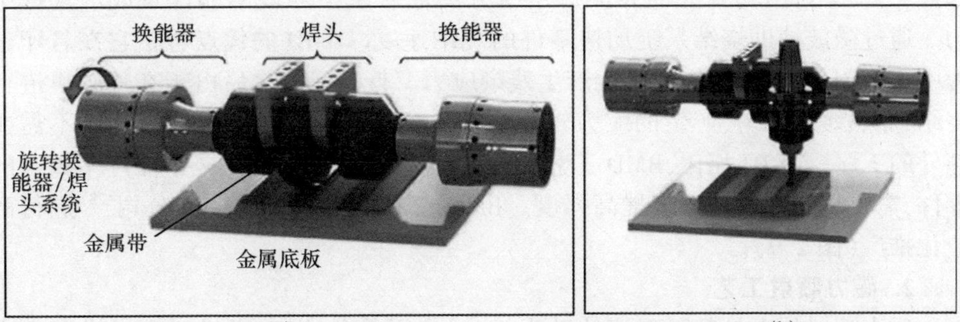


(a)　(b)

图 2.8　超声增材制造(UAM)工艺。(a)铝带和钛带的超声波焊接;(b)周期性的加工操作

(图片由 Adam Hehr & Mark Norfolk, Fabrisonic LLC. 提供)

材料,并修整后续焊接的上表面。因此,在这种情况下,所谓的“增材制造”同时涉及增材和减材步骤,以形成最终的零件形状。

优点包括:

- 制造形式自由;
- 在不同的层中可以选用不同材料;
- 多材料加工能力,如铝、钛。

缺点包括:

- 制造悬垂能力有限;
- 材料性能有限;
- 通常情况下,只能打印熔点较低的材料。

### 2.3.5 其他增材制造工艺

还有一些增材制造工艺,如结合金属沉积(bound metal deposition, BMD)、磁力喷射工艺(magnet-o-jet)和冷喷涂工艺,然而,这些工艺还没有普及,但已经显示出生产金属部件的能力。

**1. 结合金属沉积工艺**

结合金属沉积工艺是一种基于挤压成形的金属增材制造工艺,金属部件通过挤压热塑性介质和粉末的混合物来构建。金属粉末和粘结剂(蜡和聚合物粘结剂)制备成“结合金属棒”。BMD 工艺使用标准曲面细分语言(standard tessellation language, STL)文件及 CAD 文件作为输入文件。一旦文件被处理,就会通过挤压加热的金属棒来构建部件。当打印完成,就会通过排胶程序移除粘结剂,随后通过烧结使金属颗粒变硬。该过程使用两台挤出机,一个挤出结合金属棒用于构建部件,另一个挤出陶瓷界面介质棒用于分离成形室中的多个部件及成形支撑结构。通过微波辅助烧结系统加快零件的烧结速度。BMD 的优点包括它在打印过程中不使用任何热源,因此不会产生残余应力。打印完成之后由于在炉子里进行烧结,加热缓慢均匀,产生的应力较小。此外,支撑结构非常容易被移除,不需要额外的工序。与 BJ 相比,BMD 工艺加工过程更快。另外,该工艺不能产生致密的零件,需要烧结等后处理来提高强度。BMD 正在由 Desktop Metal 公司[28]进行商业化推广(图 2.9)。

**2. 磁力喷射工艺**

磁力喷射技术是基于磁流体动力学,或者更简单地说,通过磁力操纵液态金属来实现的[29]。它的工作原理是将铝线沉积到 1200℃ 的陶瓷室中使其熔化。然后,通过将这种熔化的介质电磁脉冲化,使液滴形成并从陶瓷喷嘴中精确地喷射出来。该系统每秒提供 1000 个液滴,精度达到微米级。磁力喷射技术已经被成

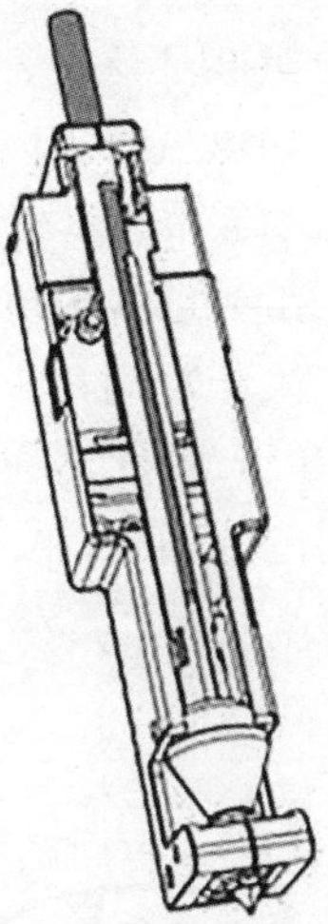

图 2.9　结合金属沉积挤出机[28]
(图片由 Desktop Metals、Animesh Bose 提供)

功应用到许多合金中,包括 4043 铝合金、4047 铝合金和 1100 铝合金。此外,包括 365 铝合金、6061 铝合金、7075 铝合金、铜和青铜的实验也在进行中。这项技术正在由 Vader 系统公司[30]进行商业化(图 2.10)。

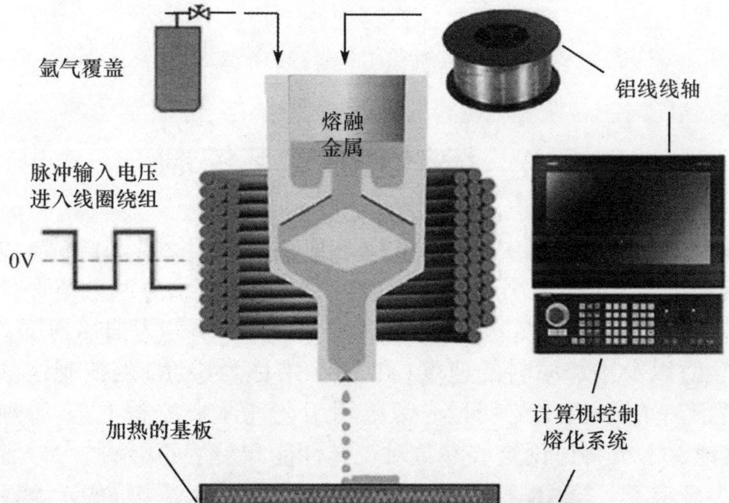


图 2.10　磁力喷射技术示意,熔化的金属滴在打印平台上沉积[29]

**3. 冷喷涂工艺**

冷喷涂工艺,又称超音速粒子沉积工艺,是一种高能固态涂层和粉末固化工艺。冷喷涂使用电加热高压载气(如氮气或氦气),将金属粉末通过 De Laval 公司的超音速喷嘴加速达到颗粒粘合的临界速度。通过在高度变形的颗粒界面上再结晶实现机械咬合和冶金连接相结合的粘合机制。尽管冷喷涂大多被用来制作涂层,但它也可以用于生产几何形状非常简单的小型物体。冷喷涂产品具有较高的孔隙率,而且不是完全的冶金结合,因此尽管已经有一些关于不锈钢等材料的研究,但目前该技术仍然仅限于制造低熔点、低硬度的材料(如铝合金),冷喷涂工艺运行的示意如图 2.11 所示。

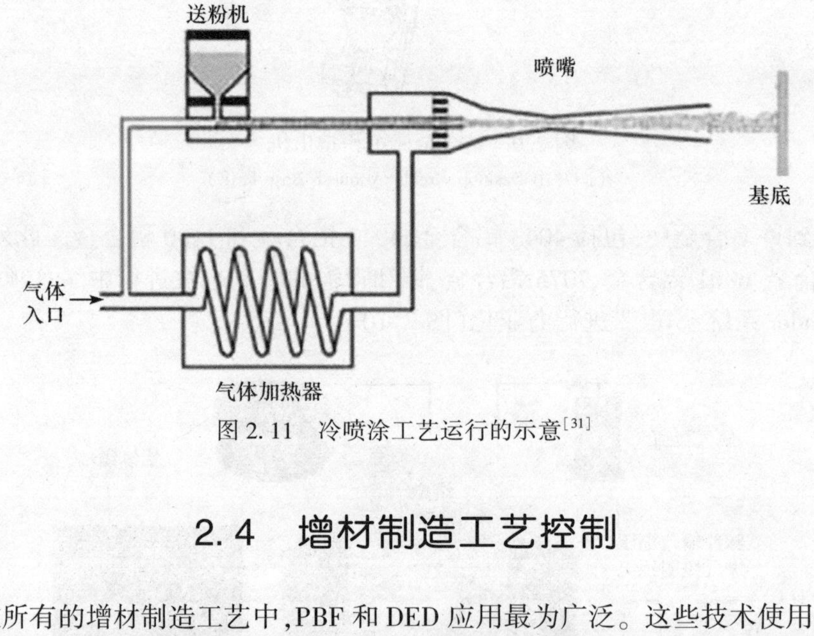


图 2.11　冷喷涂工艺运行的示意[31]

## 2.4　增材制造工艺控制

在所有的增材制造工艺中,PBF 和 DED 应用最为广泛。这些技术使用金属粉末或金属丝作为原料,并使用热源、激光、电子束、等离子体或气体保护金属弧来熔化原料。热源的类型、能量密度、移动速度(在 PBF 中称为扫描速度,在 DED 中称为横移速度)以及添加原料的速度(在 PBF 中称为层厚)是控制这些工艺的质量、能效和生产率的关键工艺变量。常采用工艺气体来控制工艺、管理粉末的流动及保护熔池。本节将讨论这些参数对工艺性能和质量的影响。

图 2.12 显示了一层 3D 打印的金属和层内沉积物(道次)的示意图。熔池的总深度用 $d$ 标记,层厚用 $L_t$ 标记,道次间距、跨度或开口间距用 $s$ 标记。$h$ 是热影响区(heat affected zone, HAZ)的深度。对于一个成功的沉积或熔合过程,在基材和成形材料之间或连续的层之间有一个稀释区是很重要的。

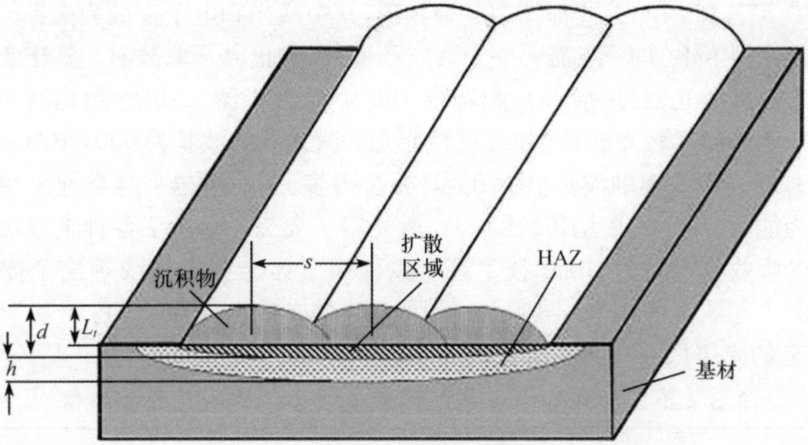


图 2.12　层内连续的沉积物(道次)、熔池深度 $d$、层厚度 $L_t$、道次间距、跨度或开口间距 $s$ 及热影响区或 HAZ($h$)

## 2.4.1　工艺参数

增材制造工艺(特别是 PBF 和 DED 工艺)涉及大量的工艺参数(表 2.2),需要对所有这些参数进行优化以成功制造零件。

表 2.2　控制 DED 和 PBF 过程的关键参数

| 参数 | DED | PBF |
|---|---|---|
| 热源 | 类型:电子束、激光波长,或气体保护金属电弧 | 类型:电子束或激光 |
| | 热源功率(W) | 热源功率(W) |
| | 光斑或光束尺寸(mm) | 光斑或光束大小(μm) |
| 原料 | 类型:粉末或金属丝 | 类型:粉末 |
| | 粉末大小(μm),颗粒大小分布及形态或导线尺寸(μm) | 粉末尺寸(μm),颗粒尺寸分布和形态 |
| | 送粉速度(g/min)或送丝速度(m/min) | 粉末层厚度 (μm) |
| | 预热(仅适用于送丝)(℃) | 在某些应用中对粉床进行预热 |
| 机器参数 | 横移速度(mm/min) | 扫描速度(m/s) |
| | 喷嘴气体—气体类型和流量(L/min) | 粉末覆盖气体流量(L/min) |
| | 箱体环境—用于活性金属的惰性气体室,电子束加工的真空,温度,$O_2$ 水平,湿度水平 | 试验室环境—用于活性金属的惰性气体室,电子束加工的真空,温度,$O_2$ 水平,湿度水平 |
| 设计和编程参数 | 沉积层厚度(μm) | 熔融层厚度(μm) |
| | 连续轨道之间的间距—步距(mm) | 连续轨道之间的间距—扫描间距(μm) |
| | 刀具路径策略 | 刀具路径策略 |

DED 工艺和 PBF 工艺都使用各种热源,其中激光和电子束最为常见。基于电子束的技术(EBM、DM 等)需要一个真空环境,以防止电子束散射。基于激光的工艺使用了各种激光器,包括 $CO_2$ 激光器、Nd:YAG 激光器、二极管激光器和光纤激光器。由于金属对较短波长(如二极管或光纤激光器的波长为 900~1070nm)的吸收比 $CO_2$ 激光器发出的波长(约 10μm)要多得多,工业界越来越多地采用这些激光器作为能源,而不再使用传统的 $CO_2$ 激光器。表 2.3 显示了各种金属对不同激光波长的吸收率。此外,DED 技术还可以使用气体金属电弧或等离子体作为热源。PBF 工艺通常使用 50~400μm 范围内的激光或电子束光斑,而基于激光的 DED 工艺的光斑尺寸在 500μm~4mm。

表 2.3 不同金属和合金在不同激光波长下的固态吸收率值[32]

| 金属/合金 | 激光波长:约 1μm<br>(二极管激光器:880~980nm/<br>光纤激光器:1040~1070nm) | 激光的波长:约 10μm<br>($CO_2$ 激光器:10μm) |
|---|---|---|
| 钢材 | 0.630 | 0.930 |
| 镍 | 0.720 | 0.956 |
| 铜 | 0.901 | 0.984 |
| 钨 | 0.623 | 0.905 |

基于电子束、等离子体或气体金属电弧的 DED 工艺使用的光斑大得多,5~20mm 或更大。当然,有一些等离子体电弧系统也可以产生 0.5~1mm 的较小光斑尺寸。显而易见,较小的热源光斑尺寸会产生较高的工艺分辨率,并增强精细特征的构建能力;而较大的光斑尺寸会产生较高的生产率。

原料的类型在打印过程中起着重要作用。虽然线装工艺具有接近 100%的材料捕获率的优点,但与粉装工艺相比,它们的特征分辨率有限,提供的材料选择较少,而且灵活性较差。与 DED 工艺(45~150μm)相比,PBF 工艺通常使用更细的粉末,且尺寸分布更紧密(15~45μm)。PBF 工艺需要没有太多外围组织的球形粉末,以保证在每层重涂过程中粉末均匀且分布一致。在整个成形过程中,具有均匀分布的粉末层对在 PBF 工艺中实现可靠的高质量产品制造至关重要。相比之下,DED 工艺更加灵活,可以在一定范围内使用不规则的粉末。然而,要保证稳定可靠的送粉速度,特别是在低铺粉速率的条件下,也需要均匀的(最好是较少的外围组织)球形粉末。

机器参数,如 PBF 工艺中的扫描速度(相当于 DED 工艺中的横移速度)、能量密度、气体流速、成形室环境和打印平台温度,极大影响微观结构、零件质量和生产效率。PBF 工艺的典型扫描速度在 1~10m/s,而 DED 工艺的横移速度在 300~

2000mm/min。由于金属在液态下特别容易被氧化，因此必须将熔池与氧气隔离。通常采用氩气（有时是氮气）作为屏蔽气体来保护熔池不被氧化。DED 工艺通过工艺喷嘴的氩气（氮气）为熔池提供局部屏蔽。PBF 工艺使用带有氩气（氮气）的炉膛，或使用从粉末床上方炉膛一侧到另一侧的氩气交叉气流来防止氧化。使用 DED 工艺或 PBF 工艺加工诸如钛、钽和钼等活性金属时，需要一个完全的惰性气体（通常是氩气）环境。

设计和刀具路径策略在确保良好的零件质量方面也起着关键作用。从设计的角度来看，作为工艺的一部分，关键参数是层厚和步距（在 PBF 情况下为扫描间距）。较小的层厚在加工过程中能提供更好的表面光洁度。在 $X-Y$ 平面上，较小的跨度会产生一个较好的表面。然而，这两个因素也会影响零件的微观结构、孔隙率、分层等，因为这些变量与热源和横移速度一起决定了零件单位体积的热输入。PBF 系统的典型层厚在 50～200μm，而 DED 系统的层厚在 0.5～2mm 或以上。DED 的步距为 1～2mm 或以上，而 PBF 的扫描问题为 50～200μm。所有这些因素共同影响着零件的质量，以及零件的特征分辨率和表面光洁度。这些方面将在第 3 章（多种金属增材制造技术工艺）、第 7 章（金属增材制造的设计）和第 9 章（金属增材制造的市场、应用和成本）中详细讨论。

### 2.4.2　缺陷

在增材制造工艺中涉及的大量参数不仅直接影响工艺，不同变量之间的相互作用也对工艺产生影响。了解增材制造工艺中的各种缺陷以及这些缺陷如何受工艺参数影响，对获得可靠、可重复制造和高质量的产品至关重要。大量研究表明，缺陷受特定的合金系统和零件的几何形状影响[7,33-36]。

**1. 合金元素的损失**

热源、激光或电子束具有高能量密度，容易导致高熔池温度和合金元素的损失。特别是那些具有高平衡蒸汽压的元素，如铝、镁、锰、锌和铬等，这些合金元素的选择性损失会导致最终产品中出现不同的化学成分，降低机械和物理性能，从而不符合设计要求。合金元素的损失发生在熔池的表面，因而熔池的几何形状也是一个关键因素。较大的表面与体积比会导致更大的损失。因此，对于一个给定的激光或电子束尺寸，随着熔融层厚度的增加，合金损失会减少，而随着激光或电子束功率的增加，合金损失也会增加。Mukherjee 等[37]使用平衡蒸汽压、分子量和熔池温度计算了增材制造过程中的预期成分变化。图 2.13 所示为最易挥发的元素在一些常见 3D 打印合金中的预估损失。铝的预估损失与 Brice 等[38]对 Ti-6Al-4V 合金进行 EBM 加工的实验数据数值接近。

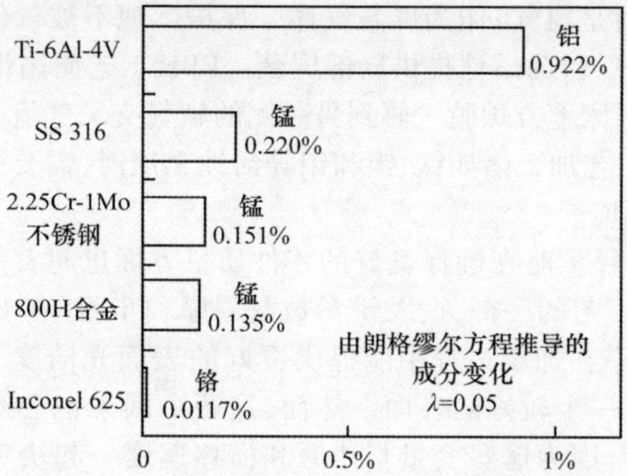


图 2.13 各种合金的增材制造生产中合金元素的估计损失[37]

基于电子束的增材制造技术(如 EBM)在真空环境中进行,会导致更大的合金损失。图 2.14(a)所示为使用 EBM 技术制造的 Ti-6Al-4V 能量输入和扫描速度对试样中铝的分布的影响[39]。图 2.14(b)所示为铝的定量损失与两个工艺参数的关系[39]。增加能量输入导致更多的铝损失;对于给定的能量输入,更快的扫描速度导致铝损失增加。高的扫描速度导致更薄的层厚和更大的表面积。此外,更高的扫描速度允许更少的热传导时间并增加熔池的温度。为了应对这些不利影响,已经设计了含有更多铝的 Ti-6Al-4V 合金用于 EBM 打印。

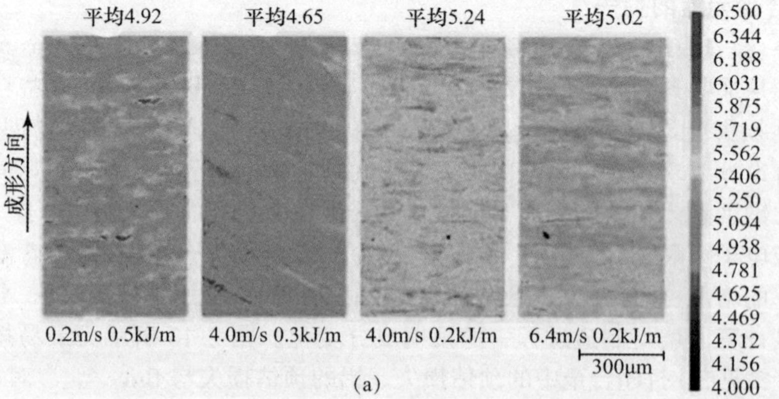


(a)

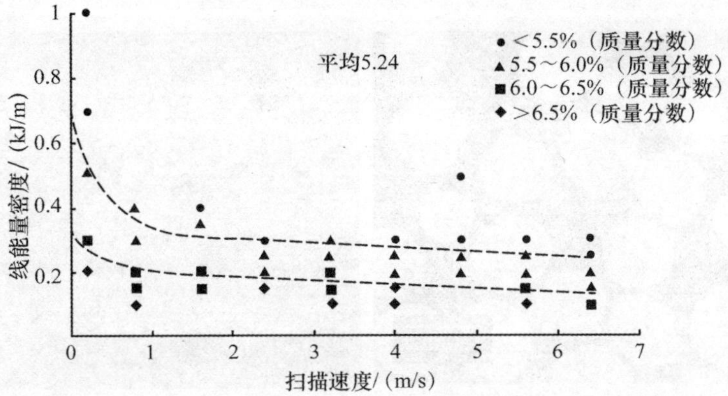


(b)

图 2.14　在不同能量输入和扫描速度下，EBM 打印 Ti-6Al-4V 合金时整个构件高度方向的铝分布(a)；以及在不同的能量水平和扫描速度下，EBM 打印 Ti-6Al-4V 构件的铝含量的定量测量(b)[39]
(彩色插图见书末)

**2. 孔隙率**

随着越来越多的 3D 打印零件投产，零件的质量和可靠性变得越来越重要。增材制造零件中的气孔有多种来源：未熔化的粉末颗粒、吸收的气体、粉末颗粒中先前存在的气孔、由参数选择不当造成的道次间空隙、由熔池不稳定造成的气孔或快速凝固造成的收缩气孔。气孔是球形的，尺寸相对较小(通常为 5～200μm)。在 PBF 工艺中，如果粉末堆积密度较低，这些气孔可能来自粉末床中夹带的气体。在 DED 工艺中，可能从喷嘴中的气体吹填过程中产生气孔。过热的熔池也会溶解气体并导致孔隙，这在低熔点合金(如铝)中(图 2.15)[40-41] 尤为明显。雾化过程中夹带气体的空心粉体也会形成气孔(图 2.16)[42]。

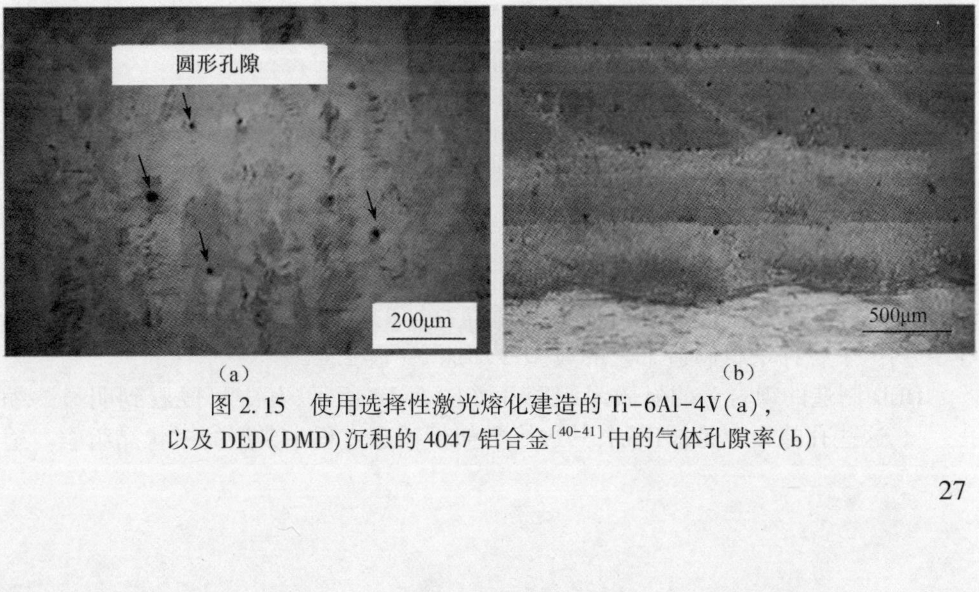


(a)　　　　(b)

图 2.15　使用选择性激光熔化建造的 Ti-6Al-4V(a)，以及 DED(DMD)沉积的 4047 铝合金[40-41] 中的气体孔隙率(b)

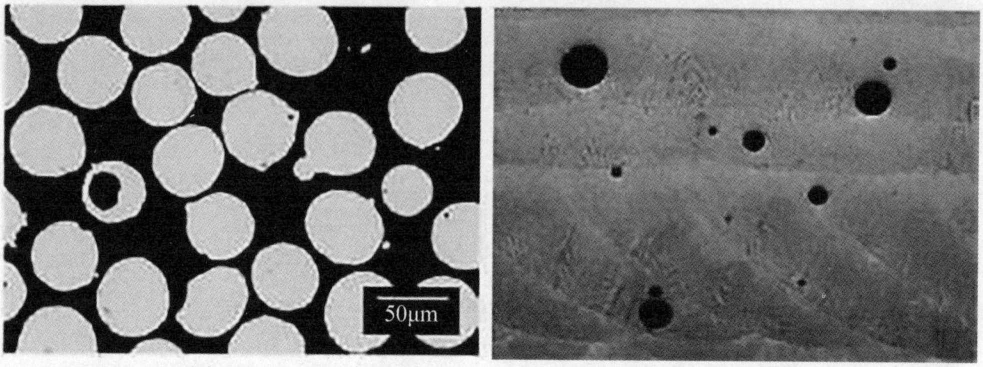


(a) (b)

图 2.16　雾化过程中带有气体孔隙的空心粉(a),以及使用空心粉建立的沉积物中的气体孔隙(b)[42]

工艺参数选择不当也会导致产品出现孔隙率。图 2.17 所示为开口间距对产品孔隙率的影响[43]。随着开口间距的增加孔隙率减少,但超过一个临界值后,它又迅速增加。

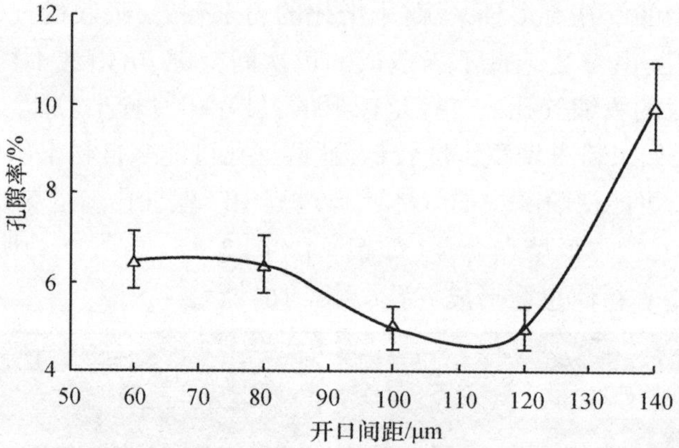


图 2.17　孔隙率含量是选择性激光熔化 In625 材料中开口间距的函数(层厚 50μm,激光光斑大小 70μm,激光功率 50W,扫描速度 0.13 m/s)[43]

在增材制造材料中观察到的另一种类型的孔隙是缩孔。这种类型的孔隙取决于合金的化学成分。因为增材制造工艺的冷却速率过快,具有较大凝固范围(液态和固态温度之间的较大差距)和较高黏性的材料更容易导致缩孔。Debroy 等[35]列出了各种增材制造工艺的典型冷却速率(表 2.4)。

DED 制造的镍合金的显微组织照片如图 2.18 所示,其中可以看到明显的缩孔[41]。这些孔隙很容易被识别,其边缘类似于铸造过程中典型的树状晶组织。适当调整工艺参数和预热温度可以消除这些缺陷。

表 2.4　增材制造的典型冷却率[35]

| 增材制造工艺 | 冷却率 | 条件 | 参考文献 |
|---|---|---|---|
| DED-激光器 | $5\times10^3\sim3\times10^4$ | Inconel 718，速度为 25~40mm/s | [44] |
| DED-GMA | $10^2\sim10^3$ | Ti-6Al-4V | [45] |
| PBF-EBM | $5\times10^4$ | Inconel 718，速度为 500mm/s，750℃预热 | [46] |
| PBF-EBM | $5\times10^4$ | Ti-6Al-4V，速度为 1500mm/s，600℃预热 | [47] |
| PBF-激光器 | $5\times10^5$ | Ti-6Al-4V，速度为 1000mm/s | [48] |
| 铸造 | $1\sim10^2$ | | [49] |
| 电弧焊 | $10\sim10^3$ | | |

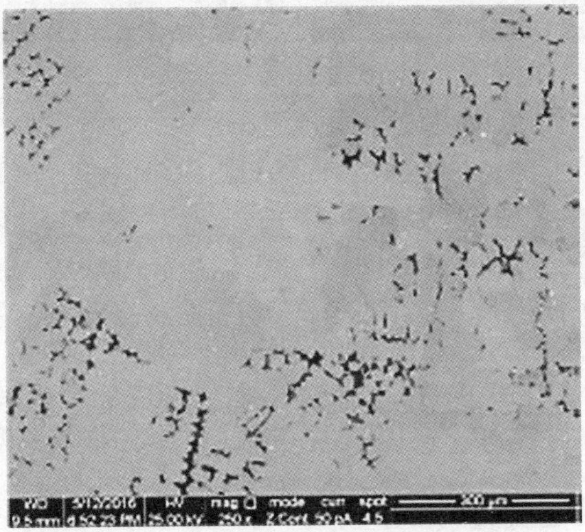

图 2.18　DED 制造的镍合金的收缩孔隙率[41]

**3. 未熔合和脱层**

由于增材制造是一个逐层加工的过程，层间附着或粘合是确保零件质量良好的关键因素。如图 2.12 所示，当熔池的深度 $d$ 大于层厚 $L_t$ 时，在打印层和基材（底层）之间形成一个稀释区。稀释区的形成确保了基材（成形平台）和打印层之间，以及连续层之间的良好黏附性。

如果输入的热量不足以熔化粉末和部分底层材料，则沉积层和下面的层之间缺乏粘合力。熔合（fusion）的程度取决于热输入、加工速度、光束直径、步长和粉末进给率（粉末层厚度）。熔合不足会造成连续层之间的不完全熔合，导致分层或不规则的大空隙,这些通常被称为未熔合引起的孔隙或空隙。与气体孔隙相比,这些空隙的尺寸通常要大得多(20μm～1mm 或更大),而且是非球状的。由于其较大的尺寸和非球形的形状,这种类型的缺陷通常比气体孔隙更致命。图 2.19 显示了展示加工速度[50]和激光功率[51]对未熔合缺陷影响的显微照片。当扫描速度超过一定值时,未熔合的现象就很明显。同样地,激光功率低于一定的能量水平时,未熔合现象就会在构件中大量存在。

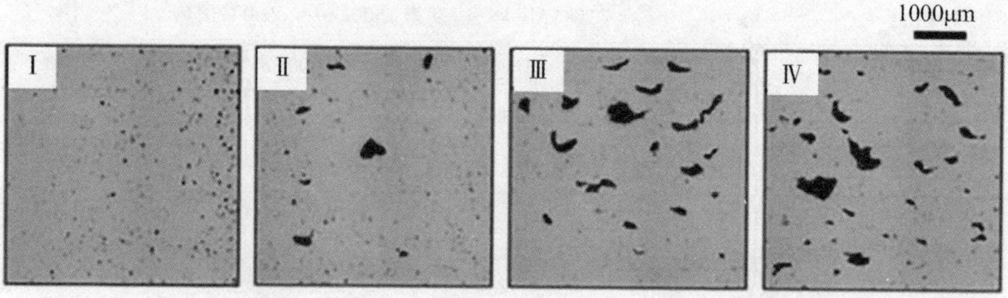


(a)

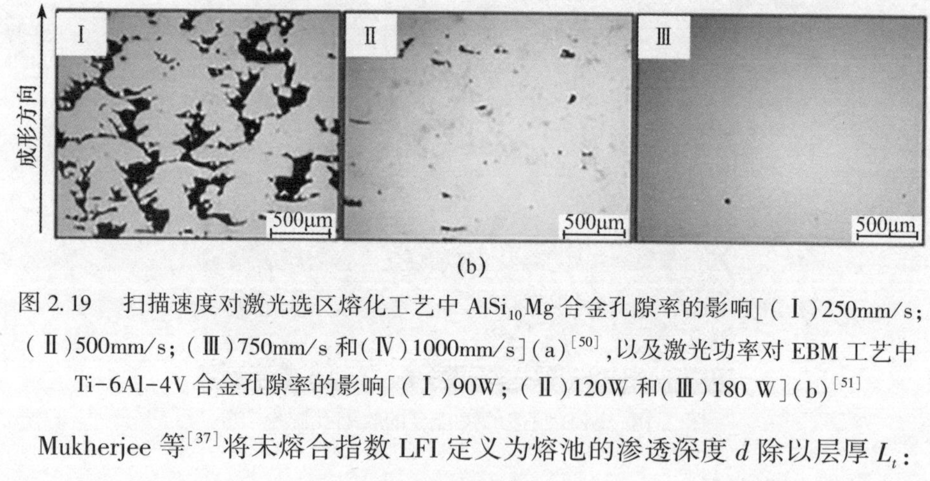


(b)

图 2.19　扫描速度对激光选区熔化工艺中 $AlSi_{10}Mg$ 合金孔隙率的影响[(Ⅰ)250mm/s;(Ⅱ)500mm/s;(Ⅲ)750mm/s 和(Ⅳ)1000mm/s](a)[50],以及激光功率对 EBM 工艺中 Ti-6Al-4V 合金孔隙率的影响[(Ⅰ)90W;(Ⅱ)120W 和(Ⅲ)180 W](b)[51]

Mukherjee 等[37]将未熔合指数 LFI 定义为熔池的渗透深度 $d$ 除以层厚 $L_t$:

$$\text{LFT} = \frac{d}{L_t}$$

图 2.20(a)显示了 LFI 对孔隙率的影响。在 LFI 为 1.0 的情况下,没有渗透到底层,孔隙率达到最高值[37]。图 2.20(b)显示了 LFI 是如何随着线性热输入而变化的[37],在 PBF 加工过程中,更高的热量会导致渗透率增加,LFI 随之增加。DED 加工的 316 不锈钢微观组织如图 2.21 所示,两个连续层之间出现未熔合缺陷[52]。

在 DED 工艺中,层厚与道次宽度之比过高,会导致道次间的孔隙。经验表明,

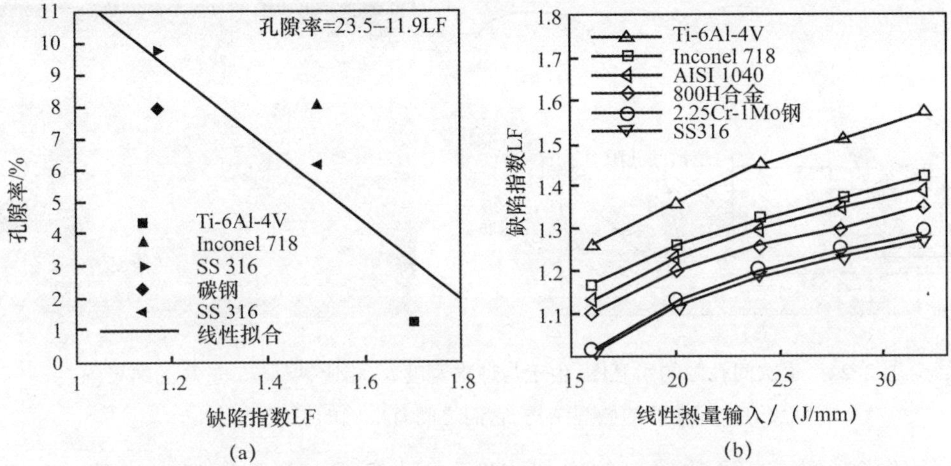


图 2.20　缺陷指数 LFI 和孔隙率含量之间的关系(a),以及热输入对 LFI 的影响(b)[37]

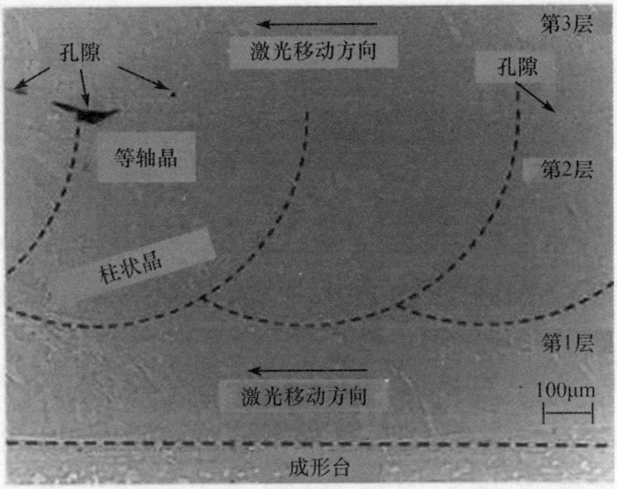


图 2.21　DED 316 不锈钢成形件显示层间未熔合缺陷[52]

层厚 $L_t$ 和道次宽度 $b_w$ 比例为 1 : 3 时最理想。当这个比例接近 1.0 时,道次会呈现“⌒⌒”形状,往往会在连续的道次之间留下孔隙(图 2.22)[41]。较高的横移速度或较低的进粉率可以减小这个比率,并能消除道次间的孔隙。

**4. 裂纹(收缩裂纹)、残余应力引起的裂纹**

增材制造工艺的冷速过快(表 2.4),在极端情况下凝固收缩会导致裂纹。图 2.23 显示了 PBF 工艺[53]和 DED 工艺[41]中的此类缺陷。较慢的横移速度或较

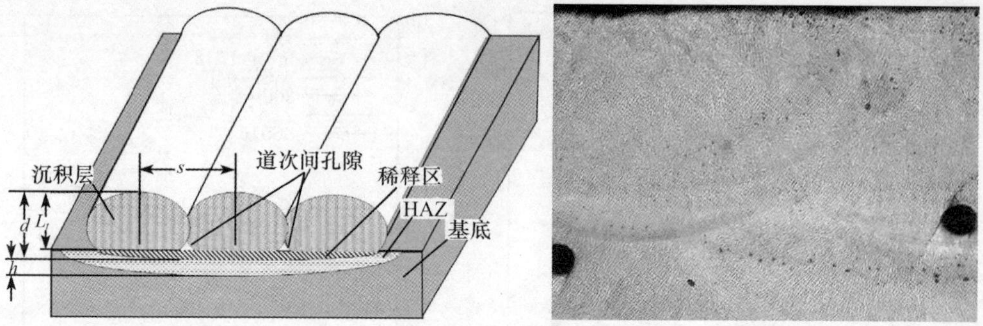


(a) (b)

图 2.22　道次间孔隙的示意图，由于与道次宽度 $b_w$ 相比，层厚 $L_t$ 过高的结果(a)；以及道次间孔隙的微观结构，它们之间有准确的扫描间距(b)[41]

高的预热温度均会导致较慢的冷却速度，有助于减少孔隙或裂纹。图 2.24 所示为随着能量输入的增加，PBF 工艺加工 CMSX486 合金[54]中的裂纹趋势也在增加。

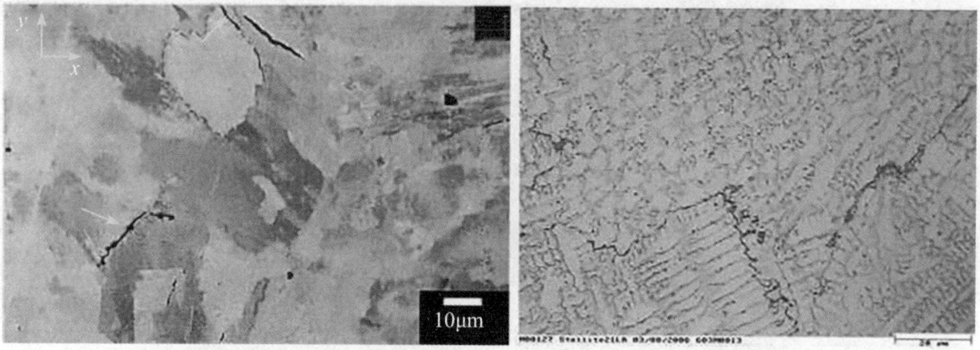


(a) (b)

图 2.23　PBF 工艺加工的哈氏合金 X(a)[53]，以及 DED 工艺加工的司太立合金(b)[41]的热裂纹

## 2.4.3　残余应力和畸变

在增材制造加工过程中，残余应力的主要来源是动态温度分布和部件内的快速冷却/加热循环。陡峭的温度梯度会进一步加剧这些应力。热导率、热膨胀系数、杨氏模量、屈服强度及相变、零件几何形状、制造过程中的工艺参数和扫描模式都会影响部件内部的残余应力大小和类型[55-56]。凝固过程中的液态到固态转变及各种固态相变(如马氏体相变或沉淀反应)都涉及体积变化，并导致制造的部

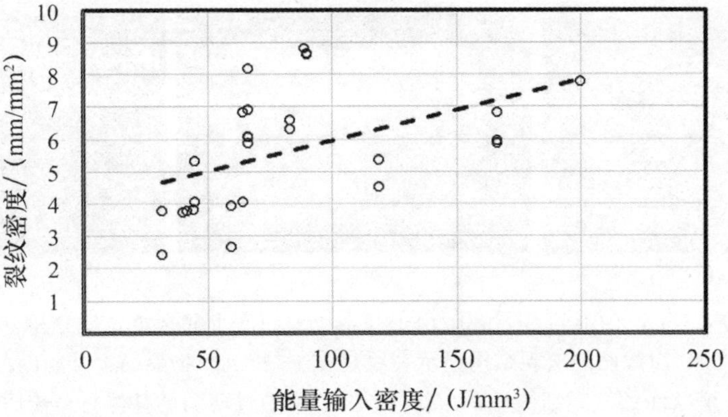


图2.24　PBF(激光熔化)加工的CMSX486合金的裂纹密度与能量输入的关系[54]
(数据是根据Carter等在立方体形状的打印样品上的实验计算出来的)

件及基体(成形平台)中的残余应力。具有较高凝固收缩率、较高热膨胀系数、高弹性模量和屈服强度的材料通常会形成较大的残余应力[57]。激光功率、激光扫描速度、送粉速度和扫描策略是影响热结构、微观结构和部件内残余应力水平的主要工艺参数。这些参数通过改变熔池几何形状和入射能量来影响冷却速度和局部温度梯度[58]。图2.25所示为PBF过程中极端的残余应力对长短裂缝[59]和分层情况[7]的影响。图2.26所示为DED加工过程中残余应力对司太立(Stellite)合

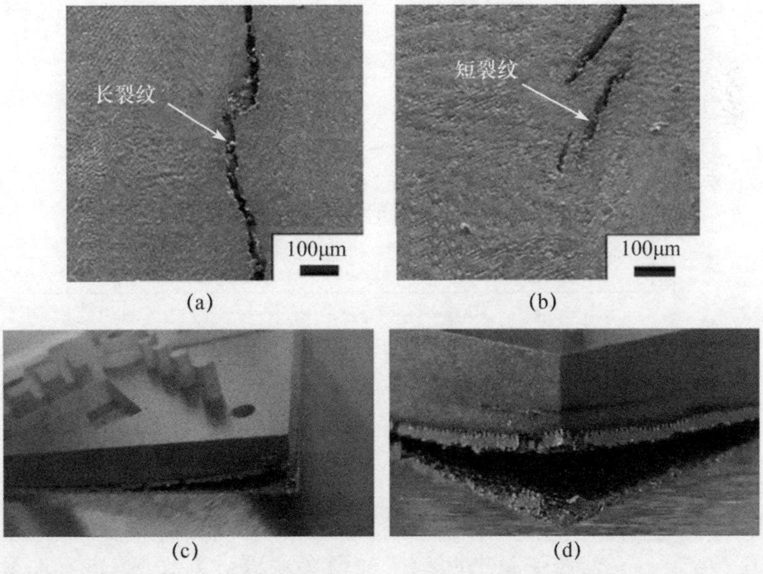


图2.25　长裂纹(a)[59]、短裂纹(b)[59],以及增材制造中的分层剥离(c)(d)[7]

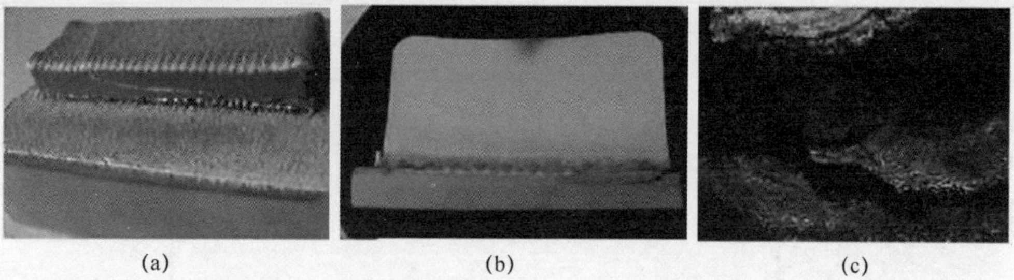


图 2.26　钨钢合金 DED 沉积过程中由于残余应力而产生的裂纹。(a) 开裂的沉积物；(b) 横截面的宏观结构显示裂纹是在基材/沉积物界面上开始的；(c)横截面的微观结构显示,裂纹在 HAZ 中通过薄弱的基体材料传播[41]

金开裂的影响[41]。

在增材制造加工过程中,有两种方法可以成功地减小残余应力:预热和合适的扫描方法。较高的预热温度和交替的光栅扫描方法已被证明可以减少材料中残余应力的积累(图 2.27)[60]。

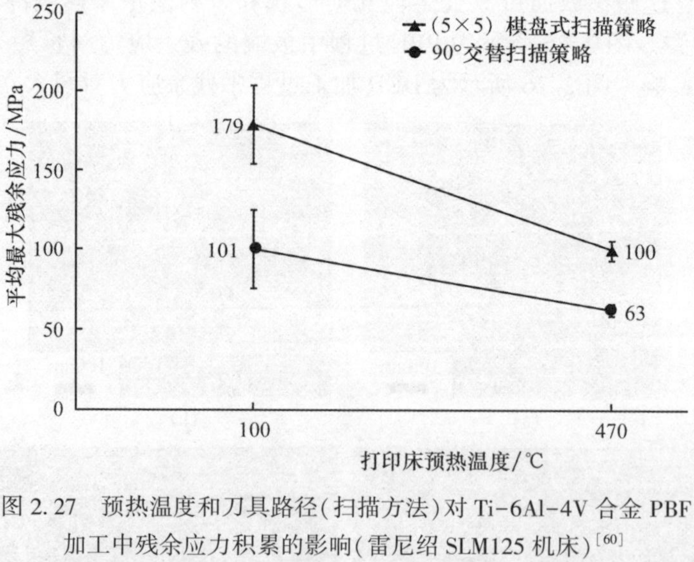


图 2.27　预热温度和刀具路径(扫描方法)对 Ti-6Al-4V 合金 PBF 加工中残余应力积累的影响(雷尼绍 SLM125 机床)[60]

由于 BJ 打印是一种冷加工,它不会出现残余应力及其产生的开裂问题。然而,BJ 常见问题是在随后的烧结步骤中出现收缩。虽然烧结有助于使材料致密化并提高强度,但它也会造成大量的收缩。通过优化烧结参数(温度和时间)及估计正确的收缩量可以在烧结后实现正确的尺寸[61]。

### 2.4.4 流程图

为在增材制造过程中对金属进行可靠的加工，需要适当地优化工艺参数、仔细选择成形方法和工具路径。本节重点讨论在增材制造过程中的工艺图，以及在加工过程中不同区域预计会出现什么样的缺陷。

在增材制造加工过程中，材料中的热量输入可以表示为

$$E = \frac{P_b}{vsL_t}$$

式中：$E$ 为每个体积单元的能量输入（$J/mm^3$）；$P_b$ 为激光或电子束的功率（W）；$v$ 为横移速度或扫描速度（mm/s）；$s$ 为步距或开口间距（mm）；$L_t$ 为层厚（mm）。

在 PBF 的情况下，$t_i$ 是热源和粉末床之间的作用时间（在 DED 的情况下则对应热源和粉末流的作用时间），由下式给出：

$$t_i = \frac{D_b}{v}$$

式中：$D_b$ 为零件上的激光或电子束直径。

图 2.28 显示了不同研究者对 Ti-6Al-4V 合金进行 EBM 加工时的实验数据[62-64]。对于一个给定的能量输入，有一个最佳的扫描速度范围；对于一个给定的速度，也有一个最佳的能量输入范围。较低的能量输入，会导致未熔合缺陷；而较高的能量水平，会导致膨胀和表面不平整。非常低的速度和低能量，会导致孔隙的形成；而低速时非常高的能量水平，会导致合金元素的损失。

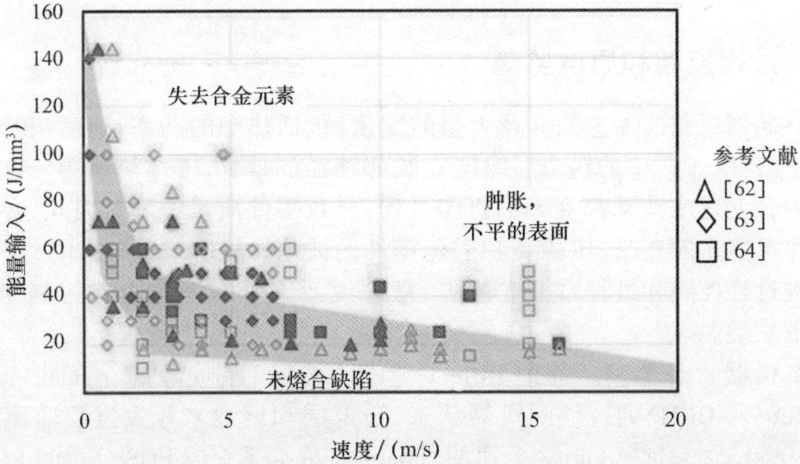


图 2.28　基于电子束的 Ti-6Al-4V 合金的 PBF 加工的工艺图
（实心符号标志生产高质量材料的参数）

图 2. 29 显示了基于激光的 PBF 工艺加工各种金属合金的过程。高能量高速区域通常表现为大的残余应力、更多的零件变形及不均匀的制造表面,而低能量低速区域由于产量低而不可取。低能量高速区域会表现出未熔合缺陷(孔隙、分层等),而高能量低速区域会导致道次之间的空隙。即使不同的材料特性不同,安全工艺窗口也存在差异,但对所有材料工艺参数的影响通常都是一样的。类似的工艺图也适用于 DED。

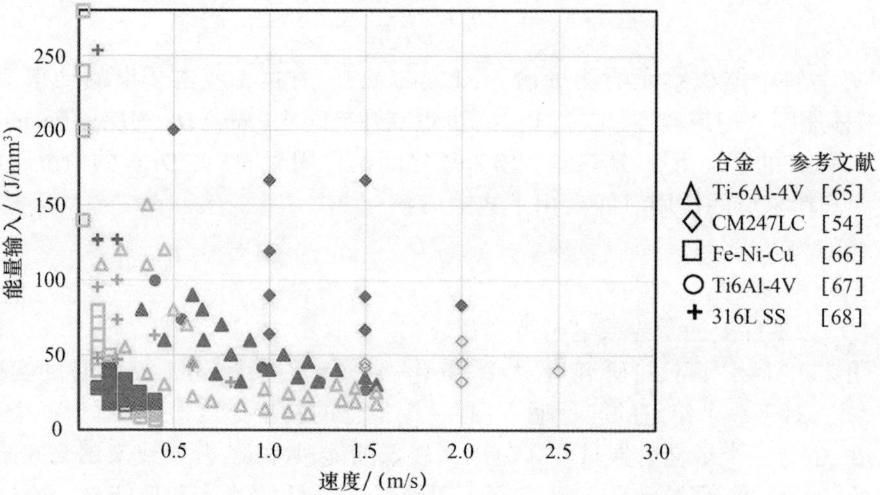


图 2. 29　不同金属合金在基于激光的 PBF 加工过程中的不同缺陷区域和安全工艺窗口(用实心符号标记)的工艺[54,65-68]

## 2. 4. 5　过程控制和原位监测

所有的增材制造工艺都涉及大量的变量,包括热源的功率、速度、粉末/线材的进给率(PBF 工艺中的粉末层厚度)、相邻路径的重叠、气体流速等。这些变量的任何组合变化或波动都会影响打印过程,导致零件质量下降。因此,必须监测和控制尽可能多的变量,以检测和避免零件的缺陷。近年来,在打印过程中人们非常重视过程控制和过程原位监测。一般来说,所有的过程监测和控制变量都可归入以下三类。

(1) 机器状态监测。各种 PBF 工艺的原始设备制造商(original equipment manufacturers, OEM)通过监测机器状态、粉末层和熔池来开发过程监测和控制(如 ConceptLaser-GE Additive 公司的 QMatmosphere 系统或 EOS 公司的 EOSTATE 系统[69])。机器状态监测涉及的参数包括成形室中的 $O_2$ 含量、气体过滤器和成形室的温度等。

（2）送粉或粉层厚度监测。所有的增材制造工艺都基于分层制造的概念，对粉层厚度的精确控制是工艺控制的一个重要部分。由于 DED 系统中的粉末流速监测在某种程度上是琐碎的，因此通常通过监测和控制粉末输送系统的调节器来进行间接调控。例如，DMD 工艺通过旋转的送粉轴实现送粉，通过反馈信息控制电动机进而调节熔池的送粉速度。然而，粉末输送系统和熔池的任何变化都不会被记录在这个过程中。相比之下，PBF 系统在每一层的粉末重新涂覆之后，加入了对粉末层的检查系统。这通常包括获取整个床层的可见光图像，将其中不均匀部分通过对比特征显示出来。如果检测到任何异常，将重复上述粉末重涂过程，以确保整个粉末床的粉末分布均匀。图 2.30 所示为从 ConceptLaser-GEAdditire 公司的 QMcoating 模块中获取的图像，该模块在重新涂覆过程后捕捉粉末层的视觉图像，并通过图像中的视觉对比度差异显示任何异常情况[70]。

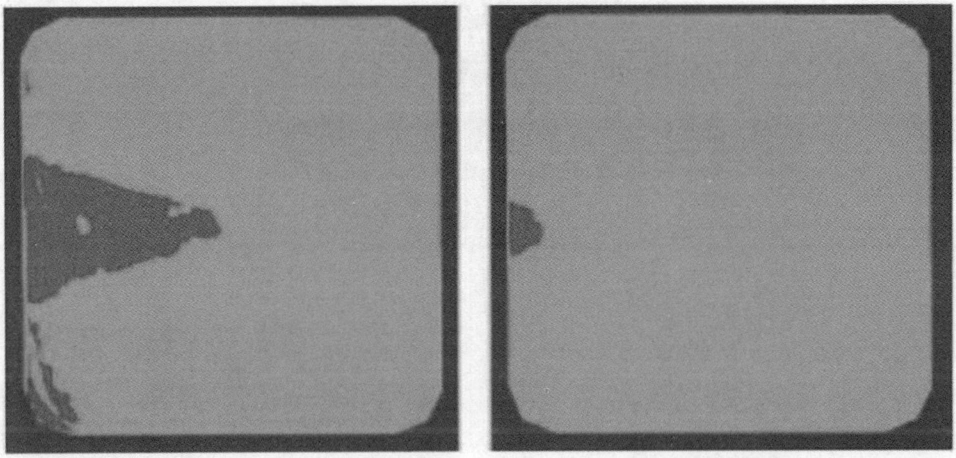

(a)　(b)

图 2.30　ConceptLaser-GEAdditire 公司的 QMcoating 模块[70]，红色（本图中为深灰色）或更深的颜色表示过量的粉末。（a）没有使用 QMcoating 模块；（b）使用 QMcoating 模块的图片。
（照片由 David Belforte、工业激光解决方案/PennWell 公司提供）

（3）熔池监测。通过光电二极管、高温计或基于摄像头的监控直接监测熔池中热源和粉末金属相互作用的直接信息。DM3D 科技集团采用具有专利的闭环反馈控制技术，在沉积过程中使用高速 CCD 相机测量熔池高度，并调节激光功率和喷嘴速度以获得理想的熔池深度[71]（图 2.31）。

DMLS 技术采用基于光电二极管的熔池监测技术，轴外或轴上的传感器收集来自熔池的信号，与标准参考信号相比，缺陷的存在通过信号的异常反映出来（图 2.32）[72]。

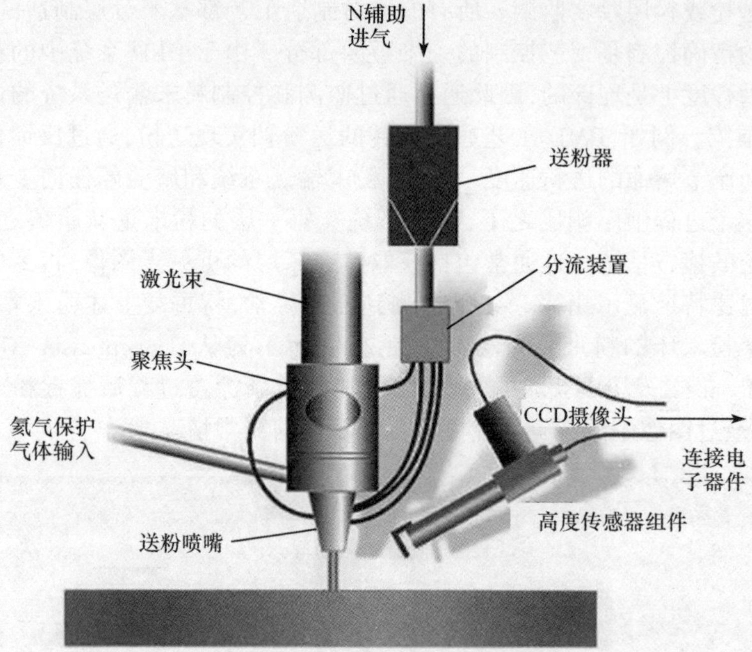


图 2.31 DM3D 的专利闭环反馈控制系统的示意[71]
(图片由 DM3D 公司提供)

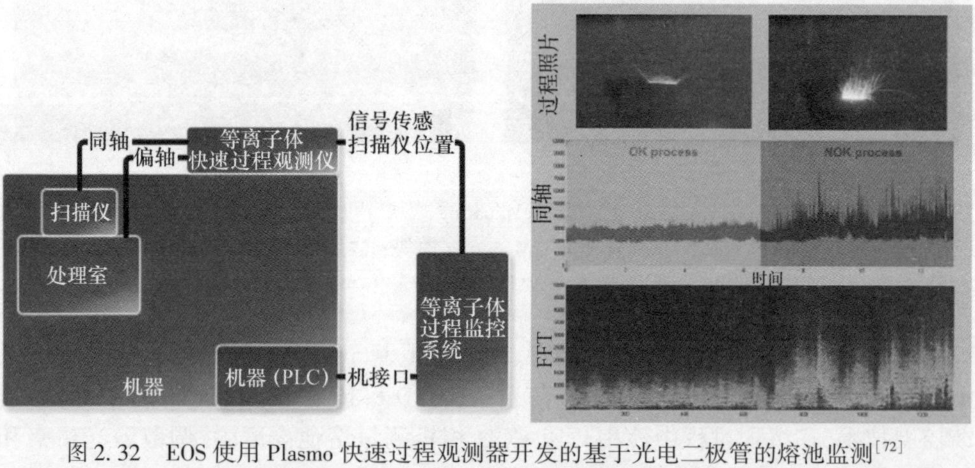


图 2.32 EOS 使用 Plasmo 快速过程观测器开发的基于光电二极管的熔池监测[72]

进一步地,可以将上述过程监测的技术拓展到过程控制中。在 EOS 机器中加入另一个监测系统 Exposure OT[72]。该系统的摄像头采用专门设计的光学器件,在激光加工过程中从整个成形平台上收集高分辨率和大焦距的图像。每一层的图像都会被采集,并且任何异常情况都可以被记录下来并定位到成形平台上的相应位置。Kruth 和 Mercelis[73]提出了一种过程控制的方法,利用标准样本校准熔池尺寸,得到如激光功率等各种过程参数的影响。一旦建立熔池和输入变量之间的关系,就可以用来在线补偿过程中任何不希望出现的变化。最新的研究进展中,使用熔池标识通过机器学习进行熔池监测,并且阐明强度及其分布与锁孔孔隙率、起球、未熔合等缺陷的关系[74-75]。目前也有尝试在线光谱分析熔池等离子体羽流以确定其成分变化。然而,这些努力还没有完全被商业化[76]。

(4) 孔隙率监测。金属增材制造采用逐层建立的策略,为每层建立后进行检查提供了机会。ArcamAB 公司针对高要求的增材制造开发了一种过程监测技术,用于通常需要重新考虑整个检测工作流程的场合。LayerQam 是一个基于摄像头的质量验证系统,将其集成到 Arcam 最新一代的 EBM 机器中用于原位过程监测。LayerQam 的主要目的是监测逐层制造产品时,在熔化过程中形成孔隙。LayerQam 在 EBM 过程中以可见光(也可以扩展到红外区域)拍摄每一层的照片。每个熔化的层都可以通过一个图像处理算法来分析,并根据自定义条件自动生成后期报告。将照片堆叠在一起,还可以生成类似 CT 扫描的三维图像。

## 2.5　增材制造件的后处理

零件制造完成后的第一步工作就是通过喷丸或喷砂工艺清理零件上的残留粉末。由于松散的粉末在零件上的附着力更强,通常情况下,使用电子束加工的 PBF 零件需要更多的时间来进行清洗。在零件清洗干净后,将零件与基底分离,并移除支撑结构。根据几何形状和其他要求,这些工作还可以通过简单的带锯切割、在计算机数字控制(computer numerical control, CNC)机器上进行铣削、线性放电加工(electric discharge machining, EDM)或其他方式来完成。一个典型的增材制造工艺之后,通常会根据最终零件规格的要求进行热处理和后加工。

(1) 热处理:所有的增材制造零件都可以进行任何热处理。采用激光加工的零件通常要进行去应力处理,因为激光工艺的快速冷却过程中会在零件内部产生残余应力。相反,基于电子束加工的增材制造零件不需要任何去应力处理。根据最终的要求,增材制造零件通常采用热等静压(hot isostatic processing, HIP)处理以减少不良孔隙并愈合裂纹[77]。HIP 工艺还可以打碎增材制造工艺中典型的柱状组织,并形成更多的等轴晶,从而产生更均匀的微观结构和各向同性的特征。HIP 工艺后可根据部件规格的最终要求进行相应的时效处理。ASTM F2924-14 和 ASTM F3001-14 标准规定了使用 PBF 系统制造的 Ti-6Al-4V 零件的热处理工艺,而 AMS 4999A 标准规定了使用基于激光的 DED 工艺生产的 Ti-6Al-4V 零件的热处理工艺[78-80]。热处理对增材制造材料的微观结构和性能的影响将在第5章“金属增材制造的微观组织和性能”中更详细地讨论。

(2) 后加工:增材制造零件的表面粗糙度和精度取决于工艺和技术。PBF工艺使用更细的粉末作为原材料,并使用更小尺寸的激光/电子束光斑进行加工,从而使零件的表面粗糙度和精度比DED工艺高得多。几乎所有DED工艺加工的零件都需要某种形式的精加工,而PBF工艺加工的零件可以根据零件的最终要求选择是否进行精加工[7]。有时只对密封区域或接触的表面进行加工,其余表面不做处理。常规的加工设备(如铣削)可以用来精加工增材制造零件。然而,由于DED零件的表面粗糙度较高,加工外表面时可能会发生切割中断,因此这时可以采用磨削或电火花加工来解决。滚磨抛光、玻璃珠喷砂和浆料珩磨等精加工工艺已被广泛用于改善内部通道的表面粗糙度。电解抛光和化学抛光也被用来抛光增材制造部件的内表面。虽然电解抛光比化学抛光产生更低的表面粗糙度(图2.33),但对电极在复杂形状的狭小空间中使用受限[81]。

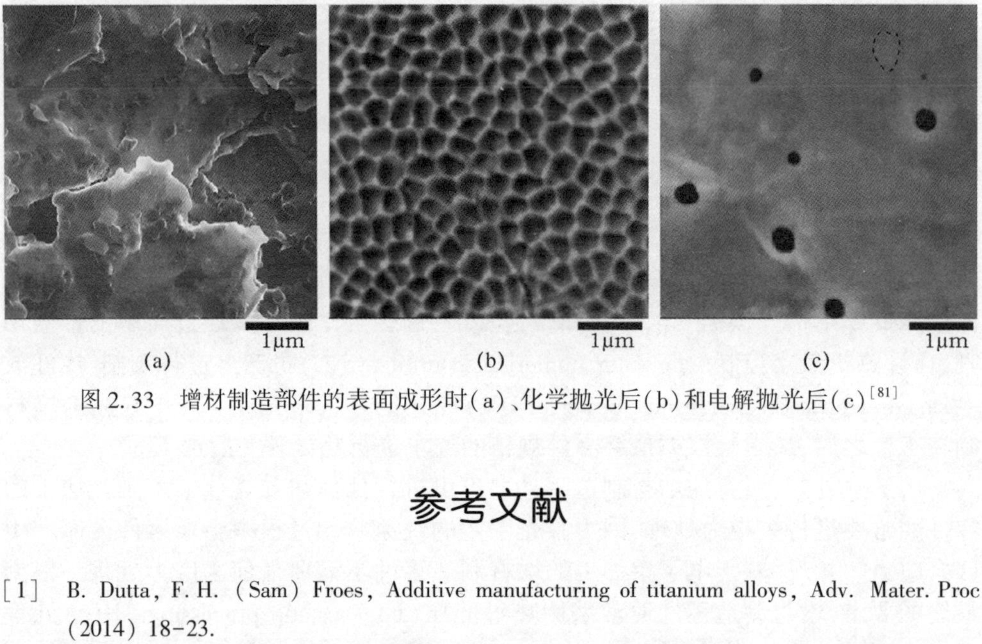


图2.33 增材制造部件的表面成形时(a)、化学抛光后(b)和电解抛光后(c)[81]

# 参考文献

[1] B. Dutta, F.H. (Sam) Froes, Additive manufacturing of titanium alloys, Adv. Mater. Proc (2014) 18-23.

[2] F.H. Froes, B. Dutta, The Additive Manufacturing (AM) of Titanium Alloys, Advanced Materials Research, 1019 (2014) 19-25.

[3] B. Dutta, F.H. (Sam) Froes, The additive manufacturing of titanium alloys, in: M. Qian, F.H. (Sam) Froes (Eds.), 'Titanium Powder Metall., Elsevier Inc., 2015. Available from: http://dx.doi.org/10.1016/B978-0-12-800054-0.00024-1 (Chapter 24).

[4]　B. Dutta, F. H. Froes, Additive Manufacturing of Titanium Alloys; State of the Art, Challenges, and Opportunities, Elsevier Inc, 2016.

[5]　G. P. Dinda, A. K. Dasgupta, S. Bhattacharya, H. Natu, B. Dutta, J. Mazumder, Microstructural characterization of laser-deposited Al 4047 alloy, Metal. Mater. Trans. A 44A (2013) 2233.

[6]　https://www.eos.info/additive_manufacturing/for_technology_interested(accessed 9.6.18).

[7]　S. Moylan, J. Slotwinski, A. Cooke, K. Jurrens, M. Alkan Donmez, Lessons learned in establishing the NIST metal additive manufacturing laboratory, Intelligent Systems Division, Engineering Laboratory, NIST, June, 2013, NIST Technical Note 1801, https://doi.org/10.6028/NIST.TN.1801.

[8]　<http://software.materialise.com/magics>, Accessed Dec 2018.

[9]　https://www.exone.com/Resources/Technology-Overview/What-is-Binder-Jetting(accessed 6.10.18).

[10]　<http://www.dm3dtech.com/index.php?option5com_content&view5article&id586&Itemid5552> (accessed 6.10.18).

[11]　https://www.optomec.com/3d-printed-metals/lens-technology/(accessed 6.10.18).

[12]　http://www.rpm-innovations.com/laser-systems(accessed 6.10.18).

[13]　https://www.beam-machines.com/(accessed 6.10.18).

[14]　https://us.dmgmori.com/products/machines/advanced-technology/additive-manufacturing (accessed 6.10.18).

[15]　http://www.sciaky.com/additive-manufacturing/electron-beam-additivemanufacturing-technology(accessed 6.10.18).

[16]　http://www.norsktitanium.com/technology(accessed 6.10.18).

[17]　https://www.amrc.co.uk/case-studies/shaped-metal-deposition(accessed 6.10.18)

[18]　https://www.3dsystems.com/3d-printers#metal-printers?utm_source5phenix-systems.com&utm_medium5301(accessed 6.10.18).

[19]　https://www.eos.info/systems_solutions/metal/systems_equipment(accessed 6.10.18).

[20]　http://www.renishaw.com/en/metal-additive-manufacturing-3d-printing--15240. (accessed 6.10.18).

[21]　https://slm-solutions.us/(accessed 6.10.18).

[22]　https://www.concept-laser.de/en/technology.html(accessed 6.10.18).

[23]　https://us.dmgmori.com/products/machines/advanced-technology/additivemanufacturing/powder-bed(accessed 6.10.18).

[24]　https://www.addupsolutions.com/en/additive-technologies/#dld(accessed 6.10.18).

[25]　http://www.arcam.com/technology/additive-manufacturing/(accessed 6.10.18).

[26]　https://fabrisonic.com/technology/(accessed 6.10.18).

[27]　Peeyush Nandwana, Amy M. Elliott, Derek Siddel, Abbey Merriman, William H. Peter, S. Babu Sudarsanam, Powder bed binder jet 3D printing of Inconel 718: Densification, microstructural evolution and challenges, Current Opinion in Solid State and Materials Science 21

(4) (2017) 207-218.

[28] https://www. objective3d. com. au/desktop-metal/(accessed 6. 10. 18).

[29] Sukhotskiy, I. H. Karampelas, G. Garg, A. Serma, M. Tong, S. Vader et al., Ref Solid Freeform Fabrication 2017: Proceedings of the 28th Annual International Solid Freeform Fabrication Symposium - AN Additive Manufacturing Conference, pp. 1806-1811.

[30] https://vadersystems. com/(accessed 6. 10. 18).

[31] https://www. arl. army. mil/www/default. cfm? page5370(accessed 15. 02. 19).

[32] Handbook of laser Materials Processing, Ed in Chief:. John F. Ready, Ass. Ed Dave F. Farson, LIA, Magnolia Pub., Ch 1, pp. 4.

[33] F. H. Kim, S. P. Moylan (Eds.), NIST Advanced Manufacturing Series 100-16, Literature Review of Metal Additive Manufacturing Defects, 2018., https://doi. org/10. 6028/NIST. AMS. 100-16(accessed 01. 10. 18).

[34] B. Zhang, Y. Li, Q. Bai, Defect formation mechanisms in selective laser melting: a review, Chin. J. Mech. Eng. 30 (2017) 515-527. Available from: https://doi. org/10. 1007/s10033-017-0121-5.

[35] T. DebRoy, H. L. Wei, J. S. Zuback, T. Mukherjee, J. W. Elmer, J. O. Milewski, et al., Additive manufacturing of metallic components - process, structure and properties, Progr. Mater. Sci. 92 (2018) 112-224.

[36] W. J. Sames, F. A. List, S. Pannala, R. R. Dehoff, S. S. Babu, The metallurgy and processing science of metal additive manufacturing, Int. Mater. Rev (2016) 1-46.

[37] T. Mukherjee, J. S. Zuback, A. De, T. Debroy, Printability of alloys for additive manufacturing, Nat. Sci. Rep. 6 (19717) (2016) 1-8. Available from: https://doi. org/10. 1038/srep19717.

[38] Brice, C. A., et al., 4th International Light Metals Technology Conference, Broach beach, QLD, Australia, 2009.

[39] V. Juechter, T. Scharowsky, R. F. Singer, C. Körner, Processing window and evaporation phenomena for Ti-6Al-4V produced by selective electron beam melting, Acta Mater. 76 (2014) 252-258.

[40] L. Thijs, F. Verhaeghe, T. Craeghs, A study of the microstructural evolution during selective laser melting of Ti6Al4V, Acta Mater. 58 (9) (2010) 3303-3312.

[41] Private Communication, DM3D Technology, 2018.

[42] G. K. L. Ng, A. E. W. Jarfors, G. Bi, H. Y. Zheng, Porosity formation and gas bubble retention in laser metal deposition, Appl. Phys. A 97 (3) (2009) 641-649.

[43] I. Yadroitsev, L. Thivillon, P. Bertrand, I. Smurov, Strategy of manufacturing components with designed internal structure by selective laser melting of metallic powder, Appl. Surf. Sci. 254 (4) (2007) 980-983. Available from: https://doi. org/10. 1016/j. apsusc. 2007. 08. 046.

[44] N. A. Kistler, A. R. Nassar, E. W. Reutzel, D. J. Corbin, A. M. Beese, Effect of directed energy deposition processing parameters on laser deposited Inconels 718: microstructure, fu-

sion zone morphology, and hardness, J. Laser Appl. 29 (2) (2017) 022005.

[45] A. A. Antonysamy, Microstructure, Texture and Mechanical Property Evolution During Additive Manufacturing of Ti6Al4V Alloy for Aerospace Applications, The University of Manchester, Manchester, UK, 2012.

[46] W. J. Sames, K. A. Unocic, R. R. Dehoff, T. Lolla, S. S. Babu, Thermal effects on microstructural heterogeneity of Inconel 718 materials fabricated by electron beam melting, J. Mater. Res 29 (17) (2014) 1920-1930.

[47] N. Shen, Y. Chou, Numerical thermal analysis in electron beam additive manufacturing with preheating effects, in: Proceedings of the 23rd Solid Freeform Fabrication Symposium, Austin, TX, 2012, pp. 774-784.

[48] Y. L. Li, D. D. Gu, Parametric analysis of thermal behavior during selective laser melting additive manufacturing of aluminum alloy powder, Mater. Des. 63 (2014) 856-867.

[49] J. W. Elmer, S. M. Allen, T. W. Eagar, Microstructural development during solidification of stainless-steel alloys, Metall. Trans. A 20 (10) (1989) 2117-2131.

[50] N. T. Aboulkhair, N. M. Everitt, I. Ashcroft, C. Tuck, Reducing porosity in AlSi10Mg parts processed by selective laser melting, Addit. Manuf. 1 (2014) 77-86.

[51] A. Bauereiss, T. Scharowsky, C. Korner, Defect generation and propagation mechanism during additive manufacturing by selective beam melting, J. Mater. Process Technol. 214 (11) (2014) 2522-2528.

[52] A. Yadollahi, N. Shamsaei, S. M. Thompson, D. W. Seely, Effects of process time interval and heat treatment on the mechanical and microstructural properties of direct laser deposited 316L stainless steel, Mater. Sci. Eng. A 644 (2015) 171-183.

[53] G. Marchese, G. Basile, E. Bassini, A. Aversa, M. Lombardi, D. Ugues, et al., Study of the microstructure and cracking mechanisms of hastelloy X produced by laser powder bed fusion, Materials 11 (2018) 106. Available from: https://doi.org/10.3390/ma11010106.

[54] L. N. Carter, K. Essa, M. M. Attallah, Optimisation of selective laser melting for a high temperature Ni-superalloy, Rapid Prototyp. J. 21 (4) (2015) 423-432.

[55] A. Saboori, D. Gallo, S. Biamino, P. Fino, M. Lombardi, An overview of additive manufacturing of titanium components by directed energy deposition: microstructure and mechanical properties, Appl. Sci. 7 (2017) 883. Available from: https://doi.org/10.3390/app7090883.

[56] K. Dai, L. Shaw, Distortion minimization of laser-processed components through control of laser scanning patterns, Rapid Prototyp. J 8 (2002) 270-276.

[57] P. Rangaswamy, M. L. Griffith, M. B. Prime, T. M. Holden, R. B. Rogge, J. M. Edwards, et al., Residual stresses in LENSs components using neutron diffraction and contour method, Mater. Sci. Eng. A 399 (2005) 72-83.

[58] C. Selcuk, Laser metal deposition for powder metallurgy parts, Powder Metall 54 (2011) 94-99.

[59] X. M. Zhao, X. Lin, J. Chen, L. Xue, W. D. Huang, The effect of hot isostatic pressing on

crack healing, microstructure, mechanical properties of Rene88DTsuperalloy prepared by laser solid forming, Mater. Sci. Eng. A 504 (1-2) (2009) 129-134.

[60] H. Ali, H. Ghadbeigi, K. Mumtaz, Effect of scanning strategies on residual stress and mechanical properties of selective laser melted Ti6Al4V, Mater. Sci. Eng. A 712 (2018) 175-187.

[61] Y. Wang, Y. F. Zhao, Proc. Manuf. 10 (2017) 779-790.

[62] A. Kirchner, B. Klöden, J. Luft, T. Weißgärber, B. Kieback, Process window for electron beam melting of Ti-6Al-4V, Powder Metall. 58 (4) (2015) 246-249 (Euro PM 2014).

[63] V. Juechter, T. Scharowsky, R. F. Singer, C. Körner, Processing window and evaporation phenomena for Ti-6Al-4V produced by selective electron beam melting, Acta Mater. 76 (2014) 252-258.

[64] A. M. Rausch, V. E. Küng, C. Pobel, M. Markl, C. Körner, Predictive Simulation of Process Windows for Powder Bed Fusion Additive Manufacturing: Influence of the Powder Bulk Density, Materials 10 (2017) 1117. Available from: https://doi.org/10.3390/ma10101117.

[65] H. Gong, K. Rafi, H. Gu, T. Starr, B. Stucker, Analysis of defect generation in Ti-6Al-4V parts made using powder bed fusion additive manufacturing processes, Addit. Manuf. 1-4 (2014) 87-98.

[66] J. P. Kruth, L. Froyen, J. Van Vaerenbergh, P. Mercelis, M. Rombouts, B. Lauwers, Selective laser melting of iron-based powder, J. Mater. Proc. Technol. 149 (2004) 616-622.

[67] H. Gong, K. Rafi, H. Gu, G. D. Janaki Ram, T. Starr, B. Stucker, Influence of defects on mechanical properties of Ti-6Al-4V components produced by selective laser melting and electron beam melting, Mater. Des. 86 (2015) 545-554.

[68] Ruidi Li, Jinhui Liu, Yusheng Shi, Li Wang, Wei Jiang, Balling behavior of stainless steel and nickel powder during selective laser melting process, Int. J. Adv. Manuf. Technol. 59 (2012) 1025-1035.

[69] L. Fuchs, C. Eischer, White paper, In-process monitoring systems for metal additive manufacturing, EOS, https://cdn.eos.info/839090ec135565bc/b6a6ac17dca9/EOS_Whitepaper_Monitoring.pdf (accessed 15. 10. 19).

[70] C. Dunsky, Industrial Laser Solutions, Sept 2014, Process Monitoring in Laser Additive Manufacturing, 2014, pp. 14-18.

[71] J. Koch, J. Mazumder, Apparatus and methods for monitoring and controlling multilayer laser cladding, US Patent 6,122,564, September, 2000.

[72] Thomas Grünberger, Robert Domröse, Optical In-Process Monitoring of Direct Metal Laser Sintering (DMLS) 2 Laser Technik Journal, WILEY-VCH Verlag GmbH & Co. KGaA, Weinheim, 2014, pp. 40-42.

[73] J.-P. Kruth, P. Mercelis, United States Patent Application: US 2009/0206065 A1, Procedure and apparatus for in-situ monitoring and feedback control of selective laser powder processing, August, 2009.

[74] Luke Scime, Jack Beuth, Using machine learning to identify in-situ melt pool signatures indicative of flaw formation in a laser powder bed fusion additivemanufacturing process, Additive Manufacturing 25 (2019) 151-165.

[75] Sam Coeck, Manisha Bisht, Jan Plas, Frederik Verbist, Prediction of lack of fusion porosity in selective laser melting based on melt pool monitoring data, Additive Manufacturing 25 (2019) 347-356.

[76] B. Dutta, S. Palaniswamy, J. Choi, L. J. Song, J. Mazumder, Additive Manufacturing by Direct Metal Deposition, Adv. Mater. Processes (May 2011) 33-36.

[77] K.-T. Hsu, H.-S. Wang, H.-G. Chen, P.-C. Chen, Effects of the hot isostatic pressing process on crack healing of the laser repair-welded CM247LC superalloy, Metals 6 (2016) 238. Available from: https://doi.org/10.3390/met6100238.

[78] Standard Specification for Additive Manufacturing Titanium-6 Aluminum-4 Vanadium with Powder Bed Fusion, ASTM 2924, American Soc. for Testing of Metals, 2012.

[79] Standard Specification for Additive Manufacturing Titanium-6 Aluminum-4 Vanadium ELI (Extra Low Interstitial) with Powder Bed Fusion, ASTM F3001-14, American Soc. for Testing of Metals, 2014.

[80] Titanium Alloy Direct Deposited Products6Al - 4V Annealed, AMS 4999A, SAE International, 2011

[81] Pawan Tyagi, Tobias Goulet, Christopher Riso, Robert Stephenson, Nitt Chuenprateep, Justin Schlitzer, Cordell Benton, Francisco Garcia-Moreno, Additive Manufacturing 25 (2019) 32-38.

# 第3章 多种金属增材制造工艺

## 3.1 工艺比较

不同的金属增材制造工艺应用场合不同[1]。虽然其中一些工艺存在相互竞争,但不同类别的工艺更具有互补性。每一类工艺都有自己独特的优势和局限性。粉末床熔融工艺具有中空无支撑的通道结构,适用于较小和复杂的几何形状;定向能量沉积工艺则更适用于需要较高沉积率的粗大部件。与定向能量沉积工艺相比,粉末床熔融工艺使用精细的粉末颗粒与较小尺寸的激光或电子束,因此成形件具有更高的表面质量。然而,在大多数场合下,大部分增材制造生产的部件需要某种形式的精加工。定向能量沉积工艺具备在现有零件上增加金属的能力,因此可以用于制造表面保护涂层、重新制造和修复损坏的零件、重新配置或增加现有零件的功能及制造新零件。粘结剂喷射工艺生产的部件具有低残余应力,在某些应用中具有明显的优势。薄材叠层工艺适用于嵌入式传感器、多材料打印及一些特殊的应用场合。

PBF 工艺利用一小层厚度的粉末和粉末床的支撑结构来创造悬挑。如图 3.1 所示,根据悬挑的角度表面可能会有一些变形。使用 DMLS 工艺制造的不锈钢测试工件,除了表面形状不佳,将图中底部放大可以看到原计划做成方形的部分上

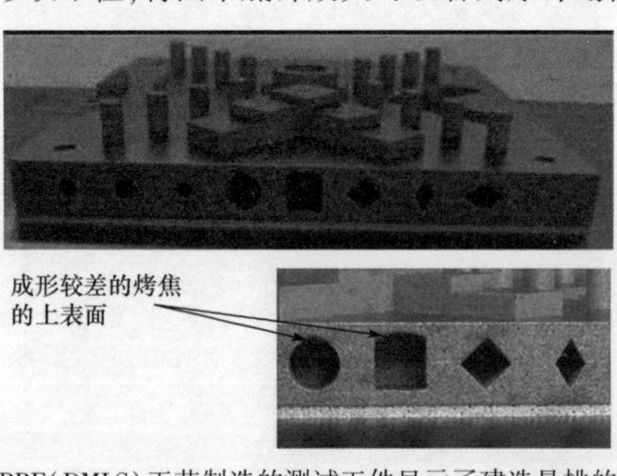


图 3.1 PBF(DMLS)工艺制造的测试工件显示了建造悬挑的能力[2-3]

表面被烧焦(变黑)和扭曲,在直径为 6mm 的圆柱形顶部也有类似的不那么严重的变形和烧蚀,然而顶角角度为 90°和 60°的菱形没有发生变形,更陡峭的角度形成了更低的表面粗糙度和更高的尺寸精度。因此,与垂直轴的角度小于 45°时,可以不需要支撑结构。PBF 工艺可以制造封闭的悬空结构,因此该技术能够用来制造带有冷却液通道的部件或通过设计空腔减少部件的质量。

已有大量的测试来评估 PBF 工艺制造悬挑的程度、结构特征的分辨率及表面粗糙度等。图 3.2 显示了分别使用基于激光和电子束的 PBF 工艺制造的两个测试工件。虽然不同 PBF 机器之间有细微的差别[4],但总的来说,PBF 工艺的分辨率和制造悬挑的能力大于 DED 工艺。图中从左到右分别为使用 DMLS 和 EBM(PBF 的两种工艺)工艺制造的零件。

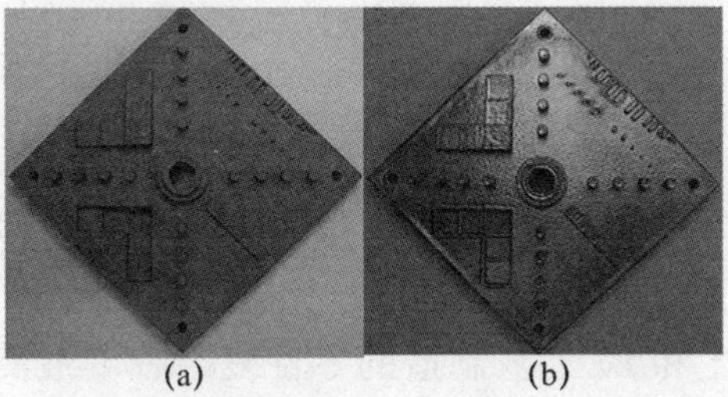

图 3.2　使用增材制造构建的测试工件[2]:(a) 使用直接金属激光烧结技术制造的不锈钢;(b) 使用电子束熔化成形技术制造的 Ti-6Al-4V 零件

PBF 工艺的激光/电子束尺寸小,因此能够建造壁厚较小的精细结构。图 3.3 显示了使用 DMLS 工艺建造的一个 3cm×3cm×3cm 八字格桁架[5]。图 3.3 还显示了该结构侧面和顶部的 CT 扫描图,以及桁架的支柱结构。红线标记是 CAD 是预定的打印区域,灰色实心是实际建造的结构。通过测量发现与 CAD 的最大偏差为 100 μm。

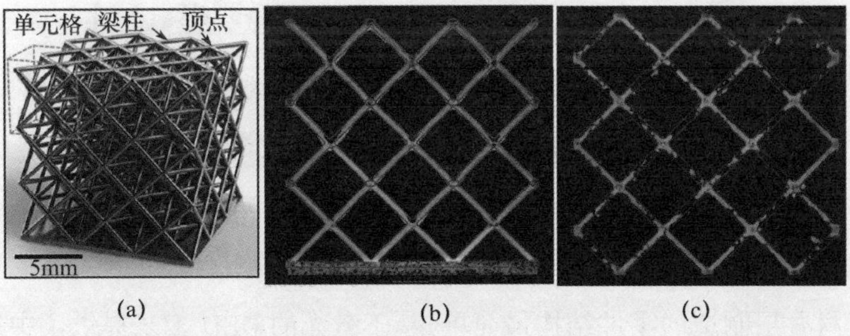


图 3.3　DM LS 工艺建造的八角形桁架结构:(a) 分别是结构的 CT 扫描的侧面和顶部视图(b)(c)[5]

与PBF工艺相比,DED工艺依靠其多轴沉积能力来创造悬挑。然而,激光、电子束、等离子体、电弧光斑的尺寸越大,层厚度越大,这种能力越受限。图3.4显示了使用直接金属沉积技术(一种基于激光的定向能量沉积技术)[6]和线弧增材制造工艺(wire arc additive manufacturing, WAAM, 一种基于电弧的定向能量沉积工艺)[7]建立的悬挑。激光光斑的尺寸小于电弧光束的尺寸,因此基于激光的

图3.4　使用DED工艺建造的悬挑。(a) DMD(基于激光的DED工艺)[6];
(b) 线弧增材制造[7]建造的结构

DED工艺比基于电弧的DED工艺具有更好的分辨率,可以制造更复杂的系统。图3.5显示了各种金属增材制造技术在尺寸、制造率和生产复杂几何形状能力方面的对比图。PBF工艺和BJ工艺制造的零件复杂程度最高,而基于电弧的DED

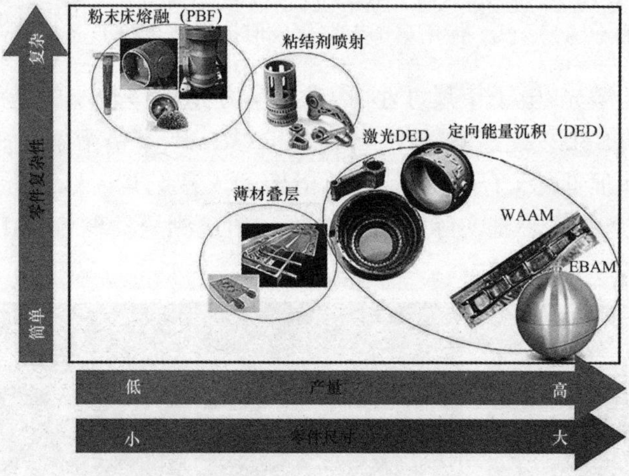


图3.5　各种金属增材制造技术的零件复杂性和尺寸能力的图示
(照片由MarkLewis,洛克希德-马丁公司提供,图中的零件并不是按尺寸放大的[8-14])

工艺和薄材叠层制造的零件结构最简单,基于激光的DED工艺提供了中等水平的零件复杂度。然而,与PBF工艺相比,线弧增材制造和电子束增材制造工艺具有非常高的沉积率(制造效率)。图3.6展示了不同的商业化增材制造技术,量化分

析了不同技术的性能差异[15-26]。对于每个工艺类别(如 PBF 或 DED)都选取了几个具有代表性的制造商和机器型号,显示了可以选用的范围。当然,该图只是各自技术的典型代表,数据并不详尽,还有许多 DED 和 PBF 制造商没有在名单中。显然,DED 工艺的构建量和沉积率要高得多,而表面粗糙度、特征分辨率和层厚度都比较差。

随着零件的尺寸能力从 PBF 工艺到 BJ 工艺再到 DED 工艺的增加,材料吞吐量(成形速率)也会增加,但构建复杂几何形状的能力会降低。

DMLS(PBF)工艺制造的胫骨植入物照片提供者:Lawrence Murr,得克萨斯大学,埃尔帕索;EBM(PBF)工艺制造的液压歧管照片提供者:橡树岭国家大学美国能源部实验室; EBM(PBF)工艺制造的髋臼杯照片提供者:Mike Cloran,GE 增材制造公司; 激光选区熔化制造的泵壳照片提供者:Kristal Kilgore 和 Mark Hoefing, SLM Solutions;粘结剂喷射制造的部件照片由 ExOne 的 Mike Shepherd 提供; UAM(薄材叠层)工艺制造的部件照片提供者:Adam Hehr 和 Mark Norfolk, Fabrisonic; DMD (激光 DED)工艺制造的扩散器外壳、锻造工具和修复的涡轮机支架外壳照片由 DM3D Technology 提供。WAAM(DED)工艺制造的钛合金机翼撑杆照片提供者:Mark Potter 和 Stephen Morgan,BAE 系统公司;EBAM(DED)工艺建造的钛合金推进剂箱。

表 3.1 总结了目前用于生产金属零件的各种增材制造技术的特点、能力和优缺点[15-26]。被加工结构垂直表面的粗糙度主要受增材制造层厚影响。激光或电子束的光束大小及开口间距影响着水平表面的粗糙度;PBF 工艺使用了更小的光束尺寸(激光和电子束)、更短的开口间距和更小的层厚,因此与 DED 工艺相比具有更好的表面粗糙度;而相对地,PBF 工艺的沉积率也更低。因此,PBF 工艺更适用于精确、复杂的小尺寸物体。DED 工艺更适用于以较高的加工速率制造较大的部件,但其加工表面更粗糙。由于 DED 工艺基于金属的沉积,它们能够在现有零件上增加金属。DED 的这一关键能力使其能够修复和重新制造损坏的零件。这也使 DED 工艺有能力在一次制造中添加多种金属,从而实现其多材料加工能力。BJ 工艺具有非常低的残余应力,在许多应用中都很有用。薄材叠层技术则适用于涉及嵌入式部件(如传感器等)的特殊场合。下面将描述金属增材制造技术的不同性能。

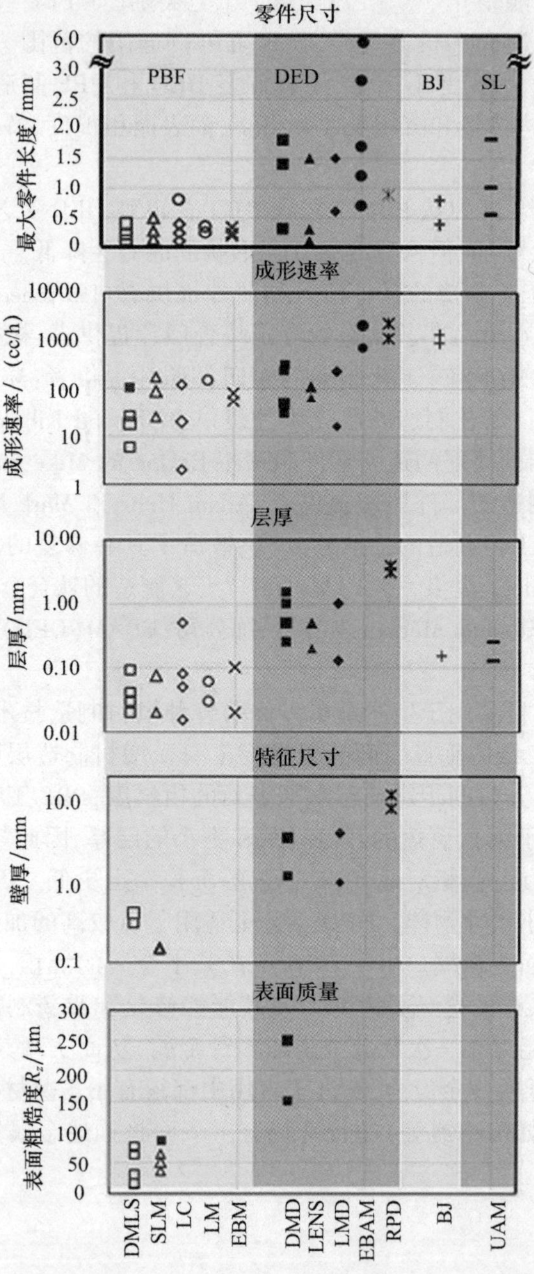


图 3.6　一些 PBF、DED、BJ 和 SL 制造商的工艺和机器能力的定量表示

（该图纯粹是这些能力的代表，并不包括所有制造商或每个制造商的所有系统[15-26]）

表 3.1 各种技术的比较[15-27]

| 项目 | 粉末床熔融 | | 定向能量沉积 | | | 粘结剂喷射 | 薄材叠层 |
|---|---|---|---|---|---|---|---|
| 能源来源 | 激光(单激光、双激光或四激光,最高可达 1kW) | 电子束(高达 6kW) | 激光(高达 8kW) | 电子束(高达 42kW) | 气体钨弧或等离子体 | 采用使粉末黏附的粘合剂,然后在炉中烧结 | 超声波能量 |
| 工艺 | DMLS、SLM、LM、LC、LBM、DMP | EBM | DMD、LENS、LDT、DED | EBAM | RPD、WAAM | BJ | UAM |
| 成形台范围 | 有限,最大尺寸为 800mm × 400mm × 500mm | 有限,直径 250mm ×高 430mm | 大而灵活,尺寸为 1425mm× 1020mm× 1020mm | 非常大,尺寸为 5791mm× 1219mm ×1219mm | 大而灵活,尺寸为 900mm × 600mm×300mm | 中等,最大尺寸为 800mm × 500mm×400mm | 大,最大尺寸为 1524mm × 1524mm ×914mm |
| 电子束/焊珠尺寸 | 小/0.1~0.5mm | 小/0.2~1mm | 大/2~4 mm | 不详 | 1~12mm | | 不详 |
| 壁厚 | 0.15~0.3mm | 0.25mm | 1~4mm | 2.5~6.25mm | 1~12mm | >1.5 mm | — |
| 层厚 | 小,25~100μm | 小,50~100μm | 大,500~1000μm | 不详 | 1~4mm | 150μm | 150μm |
| 成形率 | 低,6~171cc/h | 低,55~80cc/h | 中等,16~320cc/h | 非常高,717~2050cc/h | 非常高,1128~2257cc/h | 高,900~1350cc/h | — |
| 表面 | 非常好,$R_a$ = 9~12μm,$R_z$ = 35/40μm | 良好,$R_a$ = 25/35μm | 中等,$R_a$ = 20~50μm,$R_t$ = 150~300μm(取决于焊珠尺寸) | 非常粗糙 | 粗糙,$R_a$ = 200μm | 非常好,$R_a$ = 15μm | — |
| 相对密度 | 高,>99% | 高,>99% | 高,>99% | 高,>99% | 高,>99% | 烧结后为 98% | 高,>99% |
| 残余应力 | 高 | 最低 | 高 | 基体高,沉淀物低 | 非常高 | 非常低 | 低 |
| 热处理 | 优先释放压力,优先选用热等静压工艺 | 不需要释放压力,是否进行热等静压工艺都可以 | 优先释放压力,优先选用热等静压工艺 | 需要释放压力,是否进行热等静压工艺都可以 | 优先释放压力,优先选用热等静压工艺 | 烧结、致密化和增加强度是必需的 | 可能需要在各层之间进行互渗 |

续表

| 项目 | 粉末床熔融 | | 定向能量沉积 | | | 粘结剂喷射 | 薄材叠层 |
|---|---|---|---|---|---|---|---|
| 化学活性 | 元素的损失可忽略不计 | 元素的损失（如Al）需要在粉末中得到补偿 | 元素的损失可忽略不计 | 元素的损失（如Al）需要在粉末中得到补偿 | 元素的损失可忽略不计 | 元素的损失可忽略不计 | 没有元素损失 |
| 成形能力 | 可以用非常高的分辨率实现复杂的几何形状。能够建立内部特征和通道 | 在良好的分辨率下，可以实现复杂的几何形状。能够建立内部特征和通道 | 相对较简单的几何形状，分辨率较低。构建内部特征和通道等的能力有限 | 简单的几何形状，分辨率低。没有内部特征和通道 | 简单的几何形状，分辨率低。没有内部特征和通道 | 在良好的分辨率下，可以实现复杂的几何形状。能够建立内部特征和通道 | 简单的几何形状，分辨率低。构建内部特征和通道的能力有限 |
| 维修/再制造 | 只有在有限的应用中才有可能（需要从水平面开始再制造） | 不可能 | 可能的（能够通过5+1轴配置在3D表面上添加金属，使维修解决方案具有吸引力） | 能力有限 | 可能 | 不可能 | 不可能 |
| 在现有零件上增加特征/金属能力 | 只有在有限的应用中才有可能（需要水平面作为起点） | 不可能 | 可能。根据尺寸的不同，也可以采用ID包层 | 能力有限 | 可能 | 不可能 | 不可能 |
| 多材料成形或硬涂层 | 不可能 | 不可能 | 可能 | 不可能 | 可能 | 不可能 | 可能 |
| 在成形室内的加工能力 | 不可能 | 不可能 | 可能 | 不可能 | 可能 | 可能 | 可能（过程的一部分） |

## 3.2　自由成形能力

小的光束尺寸和层厚，加上粉末床的支持，使 PBF 工艺(如 EBM、DMLS 或 SLS)能够生产出具有高精度和无支撑结构的复杂几何形状。图 3.7 显示了一个使用 EBM 工艺制造的水下机械手的液压歧管支架。在一次成形中同时建造带有内部通道的一体化支架和歧管。由于不需要制造多个零件，大幅节省了成本。部件表面光洁，除了密封表面和螺丝孔的螺纹，所有表面不需要额外精加工。一般来说，PBF 工艺比 DED 工艺能获得更光洁的表面。然而，对于高要求的应用场合(如在航空航天领域)，仍然需要对表面进行精加工[28]。

图 3.7　使用 EBM 工艺制造的液压歧管
(图片由橡树岭国家实验室、能源部提供，该零件是在橡树岭国家实验室制造业示范研究中心中制造的)

图 3.8 显示了使用 DMLS 工艺[29]制造的一个注塑模芯。这是塑料零件注塑成形设备所需的 16 个芯中的一个。图 3.8(a)所示为带有内部冷却通道的工具的 CAD 模型，图 3.8(b)所示为使用 300 马氏体钢制造的实际工具。PBF 工艺能够按照零件的轮廓产生三维冷却通道，这使制造这种工具成为可能。该工艺的一个好处是冷却通道的位置更接近零件表面，塑料冷却更快、更均匀，从而缩短了生产周期，提高了零件质量。这些能力是 PBF 工艺或 BJ 工艺所特有的。

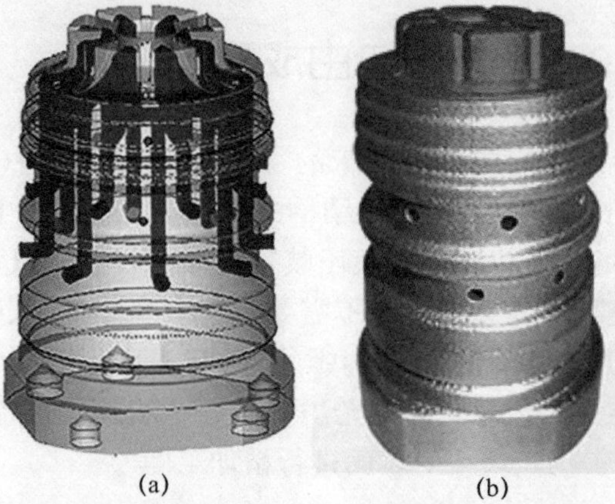

图 3.8 使用 DMLS 工艺的注塑模芯[29]。(a) 显示内部冷却通道的 CAD 设计；(b) 使用 300 马氏体时效钢的 DMLS 工艺建造的实际模芯
(图片由 EOS 北美公司的 Adam J. Penna. 提供)

图 3.9 显示了一个使用激光金属沉积制作的 Inconel 718 合金网格翅片[30]。三个相同的零件在制造过程中使用了不同的工艺参数。图 3.9(a)所示的零件采用了 1070W 的激光功率，以 17cc/h 的沉积率沉积 30.5h。图 3.9(b)所示的零件使用了 1700W 的激光功率，以 33cc/h 的沉积率沉积 17h，但是表面比较粗糙。相比之下，图 3.9(c)所示的零件使用了 2620W 的激光功率，以 66cc/h 的沉积率加工 8.5h，但是表面最粗糙。这清楚地说明，在增材制造中有各种方法来建造一个零件。根据零件的几何形状、材料和商业要求仔细设计成形策略和优化工艺至关重要。

图 3.9 使用 LMD(基于激光的 DED)工艺建造的 Inconel 718 栅格翅片，其沉积率各不相同[30]。(a)是用最低的激光功率(1070W)和沉积率(17cc/h)建造的；(b)使用了较高的激光功率(1700W)和沉积率(33cc/h)；(c) 使用了最高的激光功率(2620 W)和最高的沉积率(66 c/h)
(图片由 RPM 创新公司的 Tyler Blumenthal 和 Nick Wald 提供)

BJ 工艺可以制造内部具有几何结构的精细零件。然而为了提高强度，在随后的熔炉烧结过程中，零件会发生变形，必须在设计和加工过程中加以校正。图 3.10 显示了一个由 S4 不锈钢和青铜制成的定子[31]。传统的定子通常由 4140 钢实体坯料加工而成，BJ 工艺大大节省了成本。此外，S4 不锈钢为部件提供了更好的耐磨性和更长的寿命。

图 3.10　粘结剂喷射建造的定子部分，材料是 S4 不锈钢和青铜[31]
（图片由 ExOne 公司的 Mike Shepherd 提供）

诸如电子束增材制造、线弧增材制造和快速等离子沉积等 DED 工艺由于具有非常高的沉积率，而且各自能量源（分别为电子束、电弧、等离子体）具有大光斑尺寸，特别适合加工具有简单几何形状的大部件。图 3.11 显示了一个 1.2m 长的 Ti-6Al-4V 机翼支柱，它是在一个柔性外壳中使用含七轴机器人系统的等离子体电弧焊沉积而成的[32]。该部件具有的直线和曲线特征，都是垂直于基体打印而成的。通常需要在牺牲层的两侧交替沉积来同时制造两个部件，以平衡和减少基底板上的变形应力。该工艺的沉积速度为 0.8kg/h，买飞比为 1.2。

图 3.11　使用 WAAM 系统制造的 Ti-6Al-4V 型翼撑的顶视图和侧视图[32]
（图片由 BAE 系统公司的 Mark Potter 和 Stephen Morgan 提供）

## 3.3 维修和再制造

增材制造的一个重要应用领域是维修和再制造磨损和损坏的部件。图 3.12 显示了一个顶部的工具插件在使用过程中,断裂了一个指头的情况[33]。扫描该工具并重新生成 CAD 几何形状后,就可以用 DMLS 工艺重建该工具。与用新的工具替换损坏的工具相比,修复损坏的工具可以大幅节省费用。

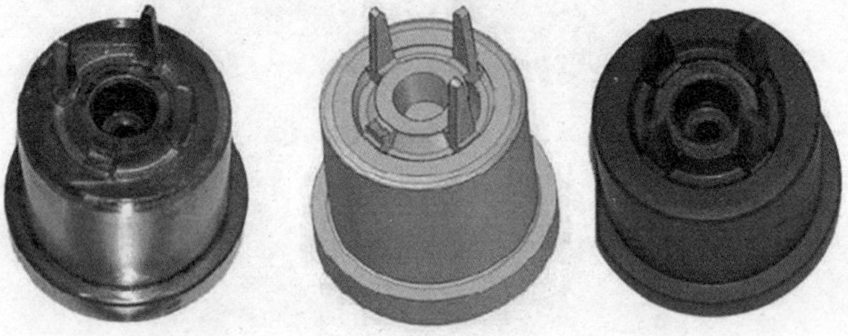

(a) (b) (c)

图 3.12 受损的工具(a)、受损工具的扫描图像(b),以及重建的工具(c)[33]
(图片由 EOS 北美公司的 Adam J. Penna. 提供)

DED 工艺是修复和再制造的最佳技术之一。由于它们能够在三维表面的选定位置上增加金属,这些技术可以用来重建各种部件上的缺损部位[34-36]。闭环工艺(如 DMD 工艺)的一个特点便是修复后的零件中热影响区较小,有助于保持零件的完整性。闭环控制使 DMD 工艺修复的零件热影响区较小,因此修复的零件质量高。图 3.13 显示了一个 DMD 工艺再制造的涡轮叶片的横截面显微组织。

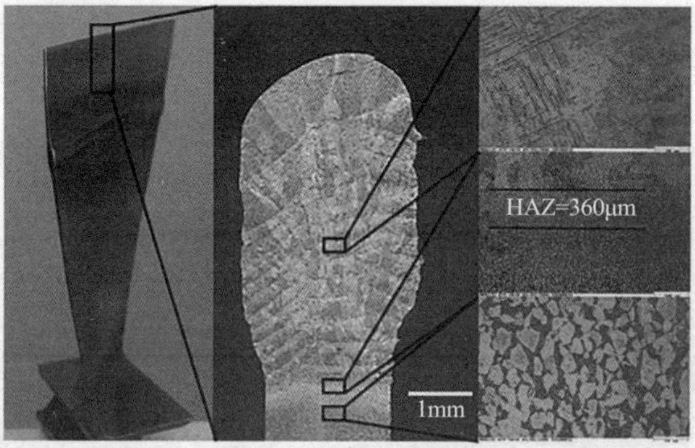


(a) (b) (c)

图 3.13 涡轮机部件的 DMD 修复。(a) 修复的叶片;
(b) 大横截面;(c) 微观结构(从上到下显示涂层、界面和基底材料)
(图片由 DM3D 公司提供)

垂直截面的微观组织表明,DMD 工艺出色的工艺控制能力使零件具有完全致密的微观结构。在该工艺中,层厚为 0.1~0.2mm,并且在沉积后的叶片上观察到了最小的 HAZ。在这类再制造工艺中,DMD 视觉系统发挥了重要作用。由机器集成的校准视觉系统可以自动识别零件在机器坐标系中的位置,并提供精密加工。相关技术已经在含有 Ti6242 合金叶轮的转子鼓筒中得到成功应用[37]。其他可修复的部件包括外壳、轴承、套管法兰、密封件、起落架等。

图 3.14 显示了一个经 DMD 工艺修复的压铸工具[38]。在铝合金压铸过程中这个 H13 工具磨损严重,核心部分已经开裂。对该工具进行了预加工以去除损坏的部分,然后采用 DMD 工艺通过 300 马氏体时效钢对其重建修复。

(a)　(b)　(c)

图 3.14　压铸工具修复[38]。(a)工具和零件的装配 CAD 图;(b)服役后损坏和开裂的工具;(c)准备进行加工并重新投入服役的 DMD 重建工具

在某些情况下,增材制造修复可能并不经济,但它显著减少了准备时间,这可能对国防工业至关重要。一个典型的案例如图 3.15 所示[39],使用基于激光的 DED 工艺修复了一架 F/A-18 战机方向舵的反转支架。原先的支架材料是硬度为 HRC35-38 的 17-4PH 不锈钢。为了匹配这一硬度,使用高功率激光器和带有沉积头的六轴机器人设备,将气雾化不锈钢 SS316 和 SS420 粉末的混合物沉积在磨掉的区域上。即使直接更换零件的成本不高,但交货时间很长(18 个月),而增材制造修复可以在几周内完成,这使它成为终端用户的首选工具。

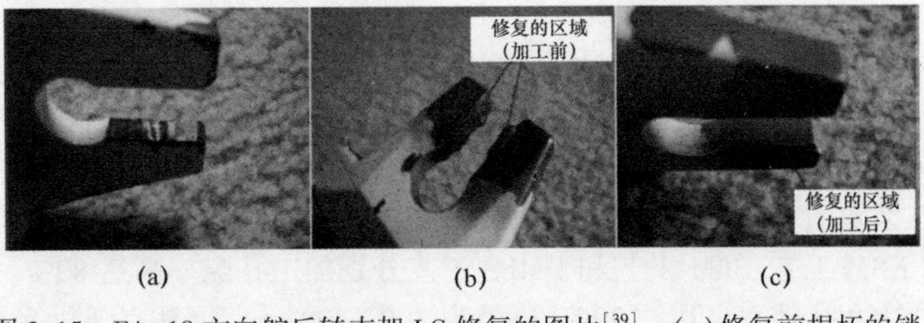


(a)　(b)　(c)

图 3.15　FA-18 方向舵反转支架 LC 修复的图片[39]。(a)修复前损坏的销;(b)在磨掉的区域上沉积;(c)加工后

## 3.4 大构件混合增材制造

定向能量沉积工艺(如 DMD 工艺)有能力将金属添加到三维表面上,从而允许在现有零件或坯件上增加特征。尽管这种能力已经通过 PBF 工艺在水平表面得到证明,但它的能力还很有限。一个最经济的制造方案就是在锻造或铸造的预制件上添加特征,而不是加工这些特征。由于无须加工余量,因此可以显著减小预制件的尺寸并减轻其重量。典型案例包括喷气式发动机的各种外壳和壳体,可以在铸造或锻造的圆柱形部件上添加法兰和凸台。使用混合工艺加工航空发动机的扩散器外壳(图 3.16)[40]过程如下:首先,滚压成形镍基合金金属板;其次,用激光缝焊形成一个圆柱形;最后,使用 DMD 工艺制造凸台和法兰。

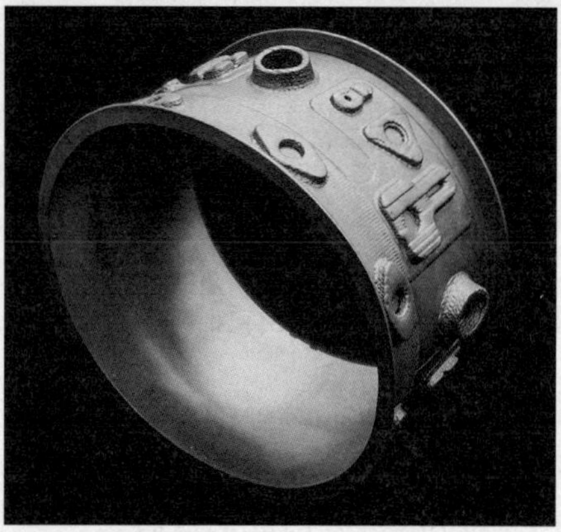

图 3.16 用增材制造技术在滚压成形的 Inconel 圆柱体上添加特征而生产的扩散器外壳[40]
(图片由 DM3D 公司提供)

## 3.5 多孔结构的增材制造

与传统的制造技术相比,增材制造技术的明显优势之一是它可以根据预先设计,控制并实现逐层制造,这使采用它制造的医用植入物,可以通过控制其孔隙率促进骨在植入物上的生长[42-43]。由于其较小的光束尺寸和建立无支撑结构的能力,PBF 工艺更适合根据需求不同,制造具有不同级别孔隙率的部件。已有报道成功使用 EBM 工艺、SLM 工艺和 DMLS 工艺分别加工孔隙率高达 80%、孔径约为 700 μm[44-45]和孔隙率高达约 70%、孔径为 300~500 μm,且具有随机多孔结构的 Ti-6Al-4V 支架[45](图 3.17)。据报道,激光净近成形工艺(DED 工艺的一种)已被用于制造具有分级孔隙率(23%~32%)和定制弹性模量(7~60GPa)的钛结构,以匹配人类皮质骨的弹性模量[46]。

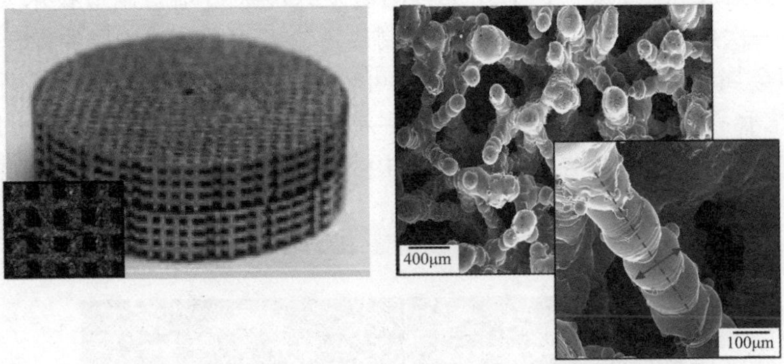


(a)　　(b)

图 3.17　使用 PBF 工艺制造的用于医疗植入物的 Ti-6Al-4V 支架(a)[44]和多孔的 Ti- 6Al-4V(b)[45]

## 3.6　多材料增材制造

增材制造技术一个独特属性便是它们能够使用不同的材料制造单个部件,从而实现不同应用场景下的各种功能。由于增材制造技术一次沉积一层材料,允许在不同层或在同一层的不同位置使用多种不同材料,因此,它相较于其他传统制造技术具有明显的优势,并且增材制造的部件性能优越。图 3.18(a)显示了一个铝压铸工具的芯子[9],该工具使用基于激光的 DMD 工艺制造,将 H13 工具钢填充在铜基体上,并在它们中间使用了缓冲材料[图 3.18(b)]。铜的热导率较高(几

(a)　　(b)

图 3.18　在铜基上用 H13 钢进行沉积和精加工的双金属芯(a),以及双金属芯的显微结构显示由 H13 钢、缓冲材料和基础铜材料组成(b)[9]
(图片由 DM3D 工艺和凯斯西储大学的 David Schwam 提供)

乎是工具钢的6倍),因此铜基体作为散热器使用,为铸件提供更快的冷却速度,从而缩短了加工周期。由于芯部温度较低,芯部材料在铝液中的溶解(在压铸行业通常称为溶胶)也会减少。上述工具的研发只能通过增材制造技术实现,该技术允许在一次成形中使用多种材料以控制热量输入并尽量减少层的稀释。

多种金属打印并不局限于多层,也可以在单层通过动态调整工艺来实现。图3.19显示了一个混合打印的零件,其中将Inconel 718和Co-Cr合金用于同一个部位,以创造一种混合结构[47]。图3.19(b)所示为CT扫描图,浅色区域表示Co-Cr合金,深灰色表示Inconel 718合金。这就使制造一种全新类型的具有高性能的部件成为可能。

图3.19　在橡树岭国家实验室的制造示范研究中心使用DMD技术建造的混合结构[47]。(a)建成的结构;(b)CT扫描显示浅灰色Co-Cr合金和深灰色Inconel 718

尽管其他的增材制造技术(如超声波增材制造)也可用于制造多材料部件,但DED工艺最合适。基于激光的增材制造技术已经被用来在Ti-6Al-4V合金上制造Rene88DT(镍基超级合金)的功能分级涂层[48]。通过可控实验在约40mm的距离上产生了一个含量0~38%的连续Rene88DT合金梯度。这将硬度从450HV提高到750HV,并将微观组织从柱状的α(Ti)+β(Ti)转变为α(Ti) +β(Ti) +$Ti_2Ni$,最终生成等轴的β(Ti) +$Ti_2Ni$(图3.20)。通过对微观结构和性能的精确控制可以将部件的性能提高许多倍。同样地,可以使用其他DED工艺对Ti-Mo合金和Ti-V合金进行分级合金化处理[49]。

在装甲应用领域,多层梯度复合金属层合材料因其能够通过异质金属的梯度分布实现厚度方向力学性能的高度定制化设计而得到广泛研究。通过增材制造技术可以改变厚度方向上诸如强度、韧性和刚度等特性,以提升装备的比强度。超声波增材制造(如薄材叠层)已被用于生产铝和钛合金组合的装甲板(图3.21)[50]。通常采用单层厚度约150μm的异质材料层进行交替堆叠,以此构建沿厚度方向梯度演化的层合结构。

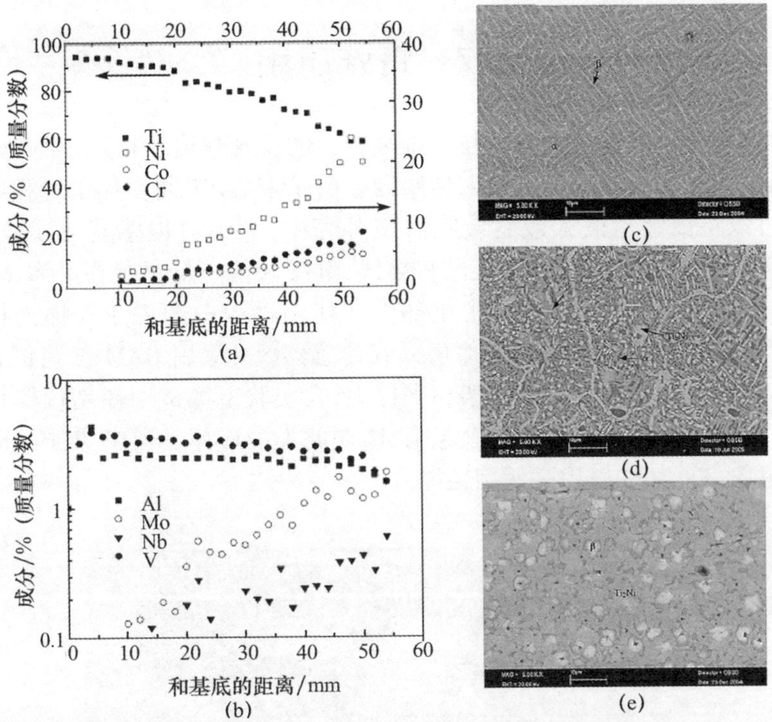


图 3.20　使用激光的 AM(DED)在 Ti-6Al-4V 上构建 Rene88DT 合金功能分级涂层[48]。(a)(b)从顶面开始沿着深度方向的各种元素组成梯度；(c)Ti- 6Al-4V-0%Rene88DT；(d)Ti-6Al-4V—19%Rene88DT；(e)Ti-6Al-4V-38%Rene88DT 相应的微观组织

图 3.21　弹道测试后的层压装甲，该零件是用 UAM 技术制造的[50]

（图片由 Fabrisonic LLC 公司的 Adam Hehr 和 Mark Norfolk 提供）

## 3.7 特殊应用

增材制造可以用在常规制造技术难以企及的特殊场合，其中一个特殊的应用便是使用超声波增材制造工艺嵌入传感器。由于UAM工艺在加工过程中不涉及热能，又可以将传感器嵌入或封装在金属外壳中，而不对传感器造成任何损害。因此UAM工艺的固态特性使其能够将导线、纤维和传感器封装在金属子结构中，以获得持久的安全性和可靠性，防止部件在使用过程中磨损或经撞击损坏。图3.22显示了航空航天监测中的一个嵌入式传感器[51]，采用UAM工艺将无创光纤应变传感器嵌入现有无人机的支架和支杆中，在实验室测试中使用仪器将外部负载与特定位置的内部应变直接联系起来，诸如此类的应用使科学家能够研究故障行为，并重新设计部件以提高使用性能。

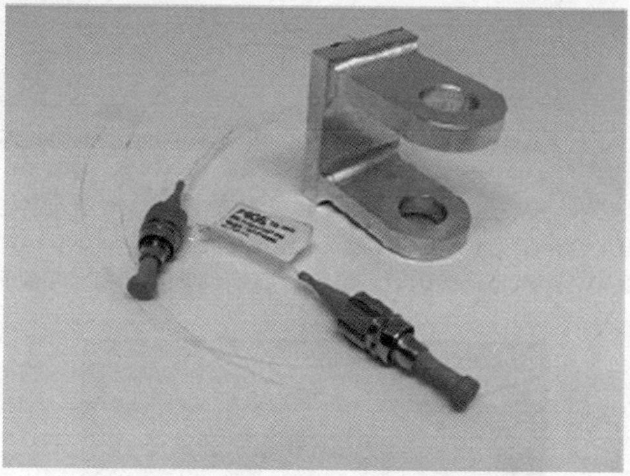

图3.22　将无创光纤应变传感器嵌入支架和支杆，用于测量无人机载荷。该组件是使用UAM技术制造的[51]
（图片由Fabrisonic公司的Adam Hehr和Mark Norfolk提供）

## 参考文献

[1] B. Dutta, F. H. (Sam) Froes, Additive manufacturing of titanium alloys, Adv., Mater. Proc. (2014) 18-23.

[2] S. Moylan, J. Slotwinski, A. Cooke, K. Jurrens, M. A. Donmez, An additive manufacturing test artifact, J. Res. Natl. Inst. Standards Technol. 119 (2014) 429-459. Available from: ht-

tps://doi. org/10. 6028/jres. 119. 017.

[3] S. Moylan, J. Slotwinski, A. Cooke, K. Jurrens, M. A. Donmez, NIST Technical Note 1801, Lessons Learned in Establishing the NIST Metal Additive Manufacturing Laboratory, June 2013, pp. 1-37. https://doi. org/10. 6028/NIST. TN. 1801.

[4] E. Yasa, F. Demir, G. Akbulut, N. Cızıoğlu, S. Pilatin, Benchmarking of different powder-bed metal fusion processes for machine selection in additive manufacturing, Proc. Solid Free-form Fabrication Symp. , University of Texas, 2014, pp. 390-403.

[5] M. B. Bauza, S. P. Moylan, R. M. Panas, S. C. Burke, H. E. Martz, J. S. Taylor, P. Alexander, Study of accuracy of parts produced using additive manufacturing, american Soc. For Prec. Eng. , in: 2014 Spring Topical Meeting, vol. 57, pp. 86-91.

[6] B. Dutta, S. Palaniswamy, J. Choi, L. J. Song, J. Mazumder, Additive manufacturing by direct metal deposition, Adv. Mater. Processes (May 2011) 33-36.

[7] P. Kazanas, P. Deherkar, P. Almeida, H. Lockett, S. Williams, Fabrication of geometrical features using wire and arc additive manufacture, Proc. Inst. MechE Pt. B J. Eng. Manuf. 226 (6) (2012) 1042-1051. Available from:https://doi. org/10. 1177/0954405412437126.

[8] K. Kilgore, M. Hoefing, Private Communication. SLM Solutions, 2019.

[9] Private Communication. DM3D Technology, 2016.

[10] Mike Cloran, Private Communication. GE Additive, 2019.

[11] L. E. Murr, S. M. Gaytan, E. Martinez, F. Medina, R. B. Wicker, Next generation orthopaedic implants by additive manufacturing using electron beam melting, Int. J. Biomater. (2012). 1 Article ID 245727, 14 pages.

[12] https://www. exone. com/Portals/0/ResourceCenter/Materials/PSC_X1_MaterialData_17-4_SS_US_012018. pdf(accessed 31. 12. 18).

[13] https://3dprint. com/142052/lockheed-martin-sciaky-ebam/ (accessed 31. 12. 18).

[14] https://fabrisonic. com/creating-complex-internal-geometry/ (accessed 31. 12. 18).

[15] https://www. eos. info/systems_solutions/metal (accessed 31. 12. 18).

[16] https://slm-solutions. com/ (accessed 31. 12. 18).

[17] https://www. concept-laser. de/en/technology. html (accessed 31. 12. 18).

[18] https://www. renishaw. com/en/additive-manufacturing-products--17475 (accessed 31. 12. 18).

[19] M. Koike, P. Greer, K. Owen, G. Lilly, L. E. Murr, S. M. Gaytan, et al. , Evaluation of titanium alloys fabricated using rapid prototyping technologies—electron beam melting and laser beam melting, Materials 2011, 4, 1776-1792;https://doi. org/10. 3390/ma4101776.

[20] http://dm3dtech. com/index. php? option = com_content&view = article&id = 218&Itemid = 917 (accessed 31. 12. 18).

[21] http://www. optomec. com/3d-printed-metals/lens-printers/ (accessed 31. 12. 18).

[22] http://www. rpm-innovations. com/index. php? page=news-article&id=5 (accessed 31. 12. 18).

[23] M. F. Zah, S. Lutzmann, Modelling and simulation of electron beam melting, Prod. Eng. Res. Dev 4 (2010) 15-23. Available from:https://doi. org/10. 1007/s11740-009-0197-6

[24] http://www. norsktitanium. com/technology (accessed 31. 12. 18).

[25] https://www.aerospacemanufacturinganddesign.com/article/ultrasonic-additivemanufacturing/ (accessed 31.12.18).
[26] https://www.exone.com/Systems (accessed 31.12.18).
[27] S. Stecker, K.W. Lachenberg, H. Wang, R.C. Salo, Advanced Electron Beam Free Form Fabrication Methods & Technology, AWS Conference, 2006, pp. 35-46.
[28] D. Ryan, D. Chad, P. William, Y. Yukinori, C. Wei, B. Craig, et al., Case study: additive manufacturing of aerospace brackets, Adv. Mater. Processes 171 (3) (2013) 19-22.
[29] https://www.eos.info/press/customer_case_studies/fwb (accessed 27.12.18).
[30] T. Blumenthal, N. Wald, Private communication. RPM Innovations. 2019.
[31] https://www.exone.com/Portals/0/ResourceCenter/CaseStudies/X1_CaseStudies_All%209.Pdf (accessed 01.01.19).
[32] S.W. Williams, F. Martina, A.C. Addison, J. Ding, G. Pardal, P. Colegrove, Wire 1 arc additive manufacturing, Mater. Sci. Technol. 32 (7) (2016) 641-647.
[33] https://www.eos.info/industries_markets/tooling/tool_repair (accessed 01.01.19).
[34] A. Harooni, B. Dutta, The Use of Direct Metal Deposition (DMD) Additive Manufacturing on Forging Dies, Forge Magazine, Feb 2019, vol 11, No 1, 22-25.
[35] B. Dutta, S. Palaniswami, J. Choi, J. Mazumder, Rapid manufacturing andremanufacturing of DoD components using direct metal deposition, AMMTIAC Q. 6 (2) (2012) 5-9.
[36] B. Dutta, H. Natu, J. Mazumder, Near net shape repair and remanufacturing of high value components using DMD, in: TMS Proceedings, vol. 1: Fabrication, Materials, Processing and Properties, 2009, pp. 131-138.
[37] K.H. Richter, S. Orban, S. Nowotny, Proceedings of the 23rd International Congress on Applications of Lasers and Electro-Optics 2004.
[38] D. Schwam, M. Kottman, B. Dutta, Repair of die casting inserts by laser direct metal deposition, NADCA Congress Proceedings, March 2014, pp. 1-7.
[39] Q. Liu, R. Djugum, S. Sun, K. Walker, J. Choi, M. Brandt, Repair and manufacturing of military aircraftcomponents by additive manufacturing technology, 17th Australian Aerospace Congress, 26-28 February 2017, Melbourne, pp. 363-368.
[40] F.H. (Sam) Froes, R. Boyer, B. Dutta, Additive manufacturing for aerospaceapplications—PART II, Adv. Mater. Processes 175 (2) (2017) 18-22.
[41] A.T. Sidambe, Biocompatibility of advanced manufactured titanium implants—A Review, Materials 7 (2014) 8168-8188. Available from: https://doi.org/10.3390/ma7128168.
[42] Z.J. Wally, W. van Grunsven, F. Claeyssens, R. Goodall, G.C. Reilly, Porous titanium for dental implant applications, Metals 5 (2015) 1902-1920. Available from: https://doi.org/10.3390/met5041902.
[43] J. Wieding, A. Jonitz, R. Bader, The effect of structural design on mechanical properties and cellular response of additive manufactured titanium scaffolds, Materials 5 (2012) 1336-1347. Available from: https://doi.org/10.3390/ma5081336
[44] A. Jonitz-Heincke, J. Wieding, C. Schulze, D. Hansmann, R. Bader, Comparative analy-

sis of the oxygen supply and viability of human osteoblasts in three-dimensional titanium scaffolds produced by laser-beam or electron-beam melting, Materials 6 (2013) 5398-5409. Available from: https://doi.org/10.3390/ma6115398.

[45] T. B. Kim, S. Yue, Z. Zhang, E. Jones, J. R. Jones, P. D. Lee, Additive manufactured porous titanium structures: Through-process quantification of pore and strut networks, J. Mater. Process. Technol. 214 (2014) 2706-2715.

[46] A. Bandyopadhyay, F. Espana, V. K. Balla, S. Bose, Y. Ohgami, N. M. Davies, Influence of porosity on mechanical properties and in vivo response of Ti6Al4V implants, Acta Biomater. 6 (2010) 1640-1648.

[47] E. Cakman, N. Sridharan, S. V. Venkatakrishnan, H. Z. Bilheux, L. J. Santodonato, A. Shyam, et al., Feasibility study of making metallic hybrid materials using additive manufacturing, Metall. Mater. Trans. A 49A (2018) 5035-5041.

[48] X. Lin, T. M. Yue, H. O. Yang, W. D. Huang, Solidification behavior and the evolution of phase in laser rapid forming of graded ti6al4v-rene88dt alloy, Metal. Mater. Trans. A 38A (2007) 127-137. Available from: https://doi.org/10.1007/s11661-006-9021-5.

[49] P. C. Collins, R. Banerjee, S. Banerjee, H. L. Fraser, Laser deposition of compositionally graded titanium-vanadium and titanium-molybdenum alloys, Mater. Sci. Eng. A352 (2003) 118-128. Available from: https://doi.org/10.1016/S0921-5093(02)00909-7.

[50] M. Norfolk, Private Communication, Fabrisonic LLC, Received on Dec 30, 2015.

[51] https://fabrisonic.com/embedded-electronics-sensors/ (accessed 01.01.19).

# 第4章 金属增材制造的原材料

## 4.1 概 述

虽然大多数增材制造技术使用粉末作为原料,但也有少数例外,如电子束增材制造、快速等离子体沉积、形状金属沉积(shaped metal deposition, SMD)和线弧增材制造使用金属丝,超声波增材制造使用金属板或薄箔。由于大多数增材制造技术(包括所有 PBF 工艺和大多数 DED 工艺)都使用金属粉末,本章将更多地讨论粉末生产及其对增材制造使用的要求。

大多数金属粉末可以从传统的冲压和烧结粉末冶金市场、金属注射成形市场或涂料市场上获得。根据 2013 年的数据,增材制造粉末的市场份额为 3260 万美元,仅占整个金属粉末市场的一小部分(0.0047%)[1]。然而,鉴于增材制造技术的指数式增长,预计增材制造市场份额在未来几年将大幅增长。

## 4.2 粉末制备技术

有各种生产金属粉末的技术,包括传统的粉碎和研磨或许多其他现代技术,如等离子体球化等[1-2]。一般来说,增材制造工艺首选可以自由流动的球形粉末,然而有棱角的粉末也已经被成功用于增材制造[3-5]。

### 4.2.1 规则球形粉末

球形粉末是当今金属增材制造工艺中最受欢迎的粉末,以下是生产球形粉末的最常用技术。

气体雾化(gas atomization, GA):是最常用的球形粉末生产技术。在真空环境、空气或惰性气体保护下,在封闭炉中熔化原料(图 4.1);然后将熔化的金属通过一个输送喷嘴送入其中。在一些雾化过程中,使用高压气体迫使熔融金属通过输送喷嘴。当离开喷嘴时,液态金属受到高速气体的影响,在空气、$N_2$、He 或 Ar 等气体的撞击下,流动的熔体分解成小液滴。当然,现在许多雾化器更侧重于依靠重力,而不再依靠压缩气体。气体雾化的粉末大多是球形的,也有一些不对称的颗粒和外围组织存在。当一个较小的颗粒在凝固过程中黏附在一个较大的颗粒上时，就会产生外围组织。该工艺的熔炼量为 5～5000kg，粉末尺寸介于 0～500μm，其中 20～150μm 的粉末占总产量的 10%～50%。大多数金属（包括钢、不锈钢、镍合金、钴合金、铝合金、铜合金和钛合金）都可以雾化成气体。

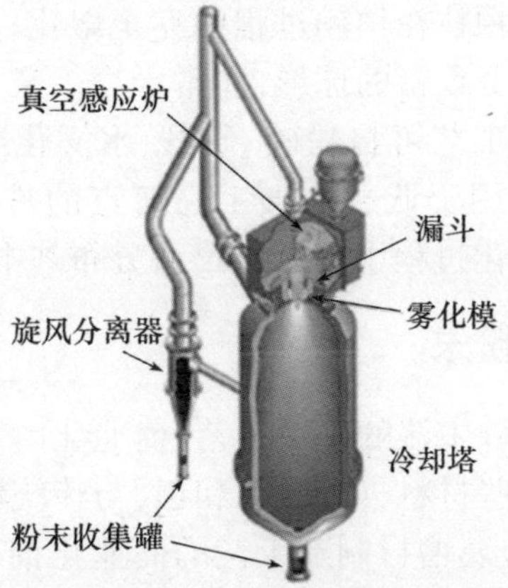


图 4.1　用于粉末生产的气体雾化过程示意
（图片由 ATI 特种材料公司的 Andrzej Wojcieszynski 提供）

等离子体雾化：将线材原料送入等离子体枪，在气体的帮助下将粉末雾化。粉末大小从 0～200μm。等离子体化产生高质量的球形金属粉末，但是该工艺仅限于可以加工成金属丝的合金，如钛合金。

等离子旋转电极法（plasma rotating electrode process，PREP）：当一个旋转的棒状原料与等离子体接触时发生熔化（图 4.2）。PREP 粉末的球形度非常高，但由

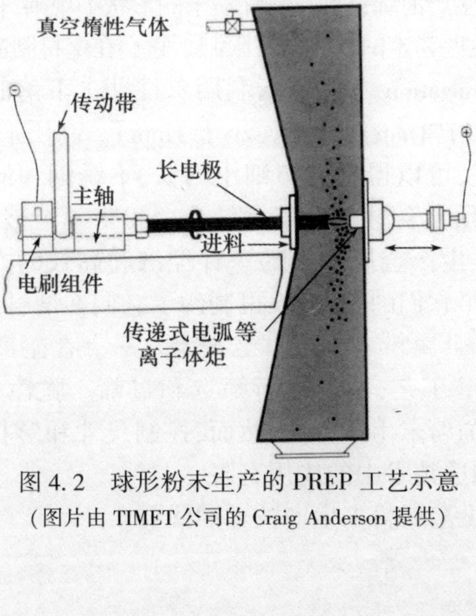


图 4.2　球形粉末生产的 PREP 工艺示意
（图片由 TIMET 公司的 Craig Anderson 提供）

于尺寸限制在100μm以下,所以价格非常高。但是对于钛、英科耐尔等金属来说,该工艺是最经济的。该工艺可用于生产所有可制成棒状的金属合金。

等离子体球化:利用高能等离子体将块状或不规则形状的粉末转化为球形粉末。粉末从顶部通过重力送入,根据粉末具体的特性,使用不同类型的喷嘴进行等离子体喷射。单个粉末颗粒在移动过程中完全熔化,并重新凝固成球形。经过等离子体处理的粉末是完全致密的球形,非常干净。杂质的汽化使粉末表面污染大大减少。等离子体球化工艺可将粉碎、研磨、水雾化或烧结产生的不规则形状粉末球化。该工艺也可以用于低成本加工高熔点的难熔金属(如钛、钨、铌和钼等)。应该注意的是,在球化过程中粉末的尺寸分布基本上保持不变。

### 4.2.2 不规则形状的粉末

增材制造技术作为一种主流的制造工艺,商业化的主要障碍在于使用球形金属粉末的高成本。对于某些材料,如钛、铌和钽,与传统制造相比的成本差异可能非常高,极大阻碍了这些金属增材制造工艺的商业化推广。另外,粉末的流动性、形状、尺寸分布和堆垛密度的均匀一致性对通过金属增材制造生产的高质量零件至关重要。如此严格的质量要求导致只有少数可用的粉末制造工艺符合要求。因此,人们对生产低成本、一般为角状的粉末抱有很大兴趣,这些粉末可以在原始形状或转换为球形形态后用于增材制造。常见的生产工艺包括海绵状金属粉生产工艺、水雾化,以及破碎和研磨。

海绵粉生产:用于生产包括铁和钛在内的各种粉末。它包括还原各自的金属化合物、分离副产品,以及粉碎和研磨金属饼。例如,通过还原氧化铁生产海绵铁粉和通过从四氯化钛中去除氯离子生产海绵钛粉。海绵粉末的形状不规则,有一个不均匀的外表面,而且成本很低。然而,这些粉末的低流动性限制了它们在增材制造技术中的使用。

水雾化(water atomization, WA):指利用水柱冲击下落的熔融金属流体,使金属立即凝固成颗粒(大于1mm)或粉末(小于1mm)。高压水雾化已被证明是一种可行的、低成本的工艺,可以得到分布细小的铁、不锈钢和低合金金属粉末颗粒。水雾化技术可以使用预合金材料生产大量合金粉末。与破碎和研磨等不太现代的技术相比,水雾化是生产金属粉末的一种经济和高效的方法。然而,水雾化粉末的不规则形状限制了它们的流动性,也制约了它们在增材制造技术中的使用。

破碎和研磨:生产金属粉末的最古老技术之一。在生产金属合金粉末时,常采用传统的破碎和研磨工艺,然后进行筛选和过筛。脆性材料更适合破碎和研磨。这是一种低成本的粉末生产方法,然而,控制尺寸和形状非常困难,导致粉末的流动性低,在增材制造技术中的应用有限。

表4.1给出了常见金属粉末生产技术的摘要。

表 4.1　金属粉末生产的各种工艺[1,6]

| 过程 | 材料类型 | 特征 | 供应商 |
|---|---|---|---|
| 气体雾化/(GA) | 钢材(300 马氏体时效钢、4140、4340、H13、P20、P21、A11)、不锈钢(316L、304L、309L、17-4PH、15-5PH)、镍合金(Inconel 625、Inconel 718、Hastelloy X、Hastelloy 276、Wasp 合金)、钴合金(Co-Cr-Mo、Stellite 6、Stellite 21)、铝合金(CP Ti、Ti-6Al-4V)、钛合金(A356、Al10Si Mg、6061Al、Scalmalloy)、铜合金(青铜、Cu-Ni、GRcop84、C18150) | 多为球形，但是通常含有一些长长的颗粒，常有外围组织，有些材料容易产生孔隙，价格相对较低，最适合增材制造 | Carpenter 科技、Praxair 表面科技、ATI 特种材料、Sandvik、Oerlikon Metco、Kennametal Stellite、Hoganas、GKN Hoeganaes、Toyal、Valimet、Reading 合金(Ametek)、H. C. Starck |
| 等离子体旋转电极处理(PREP) | 钛合金(CP 钛、Ti-6Al-4V)、镍合金(In625、In718)、不锈钢(17-4PH、15-5PH)、铜合金(Cu-Ni、GRcop84、C18150) | 接近 100%的球形，通常不含任何外围组织，也没有孔隙，价格非常高，适合增材制造，但由于价格高，使用受到限制 | Timet 公司、Phelly 材料 |
| 旋转雾化 | 镍合金(Inconel 718、Inconel 625)、不锈钢(JBK75) | 球形，外围组织少，价格高于 GA 工艺，但低于 PREP 工艺。适合增材制造 | HMI 公司 |
| 等离子体雾化 | 钛合金 | 球形，高质量，适合增材制造 | 先进粉末和涂料(GE 增材制造)、PyroGenesis、Tekna |
| 水雾化(WA) | 所有金属，如钢、不锈钢、镍合金、铜合金等 | 形状不规则，纯度较低，稳定的粉末流动是一个挑战，不适合增材制造 | Hoganas、H. C. Starck |
| 破碎和研磨 | 各种材料都有可能，但更适合脆性材料、难熔金属，如钨合金、铊合金、铌合金、钼合金和碳化物和氧化物 | 形状不规则，有角度和切面，价格最低，很难获得稳定的粉末流速和稳定的堆积密度，在增材制造中的应用有限 | Oerlikon Metco、HC Starck、Praxair |
| 海棉粉生产 | 多用于铁和钛 | 不规则形状的颗粒，流动性差，不适合增材制造 | Micron 金属、CNPC 粉末、Phelly 材料、Reading 合金(Ametek) |
| 等离子体球化 | 常用于难熔合金、铊、铌、钼、钨，也用于钛合金、铝合金和镍合金 | 这种技术将不规则的粉末转化为球形，适合增材制造，产量低，成本高 | Tekna、H. C. Starck |

### 4.2.3 粉末质量和要求

如前面所述,大多数增材制造技术使用金属粉末作为原料。各种粉末制造工艺制备的粉末具有不同的特性,有些粉末比其他粉末更适合某些应用场合。虽然多年来金属粉末的生产已经非常标准化,但想要在增材制造中成功使用,仍需要密切控制粉末的生产过程并适当处理粉末。表 4.2[1,7-9] 中列出了用于评估增材制造用粉末的表征技术。粉末质量和鉴定标准的细节将在第 8 章讨论。

表 4.2 关键粉末特性和各自的表征技术

| 粉末特性 | 表征技术 |
| --- | --- |
| 粒子的形状(形貌) | 扫描电子显微镜、光学显微镜测试 |
| 颗粒大小和尺寸分布 | 筛分分析、激光衍射、光学显微镜测试 |
| 颗粒孔隙率 | 粒子横截面的光学显微镜测试、计算机断层扫描 |
| 粉末流动性 | 霍尔流速计、动态流动、静止角测试 |
| 粉末密度 | 表观密度-霍尔流速计、Freeman FT4 粉体流变仪、Carney 流量计、斯科特容积计、塔式密度计测试 |
| 表面积 | BET 表面积分析仪 |
| 化学构成 | 电感耦合等离子体-光学发射光谱/质谱仪、火焰发射光谱法、原子吸收光谱仪、X 射线荧光光谱仪、X 射线衍射仪、惰性气体熔化法显示 |

与粉末原料有关的,影响增材制造零件质量的关键因素包括以下七点。

(1) 粉体形态:根据不同的粉末生产工艺,粉末可以有各种形态,包括针状、片状、颗粒状、不规则形状、条状、类球状、板状、板条状和球状等。用于增材制造的粉末首选形态是没有外围组织的球形。由于粉末颗粒的形态决定了粉末的堆积密度,而堆积密度决定了粉末床熔融工艺中的层厚和收缩率,因此粉体形态在 PBF 工艺中起着重要作用。粉末形态对 PBF 工艺的铺粉过程也起着重要作用,粉末颗粒之间的高摩擦力会导致粉末堵塞和不一致地铺展[10]。虽然在定向能量沉积中粉末形态不那么重要,但保持一致的粉末流速很重要,因此强烈建议采用球形或接近球形的几何形状。PREP 工艺制备的粉末最接近球形,表面极其光滑,没有外围组织(图 4.3)。气体雾化产生的颗粒大部分为球形(图 4.4),但也包含一些细长的颗粒。这些粉末通常含有附着于大颗粒的外围组织。虽然少量的外围组织不会对成形质量产生重大影响,但过多的外围组织会导致 PBF 工艺中的不均匀堆垛或 DED 工艺中的粉末流速不一致,从而导致产品质量不理想。然而,相对于 PREP 工艺制备的粉末,气体雾化法成本较低并且可以用于混合元素制造,使气体雾化法制成的粉末在金属增材制造工艺中最受欢迎。

（2）尺寸和尺寸分布：在增材制造过程中，粉末颗粒大小决定了零件的最小层厚，以及零件在成形完成后的最小可加工特征尺寸和表面光洁度。此外，粉末粒度分布也对粉末床熔融技术的堆积密度起着重要作用。基于激光的粉末床熔融技术使用 15～45μm 的粉末，基于电子束的 PBF（如 EBM）工艺使用 45～106μm 大小的粉末，相比之下，DED 工艺使用的粉末尺寸范围为 45～150μm。粉末尺寸和均匀一致的颗粒分布极大影响了粉末堆积密度，这对 PBF 工艺至关重要。粉末尺寸和尺寸范围也是 PBF 工艺中保持稳定铺粉的关键因素[10]。

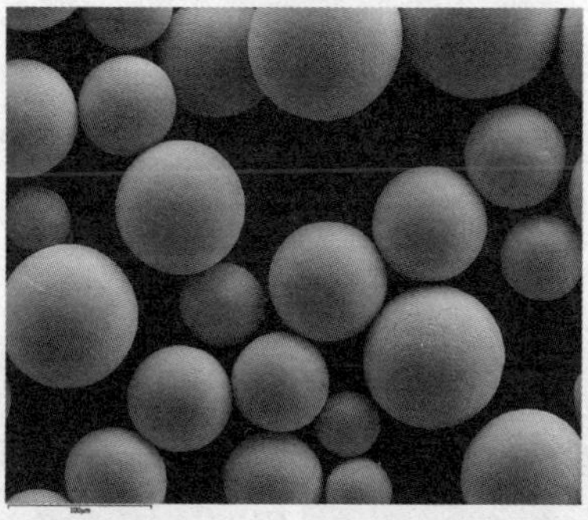

图 4.3　由 PREP 制造的 Ti-6Al-Sn-4Zr-2Mo 合金粉末的 SEM 显微照片
（图片由 TIMET 的 Craig Anderson 提供）

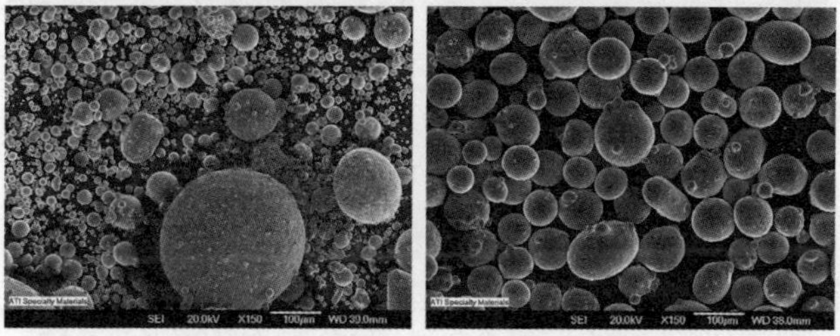


图 4.4　使用气体雾化制造的 15-5 不锈钢合金粉末的 SEM 显微照片
（a）雾化后的粉末；（b）筛选到所需网目尺寸后的粉末
（图片由 ATI 特种材料公司的 Andrzej Wojcieszynski 提供）

（3）化学成分：粉末的化学成分起着重要作用，因为原材料的化学成分决定了最终部件的化学成分和性能。负责制定增材制造标准的 ASTM F42 委员会已经公布了两种最常用的钛合金化学成分，即 Ti-6Al-4V 和 Ti-6Al-4V-ELI（超低间隙）合金。它还制定了用于粉末床熔融的粉末[11-12]、316L 不锈钢[13]和镍基合金（Inconel 625 和 Inconel 718）[14-15]的标准。需要注意的是，这些标准只要求最终部件的化学成分符合要求，因此允许粉末的化学成分变化以适应各种工艺的差异。需要注意的是，涉及电子束熔化的增材制造技术是在真空环境下操作的，因此会导致元素(如铝)的损失。因此,原料(如用于电子束工艺的 Ti-6Al-4V 粉末)经常添加额外数量的铝来补偿加工过程中的损失。用于 DED 工艺的 Ti-6Al-4V 合金原料的化学成分参见 AMS 4999A 标准[16]。

(4) 流动性:粉末流动性是成功实现增材制造的一个关键参数。无论是 PBF 工艺中的铺粉器还是 DED 工艺中的粉末输送系统,要想获得均匀一致的层厚都需要良好和一致的粉末流动。粉末形态、尺寸、尺寸分布和表面特征(包括表面污染)都会影响粉末流动。为了获得一致、可重复的粉末流动,在增材制造中要首选没有任何外围组织和表面污染的球形粉末。大量小颗粒(细粉)的存在也会抑制稳定的粉末流动。

(5) 粉末密度:根据粉末的化学成分,一些气体雾化粉末可能会夹带雾化气体,从而制备的颗粒也会夹带孔隙。PREP 工艺制造的粉末中通常不存在的这种孔隙(图 4.5)。粉末颗粒中的孔隙也会带入增材制造的金属制品中。

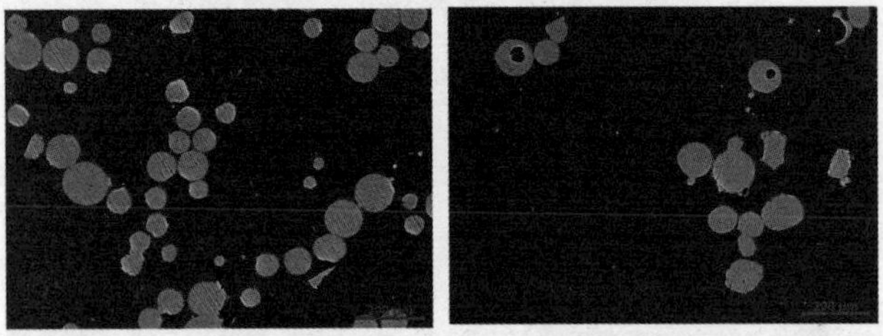

(a) (b)

图 4.5 PREP 制造的钛粉(a)与气体原子化制造的铜粉(b)
(图片由 DM3D 公司提供)

(6) 粉末处理和污染:如前文所述,粉末污染会导致最终部件中出现杂质并影响其性能。无论在向粉末加料斗或机器中的成形室添加粉末时,还是在筛分过程中,都必须仔细处理粉末。

(7) 环境条件:湿度在增材制造粉末中起着重要作用。粉末颗粒表面的水分会在打印过程中形成孔隙。由于毛细作用,表面水分会降低粉末的流动性。因此,必须将粉末储存在干燥的地方。如果可能的话,强烈建议在使用前进行粉末干燥。活性粉末(如钛合金和铝合金)应该储存在惰性气体(如氩气)环境中,以减少表面氧化物的形成,并保持粉末质量。而出于安全考虑,这种储存方式也可以防止粉末反应和爆炸。

## 4.3 粉末回收和再利用

粉末回收是增材制造工艺中一个非常重要的环节。由于所有的 PBF 工艺都只使用放置在成形台上的一部分粉末，因此从经济角度出发，这些工艺强制要求粉末再利用。腔室中多余的粉末在重新调整尺寸（重新定形）后被重新使用。在 DED 工艺中，根据光束直径的不同，粉末捕集效率为 50%～90%。多余的粉末可以从机器平台上收集，并在重新定型后使用。粉末的再利用必须谨慎进行。

尽管所有的钛加工都是在惰性环境或真空环境下进行的，但粉末会暴露在多层成形的热效应下，并可能会失去合金元素。ASTM F2924-14 和 ASTM F3001-14 标准没有限制粉末的使用次数，建议遵循特定的设备指南。Tang 等[17]进行了一项研究，评估 Ti-6Al-4V 合金在 EBM 工艺过程中粉末再利用的影响。他们的研究结果表明，在循环使用约 21 次后，粉末形态从光滑的球形变为粗糙的不规则形状。粉末的形态变化引起了粉末振实密度的明显变化（从 2.96g/mL 到 2.88g/mL）。然而随着粉末再利用，其流动性得到改善（从 32.47s/50g 到 28.34s/50g）。回收后粉末流动性增强的原因在于反复暴露和回收过程中去除了外围组织和水分。在回收过程中，粉末的化学成分也受到了影响。虽然钛含量变化不大，但粉末中的铝含量从原始粉末的 6.47%变为 21 次回收后的 6.35%，相应地，测试样品中的铝含量从 6.14 %变为 5.93%。铝含量的损失是由于铝在低分压（0.02Pa 的氦环境）下汽化。在回收过程中，重复的粉末处理和暴露在空气中会导致粉末中出现额外的氧气，随着粉末回收氧含量也增加。在 21 次回收之后，氧含量从原始粉末中的 0.08%（测试样品中的 0.07%）增加到 0.19%（测试样品中的 0.18%）。试样极限抗拉强度从 920MPa 增加到 1039MPa，屈服强度从 834MPa 增加到 960MPa，延伸率从 16%下降到 15.5%。在其他研究中，使用 Realizer 公司的粉末床熔融设备经过 10 次重复运行，发现 Ti-6Al-4V 氧含量的质量分数从 0.16%增加到 0.18%。

Jacob 等[18]大量研究了激光 PBF 过程中氮气雾化 17-4PH 不锈钢粉末的回收。图 4.6 和图 4.7 分别显示了原始的和回收 11 次后的粉末形态。图 4.8 显示了 D10、D50 和 D90 的颗粒尺寸。结果表明，粉末尺寸和分布没有明显的变化。霍尔流动试验表明，在第一次和第二次回收后粉末流动性下降，但在连续的回收过程中流动性逐渐改善。粉末表观密度首先增加，并在多轮回收过程中趋于平稳。粉末的化学成分没有明显变化，即使在第 11 轮回收后化学成分的变化也在 ASTM 标准规定的限度内。图 4.8 显示了一次成形中回收粉末的使用引起打印材料重要特性的变化，回收粉末对样品水平和垂直的表面粗糙度、体积密度、最大抗拉强度、屈服极限和伸长率的影响较小。这些结果表明，回收的粉末可以生产出性能与原始粉末相媲美的零件。

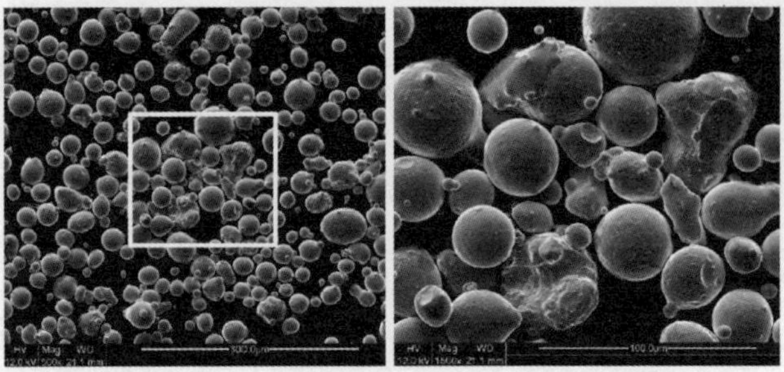

(a) (b)

图 4.6 氮原子化的 17-4 PH 不锈钢粉末的 SEM 图像[18]。(a) 低倍镜；(b) 高倍镜

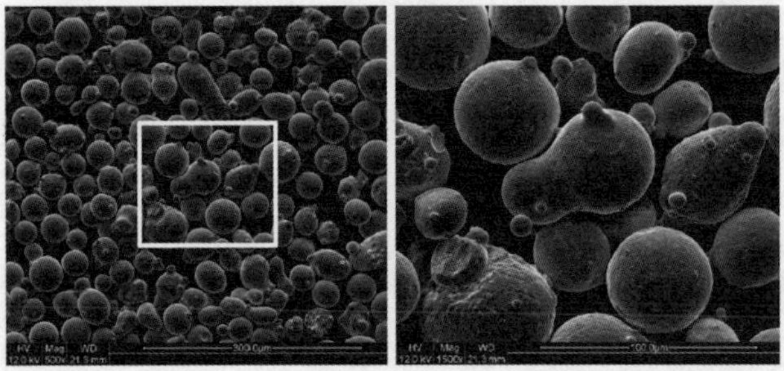

(a) (b)

图 4.7 氮原子化的 17-4 PH 不锈钢粉末在基于激光的 PBF 机器中经过 11 个成形周期后的 SEM 图像[18]。(a)低倍镜；(b)高倍镜

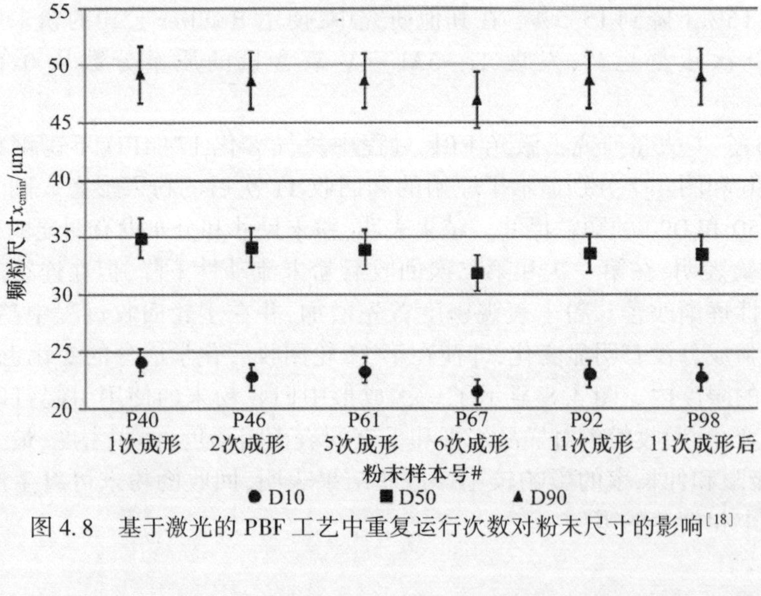


图 4.8 基于激光的 PBF 工艺中重复运行次数对粉末尺寸的影响[18]

## 4.4 先驱丝工艺

两种使用金属线作为原料的定向能量沉积工艺分别是由劳斯莱斯公司申请专利并与克兰菲尔德大学联合开发的线弧增材制造(又称形状金属沉积)和由 Sciaky 公司商业化的电子束增材制造的。这些工艺都使用美国焊接学会(American Welding Society, AWS)规定的标准焊丝,典型的用于 SMD/WAAM 工艺的焊丝尺寸约为 1.2 mm(0.05 英寸)[19],用于 EBAM 的焊丝尺寸为 0.9~4.0 mm[20]。根据 AMS 4999A 标准[16],用于钛合金沉积过程的金属丝原料为应该符合 AWS A5.16 或者 ER Ti-5 标准的线材(允许铝含量不超过 7.5%,并且至少有 0.14%的氧气)。

## 参考文献

[1] J. Dawes, R. Bowerman, R. Trepleton, Introduction to the Additive Manufacturing Powder Metallurgy Supply Chain, Johnson Matthey Technol. Rev. 59 (3) (2015) 243-256. Available from: https://doi.org/10.1595/205651315X688686.

[2] F. H. (Sam) Froes, Titanium powder metallurgy: developments and opportunities in a sector poised for growth, Powder Metall. Rev. 2 (4) (2013) 29-43. Winter.

[3] B. Dutta, F. H. (Sam) Froes, Additive Manufacturing of Titanium Alloys; State of the Art, Challenges and Opportunities, Elsevier, 2016.

[4] https://www.metalysis.com/#process (accessed 13.02.19).

[5] https://www.pm-review.com/metalysis-titanium-powder-used-to-3d-print-automotiveparts/. (accessed 13.02.19).

[6] A. Popovich, V. Sufiiarov, Metal Powder Additive Manufacturing, Chapter 10, Intech Open Access Chapter 10, https://doi.org/10.5772/63337.

[7] A. Cooke, J. Slotwinski, NIST internal report on Properties of Metal Powders for Additive Manufacturing: A Review of the State of the Art of Metal Powder Property Testing, NISTIR 7873, July 2012, https://doi.org/10.6028/NIST.IR.7873.

[8] J. A. Slotwinski, E. J. Garboczi, P. E. Stutzman, C. F. Ferraris, S. S. Watson, M. A. Peltz, Characterization of Metal Powders Used for Additive Manufacturing, J. Res. Natl. Inst. Standards Technol. 119 (2014) 460 - 493. Available from: https://doi.org/10.6028/jres.119.018.

[9] ASTM F3049-14, Standard Guide for Characterizing Properties of Metal Powders Used for Additive Manufacturing Processes, ASTM International, West Conshohocken, PA, 2014.

[10] W. Nan, M. Pasha, T. Bonakdar, A. Lopez, U. Zafar, S. Nadimi, M. Ghadiri, et al., Jamming during particle spreading in additive manufacturing, Powder Technol. 338 (2018)

253-262.

[11] ASTM F2924-14, Standard Specification for Additive Manufacturing Titanium-6 Aluminum-4 Vanadium with Powder Bed Fusion, ASTM International, West Conshohocken, PA, 2014.

[12] ASTM F3001-14, Standard Specification for Additive Manufacturing Titanium-6 Aluminum-4 Vanadium ELI (Extra Low Interstitial) with Powder Bed Fusion, ASTM International, West Conshohocken, PA, 2014.

[13] ASTM F3184-16, Standard Specification for Additive Manufacturing Stainless Steel Alloy (UNS S31603) with Powder Bed Fusion, ASTM International, West Conshohocken, PA, 2016.

[14] ASTM F3056-14e1, Standard Specification for Additive Manufacturing Nickel Alloy (UNS N062nconel 625) with Powder Bed Fusion, ASTM International, West Conshohocken, PA, 2014.

[15] ASTM F3055-14a, Standard Specification for Additive Manufacturing Nickel Alloy (UNS N072nconel 718) with Powder Bed Fusion, ASTM International, West Conshohocken, PA, 2014.

[16] AMS 4999A, Titanium Alloy Direct Deposited Products 6Al - 4V Annealed, SAE Int., Sep 2011.

[17] H. P. Tang, M. Qian, N. Liu, X. Z. Zhang, G. Y. Yang, J. Wang, Effect of Powder Reuse Times on Additive Manufacturing of Ti-6Al-4V by Selective Electron Beam Melting, JOM 67 (3) (2015) 555-563. Available from: https://doi. org/10. 1007/s11837-015-1300-4.

[18] G. Jacob, C. Brown, A. Donmez, S. Watson, J. Slotwinski, Effects of powder recycling on stainless steel powder and built material properties in metal powder bed fusion processes, NIST Advanced Manufacturing Series 100-6, https://doi. org/10. 6028/NIST. AMS. 100-6.

[19] E. Brandl, B. Baufeld, C. Leyens, R. Gault, Additive manufactured Ti-6Al-4V using welding wire: comparison of laser and arc beam deposition and evaluation with respect to aerospace material specifications, Phys. Proc. 5 (2010) 595-606.

[20] http://www. sciaky. com/additive-manufacturing/wire-am-vs-powder-am. (accessed 28. 07. 15).

# 第 5 章　金属增材制造件的微观组织与性能

## 5.1　概　　述

目前有许多增材制造工艺通过 CAD 文件将原材料转化为最终部件的几何形状。根据增材制造工艺的 ASTM 标准[1]，长丝和线材[2]、粉末[3]和片状[4]的金属原料分别可以通过沉积喷嘴、粉末床或薄材叠层来加工[图 5.1(a)]。这些材料可以

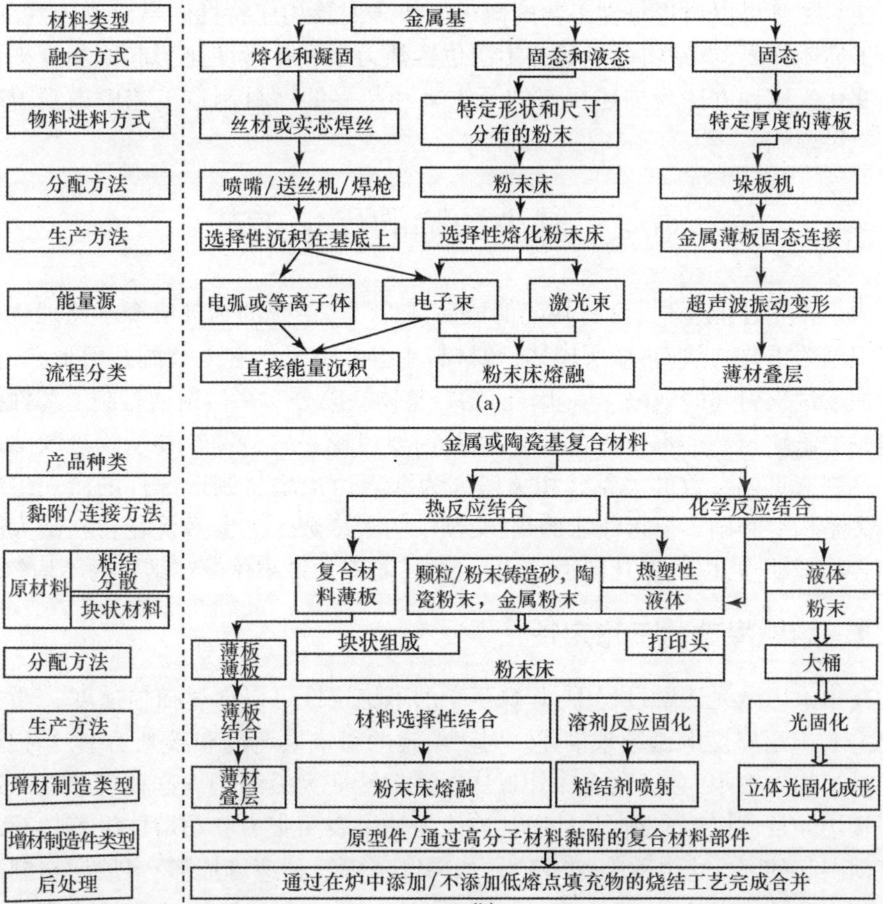


图 5.1　用于金属材料增材制造的工艺流程概述，涉及单步骤(a)和多步骤技术(b)
(资料来源：ISO/ASTM 52900：2015《增材制造的标准术语——一般原则—术语》(2016))

通过以下方式与自身和基体结合:①熔化和凝固;②固态连接;③涉及烧结和金属渗透的粉末冶金技术[5]。零件既可以通过单步增材制造完成制造,也可以进行包括零件合并或热处理在内的后续多步加工[图5.1(b)]。这些级联工艺流程使增材制造工艺中出现非典型的微观组织和性能演变。与铸造、锻造、轧制和其他热机械加工等大规模传统制造工艺中观察到的现象有很大不同,这些演变对几何形状、工艺参数及被加工材料的具体细节非常敏感。本章将讨论和解释这些关键的差异。

在指定增材制造工艺下的每个区域,即使具有相同的材料成分,也可能是单步或多步增材制造工艺下复杂的热力学特征,导致微观组织的不同。此外,增材制造物理过程类似于熔化或固态焊接过程,不难想象,由局部蒸发[6]、冷凝[7]、吸收[8]或杂质的加入[9]导致局部化学浓度的变化,这反过来又使微观结构的演变变得复杂。尽管可以讨论每种工艺的微观组织演变及相应特性的微观和宏观变化,但为了简明扼要,本章将通过研究不同位置热力学和化学变化引起的相变来讨论上述变化。这种方法为描述现有的及未来和新兴的增材制造工艺中微观组织的演变提供基础。

## 5.2 减少缺陷的优化工艺

为了得到性能合适、没有缺陷的成品部件[10],传统的物理冶金学原理认为微观组织至关重要。然而,众所周知,增材制造组件由于具有复杂的几何形状,存在一些加工过程引起的缺陷[11]。因此,结合整体缺陷分布来讨论增材制造部件内微观组织的不均匀性很重要。在本节中,将简要讨论一些持续存在的物理缺陷及其与增材制造工艺参数的关系。相关研究为深入讨论增材制造部件的微观组织和性能关系奠定基础。值得注意的是,文献中的大多数工艺参数优化旨在最大限度地减少物理缺陷,以确保几何形状的一致性,而不是最小化微观结构的不均匀性。

### 5.2.1 熔融焊珠的不稳定性

在粉末床激光熔融过程中,焊珠复杂的不稳定性可以通过扫描速度 $v$、激光功率 $P$ 和粉末层厚度的函数来描述。对于给定的粉末层厚度和激光功率,当扫描速度超过了临界极限,会导致焊珠外观从连续型转变为液滴型。这种现象在高速激光焊接中经常可以观察到,并且通常被认为是由表面张力驱动熔体沿着拉长的焊池流动引起的[12],这也称为“驼峰”。如果继续以这种速度成形,多层增材制造构件将是多孔的。在 Yadroitsev 和 Smurov[13]的一项经典研究中,人们注意到只有在 $P$-$V$ 图内的一个很小的加工空间中才能获得无缺陷的全焊透焊珠(图5.2)。许多

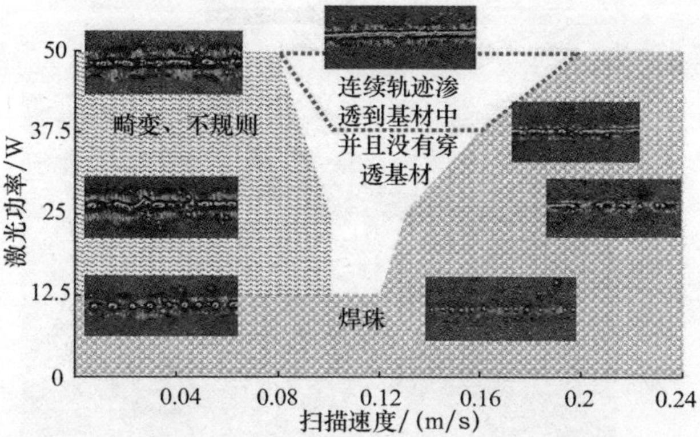


图 5.2 基于激光的粉末增材制造中,典型条件下单个连续轨迹穿透基材的功率 $P$-扫描速度 $v$ 加工(图片转载自:I. Yadroitsev, I. Smurov, Selective laser melting technology: from the single laser melted track stability to 3D parts of complex shape, Phys. Proc. 5 (2010) 551-560)

作者也发表了这一过程的 $P-V$ 图[14]。有趣的是,类似的加工图在焊接工艺已经被推导、构建和广泛应用[15]。关于上述缺陷最小化的优化工艺中,还存在关键问题:在相同的加工条件下,是否能得到无缺陷和各向同性的微观结构?

## 5.2.2 表面粗糙度

粉末床增材制造的构件中需要沉积的不止一个焊珠。后续焊珠在一个给定的单层上沉积,同样地,也在第 $n-1$ 层上面的第 $n$ 层沉积。最近,Foster 等[16]表明,在一个典型加工条件下,给定单层内第 $i$ 个焊珠可能在第 $i-1$ 个焊珠仍处于熔融状态或高温时就发生沉积。在这些条件下,这些连续的第 $i-1$ 个、第 $i$ 个、第 $i+1$ 个焊珠的熔融区域可能会融合在一起,并降低局部表面的粗糙度。Foster 等通过条纹投影显微镜获得的典型表面粗糙度图像证实了这一点(图 5.3)。焊珠从第 $n-1$ 层不完全渗透到第 $n$ 层导致了表面粗糙度的增加,构件内的孔隙率也随之增加。因此,第 $n$ 层表面条件由第 $n-1$ 层所决定,并且是一系列参数的函数。很明显,在给定的扫描速度下增加激光功率,或者降低的扫描速度,都可以获得更光滑的表面。减小表面粗糙度工艺的关键问题:表面粗糙度的变化与体积孔隙率的关系如何?

## 5.2.3 体积孔隙率

关于粉末床激光熔融的文献显示,在给定的功率下,随着激光扫描速度的变化,体积孔隙率存在三种不同的状态。在慢速扫描或高能量密度条件下,熔池将呈现锁孔形状[17]。在形成锁孔的条件下,液体-等离子体之间的不稳定性使沿扫描长度方向上具有大的孔隙率[18-19]。随着激光速度增加并超过临界值,对流和热

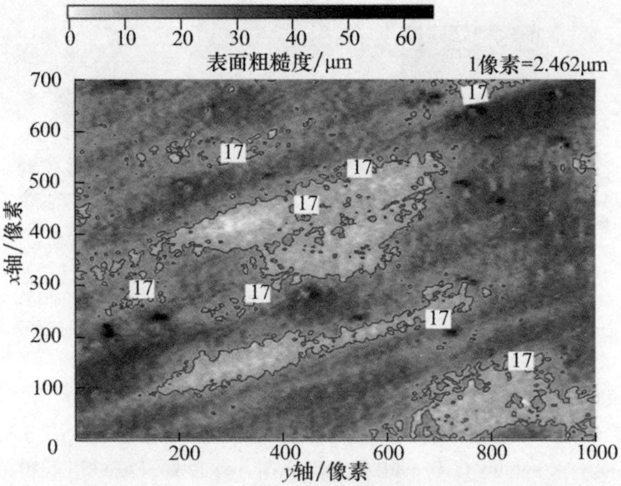


图 5.3　用条纹投影显微镜测量的典型表面高倍图像显示了许多焊珠上延伸的平坦区域(用对应 17μm 的等高线表示)

(图片转载自:S. J. Foster, K. Carver, R. B. Dinwiddie, F. List III, K. A. Unocic, A. Chaudhary, et al., Process-defect-structure-perty correlations during laser powder bed fusion of alloy Inconel 718: role of in situ and ex situ characterizations, Metall. Mater. Trans. A 49 (2018) 5775-5798)

传导开始发挥作用,并导致孔隙率的降低[20]。随着速度的持续增加,额外的不稳定性开始出现。以铝合金为例,通过夹带的气体(如铝合金中的氢气)导致孔隙率的形成[21]。随着速度进一步地增加或采用非常低的能量密度,当能量密度降低到一个临界水平以下时,焊珠就会重熔到以前的层中,由烧结或未焊透导致缺陷,进而会在构件中产生孔隙。基于上述讨论,很明显可以发现,存在一个最佳的扫描速度窗口[图 5.4(a)],可以避免由熔池现象引起的物理缺陷。在电子束焊接中,可以通过改变电子束聚焦参数来影响给定能量密度下气孔的形成趋势[图 5.4(b)]。从文献[22]中可以看出,熔池的形状(深度、宽度)是由平均能量密度和特定点内的能量分布控制的。

## 5.2.4　微裂纹、残余应力、变形和层间分离

激光/电子束加热、熔化和多次冷却的动态性质导致温度梯度和冷却率跟随空间和时间变化。从焊接相关的文献中可以看出,这些梯度会导致热应力的产生。而且在很大程度上,这些应力会诱发整个焊缝的梯度塑性应变。在某些镍基超级合金中,存在拉伸热应力和潜在软的微观结构,累积的塑性变形可能导致微裂纹。在高伽马值镍基超级合金的加工过程中,原位表征研究[23]表明,这些裂纹倾向随着几何形状的变化而改变。例如,在加工一个高度约束的涡轮机底座时,

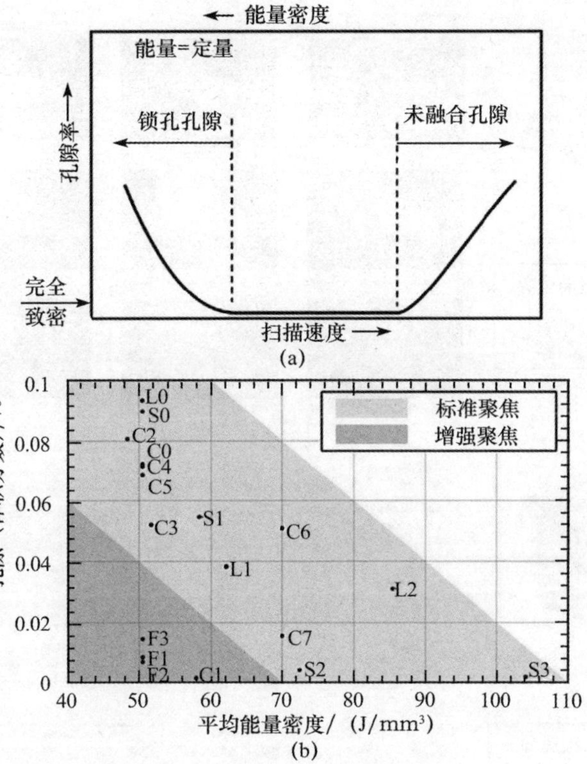


图5.4　LPBF过程中各种机制带来的孔隙率变化示意图(a)，以及不同的光束聚焦下EPBF过程中不同能量密度的孔隙体积分数的类似变化(b)

（图片经许可转载自：(a)M. Tang, P. C. Pistorious, J. L. Beuth, Prediction of lack-of fusion porosity for powder bed fusion, Addit. Manuf. 14 (2017) 39-48 (b) Adapted from S. Tammas-Williams, H. Zhao, F. Leonard, F. Derguti, I. Todd, P. B. Prangnell, XCT analyses of the influence of melt strategies on defect population in Ti-6Al-4V components manufactured by selective electron beam melting, Addit. Manaf. 102 (2015) 47-61）

观察到大量的裂纹[图5.5(a)]，而在机翼区域的裂纹数量较少[图5.5(b)]。如果在这些条件下结构没有开裂，这些累积的塑性应变梯度将导致残余内应力。尽管累积的塑性应变局部大小相同[24]，这些应变分布在正在打印的复杂几何形状内，可能导致大的弯矩。这种弯曲力矩张量与正在打印的几何形状有关，可能导致几何变形[25]，有时也可能导致层间脱落[26]。基于上述讨论，很明显，对于类似的加工条件，当几何形状发生改变时，最佳的加工窗口和扫描策略也需要相应的改变。这导致了一个关键的问题：如果加工参数的优化主要是为了满足几何上的一致性和减少物理缺陷，那么如何解决复杂的几何形状下微观结构和性能的不均匀性？这个问题将在下面的章节中讨论。

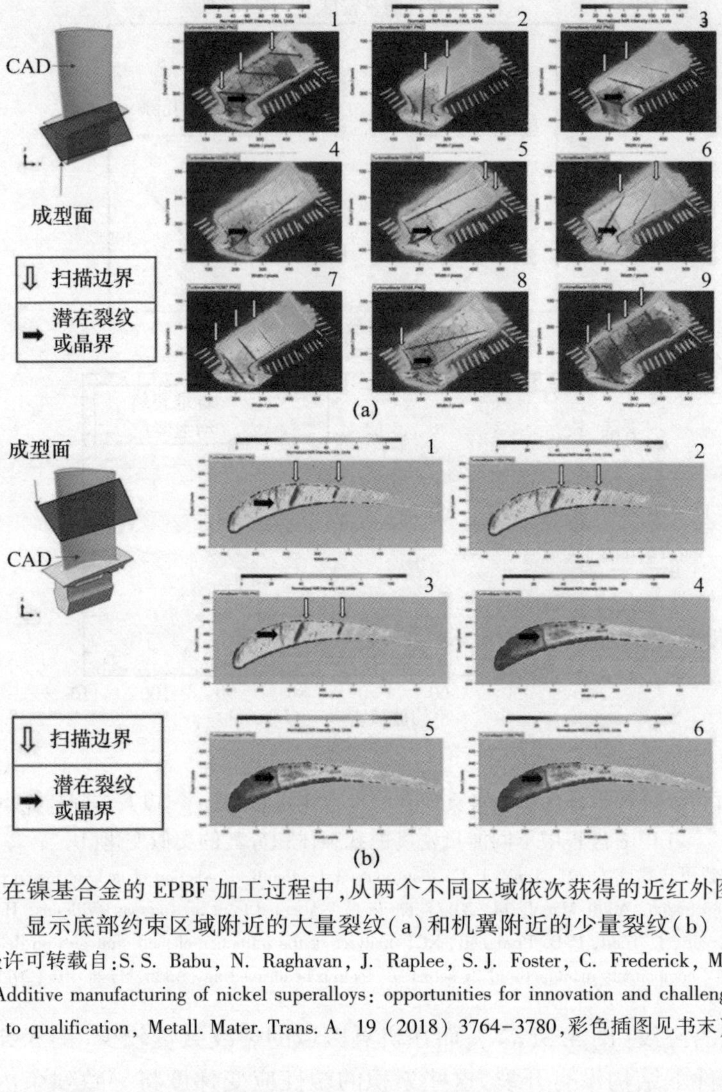


图 5.5　在镍基合金的 EPBF 加工过程中，从两个不同区域依次获得的近红外图像概览，显示底部约束区域附近的大量裂纹(a)和机翼附近的少量裂纹(b)

(图片经许可转载自：S. S. Babu, N. Raghavan, J. Raplee, S. J. Foster, C. Frederick, M. Haines, et al., Additive manufacturing of nickel superalloys: opportunities for innovation and challenges related to qualification, Metall. Mater. Trans. A. 19 (2018) 3764-3780，彩色插图见书末)

## 5.3　基于熔融的增材制造微观组织与性能演变

如前文所述，所有的金属增材制造工艺都会导致热-力-化学性质瞬间的大量变化，这些瞬变在不同的地点发生，并随着几何形状、原材料类型、能量水平、屏蔽气体及成形/扫描策略的顺序不同而变化。早在金属增材制造工艺发明之初，它们之间的相互关系就已经被研究。例如，评估一下包含粉末和激光能量源的定向能量沉积工艺制成的 Ti-6Al-4V 合金[27]的宏观和微观结构(图 5.6a)。宏观结构(图 5.6b)

显示了大的柱状晶(β 相,BCC 晶体结构),像棕榈叶一样从构件的中间向外扩散。根据熔池形状的瞬时变化和速度的空间变化($R$,d$x$/d$t$,单位为 m/s)以及液固界面的热梯度($G$,d$T$/d$x$,单位为 K/m),理论研究了 β-晶粒的演变机制(图 5.6c)。预测熔池形状的空间变化以及熔池不同层沉积过程中的 $G$ 和 $R$ 函数将放在第六章详细讨论。在本章中将介绍这些热瞬变在微观组织演变中的决定性作用。

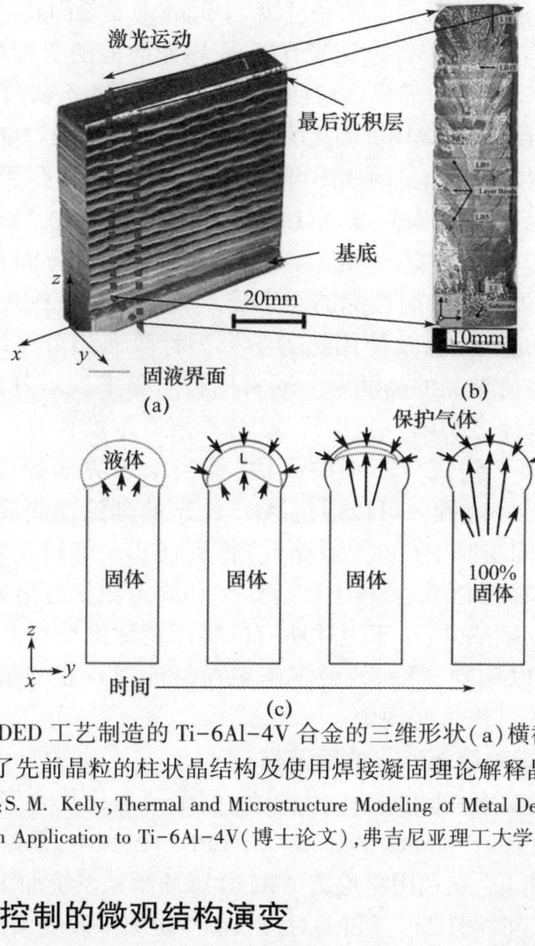


图 5.6　通过 DED 工艺制造的 Ti-6Al-4V 合金的三维形状(a)横截面的宏观结构,(b)显示了先前晶粒的柱状晶结构及使用焊接凝固理论解释晶粒形状(c)

(图片转载自:S. M. Kelly, Thermal and Microstructure Modeling of Metal Deposition Processes With Application to Ti-6Al-4V(博士论文),弗吉尼亚理工大学,2004)

## 5.3.1　由凝固控制的微观结构演变

焊接和凝固相关文献[28]已经广泛讨论了 $G$ 和 $R$ 对凝固组织(包括晶状体结构)的作用。由于金属增材制造工艺与焊接相似,本节中的大部分讨论可以追溯到 Vitek 和 David[29] 发表的经典焊接凝固理论。现将焊接凝固文献所阐述的基本原则进行简要的总结。

(1) 联生结晶:新的固体晶粒从未熔化的基体或热影响区开始向熔池中外延式地凝固。因此,在 HAZ 的液-固边界上预先存在的相和晶体取向是决定凝固什么时候开始的关键因素。

(2) 液固界面(liquid to solid, L/S)几何形状的变化：在合金凝固过程中，液-固界面作为 $G$ 和 $R$ 的函数，经历了从平面到网状到树枝状再到平面的凝固模式的转变。大量的研究表明，这些转变是由液-固界面不稳定导致的。合金元素在液-固界面的优先分配导致了不稳定性的持续存在和不断演变。

(3) 凝固过程中的柱状晶向等轴晶过渡 (columnar to equiaxed transition, CET)：在 $G$ 和 $R$ 的某些组合下，由于合金元素在 L/S 界面前面的分配增强，界面前面的液体由于过冷，引发等轴晶的形成。这些等轴晶凝固可能会破坏柱状树枝晶的外延生长并改变凝固组织。可以用界面反应函数理论来计算柱状晶向等轴晶转变的 $G$ 和 $R$ 范围[29]。大多数常见合金的凝固图可以在文献中查到，用于评估 CET 现象。

(4) 元素的分配和偏析模式：随着 L/S 界面的持续运动，当固体部分从 0%增加到 100%时，根据 $G$ 的空间变化(相对于 L/S 界面的所有方向)二次枝晶将会形成。由相图可知，一级和二级树枝晶的网络导致合金元素分配的空间变化。根据 $G$ 和 $R$ 空间和时间的变化，以及使用热力学模型计算多组分系统中的分配程度，可以估算一级和二级树枝晶的晶间距。通常用符号 $k$ 来表示分配的程度，它是通过在相图中固体到液体之间画一条连接线，计算溶质浓度得到的。尽管在普通增材制造过程中没有观察到成分不变的凝固，但当 L/S 界面速度足够大时(大于 1m/s)，有可能实现这一过程。可以通过 Aziz 提出的理论预测成分不变凝固的促发条件，并在快速凝固实验中(如溅射淬火)得到证实。值得注意的是，元素的分配对增材制造反复加热和冷却过程中部分熔化和固态相变有很大影响。

(5) 熔池形状的敏感性：由于上述所有的凝固特征都是 $G$ 和 $R$ 的空间和时间变化的函数，因此可以预判，凝固的微观组织对熔池形状非常敏感。下面的章节中将用大量例子深入讨论这些现象。

**1. 凝固微观组织对熔池形状的敏感性**

通过开发和使用功率-速度($P$-$V$)图等加工图，可以优化大多数增材制造工艺。在激光-粉末床熔融(laser-powder bed fusion, LPBF)过程中，根据系统的不同，可以有不同方法改变 $P$ 和 $V$。在利用雷尼绍 AM250 脉冲激光系统加工 Inconel 718 粉末时，可以通过改变曝光时间($\Delta t_{exp}$)和点对点(P2P)距离来改变激光功率和速度[16]。研究表明在高 $\Delta t_{exp}$ 和低 P2P 距离时，熔池较大。相反，随着 P2P 距离的增加和 $\Delta t_{exp}$ 的减少，可以观察到较小的熔池。用电子背散射衍射技术(electron backscattered diffraction, EBSD)对不同条件下制造的立方体块进行了评估。图 5.7a 总结了沿建造方向($Z$ 方向)的 FCC 晶粒取向。很明显，只有在大熔池的情况下可以获得具有明显织构的柱状晶粒，而在较小熔池中，可以观察到大量随机取向的等轴晶。为了计算这些条件下 $G$ 和 $R$ 的潜在变化，可以通过式(5.1)计算树枝晶一次枝晶间距：

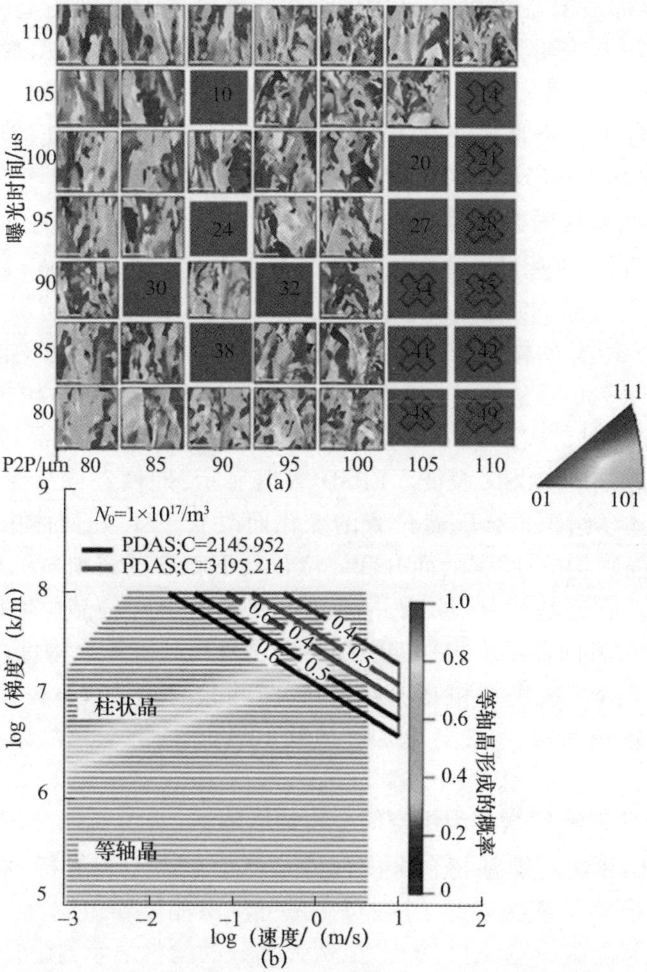


图 5.7 不同 LPBF 加工参数制得的 Inconel 718 合金 EBSD 技术测量的晶体学织构变化概述(a)；基于主晶粒臂间距和凝固图对观察到的微观组织的解释(b)

（图片经授权转载自：S. J. Foster, K. Carver, R. B. Dinwiddie, F. List III, K. A. Unocic, A. Chaudhary, et al., Process-defect-structure-property correlations during laser powder bed fusion of alloy Inconel 718: role of in situ and ex situ char- acterizations, Metall. Mater. Trans. A 49 (2018) 5775-5798，彩色插图见书末）

$$\lambda = C/G^{0.5}R^{0.25} \tag{5.1}$$

式中：$C$ 为一个比例常数，其值为 2145.952 至 3195.214；$G$ 为温度梯度(K/m)；$R$ 为固-液界面速度(m/s)。使用式(5.1)和测量的一次枝晶间距，得出 LPBF 过程中 $G$ 和 $R$ 的约束值[16]。使用两个 $C$ 值计算出边界框，得出以下限制：$\{G(\mathrm{K/m}), R(\mathrm{m/s})\} = \{10^8, 0.01758\}\{10^8, 0.4078\}$，$\{2.2022\times10^7, 10\}$ 和 $\{4.0476\times10^6,$

10}。这些边界框被覆盖在 Inconel 718 合金计算得到的凝固图上[图 5.7(b)]。计算得到的 $G$ 和 $R$ 表明,构件中的凝固组织将从柱状晶过渡到等轴晶,这与实验观察到的凝固组织一致。值得注意的是,上述 LPBF 实验基于试样具有立方体几何形状。这导致了一个基本问题:在特定的加工条件下,所有几何形状的 $G$ 和 $R$ 都会相似吗,或者几何形状会导致意外的变化?

**2. 几何形状对凝固微观组织的影响**

Frederick 等[30]使用电子束粉末床熔融(electron beam powder bed fusion, EPBF)工艺加工 Rene N5 合金粉末,评估了特定扫描策略下几何形状对晶体学凝固组织的作用。所有的构件都采用线性扫描策略,并得到两种不同的几何形状[图 5.8(a)],即实心三角棱柱(简称 SA)和带通道的复杂三角棱柱(简称 CA)。构件完成后,按照图 5.8(a)所示的镜面线对两种几何形状的样品进行切片,并在不同位置进行详细的 EBSD 表征。EBSD 数据显示,即使在同一个几何形状中,FCC 晶粒的晶体学组织也会随着位置的变化而改变。SA 几何体中的 a、d、e 和 f 位置显示出很强织构的柱状晶,而 b 和 c 位置及Ⅰ和Ⅱ区域则显示出大量随机取向的等轴晶粒。靠近基材(区域Ⅲ)的位置也观察到异常的晶粒生长。g、h、j、k、l 和 m 区域沿成形方向显示出很强的织构。上述变化与计算出构件内 $G$ 和 $R$ 的空间和时间变化一致。这些 $G$ 和 $R$ 随着空间-时间的变化导致了另一个基本问题:是否有其他的影响因素,可能会施加类似的不稳定性,并导致晶体组织在三维空间上发生变化?

**3. 局部缺陷对凝固微观组织空间分布的影响**

采用连续切片法对镍基超合金内部的晶体学微观组织进行了三维分析[31]。一个增材制造模型被依次切开,并在每个部分测量晶体学组织,然后将各个部分在三维空间中组合在一起(图 5.9)。虽然大部分的构件显示[图 5.9(b)]柱状晶组织(晶体的<001>取向与成形方向一致),构件中存在很小区域集中出现随机取向的等轴晶组织[图 5.9(c)]。对该区域的进一步研究表明,这些区域与未熔合缺陷有关。然而,就在距离上述缺陷几十微米的地方,构件的组织又重新变为柱状晶。局部传热条件的变化导致局部微观组织的不同。假设在稳定的打印条件下,沿着成形方向具有最大的热梯度。然而,如果在第 $n-1$ 层偶然形成未熔合孔,那么这些缺陷之上的第 $n$ 层和第 $n+1$ 层区域,由于局部的导热性降低,传热效率将降低。这将导致温度梯度的减少,有利于等轴晶粒的形成。有趣的是,在超过第 $n+1$ 层的区域,孔隙率的局部效应将减少,正常的柱状晶将再次出现。上述结果清楚地表明,PBF 过程中凝固微观组织的不均匀性受熔池形状、G 和 R 的局部变化影响。这带来了一个基本问题:是否有可能利用 G 和 R 对凝固微观组织的影响来特别控制微观组织?

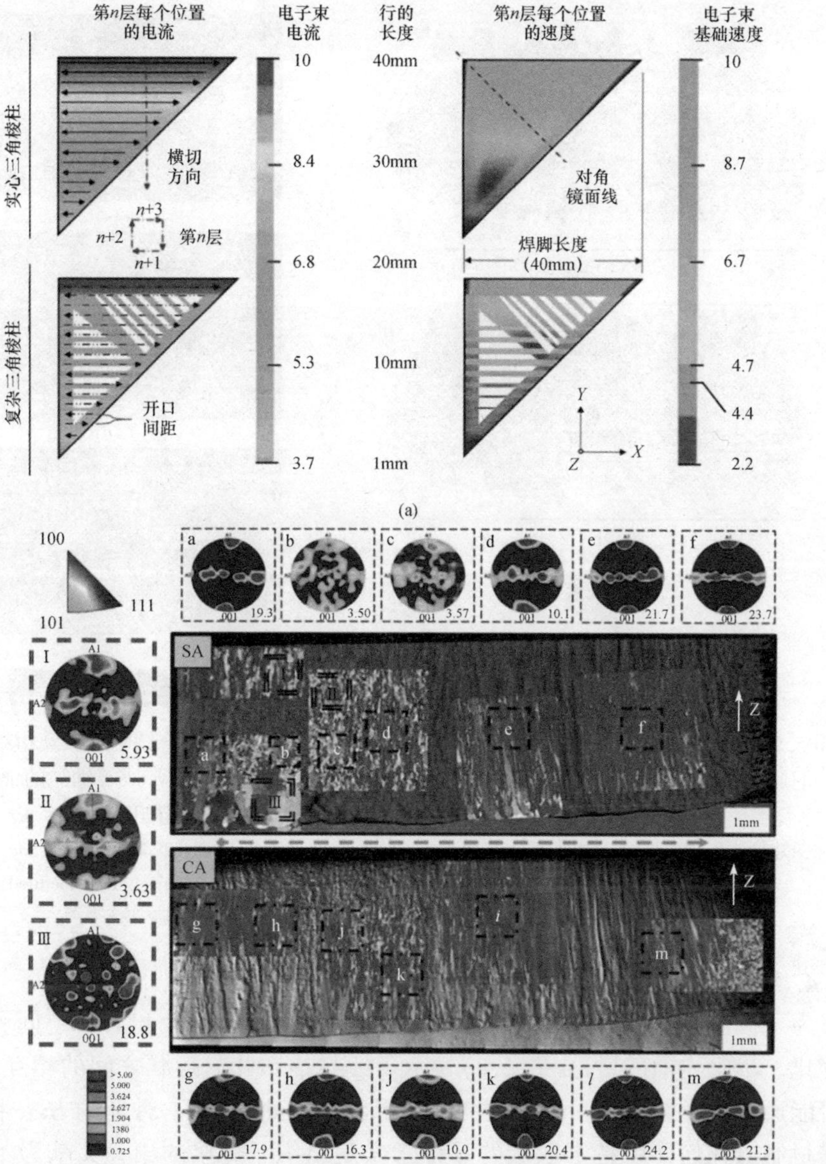


(b)

图 5.8　用于制作实心(SA)和复杂(CA)三角棱柱的 EPBF 参数(电流和速度)示意(a);横截面的 EBSD 图像,对应于对角线镜面织构的大量变化(b)

(图片经 C. L. Frederick, A. Plotkowski 许可转载自:M. M. Kirka, M. Haines, A. Staub, E. J. Schwalbach, et al. , Geometry induced spatial variation of microstructure evolution during selective electron beam melting of Rene-N5, Metall. Mater. Trans. A 49 (2018) 5080-5096,彩色插图见书末)

图 5.9　通过 TriBeam 影像技术获得的三维 EBSD 数据表明未熔合缺陷对微观组织演变的影响以及(a)构件内的未熔合缺陷(灰色区域);(b)缺陷上方形成等轴晶的证据;(c)缺陷;(d)缺陷上方 40μm 处;(e)80μm 处组织

(图片经许可转载自:A. T. Polonsky, M. P. Eichlin, W. C. Lenthe, R. R. Dehoff, M. M. Kirka, and T. M. Pollock, Defects and 3D structural inhomogeneity in electron beam additively manufactured Inconel 718, Mater. Charact. 143 (2018) 171-181,彩色插图见书末)

**4. 特定区域的晶体结构控制**

为了控制特定区域的晶体学组织,需要能稳健地控制 G 和 R 在空间和时间上的变化。尽管先前的讨论(图 5.8)显示了线扫描和几何形状之间的相互作用,但不可能通过改变线扫描参数来改变几何形状。因此,需要一种新的方法来控制复杂增材制造几何体中特定区域的晶体学微观组织。焊接的相关文献为不受几何形状影响的 G 和 R 动态控制提供了线索。在点焊条件下[32],焊接区域在高 G、低 R 和低 G、高 R 之间反复转换。Dehoff 等[33]成功地利用了这种方法,通过在几何体上移动点状熔池来诱导等轴晶生长。研究人员还通过打印字母"D""O"和"E"并研究晶体学组织来证明实验原理可行。使用计算模型,通过优化点状熔池形态,将这种技术扩展到复杂的几何形状中[34]。图 5.10 的案例显示了在一个复杂的几何形状中,如何控制特定位置的晶体组织。这些数据和分析表明,在 PBF 工艺中,通过仔细控制熔池形状及使用创新性的扫描策略,可以控制 G 和 R 的空间和时间变化,使控制特定位置的微观组织成为可能。

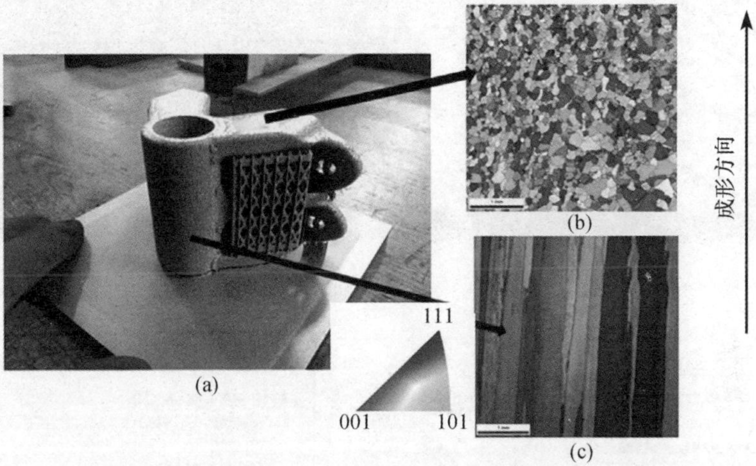


图 5.10　用 EPBF 工艺制作的 Inconel 718 合金支架的照片(a);构件的顶部区域在点状熔化模式下形成等轴晶(b);其他圆柱形区域用栅格化熔化策略沉积,导致柱状晶沿成形方向生长(c)

(图片经许可转载自:S. S. Babu, N. Raghavan, J. Raplee, S. J. Foster, C. Frederick, M. Haines, et al., Additive manufacturing of nickel superalloys: opportunities for innovation and challenges related to qualification, Metall. Mater. Trans. A. 49 (2018) 3764-3780)

**5. 溶质元素偏析**

除了晶体组织的变化,合金元素在固液之间的再分配也会导致元素组成的空间变化。几乎所有基于熔融的增材制造工艺中都可以观察到这一现象。元素的范围和空间分布受 $G$ 和 $R$ 的控制,并且也受打印后的热循环影响。图 5.11 显示了 LPBF 打印的 Inconel 718 合金中典型的偏析。通过蚀刻[图 5.11(a)]可以观察到柱状树枝晶的微观结构,X 射线能谱仪(energy dispersive X-ray spectroscopy, EDS)则显示了铌在一次枝晶边界的偏析[图 5.11(b)]。许多研究人员认为增材制造与快速凝固过程类似,并伴有溶质截留。图 5.11 所示的元素分配过程表明,其条件与焊接凝固类似。通过计算所有元素与速度相关的分配系数,评估溶质截留的诱发条件。与速度有关的分配系数 $k_v^i$ 与平衡分配系数 $k_0^i$ 和特征扩散距离 $a_0$ 有关。Aziz[35] 建立了如下关系:

$$k_v^i = \frac{k_0^i + a_0(R_{L/S}/D_i)}{1 + a_0(R_{L/S}/D_i)} \tag{5.2}$$

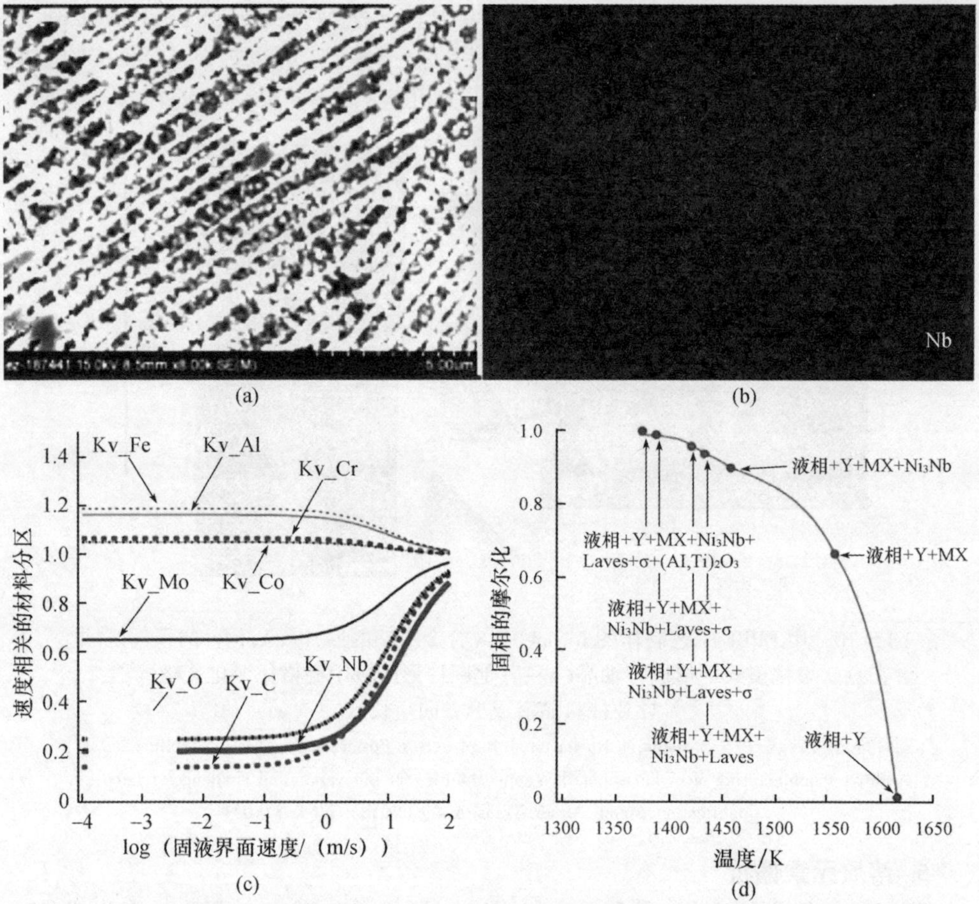


图 5.11　LPBF 工艺制造的 Inconel 718 合金的 SEM 图像(a)；EDS 获得的相应元素图，显示铌在树枝间边界的偏析(b)；计算速度相关的分配系数表明，在 LPBF 工艺中很难实现 100%的溶质截留(c)；Scheil 凝固模拟显示 FCC-γ 相的形成顺序，以及各种金属间化合物、碳化物和氧化物的形成(d)

（图片经授权转载自：S. J. Foster, K. Carver, R. B. Dinwiddie, et al. , Process-defect-structure-perty correlations during laser powder bed fusion of alloy 718：role of in situ and ex situ characterizations, Metall. Mater. Trans. A 49 (2018) 5775-5798）

计算结果[图 5.11(c)]表明，只有当固-液界面速度超过 10m/s 时，才有可能实现无溶质分配凝固。在现有的基于熔融的金属增材制造工艺中，这些 L/S 界面的速度通常是很难达到的。下一步，使用 Scheil-Gulliver 公式计算树枝晶边界的元素分配和相关相变。计算结果表明[图 5.11(d)]，树枝晶区域除含有平衡相 δ($Ni_3Nb$)外，还含有 laves 相、碳化物和氧化物。有趣的是，在由 LPBF 工艺制造的不锈钢构件中,也观察到枝间氧化物。总之,在任何基于熔融的金属增材制造工艺中,其微观凝固组织与焊接凝固组织相似。此外,只要能够定义 G 和 R 随空间和时间的变化,以及熔池形状的瞬时变化,就可以预测凝固的微观组织。现在再考虑低于凝固点温度的热循环对固态相变的作用。

### 5.3.2　由固态相变控制的微观组织演变

文献中广泛讨论了金属在单道次和多道次焊接过程中的固态相变。从最近关于铁、铝、钛和镍基合金的增材制造文献中可以明显看出,焊接过程与增材制造具有相似性[36-38]。焊接过程[39]和其他条件下[40]的固态相变简单介绍如下:凝固过程中形成的母相将根据相图所示的途径进行固态分解,分解的程度将由高温冷却过程中产物的成核和长大速度来控制。如果在冷却到低温之前有一个温度的回升,产物可能会发生溶解。热循环下产物重复生长和溶解。大多数合金的相变是通过母相和产物之间合金元素的扩散来控制的,属于重构型相变。然而,在某些金属和合金(如钢)中,母相(如奥氏体)通过位移型相变生成产物(如马氏体)[41]。产物的最终组成及其晶粒大小和形态(或形状)由重构和位移型相变的相互作用来控制。读者可以参考经典教科书[10]和综述文章来了解重构和位移型相变的细节[42-43]。虽然关于增材制造过程中重构和位移型相变的报道几乎为零,但不能排除其他的级联相变,而热力学过程中通常都包括大量的调幅分解[10]。本节依靠金属和合金中相变的一些基本知识,理解常见结构金属(钛、镍和铁合金等)增材制造过程中的微观组织演变。

**1. 热循环对 Ti-6Al-4V 微观组织梯度的影响**

在 20 世纪 90 年代早期,DED 工艺被认为是修复与航空航天应用有关的钛合金部件的潜在途径。前面讨论了 Ti-6Al-4V 合金的典型凝固微观组织及柱状 β 晶粒的形成(图 5.6)。Kelly 等[27]对该构件的微观组织进行了深入的表征研究,结果如图 5.12(a)~(d)所示。构件显示出明显的明暗交替带状结构,这通常被称为层带。有趣的是,在最后三层中没有观察到带状结构。高分辨率显微镜显示白色亮层下面具有大量形态各异 α 相(HCP 结构)。Kell[35,45]认为这些层带结构来源于这些区域加热和冷却时热循环的不同。如果采用相同的合金制造不同几何形状的构件[44,46],微观组织梯度也会不同[图 5.12(e)~(g)]。修复 Ti-6Al-4V 薄板中的一个小区域,截面上的微观结构和硬度变化如图 5.12(e)所示。样品中间层以下的微观组织主要是片层组织的 α 相,而中间层以上主要是网篮组织的 α 相。微观组织的不同又带来了显微硬度的极大差异,微观硬度图显示上面的区域始终高于 350HV,而下面的区域低于 350HV。这导致了一个基本问题的出现:这种微观结构的突变是否如 Kelly 和 Kempe[35,45] 描述的那样与热循环的空间变化有关?

为了验证这一假设,使用有限元方法分析了不同位置热循环的空间变化[47]。将位置 1~9 的热循环[图 5.13(a)]与伪二元 Ti-V-6Al 相图[图 5.13(b)]进行比较。分析表明,这些热循环重复地进入单相 β 场和 α+β 双相区域。为了合理解释顶部、中部和底部之间微观组织的突然变化,图 5.13(c)提取并绘制了这些热循环图。有趣的是,在最终冷却之前,中层以下的区域反复出现在 α+β 相场中,而中层以上的区域只出现在单相 β 场中。这表明顶部区域在最终冷却过程中会发生固态分解,并最终生成网篮结构。而中层以下区域,在循环多次的热循环作用下,α 相反复溶解和生长,生成了粗大的片层微观结构。这个案例清楚地表明,热循环是确保构件中微观组织均匀的关键,需要预测给定的几何形状、加工条件和扫描策略下的热循环。相关内容将在第 6 章计算模型中进一步讨论和分析。

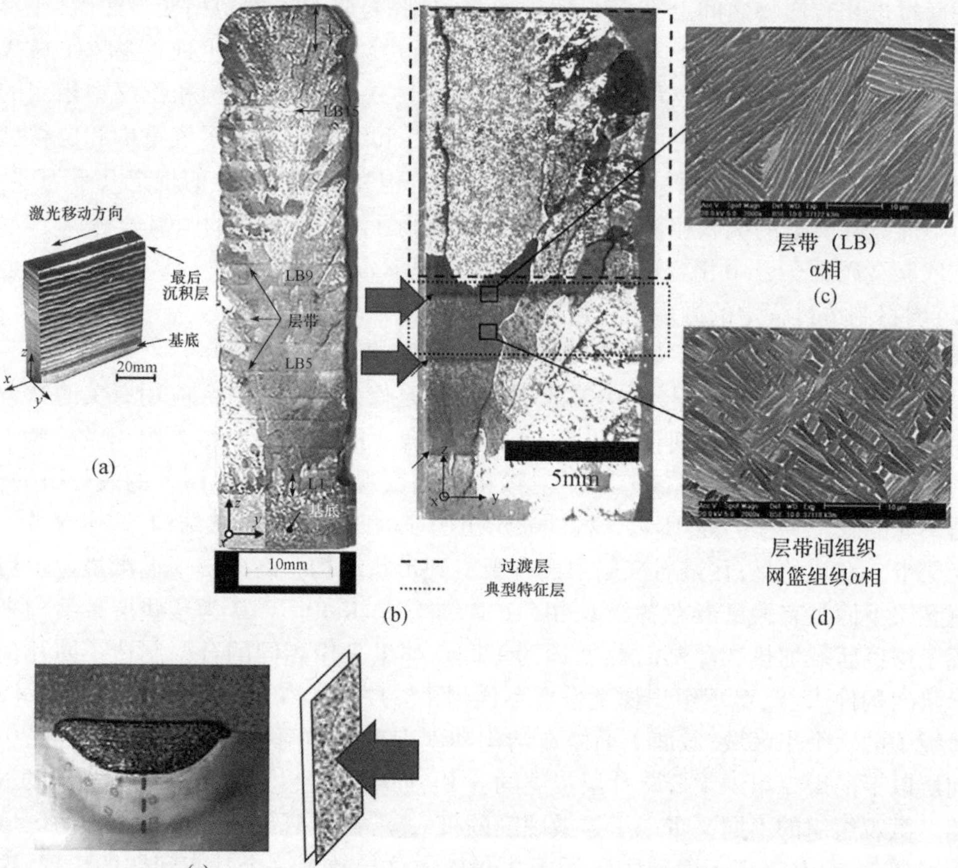

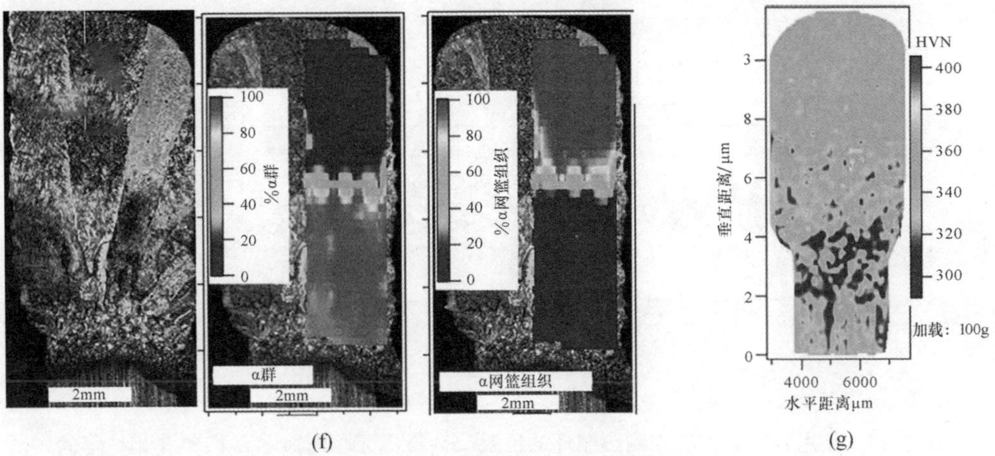


图 5.12　DED 工艺制造的 Ti-6Al-4V 的宏观光学图像显示了白色层的交替带(a)；高倍显微图显示这个光区与之前的 β 晶粒无关(b)，而是与 α-层形态的微小变化有关[(c)和(d)]；用小的几何形状重复类似的实验(e)；柱状的 β-晶粒重现(f)。然而，顶部区域的微观结构主要显示为网篮形态，而底部区域显示为粗大 α-微观结构，这种微观结构的变化也反映在构件的硬度图上(g)

(图片获授权转载自：S. M. Kelly, Thermal and Microstructure Modeling of Metal Deposition Processes With Application to Ti6Al4V(博士论文)，弗吉尼亚理工大学，2004 和 K. Makiewicz, S. S. Babu, M. Keller, A. Chaudhary, Microstructure evolution during laser additive manufacturing of Ti6Al4V alloys, Proceedings of International Conference on "Trends in Welding Research," Chicago, 2012，彩色插图见书末)

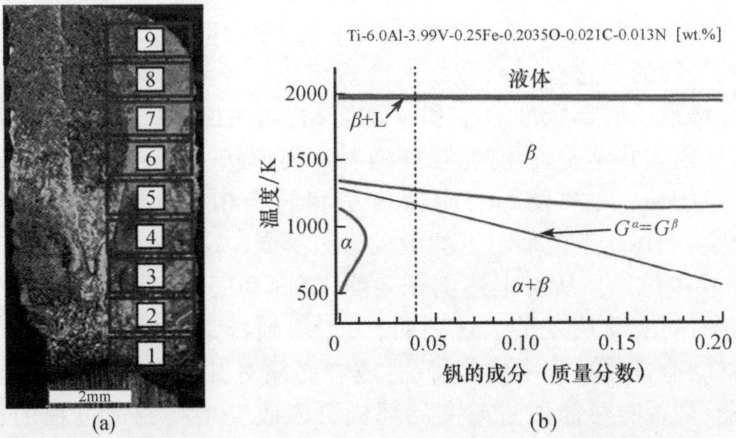

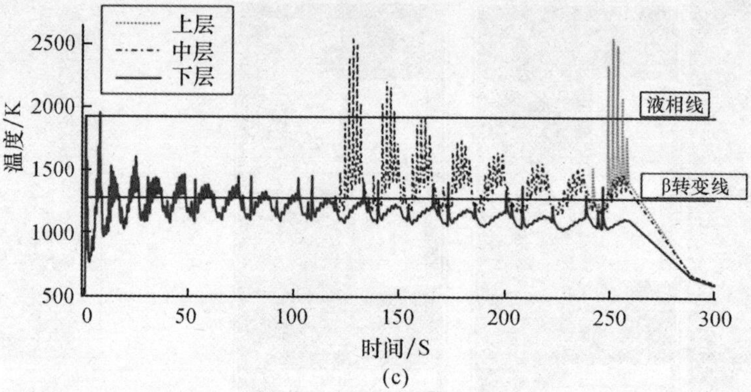


图 5.13 使用有限元方法预测热循环的位置(a);准二元相图显示 α 相和 β 相稳定的温度区域(b);底部、中部和顶部区域的热循环比较表明,顶部区域只存在单一的 β 相区域(c)

(图片获授权转载自:S. M. Kelly, Thermal and Microstructure Modeling of Metal Deposition Processes With Application to Ti6Al4V,弗吉尼亚理工大学,2004 和 K. Makiewicz, S. S. Babu, M. Keller, A. Chaudhary, Microstructure evolution during laser additive manufacturing of Ti6Al4V alloys, Proceedings of International Conference on "Trends in Welding Research," Chicago, 2012)

**2. 镍合金微观结构梯度与热循环的相关性**

在 Inconel 718 合金的 DED 加工过程中也观察到类似的微观组织和力学性能各向异性。例如,Tian 等[48]研究了 Inconel 718 薄板 DED 加工后不同截面的微观组织[图 5.14(a)]。[图 5.14(b)]所示的宏观结构图清楚地显示了不同截面上沉积方向的不同。有趣的是,这些构件在不同截面上的硬度分布[图 5.14(c)~(e)]与 Ti-6Al-4V 合金相比完全不同,即顶部区域是软的,而中层以下的区域是硬的。这些区域详细的微观组织特征显示,在 FCC-γ 区域内,反复的热循环增强了底部区域的 γ′和 γ″沉淀相,而在顶部区域沉淀程度很低。有趣的是,这种模式并不是通用的,往往随着几何形状、激光功率和扫描速度的变化而变化。Makiewicz[46]使用有限元模型和同步相变动力学模型预测了 Ti-6Al-4V 合金在 DED 工艺加工下的微观组织演变。这些建模方法的细节将在第 6 章计算建模中讨论。所有上述例子表明,凝固和固态微观组织演变是由热循环的空间和时间变化决定的。这表明,为了得到特定区域最佳的微观组织,必须控制增材制造打印过程中的热特征,或者必须对其进行监测。这句话引出了下一个问题:是否有可能通过改变局部成分来改变增材制造过程的相/微观组织平衡?

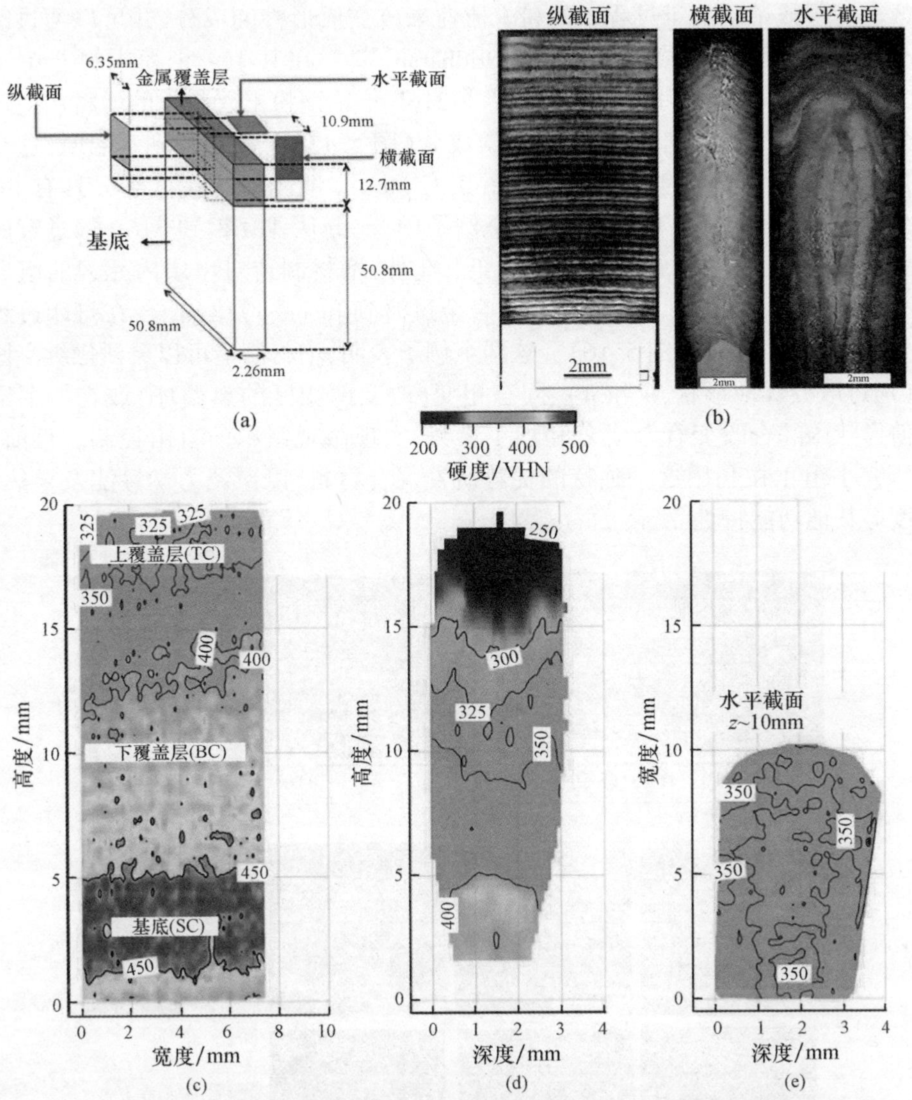


图5.14　横断面示意(a);其中宏观结构的特征(b)在纵向(c)、横向(d)和水平剖面(e)上的硬度图显示了相应的力学性能各向异性

(图片获授权转载自:Y. Tian, D. McAllister, H. Colijn, M. Mills, D. F. Farson, M. C. Nordin, et al., Rationalization of microstructural heterogeneity in IN-718 builds made by the direct laser additive manufacturing, Metall. Mater. Trans. A 45 (2014) 4470-4483,彩色插图见书末)

## 5.3.3　异种成分的增材制造

当使用含有两个以上集成送粉器的商用设备进行DED工艺加工时,有可能通

过改变每层或单层加工过程中的粉末流速来改变成形件的成分,并可以通过改变成分改变成形件中最终相的组成。Sridharan 等[49]在其中一个粉末料斗中装入 410 不锈钢粉末,而在另一个料斗中装入 316L 不锈钢粉末。制成的增材制造成形件具有从 410 钢过渡到 316L 钢的化学成分(图 5.15)。在冷却到室温时,这个成形件具有预设的 FCC 奥氏体组织[图 5.15(a)],并且靠近基材部分具有 BCC/BCT 马氏体结构[图 5.15(b)]。这个例子中,成分从 410 钢到 316L 钢过渡的过程中,每个单独的层内部成分保持不变。此外,增材制造对单层内元素的组成并没有限制。Cakmak 等[50]利用 Co-Cr 合金过渡到 Inconel 718 合金,在打印过程中得到独特的几何形状(图 5.16)。这两个例子表明,增材制造可以灵活操纵凝固过程(通过改变焊池形状、$G$ 和 $R$)、固态相变(改变两相区的热循环)或在一个给定几何形状内综合改变合金成分和加工参数,实现微观组织的自由控制。目前,许多研究小组正在利用这一独特的优势研发混合材料,以微调力学性能及导热性、密度等其他功能特性[51]。

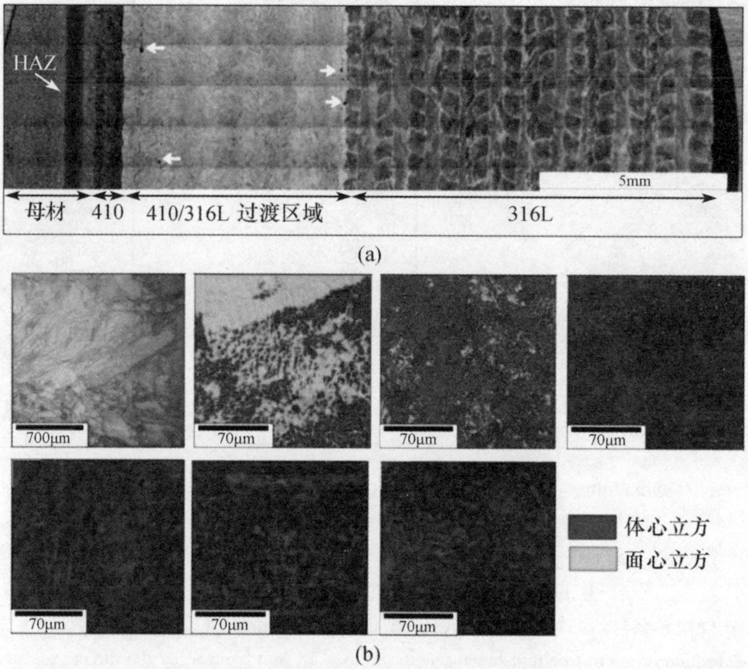


图 5.15　用 410 和 316L 不锈钢制作的梯度构件从低合金钢层到 316L 不锈钢过渡的光学照片,这个模型是用 DED 工艺制作的(a);EBSD 相组成图显示了 316L 不锈钢区域的纯 FCC 结构随着成分的变化逐渐过渡到完全的 BCC 结构(b)

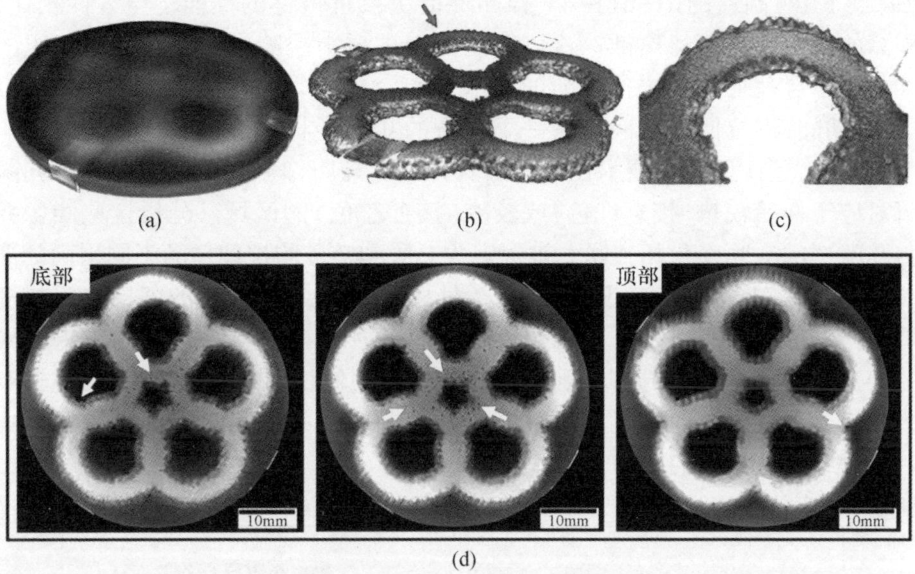


图 5.16　使用中子计算机断层扫描技术对嵌入 Inconel 718 合金基体盘中的 Co-Cr 几何形状进行三维成像(a);Co-Cr 内结构进行单独成像(b);标记位置的高倍放大图像显示了 DED 过程导致的粗糙表面(c);图像的连续切片显示 Co-Cr 区域存在一些气孔(d)

## 5.3.4　基于熔融的增材制造部件的力学性能

上述缺陷和微观组织的空间变化必然引起力学性能的变化。尽管可以通过后续加工热处理或热等静压来消除缺陷和微观组织的差异,但对于具有薄片或内部空腔等复杂几何形状的增材制造成形件,因为这些部件可能难以进行后续加工,了解其在加工条件下的力学性能就很重要。已经有大量的文献研究了拉伸、疲劳和蠕变特性的变化,并将其与增材制造成形件中的缺陷和微观组织联系起来。在本节中,通过一些例子综述了金属增材制造部件的拉伸、疲劳和蠕变特性。值得注意的是,对于增材制造来说,在拉伸、疲劳或蠕变测试中金属失效的机理并不新鲜。除了边界条件不同,机理是相通的。因此,读者可以参考经典教科书[52]来了解金属材料的弹性、塑性和断裂机制的细节。

**1. 拉伸性能**

在 Lewandowski 和 Seifi[53] 的一篇经典论文中,将增材制造件的屈服强度、极限拉伸强度、伸长率与铸造、锻造和锻压合金进行了比较。图 5.17 中显示了 Ti-6Al-4V 的典型数据。很明显,在加工后没有任何热处理情况下,增材制造工艺

(DED 或 PBF)制造的 Ti-6Al-4V 样品性能更接近铸件的性能。与锻件相比,这些样品的延展性数值很离散。这可能是由于试样中缺陷的分布及微观组织的差异性。为了合理地解释拉伸性能的离散分布,Yoder 等[54]在 EPBF 加工 Ti-6Al-4V 粉末期间,将拉伸样品嵌套在一个复杂的几何形状上进行了详细的实验。在加工过程中,还使用快门技术在每一层获得近红外图像[图 5.18(a)]。不同颜色代码对应于样品较热(接近红色)或较冷(接近蓝色)的区域。分析这些图像并将其与孔隙率的空间变化相关联。被标定为 2 号和 7 号的拉伸样品不同层高的典型快照见图 5.18(b)和(c)。很明显,与 7 号样品相比,2 号样品的各层之间或多或少地保持着低温。有趣的是,2 号样品的一些快照[图 5.18(c)]显示了未熔融孔隙的证据。不出意外,2 号样品显示出较差的拉伸伸长率,并且通常在孔隙较集中的区域附近失效。这证实了在增材制造构件中存在的缺陷对拉伸性能的影响超过对微观组织差异性的影响。

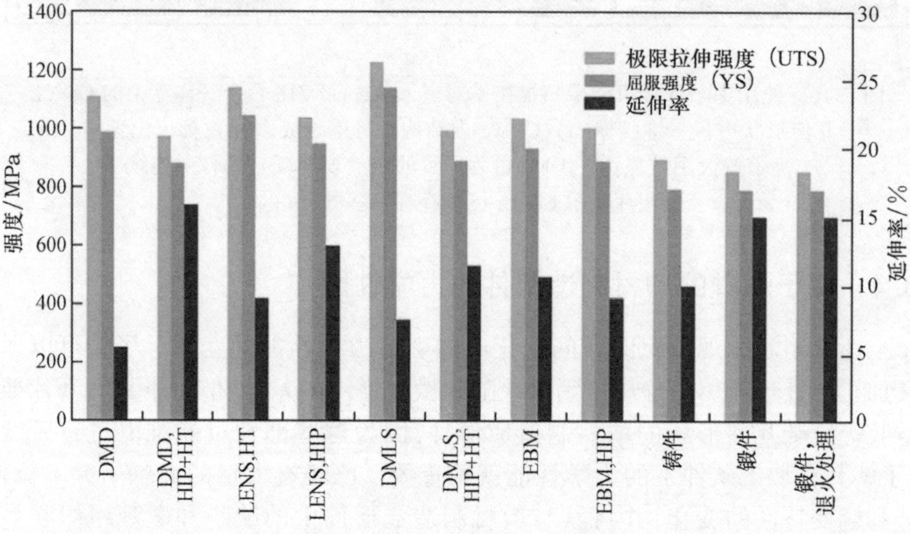


图 5.17 通过各种增材制造和传统工艺获得的 Ti-6Al-4V 样品的拉伸性能
(图片获授权转载自:J. J. Lewandowski, M. Seifi, Metal additive manufacturing: a review of mechanical properties, Annu. Rev. Mater. Res. 46 (2016) 151-186)

**2. 疲劳特性**

与拉伸性能类似,Kobryn 和 Semiatin[55]研究了 Ti-6Al-4V 合金增材制造件的疲劳性能[图 5.19(a)和(b)]沿 $Z$ 方向的分布。Kobryn 和 Semiatin 的研究表明,应力释放后的样品在 $Z$ 方向的疲劳性能非常差(低于铸件)。对这些样品进行 HIP 加工后,疲劳性能得到改善。缺陷的形成和微观组织的差异性可能导致样本

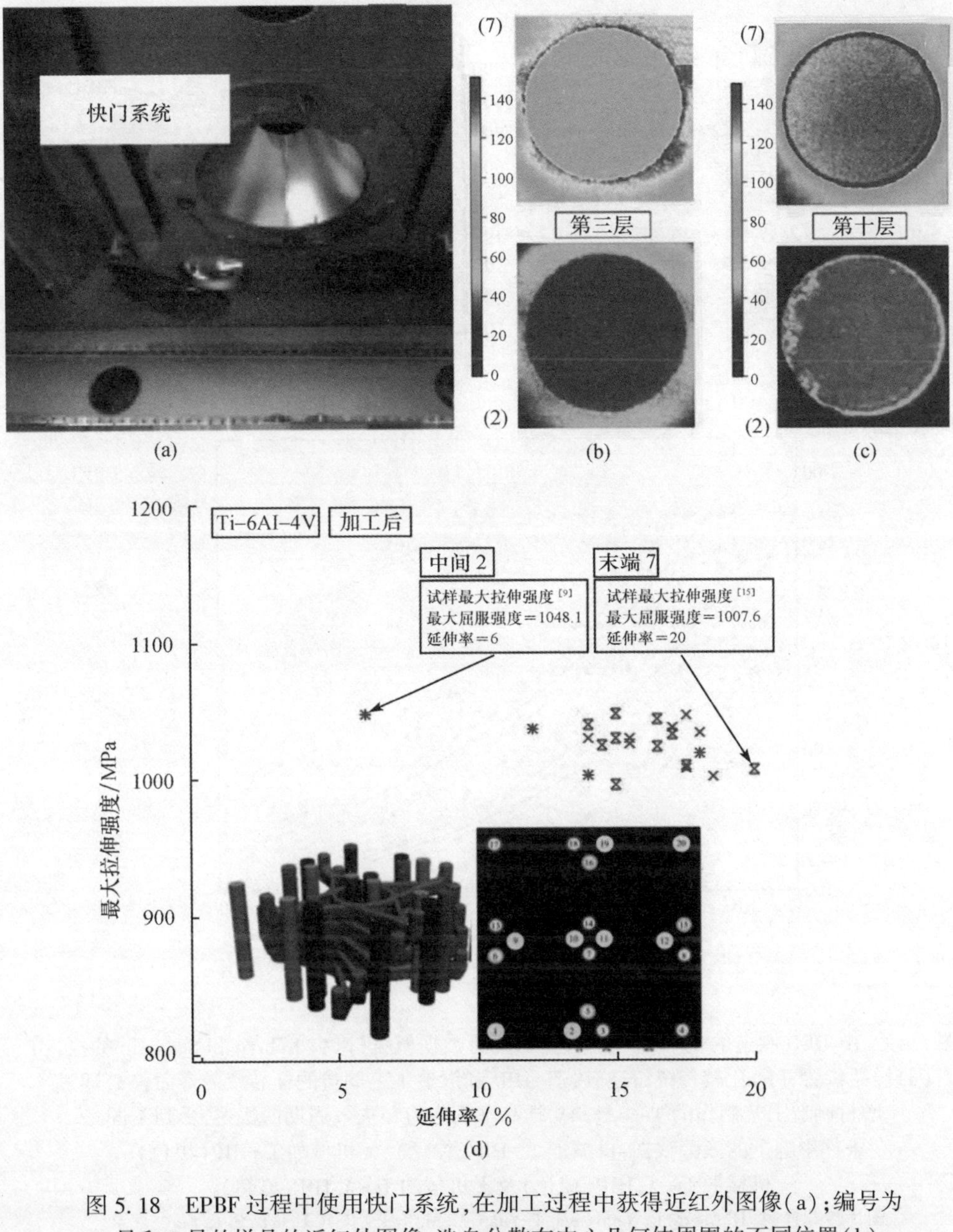


图 5.18　EPBF 过程中使用快门系统，在加工过程中获得近红外图像(a)；编号为 2 号和 7 号的样品的近红外图像，选自分散在中心几何体周围的不同位置(b)；7 号样品(暖色)显示比 2 号样品的伸长率更好(c)；上述样品的极限拉伸强度的测量变化与伸长百分比数据图(d)(彩色插图见书末)

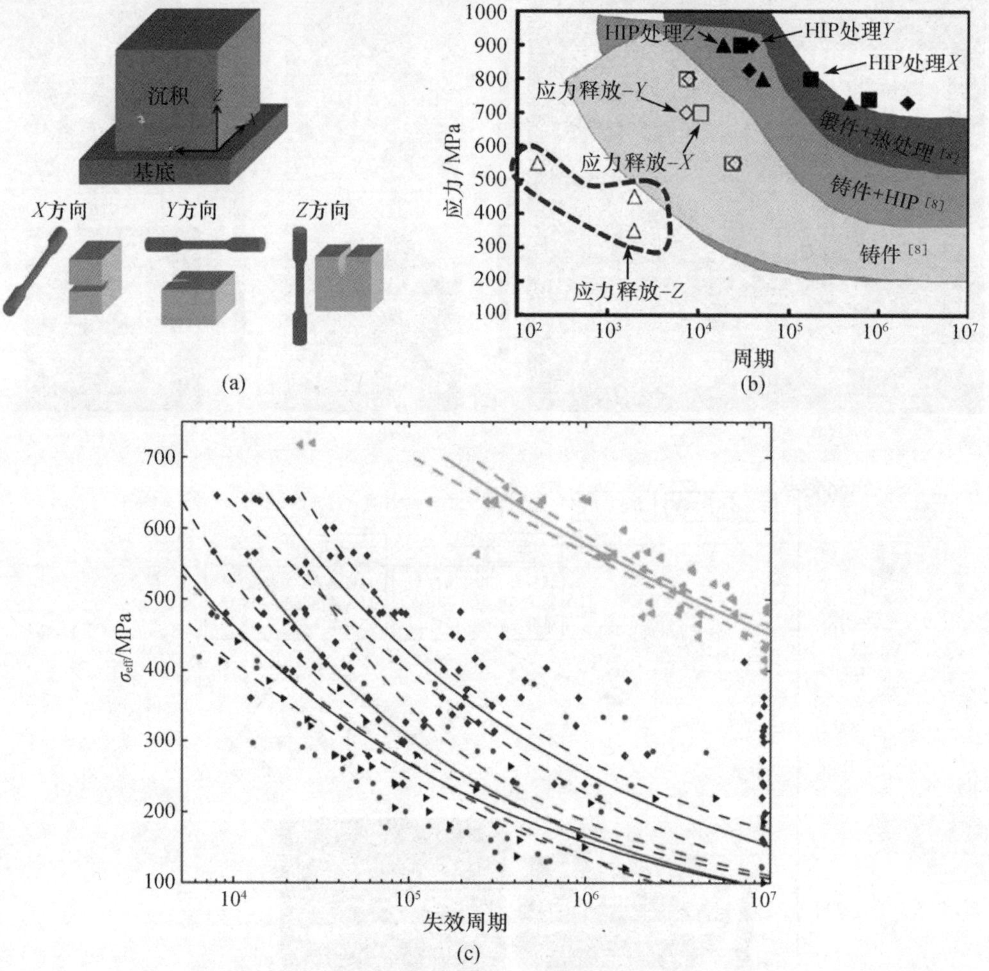


图 5.19 由 DED 制造的 Ti-6Al-4V 合金的疲劳数据概览(来自 Kobryn 和 Semiatin 的报告)
(a)样品位置;(b)比较传统铸造、铸造+HIP 和锻造工艺制造的样品疲劳寿命;(c)通过增材制造工艺制作的 Ti-6Al-4V 样品平均应力与失效周期的概述,受到不同条件影响下的疲劳数据:机械加工+HIP(绿色)、无机械加工+HIP(黑色)、机械加工+无 HIP(蓝色)及无机械加工+无 HIP(红色)

(图片转载自:A. H. Chern, P. Nandwana, T. Yuan, M. M. Kirka, R. R. Dehoff, P. K. Liaw, et al., A review on the fatigue behavior of Ti-6Al-4V fabricated by electron beam melting additive manufacturing, Int. J. Fatigue 119 (2019) 173-184,彩色插图见书末)

性能较差。为了评估这一结论的普遍性，Chern 等[56]整理了所有已公布的增材制造的 Ti-6Al-4V 样品的疲劳数据，并对数据进行了不同的处理[图 5.19(c)]。这些数据显示了不同条件下的平均应力值和失效周期的 90%置信界限。有趣的是，所有经过机械加工和 HIP 后处理的增材制造件都显示出非常好的疲劳性能(绿线)。这可能因为 HIP 过程会减少孔隙率，并使微观组织均匀化；而加工后的样本表面粗糙度降低，这反过来又减少了应力集中。与此同时，只经过机械加工的样品(蓝线)，或者说只去除表面粗糙度及靠近表面的缺陷，则表现出次好的性能。这是显而易见的，由于应力强度因子的增加，疲劳失效往往在表面缺陷处开始。这一说法得到了以下数据的支持：与上述条件相比，只经过 HIP 处理的样品(也就是去除潜在的内部孔隙和均匀化微观组织)显示出较差的疲劳性能(红线)。最后，没有进行机械加工和 HIP 处理的测试样品疲劳寿命急速降低(黑线)。上述讨论表明，疲劳性能受到以下参数的影响：表面粗糙度、体缺陷和微观组织的差异性(优先级从高到低)。这篇综述文章虽然暗示了这一点，但并没有将疲劳性能的离散分布直接与任何微观结构或缺陷分布联系起来。

为了验证上述说法，Prabhu 等[57]关于加工工艺和微观组织关系的文献中，提到了采用 DED 方法加工 Ti-6Al-4V 样品的疲劳特性(图 5.20)。他们使用基于热学和微观组织的计算模型设计了各种样品，优化样品以减少缺陷并得到均匀的微观组织。从这些构建模型中提取样品，并按照疲劳测试标准加工出表面光滑、没有任何 HIP 后处理的试样。对样品进行疲劳测试发现，在相同的加工和测试条件下样品的失效周期具有很大的离散性[图 5.20(a)]。利用扫描电子显微镜对失效的样品进行了表征发现，在较少的循环次数下失效的样品断裂面靠近表面的缺陷，而没有失效的样品(又称例外情况)只在靠近样品中心线的区域显示有缺陷(孔隙和夹杂)[图 5.20(a)]。这些数据表明，疲劳寿命的离散性取决于缺陷处的应力强度因子[图 5.20(b)]，并与疲劳裂纹增长速度的增加相关。这种现象在图 5.20(c)中得到了展示。如果缺陷靠近样品的中性轴，它们不参与疲劳破坏过程；而靠近表面的缺陷因为应力强度因子很大，减少试样的疲劳寿命。这个结论对设计由增材制造的部件非常重要。如果为增材制造加工工艺设计复杂的拓扑优化结构或框架部件，并期望能在交变应力条件下应用，则必须减少或消除靠近表面的缺陷，换句话说，需要开发特定几何形状的加工参数。

**3. 蠕变特性**

众所周知，金属合金的蠕变特性是由基体的晶体结构、在同一个基体内沉淀物的弥散情况，以及服役条件下所施加的局部应力和温度决定的[10,52]。因此，增材制造合金的蠕变特性可能受潜在的微观组织差异性及正在制造部件的

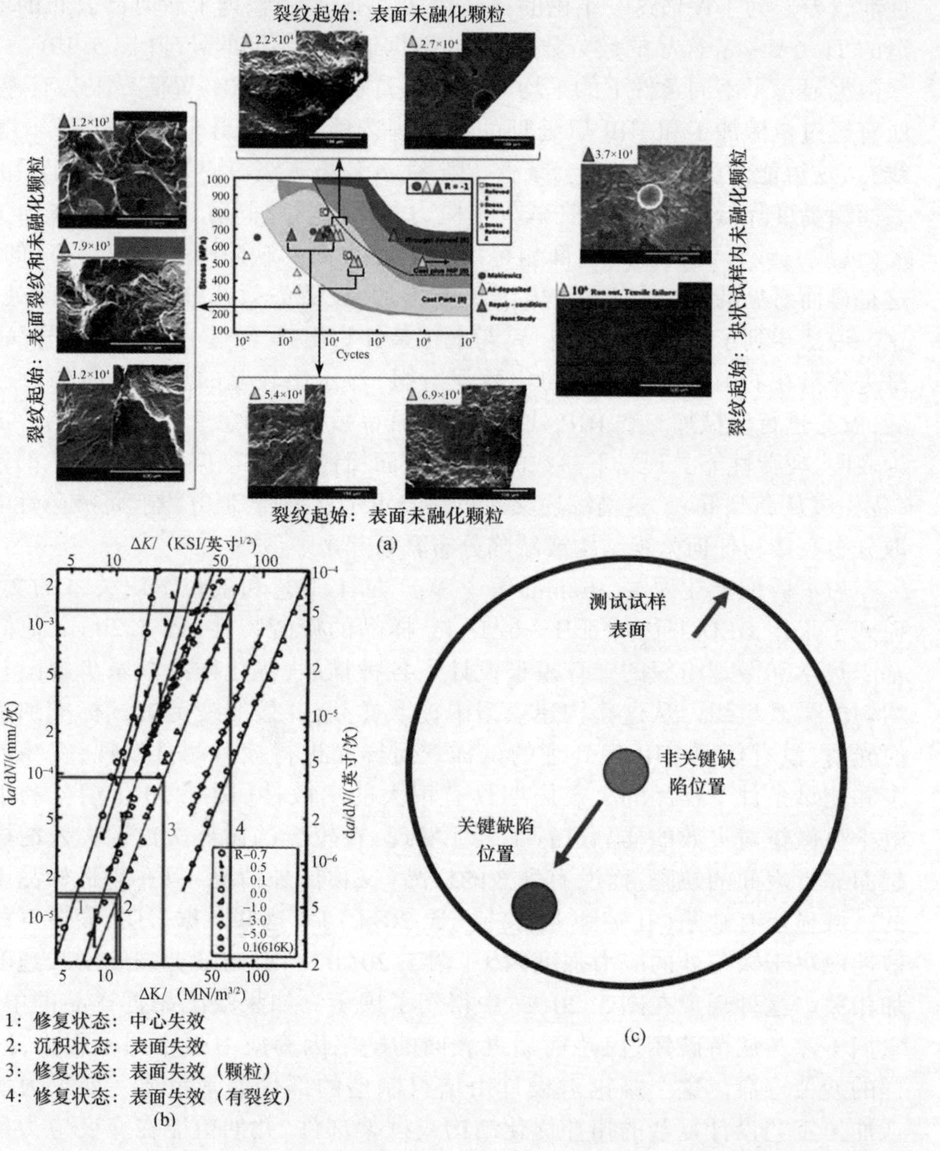


图 5.20　Kobryn 和 Semiatin[55] 原始图上叠加了由 DED 制成的 Ti-6Al-4V 样品不同缺陷（如孔隙和夹杂物）分布下的疲劳寿命图（a）；缺陷位置与应力强度系数的增加相关，而这又导致裂纹生长速度的加快（b）；缺陷位置对疲劳寿命的影响（c）

（图片转载自：A. Prabhu, A. Chaudhary, W. Zhang, S. S. Babu, Effect of microstructure and defects on fatigue behavior of LENS deposited Ti-6Al-4V, Sci. Technol. Welding Joining 20（2015）659-669）

整体几何形状影响。下面将以一个 718 合金制造的构件为例,更好地阐述上述论点。Shassere 等[58]在 650MPa 和 580MPa、600MPa 的应力水平下对 EPBF 工艺制造的 Inconel 718 合金构件进行测试。控制 EPBF 工艺的加工条件,使蠕变测试的样品中产生柱状晶(通过标准的熔化方式)或等轴晶(通过点状填充方式)。为了减少沉淀相的不均匀性,消除潜在的未熔合缺陷,这些样品加工完成后进行 HIP 和热处理。HIP 过程包括在 1200°C、120MPa 的压力下进行 240min 的固溶处理。随后样品在 1066°C 下热处理 60min,接着进行 760°C-10h 及 650°C-10h 的双重时效处理。之后,取出样品并加工成符合 ASTM E139 蠕变测试标准的几何形状。EBSD 分析[图 5.21(a)和(b)]显示,测试样品保持了加工制造过程中产生的柱状和等轴晶。经过 HIP 和热处理后,样品在 $\gamma$ 基体中含有相似比例的 $\gamma'$ 和 $\gamma''$ 沉淀相。两个样品中都含有一些晶界碳化物和 $\delta$ 相。鉴于相似的微观结构,我们可以推测蠕变特性只是晶体织构的函数。蠕变试验分别沿着成形方向(纵向)和垂直于成形方向(横向)进行。将 EPBF 样品的蠕变断裂时间与已发表的文献中通过传统方法加工的 Inconel 718 合金进行比较[图 5.21(c)]。结果表明,无论测试的应力和温度如何,等轴晶横向的蠕变性能都很差。有趣的是,等轴晶纵向的蠕变性能也没有明显改善。所有等轴晶都表现出非常低的蠕变延展性。相比之下,柱状晶横向的蠕变性能与等轴晶类似,在极小的蠕变延展性后便发生了灾难性失效。然而,柱状晶在纵向条件下显示出明显更好的蠕变寿命和增强的蠕变延展性,其性能与锻件类似。蠕变寿命和延展性的差异与基体内(由沉淀相控制的位错蠕变)和靠近晶界处(基体内不含沉淀相区域的位错蠕变)缺陷的积累存在相对差异有关。上述案例研究表明,增材制造样品的蠕变失效与拉伸和疲劳失效类似,也与焊缝金属区域众所周知的现象类似,也就是晶体学织构和沉淀相的局部变化控制蠕变失效[59-60]。

## 5.3.5　增材制造组件的环境降解

大多数金属和合金在服役期间会发生环境降解,这取决于温度和环境的变化。这些环境包括低温水腐蚀或高温氧化、渗碳、氮化或中子辐照条件[10]。尽管有令人振奋的证据表明,由增材制造工艺创造的独特微观结构可以带来更好的抗环境降解性能[61-63],但需要更多的研究将这些数据与传统材料进行比较,以核实这些说法。最近,来自桑迪亚国家实验室的研究人员表明,在增材制造的金属中,不锈钢的耐腐蚀性会明显下降。由于表面驱动效应,粗糙的金属增材制造件表面具有缝隙裂纹,这为腐蚀的诱发提供了多个成核点。适当的后处理可以产生类似于传统锻件的表面[64-65]。

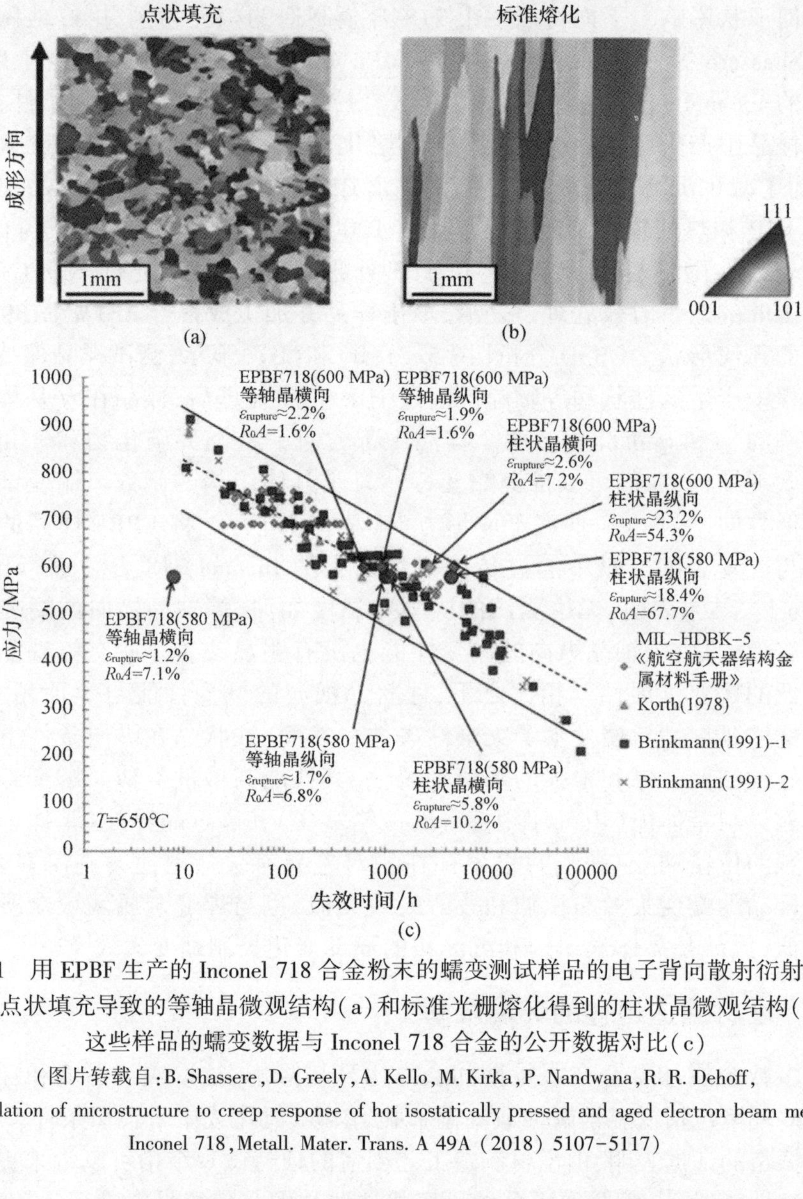


图 5.21 用 EPBF 生产的 Inconel 718 合金粉末的蠕变测试样品的电子背向散射衍射图像，采用点状填充导致的等轴晶微观结构(a)和标准光栅熔化得到的柱状晶微观结构(b)，这些样品的蠕变数据与 Inconel 718 合金的公开数据对比(c)

(图片转载自:B. Shassere, D. Greely, A. Kello, M. Kirka, P. Nandwana, R. R. Dehoff, Correlation of microstructure to creep response of hot isostatically pressed and aged electron beam melted Inconel 718, Metall. Mater. Trans. A 49A (2018) 5107-5117)

## 5.4 固态原料增材制造的微观组织演变与性能

并非所有的金属增材制造工艺都会发生原材料的完全熔化和凝固。本节将讨论一些固态原料的增材制造工艺。这些工艺在制造混合材料方面具有独特的优势，即可以加工一种或多种金属合金，或金属和陶瓷的组合[66]，或者有时是固体和液体的组合[67]。

### 5.4.1 粘结剂喷射工艺

粘结剂喷射工艺与基于熔融的粉末床工艺类似,除了粉末不会熔化,大部分工艺流程都一样。粉末没有熔化,而是根据 CAD 文件的信息,通过精细喷射水溶性树脂将它们粘合在一起。整个过程逐层重复,最终形成一个易碎的生坯。将这个生坯小心翼翼地从粉末床上移到 $200m^2$ 的炉子里,通过分解和蒸发去除粘结剂。然后通过以下方法加强巩固:固态烧结或液态金属渗入。脱脂和最终烧结过程的原理可以或多或少地从粉末冶金文献中得知[68]。最近研究也证实了这两种制造方法之间的烧结行为存在相似性。

**1. 对粉末特性的敏感度**

Mostafaei 等[69]评估了粉末加工路线(水雾化和气雾化)对粘结剂喷射的烧结动力学影响。他们将使用气雾化粉末和水雾化粉末制造的 Inconel 625 合金生坯(图 5.22)在相同条件下进行烧结。有趣的是,气雾化粉末比水雾化粉末表现出更快的烧结速度。毫无疑问,这也导致了拉伸性能的不同。该作者还观测了 FCC-γ 晶粒内微观组织的演变。研究表明,水雾化的样品在晶界处有大量的碳化物。因此,

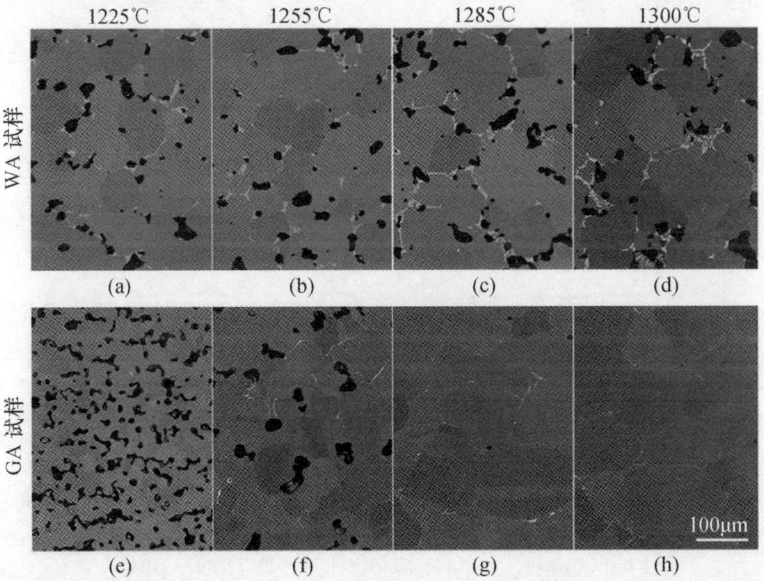


图 5.22　图中所示用气体雾化(GA)和水雾化(WA)粉末生产的 Inconel 625 合金粉末在不同温度下烧结 4h 后的生坯。微观结构显示(a)~(d)WA 粉末烧结与(e)~(h)GA 相比缓慢

(图片转载自:A. Mostafaei, J. Toman, E. L. Stevens, E. T. Hughes, Y. L. Krimer, M. Chmielus, Microstructural evolution and mechanical properties of different heat-treated binder jet printed samples from gas-and water-atomized alloy 625 powders, Acta Mater. 124 (2017) 280-289)

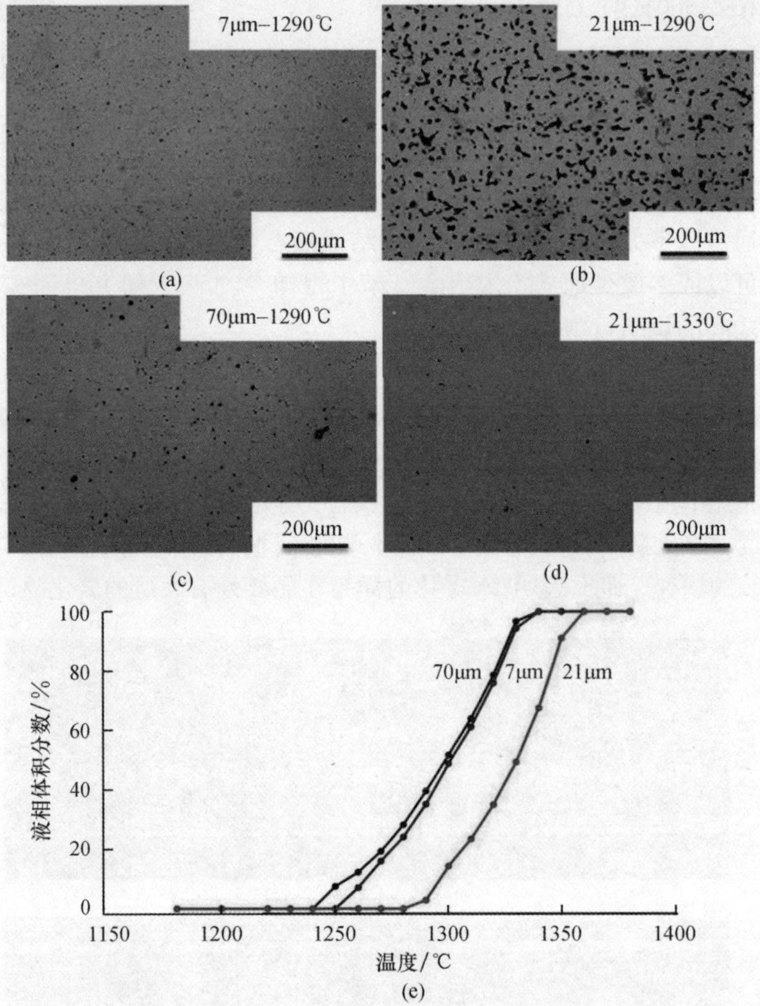


图 5.23　用 GA 工艺制造的 Inconel 718 合金粉末的烧结动力学,不同的粉末尺寸[(a)~(d)]显示不同的烧结动力学;粉末成分的液体分数与温度的关系计算(e)

(图片转载自:P. Nandwana, A. M. Elliott, D. Siddel, A. Merriman, W. H. Peter, S. S. Babu, Powder bed binder jet 3D printing of Inconel 718: densification, microstructure evolution and challenges, invited paper, Curr. Opin. Mater. Sci. 21 (2017) 207-218)

作者将糟糕的性能归咎于由粉末尺寸和化学成分变化带来的烧结动力学差异。为了单独评估尺寸变化的影响,Nandwana 等[70]分析了来自不同供应商的三种 718 合金粉末的尺寸分布情况,并评估了不同温度下粉末生坯的烧结动力学。有趣的是,烧结动力学显示出的复杂特征与尺寸没有直接关系(图 5.23)。通过详细分析化学成分、微观结构及热力学计算，分析微观组织的演变机理。数据表明[图 5.23(a)~(d)]，从不同供应商处获得的粉末可能具有不同成分的碳。这些微小的变化(质量分数为 0.02%~0.05%的 C)可能会导致粉末表面初始液体的形成，这一假设被热力学计算所证实[图 5.23(e)]。因此，烧结机理从缓慢的亚固溶烧结模式(低于固相温度)过渡到快速的液相辅助超固溶模式(高于固相温度)。上述研究清楚地表明，要实现生坯烧结动力学的可重复性需要着重对材料原料特性及其在粘结剂喷射工艺中的分散行为进行系统评估。

**2. 加工后的浸渗和热处理**

如前文所述，通过粘结剂喷射工艺生产生坯的固化过程也可以在后处理时通过低熔点液体的渗入来实现。例如，可以将铜基液体金属渗入不锈钢预制件中。Levy 等[71]使用 $Ti_xC_{1-x}$ 预成形件和低合金钢液体浸渗剂制成了混合材料。浸渗和冷却到室温后的典型微观组织如图 5.24(a)所示。可以通过固态热处理来进一步改变微观组织。加工后的热处理细化了原始的 TiC 结构并导致其部分溶解[图 5.24(b)]，

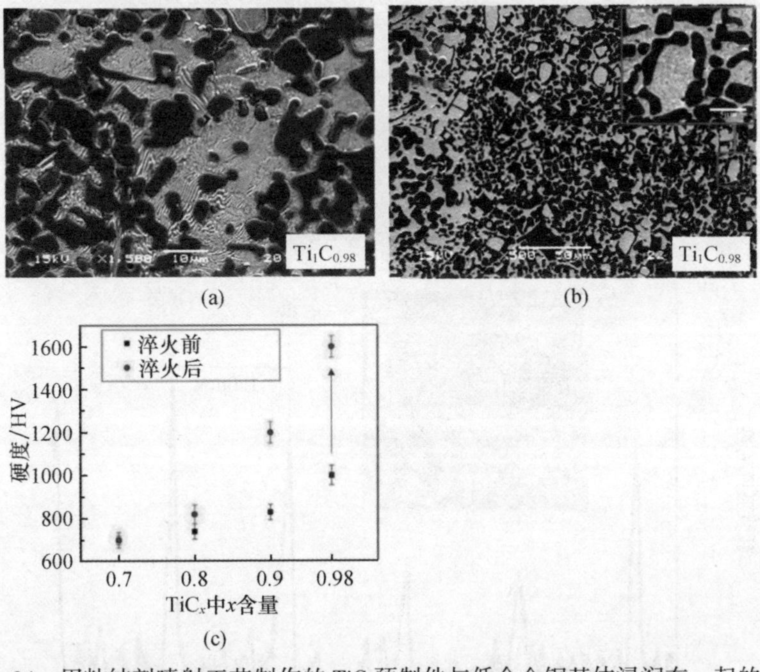


图 5.24　用粘结剂喷射工艺制作的 TiC 预制件与低合金钢基体浸润在一起的光学图像(a)；类似样品在加工后完成热处理的显微照片(b)；以及用不同的 TiC 化学成分制成的构件的硬度比较(c)

(图片转载自：A. Levy, A. Miriyev, A. Elliott, S. S. Babu, N. Frage, Additive manufacturing of complex-shape graded TiC/steel composite, Mater. Des. 118 (2017) 198-203)

这可能与 TiC 的相对稳定性和低合金钢的高温相稳定性(奥氏体形成)有关。而二次热处理也强化了部件[图 5.24(c)]。最近有研究通过将 $Ni_xAl_{1-x}$ 液态金属浸渗到 TiC 预成形件中,评估其对金属基复合材料灵活性的提升。这些例子表明,粘结剂喷射工艺提供了额外的自由度,通过操纵预成形件和浸渗剂的相对稳定性来改变主相和次相的分布[72]。

### 5.4.2 超声波增材制造

在固态原料增材制造中,超声波增材制造被归类为金属薄板固结的一种。在这一工艺中,使用超声波缝焊将薄的金属箔片(约 125μm 厚)连接在一起。通过逐层重复这一过程,再加上偶尔的表面铣削,可以制成一个三维部件[图 5.25(a)]。在早期发展中,由于使用低功率的 UAM 系统,层间缺乏固态连接,粘合性非常差[图 5.25(b)]。而由于缺乏粘合,这些部件的拉伸性能也很差[图 5.25(c)]。Dehoff 等[73]和 Fuji 等[74]通过电子显微镜研究了粘合机制,结果表明粘合阶段涉及界面的高应变率剪切变形及动态再结晶[图 5.25(d)]。

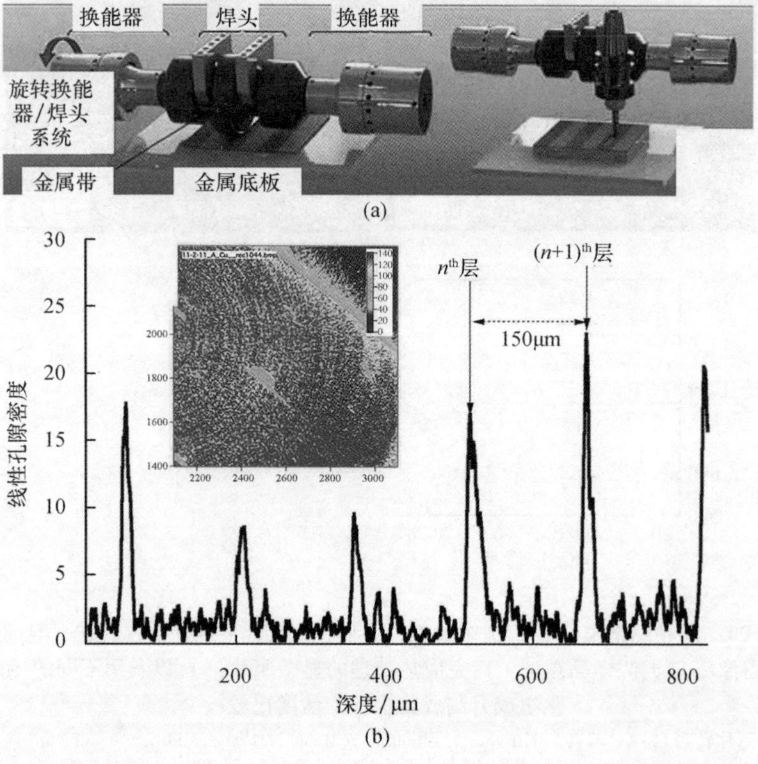

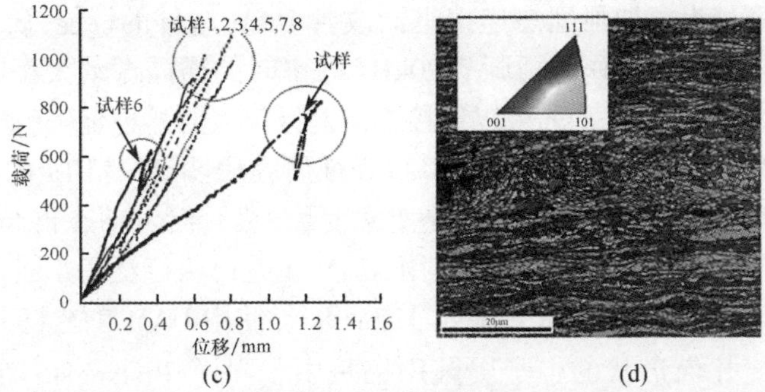


图 5.25　超声波增材制造工艺的示意(a),包括超声波缝焊和间歇性铣削操作;二维光学和 X 射线计算机辅助断层扫描(插图)观察显示层间孔隙是成形深度的一个函数(b);*Z* 方向的典型拉伸载荷-位移曲线显示了用低功率超声波增材制造工艺制作的构件过早失效(c);电子背散射衍射表征显示,通过高应变变形加上随后的动态再结晶,在 10μm 的小界面上发生层间结合(d)

固态连接的关键要素之一就是破坏预先存在的固体氧化物[75],而这些氧化物几乎存在于所有金属表面。Sridharan 等[76]使用原子探针场离子显微镜来探测铁和铝的 UAM 焊接界面。这些研究人员发现,氧化层的分解导致界面上出现非平衡固溶体和非致密的氧化物(图 5.26)。

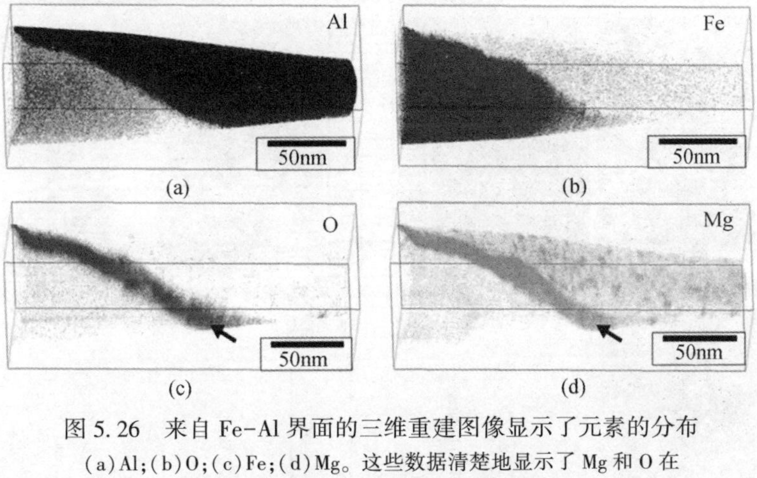


图 5.26　来自 Fe-Al 界面的三维重建图像显示了元素的分布
(a)Al;(b)O;(c)Fe;(d)Mg。这些数据清楚地显示了 Mg 和 O 在
BCC-Fe-FCC-Al 界面的非平衡偏析
(图片转载自:N. Sridharan,D. Isheim,D. Seidman,S. S. Babu,Colossal supersaturation of oxygen at the iron-aluminum interfaces made using solid state welding,Scripta Mat. 130 (2017) 196-199)

这一现象与 Fe-Al 界面局部强烈的绝热加热有关。Dehoff 和 Babu[74]在界面上发现了柱状的氧化物晶粒,间接证明了氧化物的熔化,这也为进一步改进 UAM 工艺

提供了一条途径。为了加强固态连接进而改善 UAM 组件的性能,研究人员开始调节超声波的功率。具体操作包括调节 20kHz 频率时的横向振动大小(5~50μm)、正常负载及焊接速度。UAM 工艺可以连接熔点差异很大的异种金属(如 Fe 和 Ta 之间的熔点差异约为 1000℃以上)。微观组织表征研究表明,Fe 和 Ta 的连接机制方式与前面所述的类似,即界面上发生高应变率变形,然后促发动态再结晶(图 5.27)。随着 UAM 工艺在不同材料中的成功应用,UAM 工艺已被广泛用于嵌入各种材料,包括光纤、智能材料、陶瓷,还有水。例如,Hehr 等[77]使用 UAM 工艺将 $Eu_2O_3$ 和 Ta 颗粒嵌入具有弯曲几何形状的中子屏蔽用铝板中。同样,Plotkowski 等[67]使用 UAM 工艺生产热扩散率空间分布不同的混合材料(图 5.28),这是通过在不同宽度的通道中嵌入水来实现的。通过嵌入水,某些区域的热扩散率被大幅降低。

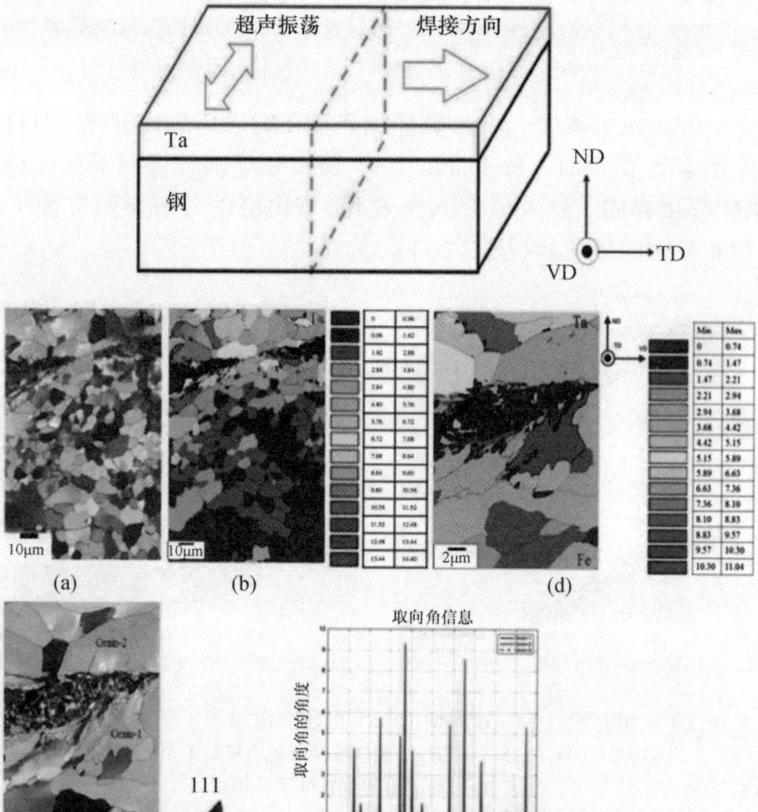


图 5.27 UAM 加工的钢-Ta 的 EBSD 表征(a)Ta(顶部)到 Fe(底部)之间 BCC 晶粒的取向;(b)晶粒取向分布;(c)、(d)界面上放大区域的类似数据(彩色插图见书末)

### 5.4.3　其他新兴的固态原料增材制造工艺

除了粘结剂喷射和 UAM 增材制造工艺,还有一些新出现的不同类型的固态原料连接工艺。其中一些工艺利用了局部变形,例如,增材搅拌摩擦沉积(multiphysics enhanced laser deposition,MELD)工艺[78]。该工艺使用一个带轴肩的空心工具,当工具旋转并穿过金属固体基体时,原材料以粉末或固体棒的形式进入加工区。随着摩擦和剪切变形产生的热量,基体和原材料被软化,并发生类似于摩擦搅拌沉积的固态结合。通过旋转沉积过程,有可能得到大的沉积物[图 5.29(a)]。毫无疑问,该工艺可以用来制造异种材料的构件。例如,Yu 等[78]使用这种工艺获得了 Cu-Ta 和 Cu-Nb[图 5.29(b)~(c)]的构件。搅拌摩擦焊(friction stir welding,FSW)或搅拌摩擦加工(friction stir processing,FSP)与增材制造不同在于,FSW 和 FSP 中焊接工具仅穿过固体金属薄板[79],而增材制造中是通过工具输送原材料。然而,这两种工艺都受限于原材料不能连续供应。最近,Blindheim 等[80]设计了一种新工具,使金属丝可以连续地添加到旋转的工具中。该旋转工具有一个固定的壳体来保证共挤。有趣的是,这些工艺都是根据 FSW 和 FSP 变化而来的,微观结构的演变与 FSW 或 FSP 相关文献中观察到的并无不同。读者可参阅经典教科书[81]和综述文章来了解 FSW 和 FSP 过程中微观组织演变的细节[82]。

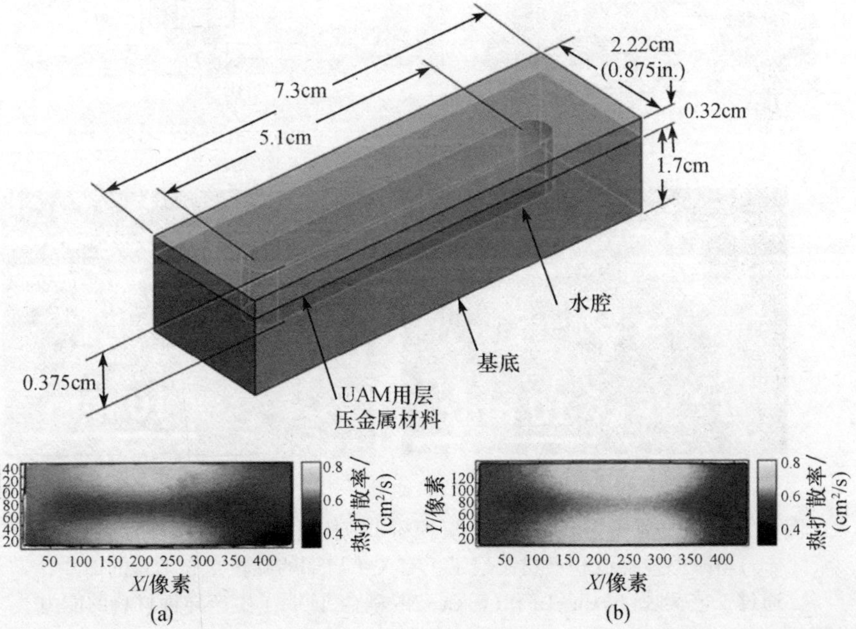

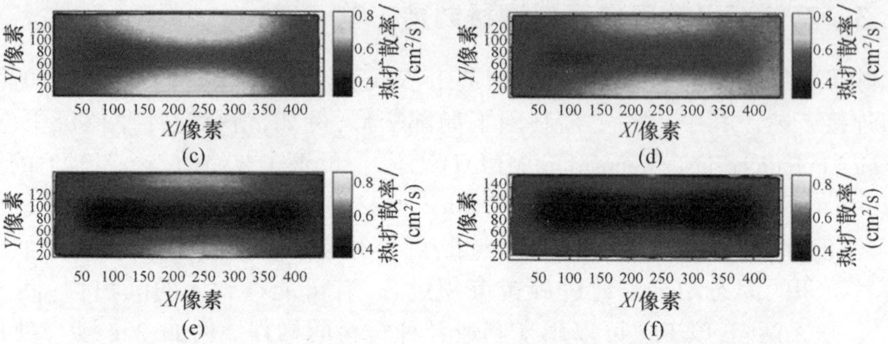


图 5.28　由超声波增材制造工艺生产的 AA6061 铝和水混合结构的概述，水腔的宽度是变化的。(a)~(f)显示了不同几何结构的水腔热扩散率的空间变化

（图片转载自：A. Plotkowski，R. Dinwiddie，S. S. Babu，Thermal design of hybrid materials produced via ultrasonic additive manufacturing，Mater. Eval. 76（2018）503-513）

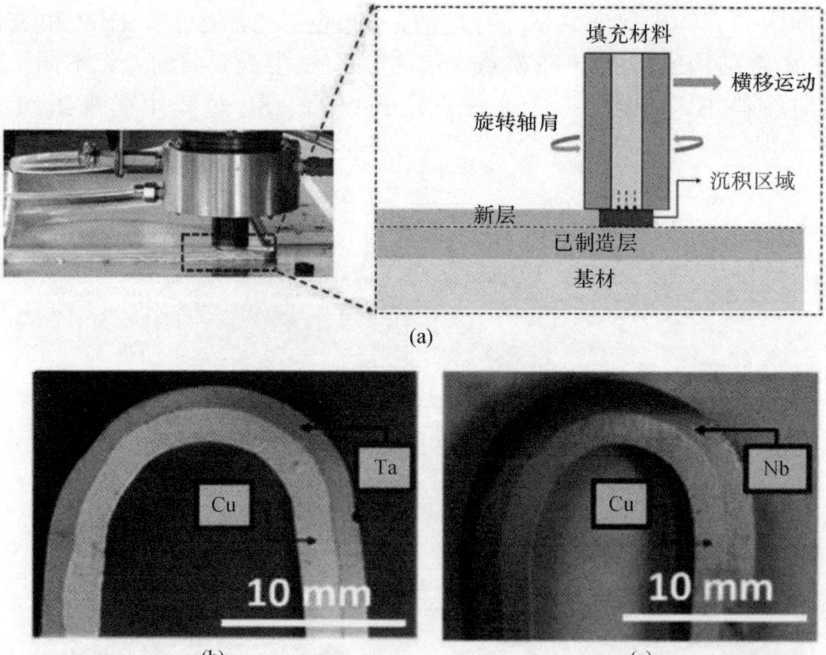


图 5.29　通过剪切变形在基体上沉积粉末或棒材形式的原材料的工艺流程。(a)与摩擦搅拌沉积增材制造工艺有关带肩部的旋转空心工具的照片；通过工艺实现(b)Cu-Ta 和(c)Cu-Nb 耦合，证明了生产异种材料的能力

## 5.5 增材制造件质量鉴定

上述研究清楚地表明,增材制造部件中的微观结构演变和特性与传统制造工艺不同,因此可能需要一种新的方式来鉴定高端和高价值的关键部件。尤其考虑到温度、化学成分、应变和缺陷的空间和时间变化对部件性能的影响,新的鉴定方式很有意义。因此,为了鉴定增材制造组件,有必要了解增材制造的每一个体素的变化。图5.30详细说明了这个要求。

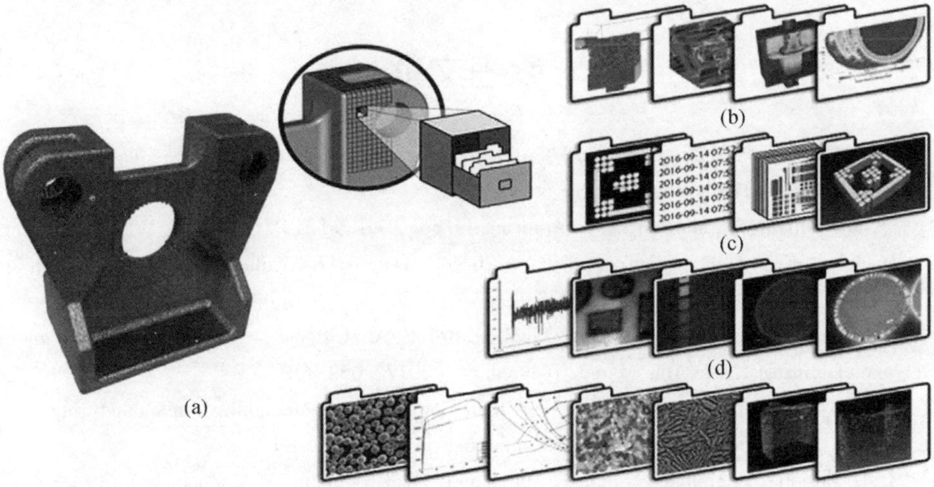


图5.30　通过对所有缺陷、微观结构、属性相关的数据进行逐个体素的整理(a);实现设计和增材制造工艺的计算建模(b);记录工艺参数与几何形状的关系(c);对温度、位移、化学成分和其他传感器的数据进行原位监测(d);以及对模拟测试样品的微观结构和属性进行非原位表征,所有上述数据将被记录、整理,并在加工和使用过程中用于跟踪每一个样品(e)

假设我们打算使用电子束粉末床熔融技术制造一个Ti-6Al-4V支架。首先基于假设的力学性能[图5.30(a)]和加载条件的空间变化,使用一个拓扑优化方法得出支架的几何形状。在进行工艺参数优化练习之前,应该记录这些信息。在下一步中,可使用加工工艺-微观组织-属性的相关模型(第6章中将讨论建模)来设计工艺参数。根据上述模型信息,在逐个体素的基础上提供增材制造部件属性的预期变化。记录上述信息,并对每一个体素进行整理[图5.30(b)]。利用这些估值和预存信息,同时通过打印牺牲样品观测微观组织演变和测试分析来优化工艺参数。同样,逐个体素地记录部件内的这些变化[图 5.30(c)]。在加工过程中,需要努力利用现有工具尽可能地测量内在和外在特征在空间和时间上的变化,如记录并整理温度、化学成分和位移、能量、速度和环境条件(如真空度)等数据[图 5.30(d)]。在这个阶段,可以使用计算机断层扫描、X 射线摄影或其他技术对样品和部件进行无损检测。上述信息也应结合原位数据进行记录[图 5.30(d)]。在最后阶段,我们得到真正的增材制造组件和样品,以及来自建模、原位表征和无损检测的综合数据。使用所有的显微镜和机械测试设备对一些牺牲性的样品进行大量的非原位表征[图 5.30(e)]。通过合理利用原位和非原位技术分析这些样品,有可能预测和跟踪最终组件的特性。

# 参考文献

[1] ISO/ASTM 52900:2015:Standard terminology for additive manufacturing-general principles-Terminology,2016.

[2] S. M. Williams, F. Martina, A. C. Addison, J. Ding, G. Pardal, P. Colegrove, Wire+arc additive manufacturing, Mater. Sci. Technol. 32 (2016) 641-647. Available from: https://doi.org/10.1179/1743284715Y.0000000073.

[3] D. Bourell, J. P. Kruth, M. Leu, G. Levy, D. Rosen, A. M. Beese, et al., Materials for additive manufacturing, CIRP Ann. Manuf. Technol. 66 (2017) 659-681.

[4] K. F. Graff, M. Short, M. Norfolk, Very high powder ultrasonic additive manufacturing (VHP UAM) for advanced materials, SFF Conference, 2010, pp. 82-89.

[5] P. D. Enrique, Y. Mahmoodkhani, E. Marzbanrad, E. Toyserkani, N. Y. Zhou, In situ formation of metal matrix composites using binder jet additive manufacturing (3D printing), Mater. Lett. 232 (2018) 179-182.

[6] A. Klassen, V. E. Forster, V. Juechter, C. Korner, Numerical simulation of multicomponent evaporation during selective electron beam melting of TiAl, J. Mater. Process. Technol. 247 (2017) 280-288.

[7] L. Hirt, A. Reiser, R. Spolenak, T. Zambelli, Additive manufacturing of metal structures t the micrometer scale, Adv. Mater. 29 (2017). #1604211.

[8] J. A. Muniz-Lerma, A. Nommots-Nomm, K. E. Waters, M. Brochu, A comprehensive approach to powder feedstock characterization for powder bed fusion additive manufacturing: a case study on AlSi7Mg, Materials 11 (2018) #2386.

[9] A. S. Wu, D. W. Brown, B. Clausen, J. W. Elmer, The influence of impurities on thecrystal structure and mechanical properties of additive manufactured U-14 at. % Nb, Scripta Mater. 130 (2017) 59-63.

[10] D. E. Laughlin, K. Hono, Physical Metallurgy, Volumes I, II and III, Elsevier, 2015. Available from: https://doi.org/10.1016/C2010-0-65716-6.

[11] A. Bauereiβ, T. Scharowsky, C. Korner, Defect generation and propagation mechanism during additive manufacturing by selective beam melting, J. Mater. Process. Technol. 214 (2014) 2522-2528.

[12] T. C. Nguyen, D. C. Weckman, D. A. Johnson, H. W. Kerr, The humping phenomenon during high speed gas metal arc welding, Sci. Technol. Weld. Join. 10 (2005) 447-459.

[13] I. Yadroitsev, I. Smurov, Selective laser melting technology: from the single laser melted track stability to 3D parts of complex shape, Phys. Proc. 5 (2010) 551-560.

[14] A. Vasinonta, J. L. Beuth, M. Griffith, Process maps for predicting residual stress and melt pool size in the laser-based fabrication of thin walled structures, J. Manuf. Sci. Eng. Trans. ASME 129 (2007) 101-109.

[15] D. Dye, O. Hunziker, R. C. Reed, Numerical analysis of the weldability of superalloys, Acta Mater. 49 (2001) 683-697.

[16] S. J. Foster, K. Carver, R. B. Dinwiddie, F. List III, K. A. Unocic, A. Chaudhary, et al., Process-defect-structure-property correlations during laser powder bed fusion of alloy 718: role of in situ and ex situ characterizations, Metall. Mater. Trans. A 49 (2018) 5775-5798.

[17] W. E. King, H. D. Barth, V. M. Catillo, G. F. Gallegos, J. W. Gibbs, D. E. Hahn, et al., Observation of keyhole-model laser metaling in laser powder-bed fusion additive manufacturing, J. Mater. Process. Technol. (2014) 2915-2925.

[18] N. T. Aboulkhair, N. M. Everitt, I. Ashcroft, C. Tuck, Reducing porosity in AlSi10Mg parts processed by selective laser melting, Addit. Manuf. 1-4 (2014) 77-86.

[19] S. Tammas-Williams, H. Zhao, F. Leonard, F. Derguti, I. Todd, P. B. Prangnell, XCT analyses of the influence of melt strategies on defect population in Ti-6Al-4V components manufactured by selective electron beam melting, Addit. Manuf. 102 (2015) 47-61.

[20] M. Tang, P. C. Pistorious, J. L. Beuth, Prediction of lack-of-fusion porosity for powder bed fusion, Addit. Manuf. 14 (2017) 39-48.

[21] E. O. Olakanmi, R. F. Cohrane, K. W. Dalgarno, A review on selective laser sintering/melting (SLS/SLM) of aluminum alloy powders: processing, microstructure and properties, Progr. Mater. Sci. 74 (2015) 401-477.

[22] T. Zacharia, S. A. David, J. M. Vitek, T. DebRoy, Weld pool development during GTA and laser-beam welding of Type 304 stainless steel. 1. Theoretical Analysis, Weld. J. 68 (1989) 5499-5509.

[23] S. S. Babu, N. Raghavan, J. Raplee, S. J. Foster, C. Frederick, M. Haines, et al., Additive manufacturing of nickel superalloys: opportunities for innovation and challenges related to qualification, Metall. Mater. Trans. A. 49 (2018) 3764-3780.

[24] K. Masubuchi, Analysis of Welded Structures, Elsevier, 1980.

[25] P. Prabhakar, W. J. Sames, R. Smith, R. Dehoff, S. S. Babu, Computational modelingof residual stress formation during the electron beam melting process for Inconel 718, Addit. Manuf. 7 (2015) 83-91.

[26] W. Sames, F. A. List, S. Pannala, R. R. Dehoff, S. S. Babu, The metallurgy and processing sci-

ence of metal additive manufacturing, Int. Mater. Rev. 61 (2016) 315-360.

[27] S. M. Kelly, Thermal and Microstructure Modeling of Metal Deposition Processes with Application to Ti6Al4V, PhD Thesis, Virginia Polytechnic Institute and State University, 2004.

[28] J. Dantzig, M. Rappaz, Solidification, first ed., EPFL Press, 2009.

[29] S. A. David, J. M. Vitek, Correlation between solidification parameters and weld microstructures, Int. Mater. Rev. 34 (1989) 213-245.

[30] C. L. Frederick, A. Plotkowski, M. M. Kirka, M. Haines, A. Staub, E. J. Schwalbach, et al., Geometry induced spatial variation of microstructure evolution during selective electron beam melting of Rene-N5, Metall. Mater. Trans. A 49 (2018) 5080-5096.

[31] A. T. Polonsky, M. P. Eichlin, W. C. Lenthe, R. R. Dehoff, M. M. Kirka, T. M. Pollock, Defects and 3D structural inhomogeneity in electron beam additively manufactured Inconel 718, Mater. Charact. 143 (2018) 171-181.

[32] X. He, P. W. Fuerschbach, T. DebRoy, Heat transfer and fluid flow during laser spot welding of 304 stainless steels, J. Phys. D Appl. Phys. 36 (2003) 1388-1398.

[33] R. R. Dehoff, W. J. Sames, M. K. Kirka, H. Bilheux, A. S. Tremsin, S. S. Babu, Sitespecific control of crystallographic grain orientation through electron beam additive manufacturing, Mater. Sci. Technol. 31 (2015) 931-938.

[34] N. Raghavan, S. S. Babu, R. R. Dehoff, S. Pannala, S. Simunovic, M. K. Kirka, et al., Numerical modeling of heat-transfer and the influence of process parameters on tailoring the grain morphology of IN718 in electron beam additive manufacturing, Acta Mater. 112 (2016) 303-314.

[35] S. M. Kelly, S. L. Kempe, Microstructural evolution in laser-deposited multilayer Ti-6Al04V builds: Part II: thermal modeling, Metall. Mater. Trans. A 6 (2004) 1869-1879.

[36] T. Debroy, H. Wei, J. S. Zuback, T. Mukherjee, J. W. Elmer, J. O. Milewski, et al., Additive manufacturing of metallic components-process structure, and properties, Progr. Mater. Sci. 92 (2018) 112-224.

[37] J. O. Milewski, Additive Manufacturing of Metals, first ed., Springer Series in Materials Science, Book 258, 2017.

[38] S. S. Babu, Rationalization of microstructural heterogeneity in components produced by welding and additive manufacturing, in: M. Millitzer, G. Botton, L-Q. Chen, J. How, C. Sinclair H. Zurob (Eds.), Proceedings of the International Conference on Solid-Solid Phase Transformations in Inorganic Materials 2015, June 28-July 3, 2015, TMS, pp. 1019-1026.

[39] H. K. D. H. Bhadeshia, L. E. Svensson, B. Gretoft, A model for the development of microstructure in low-alloy steel (Fe-Mn-Si-C) weld deposits, Acta Metall. 33 (1985) 1271-1283.

[40] S. S. Babu, Kelly, S. M., Specht, E. D., Palmer, T. A., Elmer, J. W., Measurement ofphase transformation kinetics during repeated thermal cycling of Ti6Al4V using time-resolved X-ray diffraction technique, in: J. M. Howe, D. E. Laughlin, J. K. Lee, U. Dahmen, and W. A. Soffa (Eds.), Proceedings of International Conference on Solid-Solid Phase Transformations, 2005, vol. 2, Pages 503-508.

[41] H. K. D. H. Bhadeshia, Bainite in Steels, third ed., Maney Publishing, 2015.

[42] H. K. D. H. Bhadeshia, Diffusional formation of ferrite in iron and its alloys, Progress Mater. Sci. 29 (1985) 321-386.

[43] D. A. Porter, K. E. Easterling, Phase Transformations in Metals and Alloys, second ed., Nelson Thomas, UK, 1992.

[44] K. Makiewicz, S. S. Babu, M. Keller, A. Chaudhary, Microstructure evolution during laser additive manufacturing of Ti6Al4V alloys, Proceedings of international conference on "Trends in Welding Research," Chicago, June 2012.

[45] S. M. Kelly, S. L. Kempe, Microstructural evolution in laser-deposited multilayer Ti-6Al04V builds: part 1: microstructural characterization, Metall. Mater. Trans. A 6 (2004) 1861-1867.

[46] K. Makiewicz, Development of simultaneous transformation kinetics microstructure model with application to laser metal deposited Ti-6Al-4V and alloy 718 (MS Thesis), The Ohio State University, 2013.

[47] A. Chaudhary, in: D. U. Furrer, S. L. Semiatin (Eds.), ASM Handbook, vol. 22B, ASM International, Materials Park, OH, 2010, pp. 240-252.

[48] Y. Tian, D. McAllister, H. Colijn, M. Mills, D. F. Farson, M. C. Nordin, et al., Rationalization of microstructural heterogeneity in IN-718 builds made by the direct laser additive manufacturing, Metall. Materi. Tran. A 45 (2014) 4470-4483.

[49] N. Sridharan, E. Cakmak, B. Jordan, D. Leonard, W. H. Peter, R. R. Dehoff, et al., Design, fabrication and characterization of graded transition joints for welding dissimilar alloys, Weld. J. 96 (2017) 295s-306s.

[50] E. Cakmak, N. Sridharan, S. Venkatakrishna, H. Bilheux, L. Santodnato, A. Shyma, et al., Feasibility study of making metallic hybrid materials using additive manufacturing, Metall. Mater. Trans. A. 49 (2018) 5035-5041.

[51] A. Pawlowski, D. Splitter, R. B. Dinwiddie, Producing hybrid metal composites by combining additive manufacturing and casting, JOM 175 (2017) 17-21.

[52] G. E. Dieter, Mechanical Metallurgy, McGraw Hill, 1986.

[53] J. J. Lewandowski, M. Seifi, Metal additive manufacturing: a review of mechanical properties, Annu. Rev. Mater. Res. 46 (2016) 151-186.

[54] S. Yoder, P. Nandwana, V. Paquit, M. Kirka, A. Scopel, R. R. Dehoff, et al., Approach to qualification using EPBF In-situ Process Monitoring in Ti-6Al-4V, submitted to Additive manufacturing, 2018.

[55] P. A. Kobryn, S. L. Semiatin, Mechanical properties of laser-deposited Ti-6Al-4V, SFF Conference Proceedings, 2001, pp. 179-186.

[56] A. H. Chern, P. Nandwana, T. Yuan, M. M. Kirka, R. R. Dehoff, P. K. Liaw, et al., A review on the fatigue behavior of Ti-6Al-4V fabricated by electron beam melting additive manufacturing, Int. J. Fatigue 119 (2019) 173-184.

[57] A. Prabhu, A. Chaudhary, W. Zhang, S. S. Babu, Effect of microstructure and defectson fatigue behavior of LENS deposited Ti-6Al-4V, Sci. Technol. Welding Joining 20 (2015) 659-669.

[58] B. Shassere, D. Greely, A. Kello, M. Kirka, P. Nandwana, R. R. Dehoff, Correlation of micro-

structure to creep response of hot isostatically pressed and aged electron beam melted Inconel 718, Metall. Mater. Trans. A 49A (2018) 5107-5117.

[59] S. A. David, J. A. Siefert, J. N. Dupont, J. P. Shingledecker, Weldability and weld performance of candidate nickel base superalloys for advanced ultra-supercritical fossil power plants part II: Weldability and cross-weld creep performance, Sci. Technol. Welding Joining 21 (2016) 397-428.

[60] S. A. David, J. A. Siefert, J. N. Dupont, J. P. Shingledecker, Weldability and weld performance of candidate nickel base superalloys for advanced ultra-supercritical fossil power plants part 1: fundamentals, Sci. Technol. Welding Joining 20 (2015) 532-552.

[61] S. -H. Sun, et al., Excellent mechanical and corrosion properties of austenitic stainless steel with unique crystallographic lamellar microstructure via selective laser melting, Scripta Mater. 159 (2019) 89-93.

[62] M. Song, et al., Radiation damage and irradiation-assisted stress corrosion cracking of additively manufactured 316L stainless steels, J. Nucl. Mater. 513 (2019) 33-44.

[63] X. Sun, et al., Effects of interfaces on the helium bubble formation and radiation hardening of an austenitic stainless steel achieved by additive manufacturing, Appl. Surf. Sci. 467 - 468 (2019) 1134-1139.

[64] R. F. Schaller, A. Mishra, J. M. Rodelas, J. M. Taylor, E. J. Schindelholz, The role of microstructure and surface finish on the corrosion of selective laser melted 304L, J. Electrochem. Soc. 165 (5) (2018) C234-C242.

[65] R. F. Schaller, J. M. Taylor, J. Rodelas, E. J. Schindelholz, Corrosion properties of powder bed fusion additively manufactured 17-4 PH stainless steel, Corrosion 73 (7) (2017) 796-807.

[66] M. F. Ashby, Y. J. M. Brechet, Designing hybrid materials, Acta Mater. 51 (2003) 5801-5821.

[67] A. Plotkowski, R. Dinwiddie, S. S. Babu, Thermal design of hybrid materials produced via ultrasonic additive manufacturing, Mater. Eval. 76 (2018) 503-513.

[68] R. M. German, Powder Metallurgy and Particulate Materials Processing, Metal Powder Industry, 2005.

[69] A. Mostafaei, J. Toman, E. L. Stevens, E. T. Hughes, Y. L. Krimer, M. Chmielus, Microstructural evolution and mechanical properties of differently heat-treated binder jet printed samples from gas-and water-atomized alloy 625 powders, Acta Mater. 124 (2017) 280-289.

[70] P. Nandwana, A. M. Elliott, D. Siddel, A. Merriman, W. H. Peter, S. S. Babu, Powder bed binder jet 3D printing of inconel 718: densification, microstructure evolution and challenges, invited paper, Curr. Opin. Mater. Sci. 21 (2017) 207-218.

[71] A. Levy, A. Miriyev, A. Elliott, S. S. Babu, N. Frage, Additive manufacturing of complex-shape graded TiC/steel composite, Mater. Des. 118 (2017) 198-203.

[72] K. P. Plucknett, P. F. Becher, Processing and microstructure development of titanium carbide-nickel aluminide composites prepared by melt infiltration/sintering (MIS), J. Am. Ceram. Soc 84 (2001) 55-61.

[73] R. R. Dehoff, S. S. Babu, Characterization of interfacial microstructures in 3003 aluminum al-

loys blocks fabricated by ultrasonic additive manufacturing, Acta Mater. 58 (13) (2010) 4305-4315.

[74] H. T. Fujii, M. R. Sriraman, S. S. Babu, Quantitative evaluation of bulk and interface microstructures in Al-3003 alloy builds made by very high power ultrasonic additive manufacturing, Metall. Mater. Trans. A 42 (2011) 4045-4055.

[75] R. F. Tylecote, The Solid Phase Welding of Metals, Edward Arnold, 1968.

[76] N. Sridharan, D. Isheim, D. Seidman, S. S. Babu, Colossal supersaturation of oxygen at the iron-aluminum interfaces made using solid state welding, Scripta Mat. 130 (2017) 196-199.

[77] A. Hehr, J. Wenning, K. Terrani, S. S. Babu, M. Norfolk, Five-axis ultrasonic additive manufacturing for nuclear component manufacture, JOM 69 (2017) 485-490. Available from: https://doi. org/10. 1007/s11837-016-2205-6.

[78] H. Z. Yu, M. E. Jones, G. W. Brady, R. J. Griffiths, D. Garcia, H. A. Rauch, et al. , Non-beam-based metal additive manufacturing enabled by additive friction stir deposition, Scripta Mater. 153 (2018) 122-131.

[79] S. Palanivel, R. S. Mishra, Building without melting: a short review of friction-based additive manufacturing techniques, Int. J. Addit. Subtract. Mater. Manuf. 1 (2017) 82-103.

[80] J. Blindheim, O. Grong, U. R. Aakenes, T. Welo, M. Steinert, Hybrid metal extrusion and bonding (HYB) - a new technology for solid-state additive manufacturing of aluminum components, Proc. Manuf. 26 (2018) 782-789.

[81] R. S. Mishra, P. S. De, N. Kumar, Friction Stir Welding and Processing, Springer, 2014.

[82] R. Mishra, Z. Y. Ma, Friction stir welding and processing, Mater. Sci. Eng. R 50 (2005) 1-78.

# 第 6 章　金属增材制造工艺建模与仿真

## 6.1　物理过程概述

ASTM 标准将增材制造技术分为粘结剂喷射、定向能量沉积、材料挤压、材料喷射、粉末床熔融、薄材叠层和立体光固化成形等几大类[1]。在这些技术中，与金属有关的工艺有粘结剂喷射（如 Ex-One 公司）、直接金属沉积（如 Sciaky 公司的电子束增材制造）、粉末床熔融（如 GE-Arcam 公司的 EPBF）和薄材叠层（如 Fabrisonic 公司的超声波增材制造）。参照基础物理过程，上述每个过程都有独特的优势和限制。因此，有必要通过了解各种现象之间的相互作用[2]来理解这些增材制造方法的共同点（图 6.1）。

为了给上述“意大利面条图”提供背景，原位监测激光-粉末床熔融（图 6.2）和电子束-粉末床熔融（图 6.3）的过程，测量典型红外热成像和光学数据集。在 LPBF 实验中，采集两种不同处理条件下频率为 217.4 Hz 的粉末床红外图像[3]。从后续帧收集到的红外图像显示，在采用条件 1 处理的粉末床中，316L 不锈钢圆柱区域出现了大量的飞溅物形成[图 6.2(a)～(c)]。然而，以条件 2 处理的下一个圆柱区域，红外图像显示出有限的飞溅量。因此，飞溅的敏感度与基体的温度有关，也与能量输入及局部热和质量传递条件有关。

在 EPBF 的情况下，在加工镍基超级合金的过程中，使用高速相机以 20μs 的间隔收集光学图像（图 6.3）[4]。这些数据显示了加工任意几何形状过程中，由于电子束位置的快速变化，在粉末床上流动的流体空间和时间发生变化。通过对 100（绿色）～200（红色）范围的图像强度仔细分析，显示出流体在尾部不同的区域发生流动。读者请参考相关在线影片，以获得更好、更清晰的视觉感受[5]。这种快速流动的流体只能通过加工过程中基于对流的热传递和热梯度的空间和时间变化来合理解释。

有趣的是，如果我们比较类似的不锈钢脉冲气体钨极氩弧焊（gas tungsten arc welding，GTAW）的原位光学图像，也可以看到热量和质量传递的瞬时变化以及液固界面的不稳定性[6]。在这个实验中，通过 Hall 和 Robino[7]开发的实验装置对 GTAW 焊缝进行高速原位监测（图 6.4），以跟踪在 Fe-C-Al-Mn 钢焊缝中液-固界面的不稳定性。在这个设置中，图像记录的时间间隔为 0.005s，相机被安装在

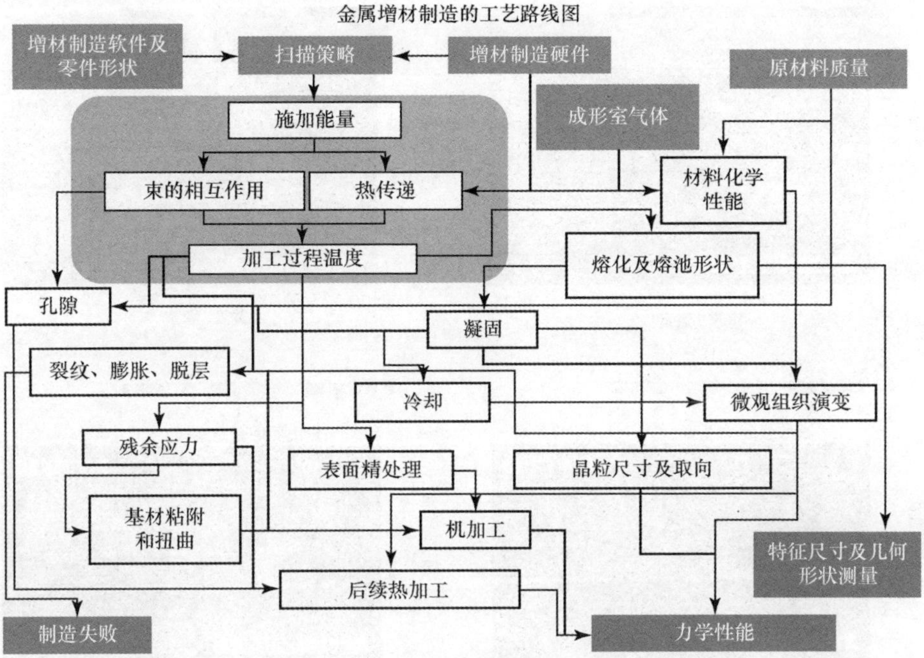


图 6.1　增材制造工艺流程中不同参数与最终构件质量之间的复杂关系概述
蓝色对应的是用户输入；绿色对应的是在增材制造过程中决定热量和
质量传递的边界条件；红色对应的是用增材制造的零件属性
（图片获授权改编自：W. Sames，F. A. List，S. Pannala，R. R. Dehoff，S. S. Babu，The metallurgy and processing science of metal additive manufacturing，Int. Mater. Rev. 61（2016）315-360[2]）

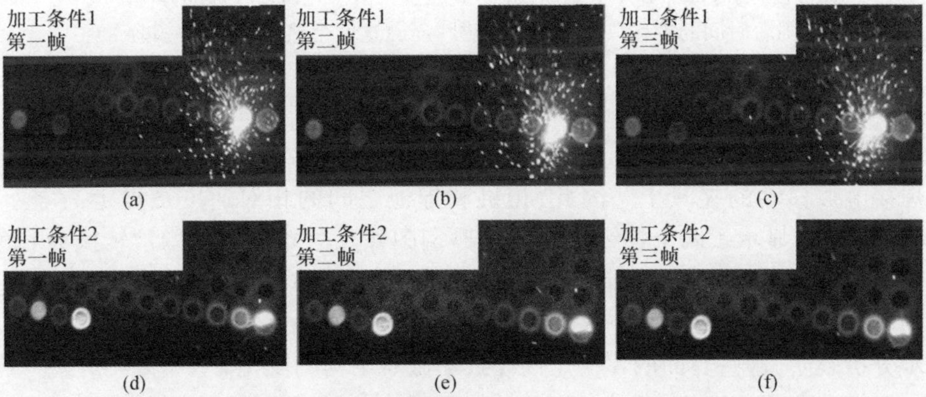


图 6.2　在用 LPBF 增材制造工艺加工 316L 不锈钢粉末期间，
通过原位监测获得的红外视频图像截图。(a)～(c)高能量输入
条件下引起大量的飞溅；(d)～(f)低能量输入条件下形成平滑的熔池
（彩色插图见书末）

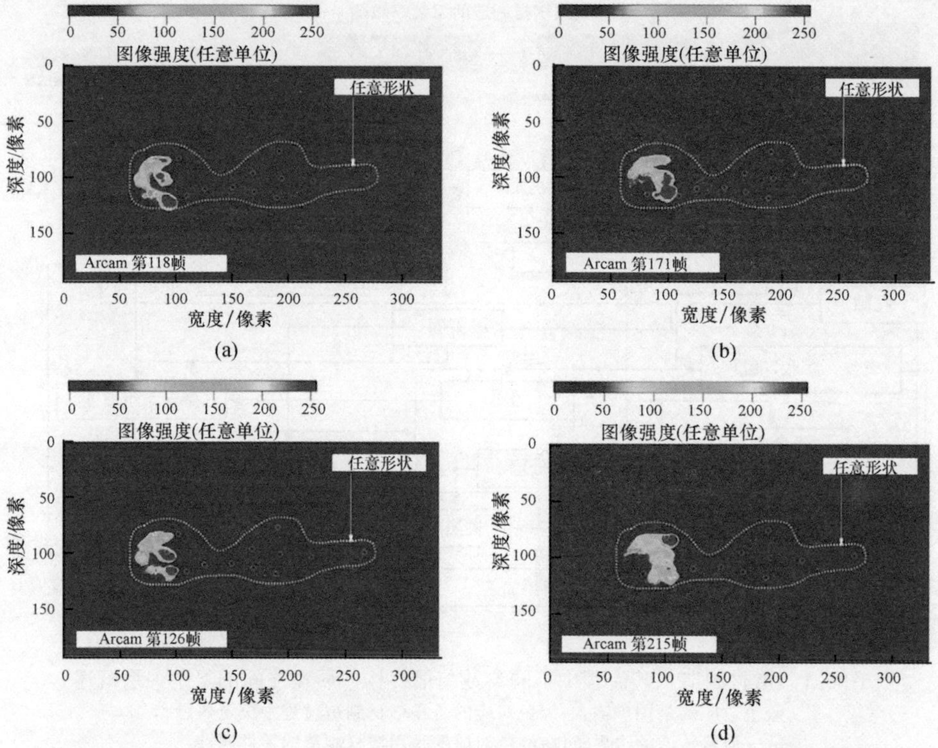


图 6.3 在对一个复杂几何体进行 EPBF 处理过程中,在 4 个不同的时间间隔内,电子束扫描瞬态概述。(a)由于电子束快速运动,观察到三个独立的熔池,在熔融区域的冷却部分发生流动;(b)几帧之后,由于几何体在深度方向的减少,随着时间的推移只观察到两个热区;(c)这两个热区合并到一起;(d)随着时间的进一步推移,只能看到一个热点和大的熔池,这些熔池的空间和时间变化肯定会对基础物理过程产生影响
(彩色插图见书末)

随焊接电弧移动的夹具上。因此,相机和焊池之间的相对速度被设定为零。图 6.4(a)和(b)显示了两个连续时间段的典型图像。原始黑白图像被转换为彩色,以说明各种观察到的现象。首先,这些图像显示了液体区域中各种粗细夹杂物的运动;其次,截图还显示了液-固界面相对相机位置的交替运动。对这些焊缝的进一步分析表明,这些界面的不稳定性导致了微观结构的变化。

根据上述原位图像、测试分析和其他已发表的综述、论文和书籍[8-14],我们可以得出结论:除了边界条件,金属增材制造过程中的物理现象及其相互作用与焊接过程类似。这产生了一个基本问题:我们如何利用已有的大量焊接模型研究文献[15-16]来实现增材制造建模?

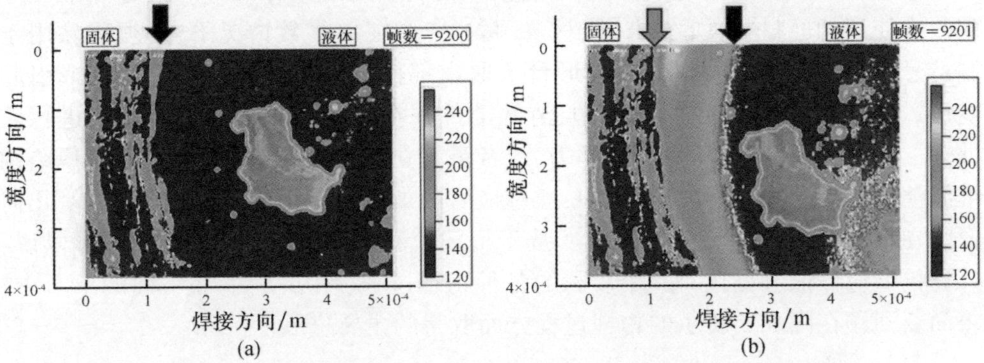


图 6.4　使用原位光学方法测量的脉冲 GTAW 过程中的液–固界面不稳定性。
(a)和(b)两个连续的画面显示了钢液(蓝色区域)内大夹杂物(橙色)和小夹杂物(绿色)的运动。
此外,同样的图像显示了液–固界面带的运动

(图片转载自:S. S. Babu, Towards process–based quality through a fundamental understanding of weld microstructure evolution, Welding Journal, 2018 Vol. 97, pp. 1s–16s,彩色插图见书末)

## 6.2　增材制造工艺模型的适用范围

为了理解增材制造的建模范围,有必要重新认识 Gibson 等[17]定义的增材制造的工艺流程。①设计:在这个步骤中,用标准的 CAD 软件定义了包括内外表面和内部特征在内的几何形状。由于其他章节已经讲过用于设计的模型,因此本章将不涉及。②将 CAD 文件转换为 STL 文件:在这个步骤中,CAD 文件被转换成 STL 文件,该文件包括所有实体特征的边界表面,并决定了 CAD 几何体切片的成形方向和扫描策略。扫描策略会影响能量沉积的方式。③将 STL 转移到增材制造设备:在这个步骤中,根据选用的增材制造设备(如 Arcam 或 Renishaw)的能力,对 STL 文件进行一些修改。例如,可以根据部件的体积改变零件的位置、方向和嵌套信息。此外,根据扫描策略和材料,可能需要对部件的几何形状进行缩放,以考虑到变形的问题。④机器设置:在这一步,根据材料、几何形状和嵌套信息,定义材料的特性(如粉末尺寸分布)、能量来源(如功率和输送模式)、层厚度、预热、熔化和后处理层加热方法。这个阶段为描述物理过程之间的相互作用设定了边界条件。⑤成形或打印零件:在这一步骤中,材料将系统地以预定的方式逐层熔化。连续记录加工参数,偶尔进行人工监督,以避免粉末耙子对表面特征的影响和环境条件的波动(如真空或气体流动)而导致潜在的成形失败。全面了解工艺参数及其空间和时间的分布,对模型边界条件的设置非常重要。⑥零件移除:一

旦成形过程完成，部件实体被冷却到室温，从成形室中移除部件。通过标准程序回收未使用的原材料（如粉末、线材、板材）[18]。在大多数情况下，必须移除用于制造悬挑结构的支撑材料。从成形台上取出部件也会影响其几何一致性或引起变形。⑦后期处理：在这一步骤中，清洗部件并在炉子或热等静压设备中进行后处理。此时，以温度和压力为驱动力，或者重置初始微观结构，或者允许微观结构继续演变。⑧应用：在这一步骤中，通过最后的加工去除所有的粗糙表面，使几何形状在现有系统内满足公差需求。基于上述流程和已发表的文献，我们可以说，计算模型应该能够描述每一个步骤的各种物理过程（图 6.5）。在下面的章节中，将简要回顾在图 6.5 所示的物理过程方面取得的主要进展。

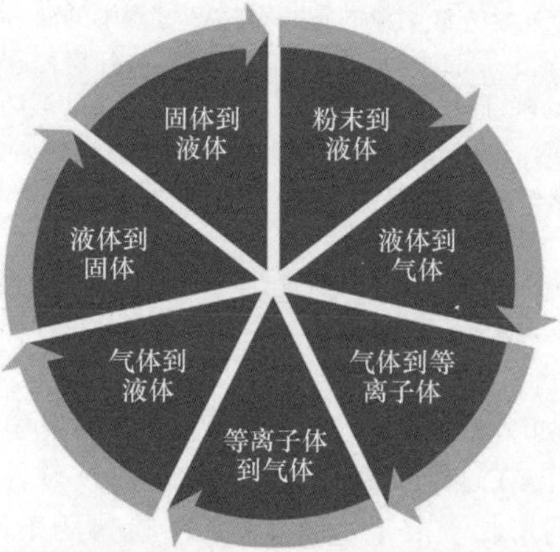


图 6.5　描述与增材制造相关的所有物理过程所需的子模型，这些物理过程与焊接有一些共同点

## 6.3　工艺-结构-属性集成建模

根据最近和过去的文献，增材制造部件的缺陷、微观结构演变及性能相关的问题大多数可以追溯到温度和质量传递条件随空间和时间的变化。由于增材制造工艺与焊接相似，将针对焊接开发的模型推广到增材制造是可行的。一些与焊接建模有关的文献可以参见以下研究人员及其合作者：Ashby、Ion 和 Easterling [19-20]，Bhadeshia[21]，Buchmayr[22]，Carpenter[23]，Cerjak 和 Easterling [24]，David 和 Vitek [25]，DebRoy [26-27]，Eagar [28]，Easterling[29]，Goldak[30-31]，Grong [32]，Kirkaldy[33]，Koseki [34]，Kou [35]，Leblond [36]，Matsuda [37]，Olson [38]，Rappaz[39]，Szekely [40]，Vitek [41]，Yurioka [42]，和 Zacharia[43-44]。

这些研究人员利用温度和力学性能的空间和时间变化来预测金属焊缝、热影响区中的微观结构演变,并且将其与性能变化联系起来。相关研究由 Kirkaldy[33] 以示意图的形式进行总结(图 6.6)。根据该图,通过整合热量、质量、机械和材料属性的各自模型,可以预测焊接结构的整体性能。该方法将从传热模型开始,通过工艺参数和时间的函数模拟温度的三维分布[$T = f\{x,y,z,\mathrm{time}\}$]。在材料模型中利用热循环数据来预测微观结构演变及其对瞬态力学性能($\sigma-\varepsilon$ 关系)的影响。温度和力学性能的瞬时变化将被输入有限元模型中,以预测塑性应变随时间的分布。这些信息可以预测最终性能、残余应力和焊接复杂几何形状的变形。这种跨学科的方法看起来很简单,但是需要冶金、有限元分析、焊接工艺及计算机科学方面的合作[45]。在某种程度上,通过许多组织的开创性研究,这一设想已经成为现实,并利用这些成果开发了商业软件[46-50]。最近的综述文章[51-56]已经讨论了这些模型在增材制造的潜在应用。在下面的章节中,将讨论与增材制造相关的各种子模型。

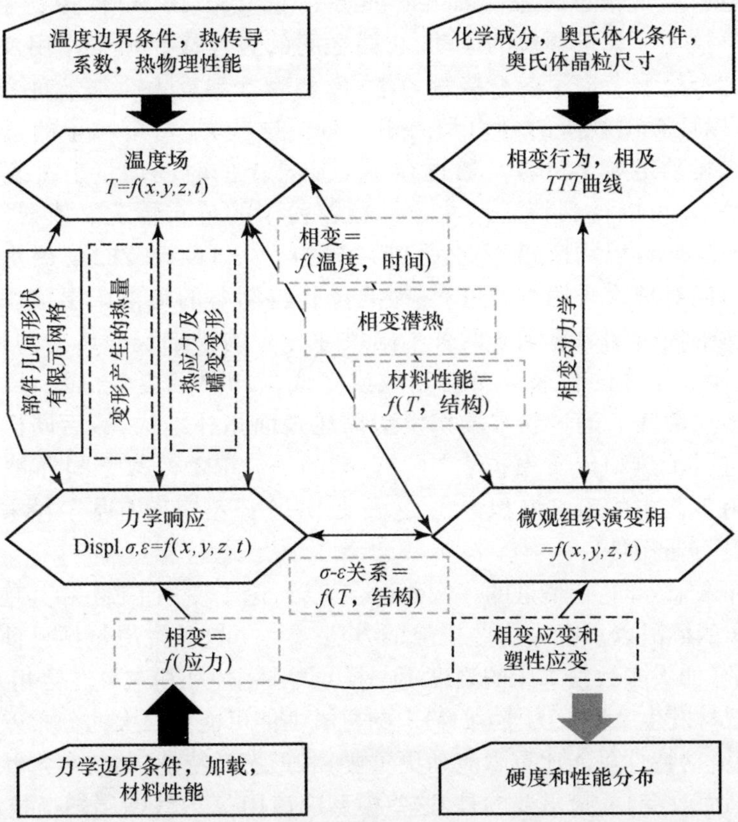


图 6.6　Kirkaldy[33] 提出的焊接力学综合计算方法的示意

### 6.3.1 原材料分布和能量吸收的模型

正如前几章所指出的,各种金属增材制造工艺的原材料可以分为粉末、线材和板材三类。这些原材料的初始设置对与随后能量源(如激光或电子束)的相互作用产生很大影响。相关文献表明,在增材制造过程中由材料特性反馈变化引发的主要工艺变差,集中体现在粉末床工艺体系中,其根源可归结于粉末流动特性、铺展均匀性、堆积密度、环境敏感性以及与气体流场/温度场的耦合作用——这些参数与粉末粒度及形貌分布呈显著的函数关系。因此,在本节中,将根据已发表的文献[57]讨论 PBF 工艺过程中的粉末流动特性的模型。

**1. PBF 过程中的粉末堆积模型**

众所周知,粉末对激光的吸收效率要高于对金属基材的吸收效率[58]。因此,为了解粉末床对激光束能量的吸收程度,必须了解特定增材制造工艺的粉末堆积。通常通过离散元法(discrete element method,DEM)模拟粉末堆积[59]。该数值方法描述了大量颗粒的运动、它们之间的弹性接触相互作用及与包围盒的关系。这个模型考虑了赫兹接触力学、库仑摩擦和重力。基于每个粒子的接触力学,可以计算出粒子的合力和力矩。有了这些力,每个粒子的速度就可以由牛顿第二运动定律来计算。通过在一个非常小的时间增量上重复这些力和速度的计算,就可以得到特定尺寸球形颗粒粉末的分布情况。值得注意的是,有一个开源软件可以用来进行这种 DEM 模拟[60]。Lee 和 Zhang 展示了粉末尺寸分布的不同对依次采用重力进料、振动及轧辊制备的粉末床层堆积密度的作用。图 6.7 的模拟结果显示了两种不同尺寸分布的粉末表面典型的拓扑结构。很明显,使用大尺寸的粉末分布会导致或多或少的单层覆盖,而小尺寸粉末分布会导致多层覆盖。通过粉末堆积模型描述表面拓扑结构,然后同样的拓扑结构被用来进行传热和传质模拟[57,61]。有趣的是,DEM 模拟也同样被用来描述粘结剂喷射工艺中的粉末堆积[62]。这表明 DEM 模型对所有基于粉末床的增材制造工艺具有通用性。

挑战和未来方向:在最近的一次研讨会上,讨论了使用 DEM 和其他方法来模拟粉末分布的挑战以及解决这些挑战的方法[62-63]。这些挑战包括目前的模型无法考虑热学(如大多数粉末床的温度不一样)、摩擦学(如粉末可能会相互磨损,也可能会与耙材发生摩擦)、力学(如粉末的机械性能可能有很大的分布差异)、流变学(如剪切流动特性可能比重力流动更重要)和形态学特性(如粉末形状可能因制造工艺不同而改变)。最重要的是,这些模型应该用 X 射线断层扫描技术[63]对弥散前后的粉末粒度分布进行详细测量来完成校准(图 6.7)。

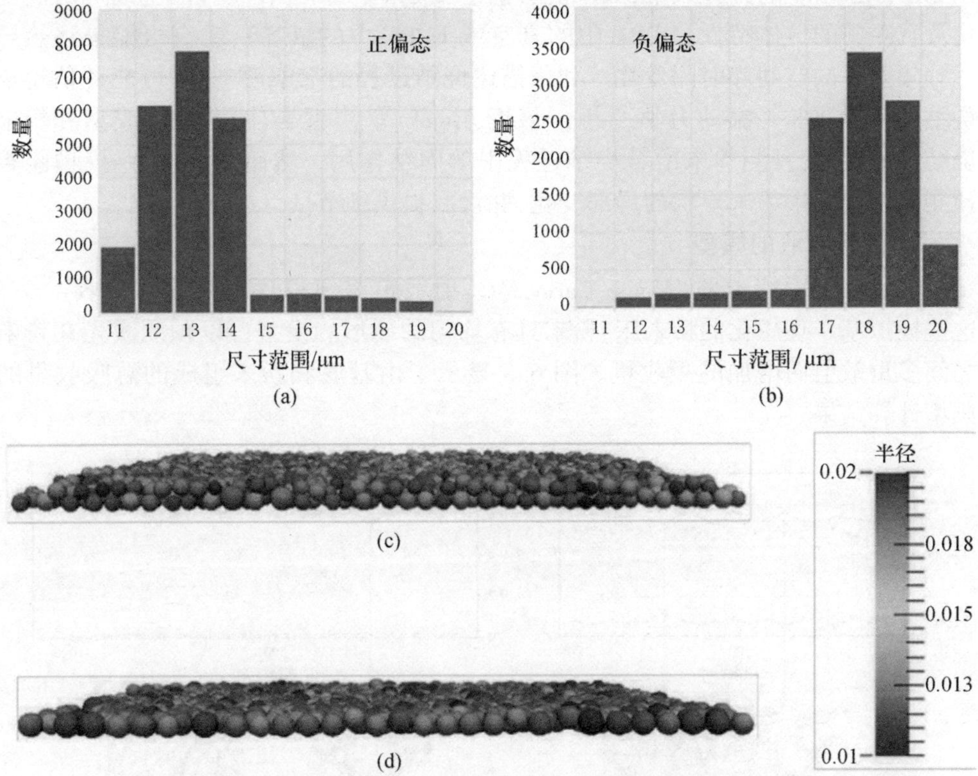


图 6.7　使用 DEM 方法模拟粉末尺寸分布对粉末堆积密度和表面拓扑结构的影响
(a)和(b)球形粉末初始尺寸分布和粉末尺寸分布对粉末堆积的影响;
(c)小尺寸和(d)大尺寸,图片中小球的单位为 mm
(图片经许可转载自:Y. S. Lee, W. Zhang, Mesoscopic simulation of heat transfer and fluid flow in laser powder bed additive manufacturing, in: Proceedings of 26th Solid Free Forming Fabrication, Symposium, USA, 2015, pp. 11454−1165, 〈http://sffsymposium. engr. utexas. edu/sites/default/files/2015/2015-94-Lee. pdf〉,彩色插图见书末)

**2. 粉末烧结的模拟**

如前文所述,由于吸收的能量随空间和时间变化,粉末床的温度与最初的起始温度相比有很大的变化。根据局部温度和停留时间,这些粉末很有可能发生固相烧结或液相烧结。这些变化的机制分别在粉末冶金学[64-65]和瞬态液相结合[66]文献中得到了广泛的讨论。值得注意的是,烧结机制对控制粘结剂喷射制造的零件的密度更为重要[67]。在 PBF 工艺的情况下,粉末烧结可能通过改变局部的热性能[68](包括降低热传导率和增加辐射率)对整体的热和质量传递条件产生影响。这些作者使用 Sih 和 Barlow[69]开发的模型来描述粉末床的导热性和辐射率。

在 Sih 和 Barlow 的方程式中,如果能够描述孔隙率(或堆积密度)的空间和时间变化及孔隙中的气体特性(EPBF 中的真空或 LPBF 中的氩气),就有可能描述热导率和辐射率的空间和时间变化。利用描述烧结过程的唯象模型,有可能评估粉末烧结的等温或非等温动力学[70-71]。最近,Rojek 等[72]混合使用 DEM 模型和粉末烧结唯象模型,预测粉末冶金烧结过程中的固结作用。然而,对于这些模型能否预测烧结过程中粉末形状的局部变化,并没有提供细节。

**3. 能量吸收的模型**

可以根据蒙特卡罗(Monte Carlo,MC)射线追踪模拟预测激光的吸收[73-74]。这些模拟基于理想化的粉末床,粉末具有均匀的球形。模型可以预测激光在粉末之间多重散射而增加的吸收量。图 6.8 显示了由基底和粉末组成的总吸收量的典型计算结果。

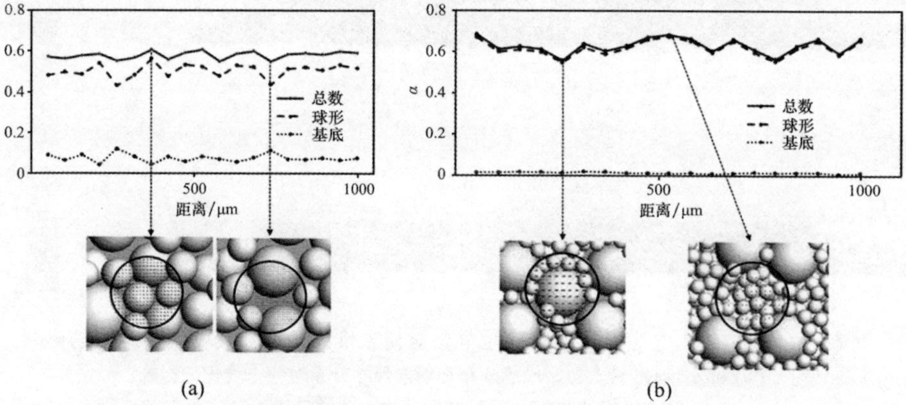


图 6.8 LPBF 过程中两个不同位置的激光的计算吸收率(α)与假设。
(a)球形粉末的高斯分布和(b)颗粒的双峰分布的预测分布
(图片经许可转载自:A. Klassen,V. E. Foster 和 C. Korner,A multi-component evaporation model for beam melting process,Model. Simul. Mater. Sci. Eng. 25,2017,#025003)

有趣的是,结果显示,对于相同水平的激光束特性,粉末床吸收的能量随着粉末尺寸的双峰分布而增加。同样值得注意的是上述计算假设了理想化的分布。然而,在现实的 PBF 系统上进行的一些 DEM 计算可能会由于集聚效应和工作台的位移而使粉末粒度分布发生随机变化[54]。

## 6.3.2 蒸发、冷凝和锁孔

在 PBF 过程中,由于高能量密度的存在,熔融区的局部温度可能上升并超过蒸发温度。例如,Klassen 等[74]发现在 Ti-48Al-2Cr-2Nb 合金的 EPBF 加工过程中,有大量铝的蒸发损失。同一作者使用以下步骤来模拟局部加热和评估局部蒸发。

首先,通过使用考虑电子撞击的体积模型来计算电子束在粉末床上的吸收;其次,用流体力学模型来描述液相和气相之间界面的运动;再次,通过考虑克努森层区域中凝结层向气相转移时质量、能量和动量的平衡,使用晶格玻尔兹曼方法对多组分蒸发进行建模。详细方法参见 Klassen 等的文献[74],铝分布的预测和测量结果比较见图 6.9。

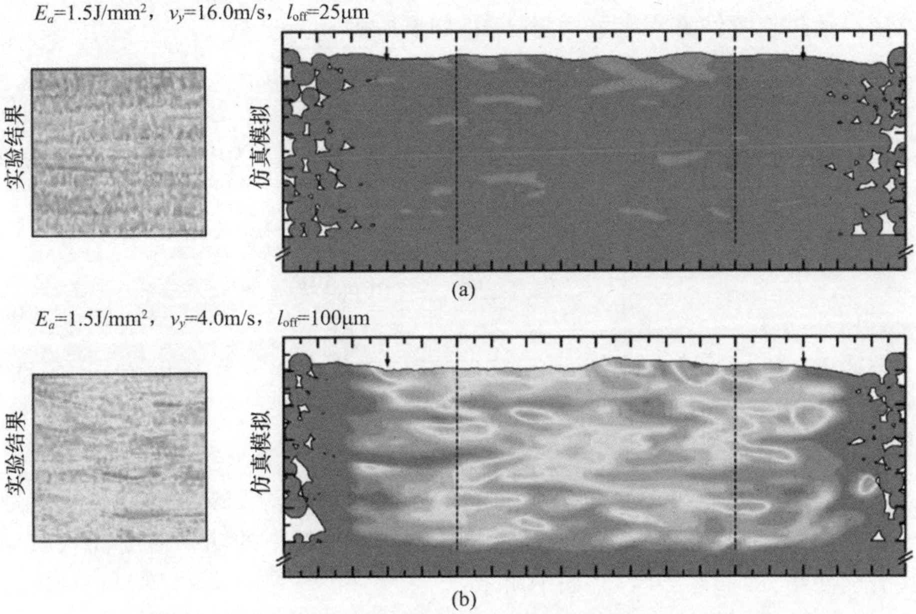


图 6.9　Ti-48-2-2 合金在不同加工条件下的 EPBF 加工过程中铝分布的实验结果(左栏)和模拟结果(右栏)的比较。(a)电子束流速($v_y$ = 16 m/s),线偏移($l_{off}$ = 25μm);(b)$v_y$ = 4 m/s,$l_{off}$ = 100μm;蓝色对应于质量分数为 25%的铝,红色对应的是质量分数为 36%的铝

(彩色插图见书末)

## 6.3.3　传热和传质模拟

### 1. 控制方程

基于质量和动量守恒方程和连续性方程,模拟焊接和增材制造中热量和质量传递。采用通用的能量沉积和热量提取边界条件,并假设液体是不可压缩的。动量守恒由以下方程给出[75]:

$$\rho \frac{\partial u_j}{\partial t} + \rho \frac{\partial (u_i u_j)}{\partial x_i} = \frac{\partial}{\partial x_i}\left(\mu \frac{\partial u_j}{\partial x_i}\right) + S_j \tag{6.1}$$

式中：$\rho$ 为密度；$t$ 为时间；$x_i$ 为沿（$i = 1,2$ 和 3）方向的距离；$u_j$ 为沿 $j$ 方向速度分量；$\mu$ 为黏度，$S_j$ 定义如下：

$$S_j = \frac{-\partial P}{\partial x_i} + \frac{\partial}{\partial x_i}\left(\mu \frac{\partial u_j}{\partial x_i}\right) - C\left(\frac{(1-f_L)^2}{f_L^3 + B}\right) u_j + Se_j + Sb_j \tag{6.2}$$

式中：$P$ 为压力；$C$ 为描述黏稠区域形态的常数；$f_L$ 为液体分数；$B$ 为一个非常小的计算常数，以避免在液体分数达到零时分母为零；$Se_j$ 为电磁效应的源项；$Sb_j$ 为浮力效应。通过连续性方程求解动量守恒，如下所示：

$$\frac{\partial(\rho u_i)}{\mathrm{d}x_i} = 0 \tag{6.3}$$

最后，热能守恒由以下公式给出，其中 $k$ 为热导率，$C_p$ 为电容的比热，$h$ 为焓：

$$\rho \frac{\partial h}{\partial t} - \rho \frac{\partial(u_i H)}{\partial x_i} = \frac{\partial}{\partial x_i}\left(\frac{k}{C_P} \frac{\partial h}{\partial x_i}\right) + S_h \tag{6.4}$$

$$S_h = -\rho \frac{\partial(\Delta H)}{\partial t} - \rho \frac{\partial(u_i \Delta H)}{\partial x_i} \tag{6.5}$$

上述方程在适当的边界条件下可以用数值方法求解。关于求解技术的细节，读者可以参考已发表的参考文献[26-27]。

**2. 熔池的描述**

最重要的边界条件之一是描述模拟体积内的功率密度或热通量。大多数研究人员使用 Goldak 的公式来描述焊接或增材制造过程中的功率密度（$q$），其中热源被分成两半，即前部和后部，如下所示：

$$q^{\text{front}}_{\{x,y,z,t\}} = \frac{6\sqrt{3} f_f Q}{abc\pi\sqrt{\pi}} \exp\left\{\frac{-3x^2}{a^2}\right\} \exp\left\{\frac{-3y^2}{b^2}\right\} \exp\left\{\frac{-3[z + v(\tau - t)]^2}{c^2}\right\} \tag{6.6}$$

$$q^{\text{rear}}_{\{x,y,z,t\}} = \frac{6\sqrt{3} f_r Q}{abc\pi\sqrt{\pi}} \exp\left\{\frac{-3x^2}{a^2}\right\} \exp\left\{\frac{-3y^2}{b^2}\right\} \exp\left\{\frac{-3[\zeta + v(\tau - t)]^2}{c^2}\right\} \tag{6.7}$$

式中：$Q$ 为沉积到材料上的能量单位（W）；$f_f$ 和 $f_r$ 分别为 $Q$ 在能量源位置前沉积和后沉积的比例。在这些方程中，$v$ 为光束的速度，$\tau$ 为滞后系数，$t$ 为时间。这些方程通过改变 $a$、$b$ 和 $c$ 的相对大小来灵活描述热源。Yang 等[128]利用上述熔池方程描述 DED 工艺过程。

**3. 粉末熔化**

大多数研究粉末熔化的模型都可以视作 Korner 等[76]经典模型的拓展。该模型通过前面描述 DEM 工艺的方法来模拟基体上的粉末分布。能量沿 $X$ 方向的移动光束不由戈达克热源给出，而是采用高斯分布描述如下：

$$q_{r,t} = \frac{Q}{\sigma \sqrt{2\pi}} \exp\left\{\frac{-[x - vt]^2}{2\sigma^2}\right\} \tag{6.8}$$

与前面详细描述吸收的能量不同,我们基于模型的晶胞尺寸($\Delta X$)、材料的分数($\varphi$)和基于朗伯-比尔法则的吸收系数 $\lambda$,将能量方程简化为

$$\frac{\Delta q}{\Delta x} = -\lambda Q \varphi \tag{6.9}$$

在模型范围内求解质量、动量和能量守恒方程,并适当考虑固体颗粒的液体润湿。采用晶格玻尔兹曼方法求解方程,读者可参阅已发表的文献以了解更多信息。图 6.10 显示了典型的模拟结果与实验的比较。

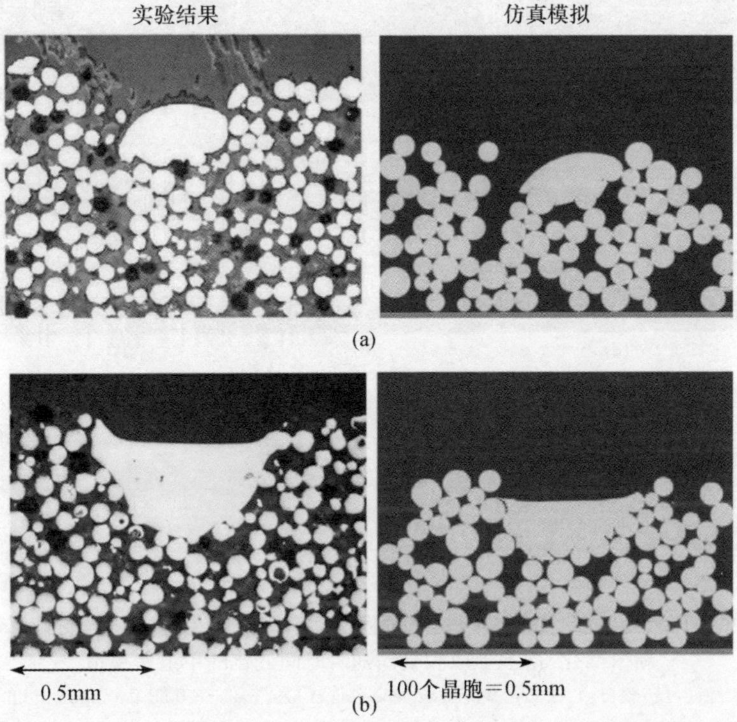


图 6.10 在两种不同的热输入条件下,在实验和模拟中观察到的熔池大小的比较。(a)0.355 J/mm;(b)0.830 J/mm

(图片经许可转载自:A. Klassen, V. E. Foster and C. Korner, A multi-component evaporation model for beam melting process, Model. Simul. Mater. Sci. Eng. 25, 2017, #025003)

为了能将粉末熔化模型应用到大空间领域并指导工业生产,将这些公式写成代码并嵌入商业计算流体动力学(computational fluid dynamics, CFD)软件中非常

关键。Lee 和 Zhang[57]采用了一种独特的方法,通过 DEM 方法计算粉末分布并编写成代码作为边界条件导入 Flow-3D CFD 软件中,然后使用相同的质量、动量和能量守恒原则计算瞬时传热和传质。与 Kroner 等类似,该作者也将热源描述为高斯分布。模型既考虑了由表面张力随温度变化引起的流体流动(马兰戈尼效应),也考虑了对液体蒸发的反冲压力。图 6.11 显示了粉末熔化、熔池形成和最终凝固随时间瞬态变化的模拟结果。

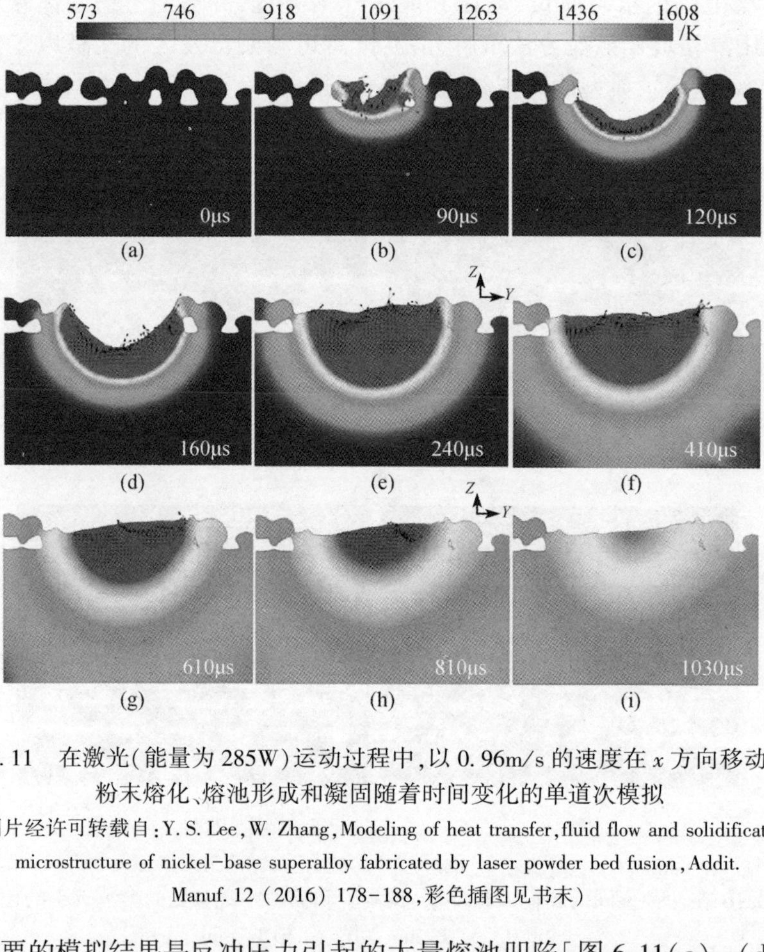


图 6.11 在激光(能量为 285W)运动过程中,以 0.96m/s 的速度在 $x$ 方向移动时,粉末熔化、熔池形成和凝固随着时间变化的单道次模拟

(图片经许可转载自:Y. S. Lee, W. Zhang, Modeling of heat transfer, fluid flow and solidification microstructure of nickel-base superalloy fabricated by laser powder bed fusion, Addit. Manuf. 12 (2016) 178-188,彩色插图见书末)

最重要的模拟结果是反冲压力引起的大量熔池凹陷[图 6.11(a)~(d)],这可能对飞溅的形成有很大影响。Khairallah 和 Anderson[77]最近的文献通过类似的计算发现,由于 Plateau-Rayleigh 不稳定性引起熔化焊道起泡,这在快速激光焊接中也称驼峰[78-79]。在 Khairallah 等[80]的一篇经典论文中,将模型扩展到预测缺陷的形成,通过激光动力学函数建立孔隙与锁孔不稳定性和飞溅形成的关系(图 6.12)。

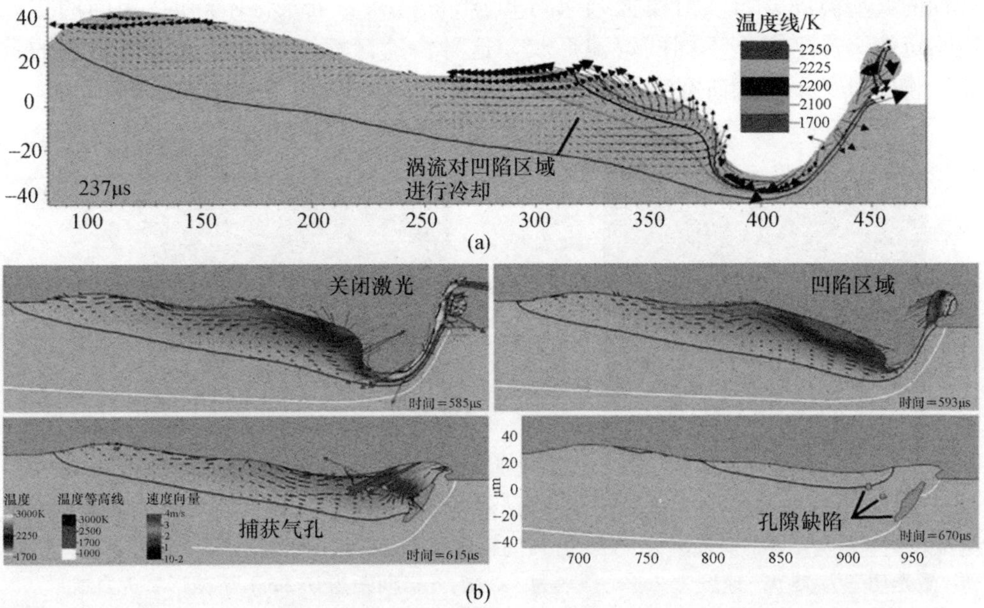


图 6.12　基于热量和质量传递的瞬态模型得到的不同液/固和自由液体表面形貌的模拟结果。(a)温度和速度场显示了两种不同的熔池形状,分别是靠近能量源和远离能量源的熔池;(b)585~670μs 内激光打开后又关闭时气孔的模拟瞬态

(图片经许可转载自:S. A. Khairallah, A. T. Anderson, A. Rubenchik, W. E. King, Laser powder-bed fusion additive manufacturing: physics of complex melt flow and formation mechanisms of pores, spatter and denudation zones, Acta Mater. 118 (2016), 36-45)

上述详细的计算清楚地表明,高精度的模拟有利于得到导致缺陷形成的物理过程及它们之间的相互作用。然而,这些计算很耗时,而且对计算中假设的物理参数的数值非常敏感。此外,这些计算还不能用于模拟大尺寸、大规模的粉末床制造。

**4. 快速传热计算**

基于上述讨论,有必要开发足够快速的计算模型,以了解热传导对部件局部和整体的影响。通常来说,如果加工条件被认为是稳态的,人们就可以使用 Rosenthal 分析方程[81]。然而,增材制造过程中温度场随空间和时间的变化而变化,并且是扫描策略的函数,因此 Rosenthal 模型难以模拟增材制造。为了解决这一挑战,Plotkowski 等[82]将一个为多道焊接开发的分析模型用来模拟增材制造过程。该模型基于 Komanduri 和 Hou 的原始工作,起初是为电弧和激光焊接过程开发的[83]。该模型用于求解在一个恒定和均匀材质的半无限介质中,环形源的传热问题。基于上述假设求解方程,便可以得到温度与给定光束扫描路径的位置和时间的函数关系。图 6.13 中比较了在铝和镍基片上采用纵横交错式扫描策略计算得到的典型温度分布。由模拟结果可知，当材料和加工条件不同时，相同的扫描策略可能会产生完全不同的熔池形状。这种快速计算在确定扫描策略方面的重要性将通过一个案例研究来讨论。

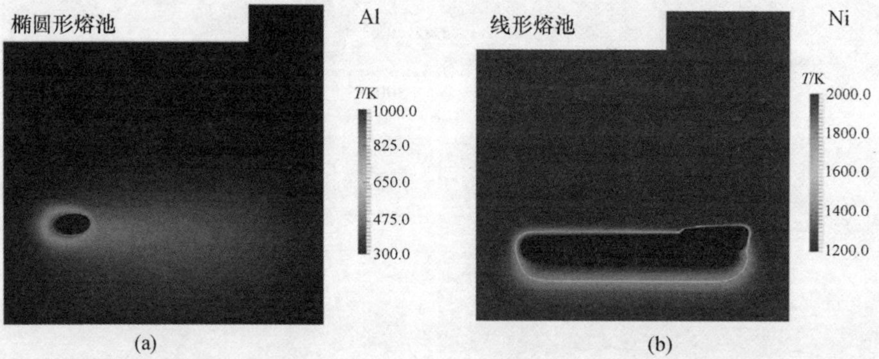


图 6.13 在以下加工条件下，模型典型熔池的形状和温度分布。(a) AlSi10Mg 合金，激光功率为 350W，速度为 1.5m/s，预热为 300K，开口间距为 0.15mm，熔池形状为椭圆形；(b) 718 合金，激光功率为 750W，速度为 3m/s，预热为 1273K，开口间距为 0.2mm，熔池形状为直线形

(图片经许可转载自：A. Plotkowski, M. M. Kirka and S. S. Babu, Verification and validation of a rapid heat transfer calculation methodology for transient melt pool solidification conditions in powder bed additive manufacturing, Addit. Manuf. 18, 2017, 256-268)

一旦我们模拟了熔池和热特征，下一步就是预测金属对这些热瞬变的反应。

## 6.3.4 预测相的稳定性、动力学和微观结构的演变

为了预测复杂的热循环中材料状态的变化，第一步是评估各种相的稳定性与温度的关系。在这方面，计算热力学建模方法已被证明是非常有用的[84]。由于吉布斯自由能不同而从母相到子相发生相变，可以通过讨论纯铁的各向异性变化来诠释这一现象。如在纯铁中，体心立方（铁素体相）的晶体结构在室温（300K）下比面心立方（奥氏体）相更稳定。这是因为室温下铁素体的摩尔吉布斯自由能为-8.2kJ/mol，而奥氏体为-2.8kJ/mol。由于铁素体的吉布斯自由能比奥氏体低，因此铁素体在室温下稳定。相比之下，在温度为 1273K 时，奥氏体的摩尔吉布斯自由能为-62.3kJ/mol，而铁素体为-62.2kJ/mol，因此，奥氏体在这个高温下是稳定的。利用同样的原则，可以计算各种相（气体、熔渣、液体、铁素体、奥氏体、碳化物、氮化物等）的摩尔自由能，以及不同合金元素（C、Si、Mn、Ni、Cr、Mo、V 等）在压力、温度和浓度下的函数。读者可以参考一篇综述文章[84]和一本教科书[85]，以了解这方面的更多细节。值得注意的是，可以很简单地使用商业软件预测各种合金复杂相的稳定性。例如，可以预测 Fe-Cr-Ni 的准二元相图（图 6.14），并用来评估

不锈钢增材制造期间相的选择。在此图中,如果采取 Fe-15Cr-5Ni(质量分数)的合金成分,则合金凝固时发生铁素体(BCC 相)转变得到 100%的铁素体。进一步冷却时,在平衡条件下,该合金有望通过固态相变分解为奥氏体(FCC 相)和铁素体的混合物。有趣的是,在进一步冷却后,相图显示该合金将再次转变为 100%的铁素体。尽管在平衡条件下可以预测凝固和固态相变(如典型的等温热处理过程),但在快速冷却或重复加热和冷却条件下,由于非平衡动力学效应,上述方法可能不可行。在下文中将简要介绍这些效应。

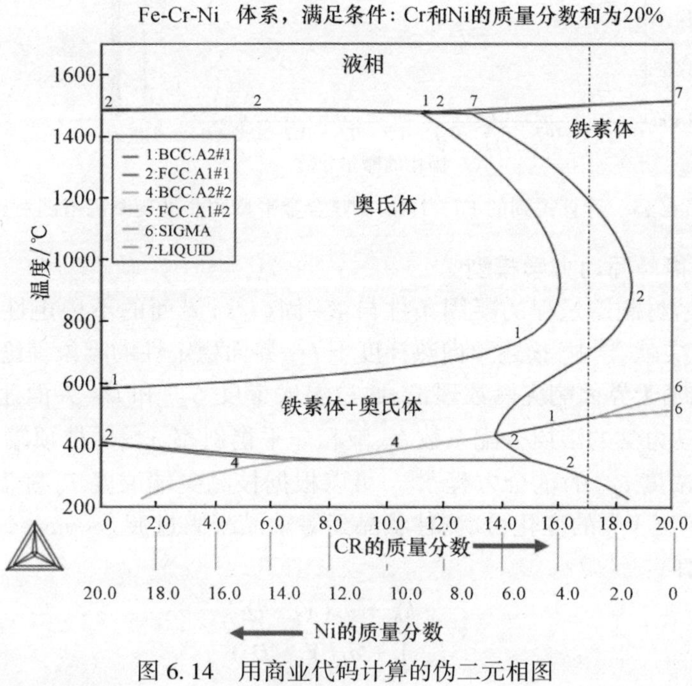


图 6.14　用商业代码计算的伪二元相图

**1. 预测冷却范围**

为了全面了解金属焊接或增材制造的微观结构,我们需要描述液相中形成的第一相、凝固温度范围($\Delta T_{\text{equilibrium}}=T_L-T_s$)、合金元素偏析程度、凝固晶粒形态、裂纹倾向及非平衡凝固与成分和冷却速率的函数关系。可以通过引用 Scheil-Gulliver 模型来预测非平衡凝固范围。对 Fe-15Cr-5Ni(质量分数)合金的典型计算表明,平衡凝固范围非常短(约为 6℃)。相反,非平衡凝固范围约为 35℃。可以对广泛的多成分合金进行类似的计算,而该计算已被用于开发新合金的焊接或增材制造过程[86]。值得注意的是,该计算虽然提供了两种极端的凝固条件,但并没有对快速冷却条件下的凝固动态变化提供任何预测信息,而这种变化可能会导致界面不稳定(图 6.15)。

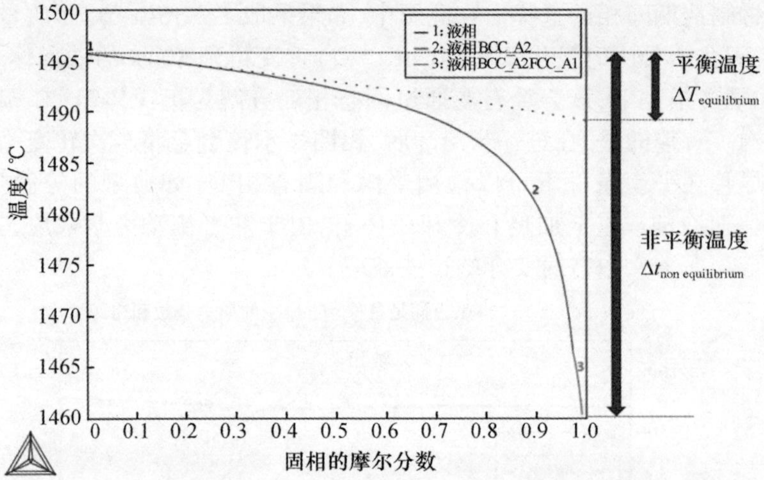


图 6.15 计算得到的 Fe -15Cr-5Ni 合金平衡和非平衡凝固范围对比

**2. 非平衡凝固动力学模型**

焊接和增材制造过程的凝固条件与液-固($l/s$)界面的不稳定性相关。在铸造[88]和焊接文献[89]中,描述单向热梯度下 $l/s$ 界面稳定性的唯象理论已经广为人知[87]。首先基于界面响应函数理论,通过温度梯度 $G_{l/s}$ 和 $l/s$ 界面速度 $V_{l/s}$ 的函数求解关于动力学的溶质分配系数 $k_v^i$、液相非平衡斜率 $m_v^i$、树枝顶端半径 $R$ 和固液界面处的浓度 $c_{l/s}^i$ 的耦合方程[89]。可以根据枝晶尖端温度 $T_d$ 随温度梯度 $G_{l/s}$ 和 $l/s$ 界面速度 $V_{l/s}$ 的变化,预测柱状晶到等轴晶凝固过渡(equiaxed solidification transition,CET):

$$k_v^i = \frac{k_0^i + a_0(V_{l/s}/D_i)}{1 + a_0(V_{l/s}/D_i)} \tag{6.10}$$

$$m_v^i = \frac{m_0^i(1 - k_v^i(1 - \ln(k_v^i/k_0^i)))}{1 - k_0^i} \tag{6.11}$$

$$4\pi 2\Gamma \frac{1}{R^2} + (2\sum_i m_v^i Pe^i(1 - k_v^i)c_{l/s}^{i*}\xi_c^i)\frac{1}{R} + G_{l/s} = 0 \tag{6.12}$$

其中

$$\xi_c^i = 1 - \frac{2k_v^i}{2k_v^i - 1 + (1 + (2\pi/Pe^i))^{0.5}} \tag{6.13}$$

$$c_{l/s}^{i*} = c_0^i(1 - (1 - k_v^i)\mathrm{Iv}(Pe^i)) \tag{6.14}$$

$$T_d = T_L + \sum_i (c_{l/s}^{i*}m_v^i - c_0^i m_0^i) - \frac{2\Gamma}{R} - \frac{V_{l/s}}{\mu} - \frac{G_{l/s}D_i}{V_{l/s}} \tag{6.15}$$

式中：$k_0^i$ 为液体和固体之间的平衡分配系数；$D_i$ 为相之间的扩散率；$m_0^i$ 为平衡液相斜率；$a_0$ 为特征扩散距离；$\Gamma$ 为 Gibbs-Thompson 系数；$Pe^i$ 为 Peclet 数，由 $V_{l/s}/(2D_i)$ 给出，$\mu$ 为界面动力学系数；Iv 为 Ivantsov 函数，取决于 Peclet 数。使用多组分系统的热力学信息迭代求解式(6.10)~式(6.15)，可以预测树枝晶的尖端温度，从而预测成分过冷。求解方程也可以得到广泛合金系统中的 CET，也就是凝固图(图 6.16)。这些方程也可以扩展到非平衡共晶生长。该唯像模型已被广泛成功地应用到多组分合金中[90]。David 和 Vitek[25]的论文中回顾了这些理论的基本原理及在焊接领域的扩展。有了上述公式，人们可以求解热梯度 $G$ 和液固界面速度 $R$ 的函数，预测热量和质量的传递模型，估计出凝固形态(平面、柱状、等轴)、树枝晶臂间距、织构及合金元素的偏析。

**3. 预测固态相变**

无论是通过重建型还是位移型转变[84]，钢、钛和镍合金焊接过程中的微观组织演变都与固-固($s/s$)相界面运动有关。$s/s$ 相变的相间稳定性理论参见 Hultgren [92]和 Coates[93-94]的经典论文。在等温条件下，$P_1$ 和 $P_2$ 两个固相之间的界面速度 $v_{\text{int}}$，描述如下：

$$(c_i^{P_1P_2} - c_i^{P_2P_1})\, v_{\text{int}} = - D_i^{P_1}\frac{\mathrm{d}c_i}{\mathrm{d}x}\bigg|_{\text{int}}^{P_1} - D_i^{P_2}\frac{\mathrm{d}c_i}{\mathrm{d}x}\bigg|_{\text{int}}^{P_2} \tag{6.16}$$

式中：$c_i^{P_1P_2}$ 为溶质 $i$ 在 $P_1$ 相中的界面浓度；$c_i^{P_2P_1}$ 为溶质 $i$ 在 $P_2$ 相中的界面浓度；$D_i^{P_1}$ 和 $D_i^{P_2}$ 分别为溶质在 $P_1$ 和 $P_2$ 相中的扩散系数。在一个多组分系统中，所有溶质元素都必须代入上述方程同时求解。由于快速冷却或扩散率差异过大，式(6.16)可能会被打破，从而诱发限制性平衡。例如，钢铁中铁素体向奥氏体的准平衡态生长仅受碳扩散的控制[95]，而置换原子[96]在结构上被“冻结”。在位移型转变的情况下，人们可以通过耦合热力学和基于晶格缺陷的马氏体成核理论来求解[97]。使用上述理论模型，Bhadeshia 等[98]预测了低碳钢焊接过程的微观组织演变。20 世纪 80 年代初，由于获得的热力学数据有限，一种基于碳当量、奥氏体晶粒尺寸和从 800℃冷却到 500℃所需时间的半经验法[20,99]被开发出来并在工业界广泛应用。然而，这些唯像模型并不能描述三维微观结构的演变。在这方面，相场模型则非常有用[100]，并已被统一用于描述凝固和固态相变。利用上述工具，在给定热特征时有可能通过焊缝成分预测不同相的比例、晶粒大小和形态等微观结构特征。这些理论最简单的应用之一是预测时间-温度-转变图(TTT 图)或连续-冷却-转变图(或 CCT 图)。

例如，Tian 等观察到在 DED 加工过程中，合金 718 的析出动力学有很大的变化。靠近树枝晶枝间的区域，γ″析出相的动力学增加；而在树枝晶的核心，动力学

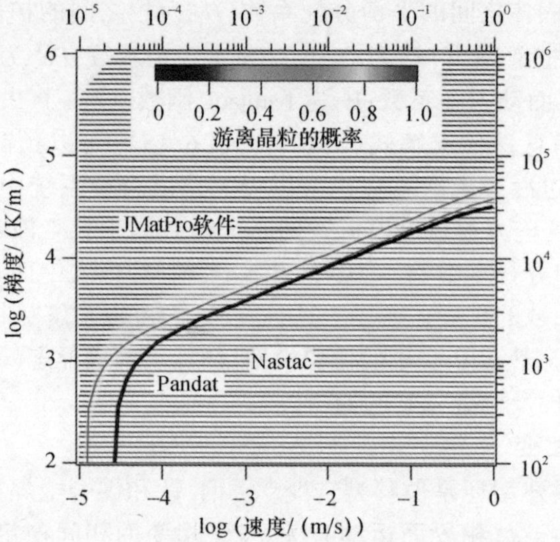


图 6.16 Inconel 718 合金的计算凝固图及与 Nastac 等[91]的公布数据比较,计算结果还包括用于计算这些图的热力学数据敏感性

(图片转载自:S. S. Babu,"Towards process-based quality through a fundamental understanding of weld microstructure evolution," Welding Journal, 2018 Vol. 97, pp. 1s-16s)

十分迟缓。在为了合理解释这些变化,Tian 等计算了凝固过程中该合金浓度梯度的 CCT 图(图 6.16)。计算结果表明,由于 Nb 的富集,树枝晶枝间区域 CCT 图的鼻端向时间减小的方向移动,即 γ″的动力学增加。类似的计算也可以用来解释其他合金的微观结构演变。例如,可以用来比较前面讨论的 TiAlCr 合金中,由于元素损失而形成的基本微观结构。Sames 等[101]也使用了类似的计算来描述微观结构的梯度形成原理(图 6.17 和图 6.18)。

尽管计算热力学和动力学模型能够预测单个相的体积分数与热特性的关系,但当一个或多个相竞争存在时,它们往往不能预测这些相的形成。这个限制最初是由 Jones 和 Bhadeshia 解决的,用来描述钢在连续冷却过程中不同微观结构之间的竞争关系[102]。最近,该模型被 Makiewicz[103]和 Foster 等[104]用来描述典型增材制造复杂的热循环中 γ′和 γ″析出相之间的竞争关系。该模型基于 JMAK 理论[105],以离散的方式计算成核和生长率,可以模拟不同析出相之间的竞争。为了描述涉及多种加热和冷却模式下任意热循环中发生的相变,整个循环被近似看作若干个给定温度下较小等温步骤的集合。该模型在给定的温度下进入第 $i$ 个时间步长($dt$)之前,采用第 $i$-1 个时间步长的微观结构(如相的体积分数 $v_{\gamma'}^{i}$)作为初始值,并根据所有其他相的体积分数来计算分数的变化:

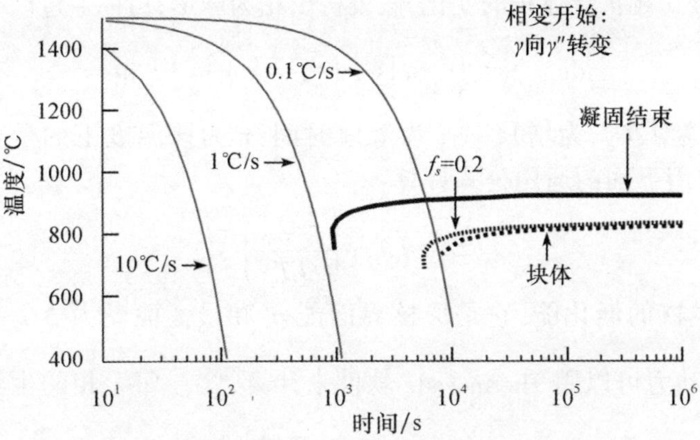


图 6.17 计算得到构件内部三个成分不同区域析出 γ″相的 CCT 图。结果表明，树枝间区域可能有固态析出相

（图片经许可转载自：Y. Tian, D. McAllister, H. Colijn, M. Mills, D. F. Farson, M. C. Nordin, and S. S. Babu, "Rationalization of microstructural heterogeneity in IN-718 builds made by the direct laser additive manufacturing," Metallurgical and Materials Transactions A, 2014, Vol. 45, pp. 4470-4483）

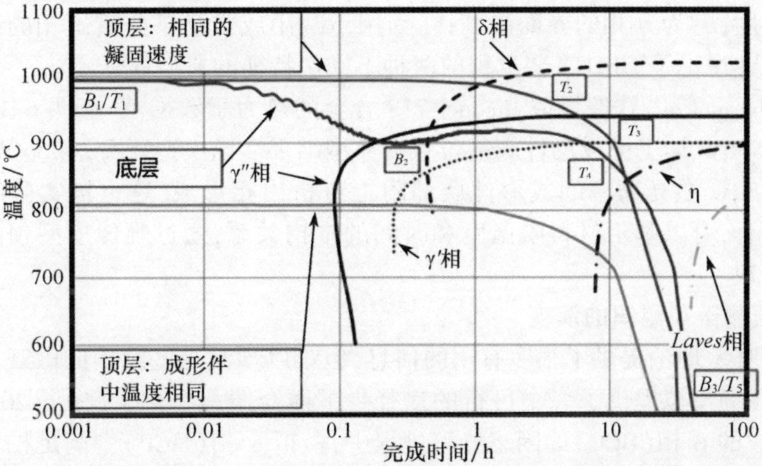


图 6.18 在计算得到的 Inconel 718 合金的 CCT 图上，叠加构件顶部和底部的热信号。计算结果显示，相对于构件底部，在构件顶部正确预测到了 δ 相析出的开始，这促进了 γ′相和 γ″相的同时析出

（图片经许可转载自：W. Sames, K. Unocic, R. R. Dehoff, et al, Thermal effects on microstructural heterogeneity of inconel 718 materials fabricated by electron beam melting, J. Mater. Res. 29, 2014, 1920-1930）

$$\mathrm{d}v_{\gamma'}^{i} = \left(1 - \frac{v_n^{i-1} - \sum_{n}^{n=k} \mathrm{d}v_n^{i}}{v_{\gamma'}^{i-1}}\right) \mathrm{d}v_{\gamma'(\mathrm{ext})}^{i} \Big|_{n \neq \gamma'} \tag{6.17}$$

式中：$dv^i_{\gamma'(ext)}$ 为 γ′相扩展体积的变化，假设析出相为球形，可以通过以下公式计算：

$$dv^i_{\gamma'(ext)} = \left(\frac{4}{3}\pi\left[G_3^*\left(\sqrt{1-\tau}\right)\right]^3\right) I_V dt \tag{6.18}$$

式中：$I_V$ 为成核率；$G_3^*$ 为增长率；$t$ 为等效时间；$\tau$ 为该温度下的孕育时间。每个相的 $I_V$ 可以使用下面的通用公式计算：

$$I_V = I_0 \exp\left\{\frac{-Q_{act}}{kT}\right\} \tag{6.19}$$

式中：$Q_{act}$ 为成核的活化能，它是形核界面能 $\sigma$ 和最大驱动力 $\Delta G_v$ 的函数，$Q_{act}=\frac{16\pi\sigma^3}{3\Delta G_V^2}$。该驱动力可以用 ThermoCalc 软件来计算[106]。每个相的生长速度可以用以下公式计算，该公式与没有软撞击时的过饱和度和生长速度 $G_3^*$ 有关。γ′析出相的典型方程如下：

$$G_3^* = \chi_{\gamma'} \frac{(x_0 - x_\gamma)}{2(x_{\gamma'} - x_\gamma)} \sqrt{\frac{D}{t}} \tag{6.20}$$

式中：过饱和项与控制 γ′相扩散型生长的主项 $x_0$ 的体积浓度有关；$x_\gamma$ 为 FCC 基体的界面浓度；$x_{\gamma'}$ 为 γ 相的界面浓度；$\chi_{\gamma'}$ 为用于减小或提高某些析出相的经验加速参数。本文讨论了 DED 工艺过程的两种不同热特征的典型计算。

从 ThermoCalc 软件提取 Inconel 718 合金的热力学数据[106]。图 6.19 显示了 350W 和 550W 加工的成形件底部位置的典型结果。该模型证实，与 350W 激光功率相比，550W 激光功率的成形件底部附近有析出相形成，这也被实验结果所证实。原则上，可以基于材料中温度和时间的本构关系，通过唯像模型预测不同相的组成分数。

**4. 预测微观组织的演变**

尽管唯象理论提供了很多有用的信息，但难以预测这些结构的微观形貌。在这方面，相场模拟提供了一个可行的途径。下面介绍一个例子（图 6.20），在 Ti-6Al-4V 中的 β 相（BCC）的固态分解过程中，模拟 α 相（HCP）中满足柏氏取向关系的 12 个潜在变体。相场模拟从描述系统的自由能开始，该自由能由单位体积的化学自由能 $F_{ch}$、由于晶粒和相边界形成的单位体积界面能 $F_b$ 及由相变应变产生的单位体积弹性应变能 $F_{el}$，使用以下公式计算：

$$F = \int (F_{ch} + F_b + F_{el})\, dv \tag{6.21}$$

然后，通过求解 $\alpha$ 相的 12 个变体的非守恒有序参数 $\phi_p$ 及守恒物相浓度 $X_{Al}$ 和 $X_v$ 的 Ginzerbeg-Landau 和 Cahn-Hilliard 方程，可以得到总能量减少时系统发生的演变。Ginzerbeg-Landau 方程的通用形式与有序参数对于时间的偏微分有

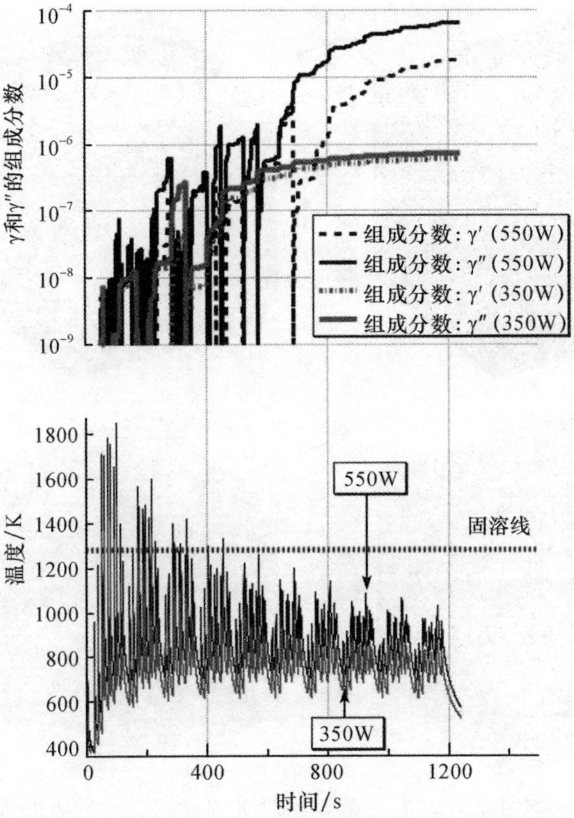


图 6.19　以 350W 和 550W 激光功率建造的底部区域，使用 STK 模型预测指定热循环下 γ′相和 γ″相的变化

关，由以下方程给出：

$$\frac{\partial \phi_p(r,t)}{\partial t} = -L\left\{\frac{1}{\overline{N}}\sum_{p\neq q}\left(\frac{\delta F}{\delta \phi_p(r,t)} - \frac{\delta F}{\delta \phi_q(r,t)}\right)\right\} \tag{6.22}$$

式中：$L$ 为扩散界面的流动性；$\overline{N}$ 为任何一点上共存的相的数量。上述方程的求解过程有以下约束条件：

$$\sum_{p=1}^{12} \phi_P + \phi_m = 1 \tag{6.23}$$

图 6.20 显示了 β 基体分解为不同变体的典型相场模拟。数据显示，在 950K 时随着时间变化等温转化形成的网篮结构。在不同的过冷度下进行类似的计算可以得到微观结构的演变。这些三维微观结构可以导入晶体塑性模型中预测材料的特性[107]。

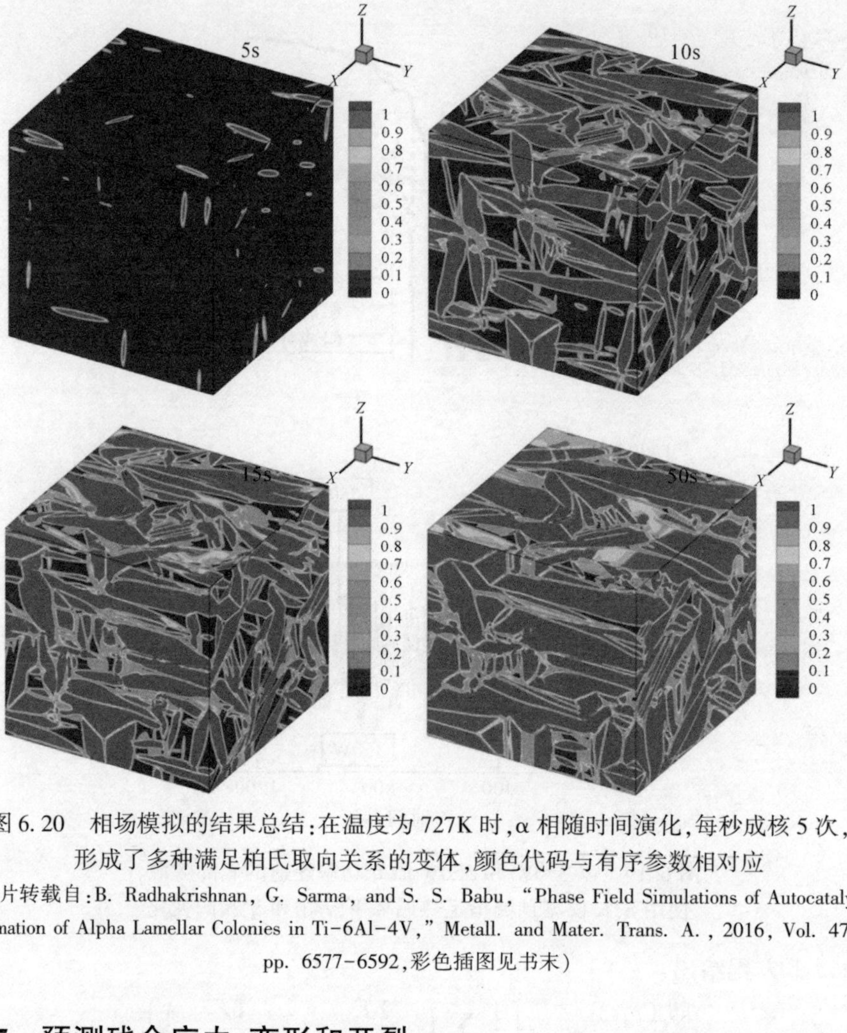


图 6.20　相场模拟的结果总结：在温度为 727K 时，α 相随时间演化，每秒成核 5 次，形成了多种满足柏氏取向关系的变体，颜色代码与有序参数相对应

（图片转载自：B. Radhakrishnan, G. Sarma, and S. S. Babu, "Phase Field Simulations of Autocatalytic Formation of Alpha Lamellar Colonies in Ti-6Al-4V," Metall. and Mater. Trans. A., 2016, Vol. 47A, pp. 6577-6592，彩色插图见书末）

## 6.3.5　预测残余应力、变形和开裂

任何涉及热量和力学性能梯度变化的制造过程都必然会引入残余应力和变形。解释焊缝中的残余应力和变形演变的尝试可以追溯到 Masubuchi 提出的三杆类比法[108-109]。采用一个示意图和一个应力演变图来说明该方法（图 6.21）。假设三个等长的杆子与刚体的两端相连[图 6.21(a)]。现在把中间的杆（红色）看作增材制造区域，它正在经历一个典型的热循环，也就是加热和冷却到更高温度。

在加工之前，中间杆的应力状态被设置为零。当我们加热这根中间杆时，尽管它的两端受到约束，中间杆由于热膨胀作用仍然企图膨胀。因此，中间的杆将承受压应力 $\sigma_{\text{middle}}$，可以用下面的表达式近似表示：

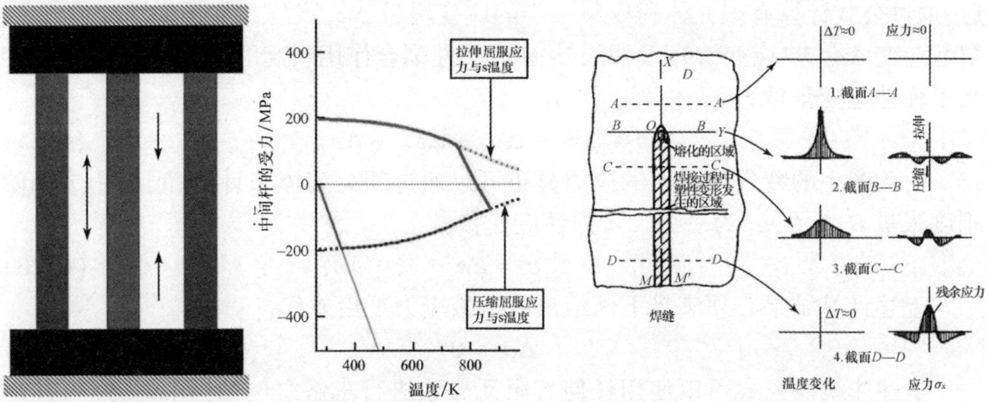


(a)　　(b)　　(c)

图 6.21　用三杆类比法解释焊接和增材制造过程中的残余应力演变的示意图。
(a) 三杆的示意图,中间的杆(红色)受到典型的热循环,边缘的杆(蓝色)始终保持在低温;
(b) 中间的杆在经受加热和冷却到 873K 峰值温度时的应力状态变化;
(c) 热应力演变和线性焊缝中残余应力分布的示意图
(图片经许可转载自:K. Masubuchi, Analysis of Welded Structures, 1st ed., 1980, Pergamon Press)

$$\sigma_{\text{middle}} = \sigma_{\text{initial}} + \alpha_{\exp}\Delta T \frac{2E}{1 + 2E/E_T} \tag{6.24}$$

式中:$\sigma_{\text{initial}}$ 为初始应力;$\alpha_{\exp}$ 为热膨胀系数;$E$ 为将温度 $\Delta T$ 提高到新温度 $T$ 之前初始温度的模量;$E_T$ 为新温度下的模量。随着加热进行,中间杆的压应力持续增加,边缘棒材(一直处于低温状态)由于需要受力平衡而可能出现拉应力。在临界温度下,压应力可能达到材料的屈服点。超过这个温度,压应力不会有净增加。由于此时已经超过了材料的压缩屈服点随温度变化的位置,中间区域开始积累塑性应变。当从峰值温度冷却时,中间的杆有收缩趋势,然而由于约束存在,它的应力方向开始发生逆转。在继续冷却时,中间杆的压应力将减少,并在临界温度下反转为拉应力。中间杆继续冷却将导致拉应力增加,并将达到启动塑性变形所需的临界值。而且,与加热类似,可以通过应力值得到随温度变化拉伸屈服点的位置。在达到室温时,中间的杆将表现出锁定的拉伸应力,而边缘的杆将表现出压缩应力以满足自由状态下的受力平衡。上述分析表明,中间杆在受到一次加热和冷却的热循环后,可能会表现出拉伸残余应力。热应力和最终残余应力的空间分布在单一线性焊缝中的示意图见图 6.21(c)。使用有限元方法可以将上述概念转化为构件在增材制造过程中的三维几何形状。许多研究人员已经进行了类似的计算。读者可以参考最近的文献得到典型的细节[110-111]。然而,要进行热力学模拟,首先要通过热量和质量传递模型定义温度在空间和时间变化的边界条件。然后，通过公式计算有限元体积内每一步的应变增量 $\Delta\varepsilon$，该公式基于弹性应变 $\Delta\varepsilon_e$、塑性应变 $\Delta\varepsilon_P$、热应变 $\Delta\varepsilon_T$ 及假设热-弹-塑性耦合作用引起的小变形 $\Delta\varepsilon_s$，最终定义了弹性应变张量 $\varepsilon_e$：

$$\Delta\varepsilon = \Delta\varepsilon_s + \Delta\varepsilon_e + \Delta\varepsilon_P + \Delta\varepsilon_T \tag{6.25}$$

由此产生的特定体积内的应力分布可以通过胡克定律来计算，它由一个四阶刚度张量 $C$ 表示，$\varepsilon_e$ 为一个二阶弹性应变张量：

$$\sigma = C\varepsilon_e \tag{6.26}$$

上述计算结果必须满足下面给出的机械应力平衡方程：

$$\Delta\sigma = 0 \tag{6.27}$$

上述非线性公式可以使用任何有限元方法进行求解。例如，Wang 等[111] 使用 Autodesk 软件求解，Mukherjee 等[110] 使用 Abaqus 软件求解。图 6.22 中介绍了用 DED 工艺制造的 Inconel 625 合金的沿长度方向残余应力的典型计算。图 6.22(a) 显示用于模拟几何形状的 CAD 文件。每次熔化前分别停留 0s 和 40s，模拟两种不同的条件下热循环驱动的残余应力。预测的残余应力与中子衍射法的测量结果进行了比较，显示出良好的关联性。

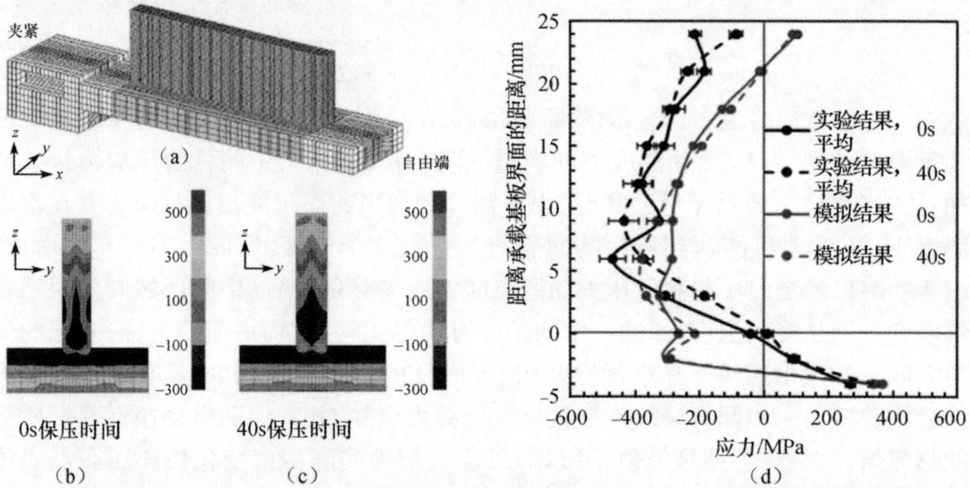


图 6.22 用 DED 工艺制造的 Inconel 625 合金的有限元网格模型(a)在 0s(b)和 40s(c)停留时间下，沿长度方向的二维残余应力是成形件高度的函数；以及预测和实验测量的残余应力比较(d)

(图片转载自：Z. Wang, E. Denlinger, P. Michaleris, A. D. Stoica, D. Ma, A. M. Beese, Residual stress mapping in Inconel 625 fabricated through additive manufacturing: method for neutron diffraction measurements to validate thermomechanical model predictions, Mater. Des. 113 (2017) 169-177)

这就引出了下一个问题：什么时候能看到样品的变形？当锁定的残余应力超过引起角度畸变或诱发屈服变形的临界应力和弯矩时，预期可以观察到构件的畸变。

瞬时热应力和角变形的作用可以用上述相同的公式来预测。例如，Prabhakar 等[112]使用有限元模型来模拟 Inconel 718 合金的 EPBF 加工过程中基材和构件中重复的正负角变形情况。在这个模型中，为了减少模拟光束在顶层的扫描时间，采用了逐层传热的方法。换句话说，在每一层沉积时，在构件的顶部应采用膜状的综合热源。然后在每一层沉积的时候计算应力及其产生位移场。图 6.23 显示了构建过程中的典型位移场。该模型的计算结果与实验观察到的成形件的最终位移一致。

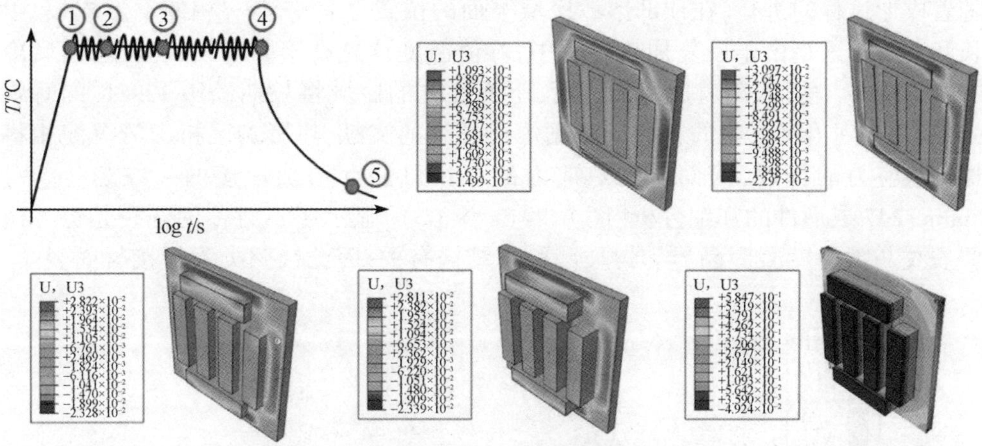


图 6.23　在 Inconel 718 合金在 EPBF 成形过程中底板基体的变形

（图片转载自：S. L. Semiatin and T. R. Bieler, The effect of alpha platelet thickness on plastic flow during hot working of Ti-6Al-4V with a trans- formed microstructure, Acta Mater. 49, 2001, 3565-3573；授权自：P. Prabhakar, W. J. Sames, R. Smith, R. Dehoff and S. S. Babu, Computational modeling of residual stress formation during the electron beam melting process for Inconel 718, Addit. Manuf. 7, 2015, 83-91，彩色插图见书末）

**1. 描述本构关系**

焊接的关键问题之一是成形件内由于塑性应变不均匀的累积，产生的残余应力分布变化[113]。在某些情况下，热应力也会导致焊件在冷却条件下过早开裂[114]。根据宏观热梯度引起的热应力、热膨胀系数的局部变化、相之间的晶体学错配及等温条件下测量的应力-应变关系，可以计算反复热循环过程中的塑性应变演变[115]。热模拟的本构方程既可以通过实验测量，也可以通过校准 Zener-Holloman[116]或 Johnson-Cook[117]模型来得到。最近，Zener-Holloman 模型作为温度和应变率的函数[118]，被用来描述 Ti-6Al-4V 合金在扭转变形条件下的流动特性。此外，世界范围内正在努力摆脱唯象模型，取而代之的是通过晶体塑性模型来描述本构关系[119]。利用上述工具，确实有可能预测在典型热力学条件下，由温度梯度的空间变化和典型焊接热特征引起金属变形的本构关系。

**2. 预测成形过程中的开裂情况**

值得注意的是,热应力的演变不是标量,而是从压缩到拉伸过程都具有方向依赖性的张量。因此,扫描策略可能会产生有趣的影响。可以通过一个已发表的例子来解释。在这个实验中[120],使用标准光栅模式和 EPBF 工艺,将 Marm-247 合金粉末制备成直径为 7.5mm 的圆柱形部件。样品与成形方向成一定角度(45°~50°),预热温度保持在 1298K,该温度低于 $\gamma'$ 相的固溶相线温度(1466K)。因此,随着成形过程的进行,在顶部熔体区域下面的位置会有一波 $\gamma'$ 相的反复成核、生长和溶解。这是由于反复加热过程中,峰值温度首先高于固溶相线温度,然后冷却到 1298K。然而,随着成形的进行,下面远方的区域将长期经历 1298K 的时效处理,并表现出沉淀物的粗化。根据焊接裂纹的文献,热影响区析出的沉淀相将抑制热应力的释放,因而拉伸热应力的存在可能会增加焊接的裂纹趋势。对 Marm-247 成形件的仔细分析[图 6.24(a)~(c)]显示了不对称的开裂趋势。这些裂纹与大角度凝固晶界和树枝晶微观结构有关,因此被归类为焊接凝固裂纹。

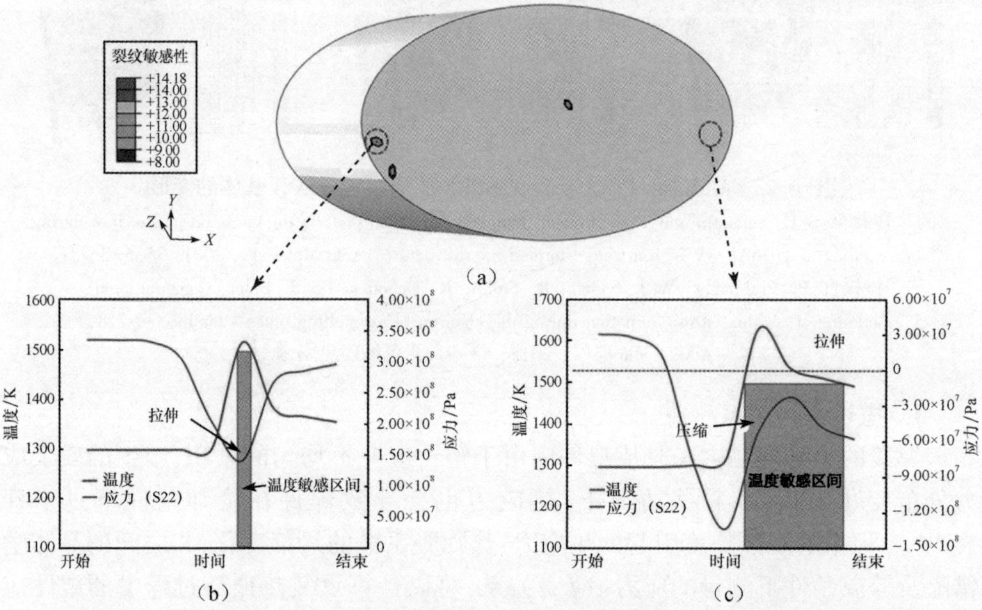


图 6.24 Marm-247 合金 EPBF 加工过程中的裂纹倾向模拟。

(a)基于应力-位置-温度与时间关系图得到的裂纹敏感性;(b)构件的左侧比;(c)构件的右侧更容易出现裂纹。这与在相同的温度范围内应力从拉伸反转到压缩有关,根据焊接冶金学原理,拉伸应力处更容易出现裂纹

(图片转载自:Y. S. Lee, M. M. Kirka, S. Kim, et al., Asymmetric cracking in Marm-M247 alloy builds during electron beam powder bed fusion additive manufacturing, Metall. Mater. Trans. A. 49, 2018, 5065-5079 with permission)

尽管在每一层中,与凝固条件相关的受热情况都是相似的,但在几何实体一侧抗裂性能的连续性需要进一步关注。

使用有限元方法对 EPBF 加工的第 $i$ 层进行详细的热力学分析,对成形平面和圆柱形几何形状交汇处的盘状截面进行光栅扫描,分别总结了裂纹出现位置和抗裂性能很好的位置(图 6.24)。有趣的是,模拟结果显示,在样品的左侧出现拉伸应力,并且该位置也与易开裂的区域重叠。相比之下,虽然样品的右侧在易受裂纹影响的区域停留了较长时间,但这些区域受压缩应力作用,结果该区域没有产生任何裂纹。动态热应力演变(拉伸或压缩)和裂纹趋势之间存在紧密的联系。Feng 等[114]、Park 等[121]和 Yang 等[122]关于镍合金的焊接开展了大量研究。因此,未来的研究应该集中在控制给定几何形状构件成形方向上的热应力,同时进行微观结构控制。

### 6.3.6 部件性能的预测

虽然已发表大量的文献描述了增材制造中工艺-结构-性能之间的关系,但将这些多尺度信息用于预测零件整体性能的尝试还没有成熟。虽然已发表的焊接文献中报道了一些低温和高温下静态及动态性能的预测[15],然而将这些模型扩展到增材制造时需要考虑缺陷的空间变化。将通过下面的案例研究强化这一点。

如前所述,增材制造的最大优势是制造复杂的几何部件,这些部件是使用拓扑优化工具针对特定应用场合专门设计的[123]。拓扑优化的流程[图 6.25(a)]从以下步骤开始。首先,整理收集对当前应用的几何形状和预期的负载条件;其次,在软件

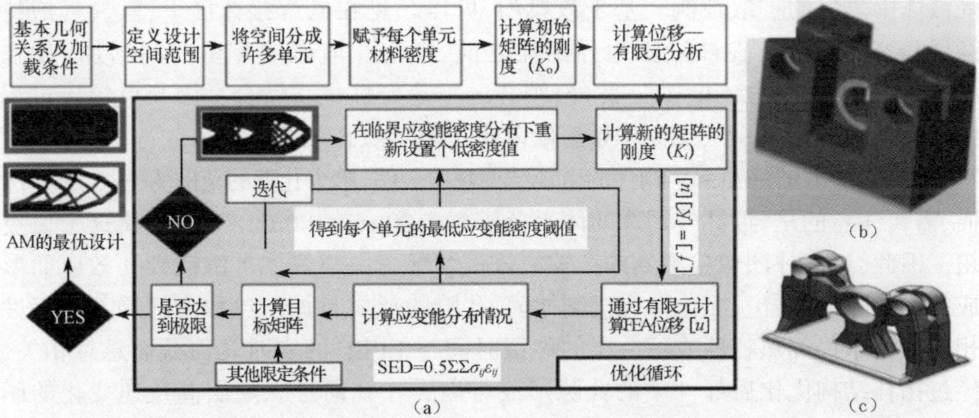


图 6.25 许多商业软件所使用的拓扑优化流程图。(a)重新设计的 Ti-6Al-4V 固体支架(b),以及预测性能与固体支架相当的新轻质支架的几何形状(c)

(图片授权自:S. Yoder, S. Morgan, E. Barnes, et al, Qualification of topology optimized Ti 6Al-4V components made by electron beam powder melting process, Addit. Manuf. 19, 2018, 184-196)

中定义 $x$、$y$、$z$ 坐标获得设计空间,空间被划分为许多微小单元,这些单元被赋予固体材料的密度和模量;再次,使用有限元软件计算每个单元的弹性位移,并移除应变能密度最低的单元,多次迭代重复进行这个过程,直到满足目标函数(如减轻重量)。在当前案例中,在一个很大的设计空间[图 6.25(b)]和给定的加载条件下,使用拓扑优化来减少 Ti-6Al-4V 支架的质量。加载条件包括垂直拉伸、垂直压缩、45°拉伸、45°压缩及 45°反向拉-压。用 Solidworks 进行有限元模拟,直到冯-米塞斯应力超过每个加载条件下的屈服点时停止模拟。用商业软件进行拓扑优化,得到了四个拓扑优化的部件。图 6.25(c)显示了其中一个优化的几何图形。使用 EPBF 工艺在一个单一的成形平台上生产四个拓扑优化后的部件。在加工过程中,当每一层加工完成后实时采集近红外图像。这些图像基于每一层的环境温度和表面瑕疵显示了孔隙的形成。在一个定制的加载平台上测量所有优化结构的性能,图 6.26 显示了这些部件的载荷-位移曲线。有趣的是,这些部件的失效位置[图 6.26(c)]与数值模拟的应力集中点不一致。然而,使用机器学习算法[124]对近红外图像进行的深入分析表明,样品内的孔隙分布有细微的变化[图 6.26(b)]。

正如预测的那样,在这些支架的拉伸测试中,孔隙集中的位置过早失效。这引出了一个重要的问题:即使样品是在相同的制造过程中制造的,为什么看到这些部件内的气孔位置有差异?为了回答这个问题,让我们看看已发表的钛合金焊接过程中的气体孔隙形成模型。值得注意的是,钛合金焊接过程中气体孔隙的形成与溶解的氢气和局部受热有关[125]。这个模型表明,孔隙大小和液体-气体界面受液体中氢气的扩散控制。基于该模型,可以预见在低焊接速度下,氢气气泡持续增长,也就是说,在被液固边界困住之前,气泡在液态的停留时间增加(如在 0.3s 内气泡增长到 250μm)。此外,锁孔的不稳定性也与钛合金激光束焊接过程中孔隙的形成相关[126],层间未熔合缺陷也可能导致孔隙的形成。

EPBF 加工 Ti-6Al-4V 构件的微观结构观察表明,单个孔隙的范围为 1~3μm。然而,需要注意的是,近红外图像的体素分辨率(100μm×100μm×50μm)比这个值更粗。因此,近红外图像检测到的孔隙应该被解释为由于气体扩散或锁孔效应而形成的小孔隙的集合。无论形成机制如何,孔隙的形成与加工过程中的局部热特性相关。由于局部热特性或每一层的停留时间与 EPBF 的实时几何截面息息相关,经过拓扑结构优化后部件中的孔隙形成可以看作几何形状随层高快速变化的函数。扫描策略没有随着层高的变化而改变,几何形状的变化导致了电子束交互时间的变化,这又使受热随着空间和时间的变化。上述例子清楚地表明,将所有的工艺模型整合到一个单一的框架中,对工艺优化和确保增材制造零件的质量具有重要意义。

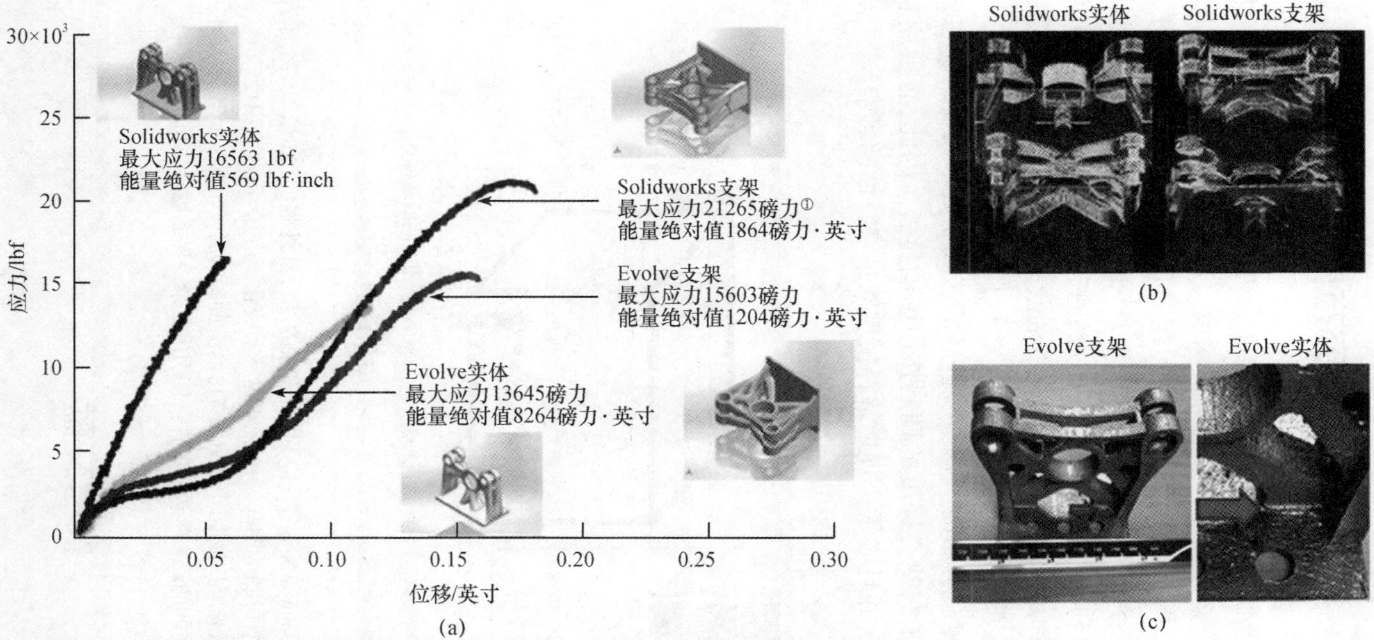


图6.26　拓扑优化的Ti–6Al–4V支架的载荷–位移性能，尽管所有的拓扑优化部件曲线下的面积相似，但失效位置不同（a）；在这些结构的电子束粉末床熔融加工过程中，从原位表征得到的孔隙形成的三维图（白点）（b）；拓扑优化部件中的故障位置可以追溯到这些孔隙（c）

（图片转载自：S. Yoder, S. Morgan, E.Barnes, et al., Qualification of topology optimized Ti–6Al–4V components made by electron beam powder melting process, Addit. Manuf. 19,2018,184–196）

---

① 磅力1lbf=4.48822N。——译者注

# 6.4 挑战和未来研究方向

上述讨论已经证实,传统制造工艺中假定的稳态条件对增材制造无效,因为能量输送模式的突然变化带来了空间和时间上的瞬变。这一说法得到了镍和钛合金 LPBF 原位数据的支持(图 6.27)。对于一个给定的几何形状,由于光束扫描策略并非静止不变,我们观察到扫描长度上不同的红外强度。较长的扫描路径导致大的热梯度[图 6.27(a)]和低频率的热循环,而短的扫描路径导致小的热梯度和高频率的热循环[127]。同样地,在 Inconel 718 合金的激光表面熔化过程中,瞬时温度 $T$ 分布呈现高度不对称的形状(图 6.27(b))]。因此,当对两相共存($P_1$ 与 $P_2$)的加工区域微区进行体素化分析时,研究发现:局部区域亚微米尺度的瞬态界面/相间稳定性受微米到毫米级热力梯度的调制作用影响显著。因此,必须用新一代的模型来模拟这些改变,并且必须合理地解释模型对最终特性的影响。

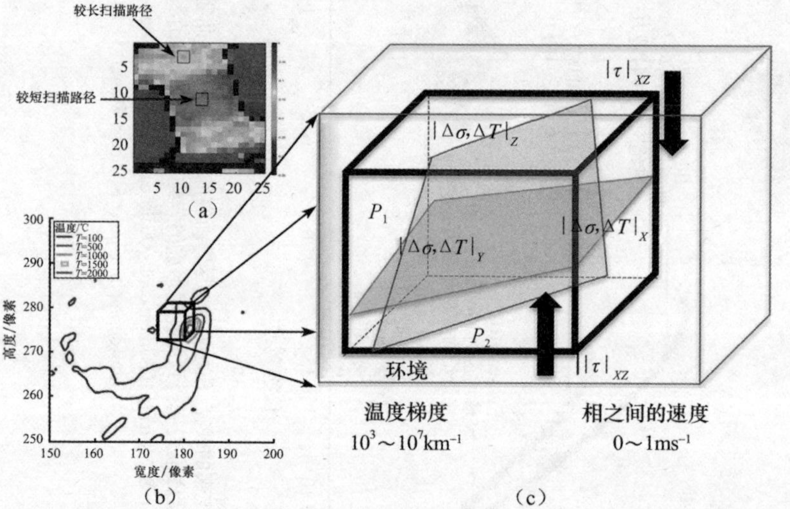


图 6.27 科学挑战概述。(a)10mm×10mm Ti-6Al-4V 表面的综合红外强度,25 像素×25 像素分辨率(400μm/像素)显示在增材制造期间温度梯度的巨大变化,红色表示较高温度(暖),蓝色表示较低温度(冷);(b)在激光束扫描期间,Inconel 718 合金的瞬时温度轮廓显示出不对称性分布;(c)科学问题阐述:空间-时间的热力学边界条件可能引发复杂的界面稳定性和缺陷的生成

# 参考文献

[1] ISO/ASTM 52900:2015 Standard terminology for additive manufacturing-general principles-

terminology, ASTM 2016.
[2] W. Sames, F. A. List, S. Pannala, R. R. Dehoff, S. S. Babu, The metallurgy and processing science of metal additive manufacturing, Int. Mater. Rev. 61 (2016) 315-360.
[3] D. Galicki, Unpublished research, UTK and ORNL.
[4] S. S. Babu, N. Raghavan, J. Raplee, S. J. Foster, C. Frederick, M. Haines, et al., Additive manufacturing of nickel superalloys: opportunities for innovation and challenges related to qualification, Metall. Mater. Trans. A 49 (2018) 3764-3780.
[5] https://youtu.be/9sFS5FCTkCs.
[6] https://youtu.be/FyARVCNcFA8.
[7] A. C. Hall, C. V. Robino, Association of microstructural features and rippling phenomenon in 304 stainless steel gas tungsten arc welds, Sci. Technol. Weld. Join. 9 (2004) 103-108.
[8] T. Debroy, S. S. Babu, W. Zhang, J. Turner, Building digital twins of 3D printing machines, Scripta Mater. 135 (2017) 119-124.
[9] S. S. Babu, L. Love, R. Dehoff, W. Peter, T. Watkins, S. Pannala, Additive manufacturing of materials: opportunities and challenges, MRS Bull. 40 (2015) 1154-1161.
[10] S. Das, D. L. Bourell, S. S. Babu, Metallic materials for 3D printing, MRS Bull. 14 (2016) 729-741.
[11] T. DebRoy, H. L. Wei, J. S. Zuback, T. Mukherjee, J. W. Elmer, J. O. Milewski, et al., Additive manufacturing of metallic components-process, structure and properties, Progr. Mater. Sci. 92 (2018) 112-224.
[12] E. W. Frazier, Metal additive manufacturing: a review, J. Mater. Eng. Perform. 23 (2014) 1917-1928.
[13] J. O. Milewski, Additive Manufacturing of Metals: From Fundamental Technology to Rocket Nozzles, Medical Implants and Custom Jewelry, 258, Springer Series in Materials Science, 2017.
[14] D. D. Gu, W. Meiners, K. Wissenbach, R. Poprawe, Laser additive manufacturing of metallic components: materials, processes and mechanisms, Int. Mater. Rev. 67 (2012) 133-164.
[15] S. S. Babu, in: D. U. Furrer, S. L. Semiatin (Eds.), Introduction to integrated weld modeling, vol. 22B, ASM International, 2010.
[16] J. A. Goldak, M. Akhlahi, Computational Welding Mechanics, Springer, 2005.
[17] I. Gibson, D. W. Rosen, B. Stucker, Additive Manufacturing Technologies: Rapid Prototyping to Direct Digital Manufacturing, Springer-Verlag Berlin, Berlin, Germany, 2010.
[18] P. Nandwana, W. Peter, R. Dehoff, L. Lowe, M. Kirka, F. Medina, et al., Recyclability study on Inconel 718 and Ti-6Al-4V powders for use in electron beam melting, Metall. Mater. Trans. B 47 (2016) 754-762. Available from: https://doi.org/10.1007/s11663-015-0477-9.
[19] M. F. Ashby, K. E. Easterling, A first report on diagrams for grain growth in welds, Acta Metall. 30 (1985, 1982) 1969-1978.
[20] J. C. Ion, K. E. Easterling, M. F. Ashby, A 2nd report on diagrams of microstructure and

hardness for heat-affected-zone in welds, Acta Metall. 32 (1984) 1949-1962.

[21] H. K. D. H. Bhadeshia, L. -E. Svensson, B. Gretoft, A model for the development of microstructure in low-alloy steel (Fe-Mn-Si-C) weld deposits, Acta Metall. 33 (1985) 1271-1283.

[22] B. Buchmayr, Ternary diffusion in dissimilar steel welds, in: H. Cerjak, K. E. Easterling (Eds.), Proceedings of Mathematical Modeling of Weld Phenomena, The Institute of Materials, London, 1992, pp. 227-240.

[23] B. F. Carpenter, Phase stability of Fe-Al-Cr-Ni weld metal, Mater. Sci. Eng. A 147 (1991) 1-8.

[24] H. Cerjak, K. E. Easterling (Eds.), Mathematical Modeling of Weld Phenomena, The Institute of Materials, London, 1993.

[25] S. A. David, J. M. Vitek, Correlation between solidification parameters and weld microstructures, Int. Mater. Rev. 34 (1989) 213-245.

[26] T. DebRoy, S. A. David, Physical processing in fusion welding, Rev. Mod. Phys. 67 (1995) 85-112.

[27] K. Mundra, et al., Role of thermophysical properties in weld pool modeling, Weld. J. 71 (1992) s313-s320.

[28] A. H. Dilawari, T. W. Eager, J. Szekely, Analysis of heat and fluid flow phenomena in electro slag welding, Weld. J. 57 (1978) s24-s30.

[29] J. Ion, K. E. Easterling, Computer modeling of weld-implant testing, Mater. Sci. Technol. 1 (1985) 405-411.

[30] D. F. Watt, et al., An algorithm for modeling microstructural development in weld heat-affected zones: A. Reaction kinetics, Acta Metall. 36 (1988) 3029-3035.

[31] C. Henwood, et al., Coupled transient heat transfer: B. Microstructure weld computations, Acta Metall. 36 (1988) 3037-3046.

[32] O. Grong, Materials Modeling Series Metallurgical Modeling of Welding, The Institute of Materials, London, 1994.

[33] J. S. Kirkaldy, Diffusion-controlled phase transformations in steels-theory and applications, Scand. J. Metall. 20 (1991) 50-61.

[34] T. Koseki, et al., Numerical modeling of solidification and subsequent transformation of Fe-Cr-Ni alloys, Metall. Mater. Trans. A 25 (1994) 1309-1321.

[35] S. Kou, Y. H. Wang, Computer simulation of convection in moving arc weld pools, Metall. Trans. A: Phys. Metall. Mater. Sci. 17 (1986) 2271-2277.

[36] J. B. Leblond, J. Devaux, A new kinetic model for anisothermal metallurgical transformations in steels including effect of austenite grain size, Acta Metall. 32 (1984) 137-146.

[37] F. Matsuda, H. Nakagawa, J. Lee, Q. J. Japan Weld. Soc. 9 (1991) 85-92.

[38] D. L. Olson, S. Liu, G. R. Edwards, Physical metallurgical concerns in the modeling of weld metal transformations, in H. Cerjak and K. E. Easterling (Eds.), Proceedings of Mathematical Modeling of Weld Phenomena, The Institute of Materials, London, 1992, pp. 89-108.

[39] M. Rappaz, et al., Development of microstructures in Fe-15Ni-15Cr single crystalelectron

beam welds, Metall. Trans. A 20 (1989) 1125-1138.

[40] J. Szekely, G. Oreper, Transient heat and fluid flow phenomena in arc welding, J. Metals 35 (1983) 49.

[41] J. M. Vitek, S. A. Vitek, S. A. David, Numerical modeling of diffusion controlled phase transformations in ternary systems and application to the ferrite to austenite transformation in the Fe-Cr-Ni system, Metall. Mater. Trans. A 26 (1995) 2007-2025.

[42] N. Yurioka, et al., Determination of necessary preheating temperature in steel welding, Weld. J. 62 (1983) s147-s153.

[43] T. Zacharia, et al., Weld pool development during GTA and laser-beam welding of type 304 stainless steel 1. Theoretical analysis, Weld. J. 68 (1989) s499-s509.

[44] T. Zacharia, et al., Weld pool development during GTA and laser-beam welding of type 304 stainless steel 2. Experimental Correlation, Weld. J. 68 (1989) s510-s520.

[45] J. H. Hattel, Integrated modeling in materials and process technology, Mater. Sci. Technol. 24 (2008) 137-148.

[46] SYWELD: http://www.esi-group.com/products/welding/sysweld.

[47] X. L. Chen, et al., Achieving manufacturing quality and reliability using thru-process simulation, J. Phys. IV France 120 (2004) 793-800.

[48] Vr weld: http://goldaktec.com/newsandevents.html.

[49] O. R. Myhr, O. Grong, Utilizing a predictive tool for designing welded aluminum components, Weld. J. 87 (2008) 36-39.

[50] EWeldPredictor™. http://calculations.ewi.org/vjp/EWeldPredictor.html.

[51] M. Markl, C. Korner, Multiscale modeling of powder-based additive manufacturing, Annu. Rev. Mater. Res. 46 (2016) 93-123.

[52] M. Megahed, H. W. Mindt, N. N'Dri, H. Duan, O. Desmaison, Metal additivemanufactiting process and residual stress modeling, Integr. Mater. Manuf. Innov. 5 (2016) 4.

[53] A. D. Peralta, M. Enright, M. Megahed, J. Gong, M. Roybal, J. Craig, Towards rapid qualification of powder bed laser additively manufactured parts, Integr. Mater. Manuf. Innov. 5 (2016) 8.

[54] H. W. Mindt, M. Megahed, N. P. Lavery, M. A. Holmes, S. G. R. Brown, Powder bed layer characteristics: the overseen first-order process input, Metall. Mater. Trans. A 47A (2016) 3811-3822.

[55] J. Zielinski, H. W. Mindt, J. Duchting, J. H. Schleifenbaum, M. Megahed, Numerical and experimental study of Ti6Al4V components manufactured using powder bed fusion additive manufacturing, JOM 69 (2017) 2711-2718.

[56] H. W. Mindt, O. Desmaison, M. Megahed, A. Peralta, J. Neumann, Modeling of powder bed manufacturing defects, JMEPEG 27 (2018) 32-43.

[57] Y. S. Lee, W. Zhang, Modeling of heat transfer, fluid flow and solisification microstructure of nickel-base superalloy fabricated by laser powder bed fusion, Addit. Manuf. 12 (2016) 178-188.

[58] J. Trapp, A. M. Rubenchik, G. Guss, M. J. Matthews, In situ absorptivity measurements of

metallic powders during laser powder-bed additive manufacturing, Appl. Mater. Today 9 (2017) 341-349.

[59] Y. S. Lee, W. Zhang, Mesoscopic simulation of heat transfer and fluid flow in laser powder bed additive manufacturing, in: Proceedings of 26th Solid Free Forming Fabrication, Symposium, USA, 2015, pp. 11454 - 1165, http://sffsymposium. engr. utexas. edu/sites/default/files/2015/2015-94-Lee. pdf.

[60] V. Šmilauer, E. Catalano, B. Chareyre, S. Dorofeenko, J. Duriez, A. Gladky, et al., Yade documentation (šmilauer v, ed.), The Yade project, 1st ed. http://yade-dem. Org/doc/,2010.

[61] Y. S. Lee, P. Nandwana, W. Zhang, Dynamic simulation of powder packing structure for powder bed additive manufacturing, Int. J. Adv. Manuf. Technol. 96 (2018) 1507-1520.

[62] HPC4mfg: Modeling of powder dynamics in metal additive manufacturing, August 10-11, 2017. https://hpc4mfg. llnl. gov/events-powderdynamics2017. php.

[63] J. A. Slotwinski, E. J. Garboczi, P. E. Stutzman, C. F. Ferraris, S. S. Watson, M. A. Peltz, Characterization of metal powders used for additive manufacturing, J. Res. NIST 119 (2014). Available from: https://doi. org/10. 6028/jres. 119. 018.

[64] R. M. German, Review-progress in titanium metal powder injection molding, Materials 6 (2013) 3641-3662.

[65] Z. Z. Fang, J. D. Paramore, P. Sun, K. S. Ravi Chandran, Y. Zhang, F. Cao, et al., Powder metallurgy of titanium-past, present and future, Int. Mater. Rev. (2017). Available from: https://doi. org/10. 1080/09506608. 2017. 1366003.

[66] W. F. Gale, D. A. Butts, Overview: transient liquid phase bonding, Sci. Technol. Weld. Join. 9 (2004) 283-300.

[67] P. Nandwana, A. M. Elliott, D. Siddel, A. Merriman, W. H. Peter, S. S. Babu, Powder bed binder jet 3D printing of inconel 718: densification, microstructure evolution and challenges, Curr. Opin. Mater. Sci. 21 (2017) 207-218.

[68] N. Shen, K. Chou, Thermal modeling of electron beam additive manufacturing process: powder sintering effects, in: Proceedings of the ASME 2012 International Manufacturing Science and Engineering Conference, MSEC-2012, June 408, 2012, Notre Dame, Indiana, USA.

[69] S. S. Sih, J. W. Barlow, The prediction of the emissivity and thermal conductivity of powder beds, Particul. Sci. Technol. 22 (2004) 427-440.

[70] D. Bourell, M. Wohlert, N. Harlan, Powder densification maps in selective laser sintering, Adv. Eng. Mater. 4 (2002) 663-669.

[71] F. B. Swinkles, M. F. Ashby, A second report on sintering diagrams, Acta Metall. 29 (1981) 259-281.

[72] J. Rojek, S. Nosewicz, M. Mazdziarz, P. Kowalczyk, K. Wawrzyk, D. Lumelskyj, Modeling of a sintering process at various scales, Proc. Eng. 177 (2017) 263-270.

[73] C. D. Boley, S. A. Khairallah, A. M. Rubenchik, Calculation of laser absorption by metal powders in additive manufacturing, Appl. Opt. 54 (2015) 2477-2482.

[74] A. Klassen, V. E. Foster, C. Korner, A multi-component evaporation model for beam melting process, Model. Simul. Mater. Sci. Eng. 25 (2017) #025003.

[75] W. Zhang, G. G. Roy, K. W. Elmer, T. DebRoy, Modeling of heat transfer and fluid flow during fas tungsten arc spot welding of low carbon steel, J. Appl. Phys. 93 (2003) 3022-3033.

[76] C. Korner, E. Attar, P. Heinl, Mesoscopic simulation of selective beam melting processes, J. Mater. Process. Technol. 211 (2011) 978-987.

[77] S. A. Khairallah, A. Anderson, Mesoscopic simulation model of selective laser melting of stainless steel powder, J. Mater. Process. Technol. 214 (2014) 2627-2636.

[78] U. Gratzke, P. D. Kapadoa, J. Dpwden, J. Kroos, G. Simon, Theoretical approach to the humping phenomenon in welding processes, J. Phys. D: Appl. Phys. 25 (1992) 1640-1647.

[79] P. S. Wei, Thermal science of weld bead defects: a review, J. Heat Transfer 133 (2011). # 031005.

[80] S. A. Khairallah, A. T. Anderson, A. Rubenchik, W. E. King, Laser powder-bed fusion additive manufacturing: physics of complex melt flow and formation mechanisms of pores, spatter and denudation zones, Acta Mater. 118 (2016) 36-45.

[81] D. Rosenthal, Mathematical theory of heat distribution during welding and curring, Weld. J. 20 (1941) 2230-2234.

[82] A. Plotkowski, M. M. Kirka, S. S. Babu, Verification and validation of a rapid heat transfer calculation methodology for transient melt pool solidification conditions in powder bed additive manufacturing, Addit. Manuf. 18 (2017) 256-268.

[83] R. Komanduri, Z. B. Hou, Thermal analyses of the arc welding process: part 1. General solutions, Metall. Mater. Trans. B. 31 (2000) 1353-1370.

[84] S. S. Babu, Thermodynamic and kinetics models for describing microstructure evolution during joining of advanced materials, Int. Mater. Rev. 54 (2009) 333-367.

[85] N. Saunders, A. P. Miodownik, CALPHAD: Calculation of Phase Diagrams - A Comprehensive Guide, 1st ed., Pergamon, 1998.

[86] M. Haines, A. Plotkowski, C. L. Frederick, E. Schwalbach, S. S. Babu, A sensitivity analysis of the columnar to equiaxed transition for Ni-based superalloys in electron beam additive manufacturing, Comput. Mater. Sci. 155 (2018) 340-349.

[87] R. Trivedi, W. Kurz, Dendrite growth, Int. Mater. Rev. 39 (1994) 49-74.

[88] J. Dantzig, M. Rappaz, Solidification, 2nd ed., EPFL Press, 2017.

[89] S. S. Babu, J. W. Elmer, S. A. David, J. M. Vitek, Time-resolved X-ray diffraction investigation of primary weld solidification in Fe-C-Al-Mn steel welds, Acta Mater. 50 (2002) 4763-4781.

[90] S. Fukumoto, W. Kurz, Solidification phase and microstructure selection maps for Fe-Cr-Ni alloys, ISIJ Int. 39 (1999) 1270-1279.

[91] L. Nastac, J. J. Valencia, M. I. Tims, F. R. Dax, Advances in the solidification of IN718 and RS5 alloys, Superalloys 718, 625, 706 Va, Deriv., vol. 8, 2001, pp. 103-112.

[92] R. Hultgren, Isothermal transformation of austenite, Trans. AIME 39 (1947) 915-1005.

[93] D. E. Coates, Diffusion-controlled precipitate growth in Ternary-systems-1, Metall. Trans. 3 (1972) 1203-1212.
[94] D. E. Coates, Diffusion-controlled precipitate growth in Ternary-systems-2, Metall. Trans. 4 (1972) 1077-1086.
[95] S. S. Babu, K. Hono, T. Sakurai, APFIM study of the partitioning of substitutionalelements during tempering of a low alloy steel martensite, Metall. Trans. A 25A (1994) 499-508.
[96] H. I. Aaronson, H. A. Domain, G. M. Pound, Thermodynamics of austeniteproeutectoid ferrite transformation. II, Fe-C-X alloys, Trans. Met. Soc. AIME 236 (1966) 768.
[97] G. Ghosh, G. B. Olson, Computational thermodynamics and kinetics of martensitic transformations, J. Phase Equilib. 22 (2001) 199-207.
[98] H. K. D. H. Bhadeshia, L. E. Svensson, B. Gretoft, The influence of alloying elements on the formation of allotriomorphic ferrite in low-alloy steel weld deposits, J. Mater. Sci. Lett. 4 (1985) 305-308.
[99] B. Loberg, A. Nordgren, J. Strid, K. E. Easterling, The role of alloy composition on the stability of nitrides in Ti-microalloyed steels during weld thermal cycles, Metall. Trans. A 15A (1984) 33-41.
[100] M. Ohno, T. Yamaguchi, D. Sato, K. Matsuura, Existence of nonexistence of thermal pinning effect in grain growth under temperature gradient, Comput. Mater. Sci. 69 (2013) 7-13.
[101] W. Sames, K. Unocic, R. R. Dehoff, T. Lolla, S. S. Babu, Thermal effects on microstructural heterogeneity of inconel 718 materials fabricated by electron beam melting, J. Mater. Res. 29 (2014) 1920-1930.
[102] S. J. Jones, H. K. D. H. Bhadeshia, Kinetics of the simultaneous decomposition of austenite into several transformation products, Acta Mater. 45 (1997) 2911-2920.
[103] K. T. Makiewicz, Development of simultaneous transformation kinetics microstructure models with application to laser metal deposited Ti-6Al-4V and Alloy 718, MS Thesis, The Ohio State University, 2013
[104] S. J. Foster, K. Carver, R. B. Dinwiddie, F. List III, K. A. Unocic, A. Chaudhary, et al., Process-defect-structure-property correlations during laser powder bed fusion of alloy 718-role of in-situ and ex-situ characterizations, Metall. Mater. Trans. A (2018). Available from: https://doi.org/10.1007/s11661-018-4870-2.
[105] J. W. Christian, The Theory of Transformations in Metals and Alloys v1 and v2, 1st ed., Pergamon Press, 2002.
[106] J. O. Andersson, T. Helander, L. Hoglund, P. F. Shi, B. Sundman, Thermo-calc and DICTRA, computational tools for materials science, CALPHAD 26 (2002) 273-312.
[107] B. S. Fromm, K. Chang, D. L. McDowell, L.-Q. Chen, H. Garmestani, Linking phase-field and finite-element modeling for process-structure-property relations of a Ni-base superalloy, Acta Mater. 60 (2012) 5984-5999.
[108] K. Masubuchi, Analysis of Welded Structures, 1st ed., Pergamon Press, 1980.
[109] P. Michaleris (Ed.), Minimization of Welding Distortion and Buckling: Modeling and Im-

plementation, Woodhead Publishing Series in Welding and Other Joining Technologies, Elsevier Science, 2018.

[110] T. Mukherjee, W. Zhang, T. DebRoy, An improved prediction of residual stress and distortion in additive manufacturing, Comput. Mater. Sci. 126 (2017) 360–372.

[111] Z. Wang, E. Denlinger, P. Michaleris, A. D. Stoica, D. Ma, A. M. Beese, Residual stress mapping in Inconel 625 fabricated through additive manufacturing: method for neutron diffraction measurements to validate thermomechanical model predictions, Mater. Des. 113 (2017) 169–177.

[112] P. Prabhakar, W. J. Sames, R. Smith, R. Dehoff, S. S. Babu, Computational modeling of residual stress formation during the electron beam melting process for Inconel 718, Addit. Manuf. 7 (2015) 83–91.

[113] Z. Feng, X. L. Wang, S. A. David, P. S. Sklad, Modeling of residual stresses and property distributions in friction stir welds of aluminum alloy 6061–T6, Sci. Technol. Weld. Join. 12 (2007) 348–356.

[114] Z. Feng, S. A. David, T. Zacharia, C. L. Tsai, Quantification of thermomechanical conditions for weld solidification cracking, Sci. Technol. Weld. Join. 2 (1997) 11–19.

[115] C. Heinze, A. Pittner, M. Rethmeier, S. S. Babu, Dependency of martensite start temperature on prior austenite grain size and its influence on welding–induced residual stresses, Comput. Mater. Sci. 69 (2013) 251–260.

[116] H. Schmidt, J. Hattel, A local model for the thermomechanical conditions in friction stir welding, Modell. Simul. Mater. Sci. Eng. 13 (2005) 77–93.

[117] G. R. Johnson, W. H. Cook, Fracture characteristics of three metals subjected to various strains, strain rates, temperatures and pressures, Eng. Fract. Mech. 21 (1985) 31–48.

[118] S. L. Semiatin, T. R. Bieler, The effect of alpha platelet thickness on plastic flow during hot working of Ti–6Al–4V with a transformed microstructure, Acta Mater. 49 (2001) 3565–3573.

[119] F. Roters, P. Eisenlohr, C. Kords, D. D. Tjahjanto, M. Diehl, D. Raabe, DAMASK: the Düsseldorf advanced material simulation kit for studying crystal plasticity using an FE baser or a spectral numerical solver, Proc. IUTAM 3 (2012) 3–10.

[120] Y. S. Lee, M. M. Kirka, S. Kim, N. Sridharan, A. Okello, R. R. Dehoff, et al., Asymmetric cracking in Marm–M247 alloy builds during electron beam powder bed fusion additive manufacturing, Metall. Mater. Trans. A 49 (2018) 5065–5079.

[121] J. –W. Park, J. M. Vitek, S. S. Babu, S. A. David, Stay grain formation, thermomechanical stress and solidification cracking in single crystal nickel base superalloy welds, Sci. Technol. Weld. Join. 9 (2004) 472–482.

[122] Y. Yang, S. S. Babu, S. Vaze, J. Kikel, D. Dewees, Cracking mitigation during buttering and cladding of a low alloy steel pipe, Proceedings of Trends in Welding Research, ASM International, Pine Mountain, 2008.

[123] S. Yoder, S. Morgan, E. Barnes, C. Kinzy, P. Nandwana, M. Kirka, et al., Qualification of topology optimized Ti–6Al–4V components made by electron beam powder melting

process, Addit. Manuf. 19 (2018) 184-196.

[124] C. A. Steed, R. W. Halsey, R. R. Dehoff, S. L. Yoder, V. Paquit, Falcon: visual analysis of large irregulary samples and multivariate time series data in additive manufacturing, Comput. Graph. 63 (2017) 50-64.

[125] J. L. Huang, N. Warnken, J. -C. Gebelin, M. Strangwood, R. C. Reed, On the mechanism of porosity formation during welding of titanium alloys, Acta Mater. 60 (2012) 3215-3225.

[126] C. Panwisawas, B. Perumal, R. M. Ward, N. Turner, R. P. Turner, J. W. Brooks, et al., Keyhole formation and thermal fluid flow-induced porosity during laser fusion welding in titanium alloys: experiments and modeling, Acta Mater. 126 (2017) 251-263.

[127] S. J. Foster, K. Carver, R. Dinwiddie, A. Plotkowski, A. Chaudhary, S. S. Babu, Insitu thermal imaging and ex-situ surface topology measurements for control of laser powder bed build properties, in: MST-2017 Conference and Session Titled"Additive Manufacturing: IN-situ process Monitoring and Control-Session II", DLL Convention Center, Pittsburgh, October 2017.

[128] Y. Yang and S. S. Babu, "An integrated model to simulate laser cladding manufacturing process for engine repair applications," Welding in the World, 2010, Vol. 54, pp. R298-R307.

# 第7章　金属增材制造的设计

## 7.1　动机和机遇

金属增材制造是一项颠覆性技术,有望从根本上改变产品的设计,并且在大量的行业中引入范式变革。该技术正被应用于与设计、原型制造、测试硬件、限量生产、工具、夹具、零件维修和零件改性相关的众多领域。金属增材制造工艺的数字化特征加速了产品的开发周期,通过减少与非重复性工程、准备和制造相关的时间和成本来降低风险。金属增材制造工艺带来的复杂性具有令人振奋的应用前景,可以实现针对性能(非制造)的零件拓扑结构优化,也可以大规模设计传统制造手段无法实现的材料结构,从而提高产品价值。利用增材制造规模化、可定制的医疗植入件已经进入消费领域[1](图7.1),并且未来几年必定会应用于更广泛的领域。

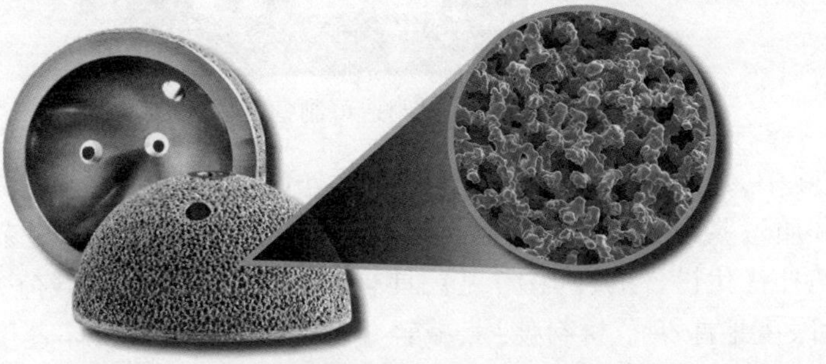

图7.1　通过电子束粉末床熔融制造的具有集成小梁结构的钛合金髋臼杯
(图片由通用电气增材制造公司提供)

虽然金属增材制造将完全取代传统金属制造的说法存疑且夸张,但增材制造确实为设计师和制造商提供了一个引人注目的补充和互补的新工具。在短期内,大多数增材制造使用者希望获得高度定制、小批量或制造周期短的产品,而谨慎的用户基于成功的商业案例或高附加值也愿意采用并实施金属增材制造技术。

增材制造工艺通过逐层制造方式同时生成材料和几何形状[2],并引入了在零件的每个体积元素或体素上制造并局部控制几何形状和材料的独特可能性。因此,可以实现复杂自由几何形状、内置特征和凹角结构、多级结构化材料和多功能、多材料零件的制造,成为工程师、科学家甚至消费者的设计选择。

### 7.1.1 几何复杂性

“复杂性是免费的”这一核心理念，在零件的几何构型组度体现尤为显著：增材制造技术通过突破传统制造约束，赋予复杂结构拓扑优化以革命性机遇，使产品性能包络边界拓展至传统工艺不可企及的域值[3]。原则上，体素级几何形状控制引入了制造任意复杂几何形状的能力，可以制造包含内部和外部自由的形状特征。利用各种金属增材制造技术可以生产多尺度、悬挑结构、凹角形状、含内部结构和多级结构等（图 7.2）复杂形状。虽然传统的机加工和铸造也可以生产复杂的几何形状，但它们受较多的工艺限制，无法生产多数增材制造部件所需的特征，如内部结构或精心设计的材料。

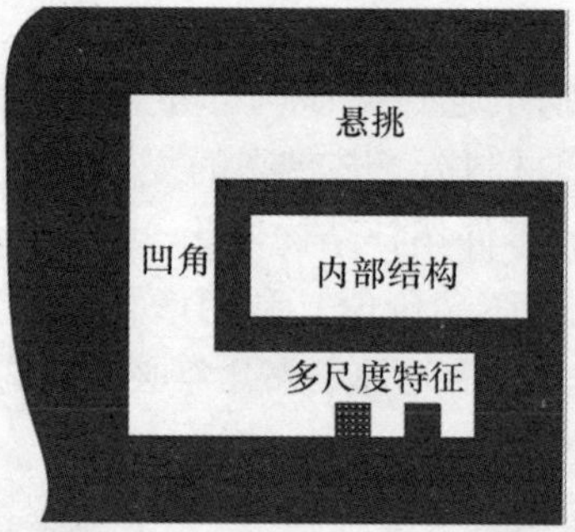


图 7.2　利用金属增材制造可制备的特征的简单示意

在实际中，几何约束仍存在于打印和后处理中。虽然复杂性的存在增加了检验、测量和质量鉴定的成本（见第 8 章），但从工艺角度来看，复杂性是首选。例如，使用拓扑优化设计的杆（图 7.3），具有规定的外径和扭转载荷。这种优化设计不仅最大限度地减少了材料使用、减轻了零件重量，而且打印速度比具有相同外径和长度的简单实心轴更快。这种结构也与自然界中一种仙人掌的骨架类似。

(a)　　(b)

图 7.3　扭转载荷情况下的拓扑优化杆(a)[4]与花冠仙人掌的骨架结构(b)[5]非常相似
(图片(a)由 David Gill, Sandia National Laboratories(左)提供;(b)由 Seekraz. wordpress. com 的 Scott Brill 授权使用)

每种金属增材制造技术都有各自的几何复杂性。粉末床技术，即粉末床熔融技术和粘结剂喷射技术,常用于制造金属零件的复杂几何形状,并提供相对于特征尺寸、内部几何形状和悬挑结构最大限度的复杂性[6-7]。利用粉末床技术可以制造各种金属合金,可实现亚毫米级特征分辨率在 1mm 以下,悬挑角度限制在约 45°,成形精度与铸件相当,表面光洁度与原料粉末尺寸相当。定向能量沉积技术(又称直接能量沉积),无论是送粉式还是熔丝式,都能加工与粉末床工艺相似的金属合金,并为大尺寸零件提供更高的沉积率。然而产生的更粗糙特征和不光滑表面限制了它在复杂结构中的应用[6],而且工艺和机器特征也制约了悬挑的几何形状。超声增材制造是以薄材叠压为形式的加工技术,用于生产可超声焊接的材料,然而其层厚和加工制造能力限制了零件的几何形状[8]。材料喷射成形是一种令人兴奋的替代技术,在制造几何形状复杂的零件方面具有潜力。传统意义上,它与低熔点金属(如焊料)相关[9],但随着最近商业设备的发展[10-12],对于更大合金范围的研究也越发活跃。

**1. 设计性能**

通过金属增材制造实现几何复杂性,使设计者能够自由地设想和实现零件、部件和系统的性能从细微到变革性地提升。这种收益经常吸引工程师、公司,甚至整个行业的注意。可以说,正是这些收益使人们从快速成形的发展阴影中走出来,进入了增材制造生产的美好未来。

增材制造的优点包括容易制造出非对称性、任意自由曲面、不同尺度特征或复杂的内部几何形状。这样的自由度为设计者提供了许多途径,使他们可以通过革命性的设计特征来提升产品的设计性能。优化设计已成为一种非常强大且逐步流行的方法,可以在减轻零件重量的同时提高强度(图 7.4),目前流行的优化设计软件将在 7.4.6 节详细讨论。增材制造通过将多个装配部件集成到一个单一的整体结构中,消除零件和接头界面,可以在设计中获得巨大的收益。零件数量的减少可以简化装配过程,以节省时间、降低成本,并提高工艺产量,还可以消除降低零件强度和刚度的接头、焊缝、紧固件和接口。航空航天业正在探索使用增材制造技术简化复杂的装配。图 7.5 为通用电气制造的用于 LEAP 发动机的燃油喷嘴,这个典型范例展现了金属增材制造的能力。该燃油喷嘴用一个零件取代了 20 个零件,重量减轻了 25%,与此同时耐用性提高了 5 倍[13]。

**2. 挑战**

虽然金属增材制造带来的几何复杂性既诱人又令人兴奋,但在设计和产品开发周期中必须考虑存在的挑战。过去一直依赖二维图纸来定义设计零件的几何形状和加工要求。虽然现在大多数设计师使用三维计算机辅助设计工具将零件生成为实体模型,但二维图纸在定义、交流和归档设计意图方面仍然非常普遍,这对于公差设计来说尤其重要,因为许多几何尺寸与公差(geometric dimensioning

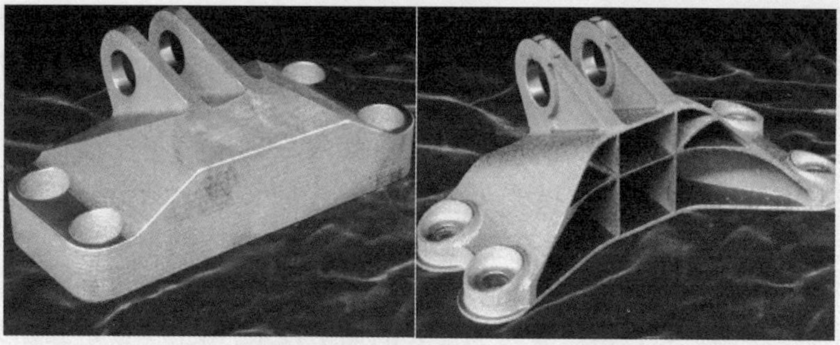

图 7.4 通用电气公司增材制造设计竞赛的获奖设计，重量减轻了 84%，在负载测试中表现良好
（图片由通用电气增材制造公司提供）

图 7.5 通用电气公司的增材制造 LEAP 燃油喷嘴
（图片由通用电气增材制造公司提供）

and tolerancing，GD&T）术语和约定都源于二维图纸，甚至三维 CAD 模型也是基于表面的定义，而不是完全的体积表示，因此，许多通过增材制造实现的拓扑结构，如点阵或拓扑优化的几何形状，很难在现有设计工具中定义。一些现有的文件格式，如 STL 格式，也不能准确和有效地表达它们，因此设计者可能难以生成期望的零件几何形状。此外，真正复杂的拓扑结构的设计文件可能非常大，难以翻译、传输、存储、分析和最终打印。

虽然从工艺角度来看，几何复杂性是相对自由的，甚至是首选的，但复杂零件几何形状的检查、验证和鉴定可能更具挑战性。与 CAD 工具类似，大多数传统计量技术只测量表面。由于主要依赖“视线”技术，使内部特征和结构材料的测量变得困难，甚至不可能。因此，复杂几何形状的计量通常比制造更困难。虽然利用增材制造提高几何形状的复杂性可以带来好处，但每个特征都会产生计量和检测成本，这些成本在设计周期中越早考虑越好。

### 7.1.2　材料的复杂性

实现部件几何形状自由是增材制造的一个重要优势。然而，对每个增材制造层内离散位置的访问引入了一种革命性的能力，可以在三维体积内控制体素级别的材料。这种能力从根本上改变了部件的设计、制造和验证方式。它进一步为开发、优化和控制工程材料的新范式铺平了道路。新的材料结构和性能正在变得可用，而这一切通过传统的合成技术无法实现。虽然使用现有的设计工具和经验只能容易地设想并实现相对简单的结构，但人们希望并期待在未来有更强大的计算工具来克服对设计直觉的依赖。集成计算材料工程(integrated computational materials engineering, ICME)[14]和材料基因组计划[15]是材料科学界协同努力的成果。每个人从根本上都有使用类似于机械设计的计算工具和方法论开发材料的愿景，增材制造的体素级控制提供了一条引人注目的途径，使这个愿景得以实现。

新兴的应用越来越多地被一种前所未有的能力所驱动，这种能力可以通过三种形式获得材料的复杂性：结构化材料、微观组织控制和多材料。

**1. 结构化材料**

结构化材料，如超材料或点阵结构，是利用增材制造提供的几何复杂性和缩放性，制造出次级尺度的结构(图7.6)，产生不同于完全致密块体的有效材料特性。利用具有更广泛和多功能性能范围的结构，拓宽了有限材料的选项板。它们在介观和微观尺度上产生拓扑复杂性，以便在零件体积上获得、控制和改变新的有效特性。这种控制为设计者提供了前所未有的能力，可以特异性定制结构响应行为。结构化材料主要针对单一材料结构，已被用于实现负刚度[16]、轻量化[17]、负热膨胀系数、各向异性热导率[18]和柔性电子[19]。它们的子尺度可以由周期性的单元格(如晶格)或随机结构(如泡沫)组成。晶胞结构可以均匀地分布在零件的几何体上，或在零件的尺寸、形状或方向上进行梯度变化。

**2. 微观组织控制**

微观组织调控在任何金属成形工艺中都很常见[20]，但只有增材制造技术能够在零件体积的离散位置进行调控。十多年来，工艺图为粉末定向能量沉积增材制造过程中微观结构调控提供了量化的范围[21-22]。研究人员利用电子束-粉末床熔融技术，通过精确控制工艺参数，改变Inconel 718合金中晶粒的晶体学织构，由此产生粗大的柱状晶粒、外延沉积和完全等轴晶粒[23](图7.7)。这些工作突出了增材制造具备产生局部微结构和局部特性的能力。这种工艺输入调控引入了一种创新的设计方法,由此可以通过调控微观结构而不仅仅是几何形状来管控复杂的应力状态。

图 7.6　蒲公英头部平衡的金属微晶格
(照片由 HRL 实验室提供)

图 7.7　通过电子束-粉床熔合控制 Inconel 718 合金的晶粒织构[23]

**3. 多材料**

多材料零件在单个几何形状中包含不同的材料成分或合金,通常具有多功能特性。虽然多材料常在聚合物体系中讨论[11,24-25],但金属也有该功能。粉末定向能量沉积是生产金属多材料最常用的方法,因为其多料斗系统提供不同的粉末流可以被离散控制,从而改变零件结构中任何点的合金成分。原始设备制造商系统具有这种功能[26-27],并可以提供简单的工艺控制方案,从而打印出具有不同材料区域或合金梯度的零件[28,30](图 7.8)。材料变化可逐层或在单层内进行。此外,也可以采用双送丝定向能量沉积设备实时制造梯度材料[26]。

超声波增材制造技术提供了获得材料梯度的机会,因为构建时的每一层均可以根据材料的黏合相容性进行改变,而且其低温、固态键合特性也提供了将不同材料(如嵌入式传感器)集成到金属结构中的独特能力[8,33](图 7.9)。研究表明,尽管激光粉末床熔融技术尚未商业化，但该技术可生产多材料零件[34-36]。粘结剂喷射成形技术是另一种基于粉末的制造技术，它使用液体粘结剂、填料渗透和烧结来制造零件[7]，具有与粉末床熔融技术相似的复杂几何成形能力。使用填料确实可以实现一些块状材料的复杂性制造，但局部控制能力有限。

图 7.8　Invar36 到 304L 不锈钢梯度合金镜架

（一个金属涂层的玻璃镜面用环氧树脂连接到镜架的 Invar36 材料一侧，镜架在其底部过渡到 304L 不锈钢[30-32]，图片由 NASA 技术简报提供）

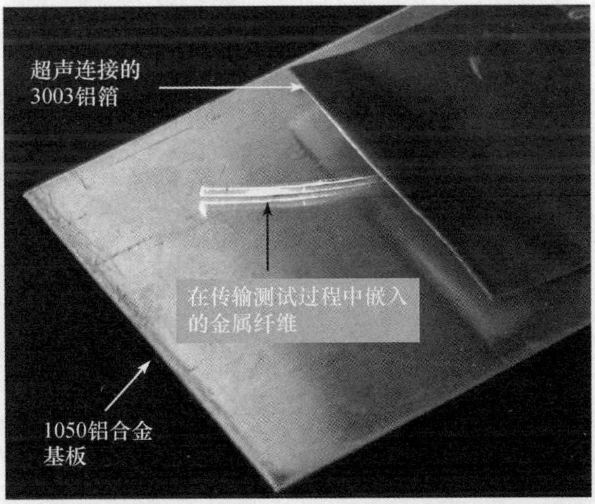


图 7.9　嵌入在铝之间的传输光纤，使用超声波增材制造进行粘合[33]

尽管跨材料类型(聚合物、金属、陶瓷)的打印技术有限,但极具吸引力,并有望为更广泛的设计空间创造机会。材料挤出直写法已经制造出具有嵌入式电气功能的零件[37-38],而材料喷射法实现了光电子器件的光学元件和插入式电气元件的一体化打印[33,39]。这种集成和扩展的功能使设计师和工程师不仅能够打印零件的结构“盒子”,还可以打印“盒子内的所有东西”。

**4. 挑战**

与几何复杂性一样,材料复杂性的设计也面临挑战。首先,传统的设计工具无法处理捕捉或应对材料复杂性所需的信息。基于表面的实体模型假定材料具有均匀的、整体的属性,不能应对整体设计模型所需的梯度成分和微观结构。因此,性能模拟和制造工艺仅限于能够通过多部件的组合和其他人造结构来描述的简单结构。此外,也没有制定标准来传递整体部件几何形状中不均匀材料结构的设计意图。

同样地,结构化材料依赖几何复杂性,而这种复杂性通常需要在单元格级别上表示。然而,当这样的单元格应用到更大的零件几何形状时,可能会导致设计管理、性能模拟和制造的文件过大,通常也无法在零件上不均匀地缩放和定位单元。随着软件逐渐可用于描述点阵结构,并为直接打印做准备,原始设备制造商正在解决其中的一些问题[40-42]。

多材料的设计方案已经得到论证,但它们尚未广泛推广。例如,尽管梯度材料(图 7.10)已有十多年的历史[28-29],但由于设计工具不可用,且直觉对设计者的指导能力有限[30],梯度材料使用极少。通过增材制造实现几何复杂性,促使人们更广泛地使用优化工具,在设计工具中引入材料的复杂性将带来独特且引人注目的设计方案,从而促使多材料工艺和下一代工程材料的进一步使用和发展。

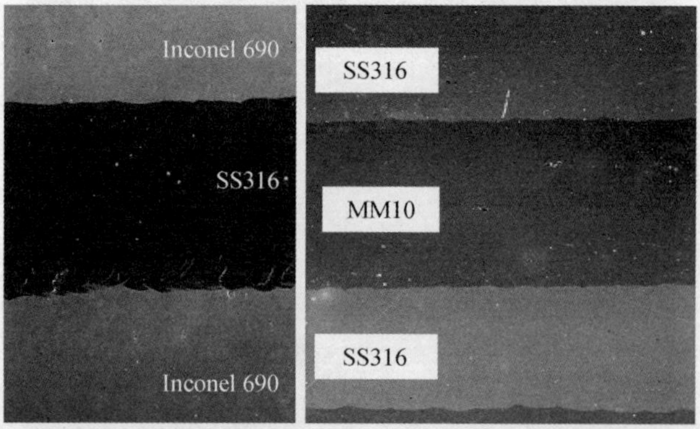


图 7.10　316L 不锈钢与 Inconel 690(a)及 MM10 工具钢(b)的定向能量沉积多材料结构[29]

材料复杂性鉴定的最后一个考虑因素是可用于检查和验证的方法有限。金相学是表征材料结构的准确手段，但它有明显的局限性，因为它具有破坏性且耗时长，而且通常只能得到零件典型平面的图像。不同形式的射线探伤技术（如计算机断层扫描）可用于表征增材制造金属零件内部的几何复杂性[43-45]，而且还可用于量化某些材料结构。然而，这必须考虑空间分辨率、精度和密度对比度等关键限制因素的影响。

### 7.1.3　减少风险

金属增材制造能够直接从计算机模型中快速生成复杂的零件几何形状，具有敏捷性和灵活性，这在产品开发和小批量生产中非常难得。增材制造的数字特性降低了多种固定工程成本，如模具、工装、夹具和机器编程，而且金属增材制造还可以减少材料的使用，这对于高价值原料而言非常重要。这种材料效率通常驱动航空工业的发展，因为降低买飞比是一个重要的商业考虑因素，同时将后加工与净形状零件打印相结合可以带来成本和进度优势。因此，与机加工、金属注射成形或铸造等传统工艺相比，金属增材制造可以更快、更便宜地制造小批量、原型和试件。

降低成本和缩短进度可以降低开发风险，还可以加快学习周期，因为它可以更快、更经济高效地提出、优化、实现和评估概念和设计。自快速原型技术诞生以来，加速开发周期一直是推广该技术的动力[46]。通过向增材制造过渡，可以减少甚至消除开发和制造产品之间的时间及精力，从而获得更多的收益。当零件设计困难且昂贵，无法通过常规手段按需量产时，金属增材制造最具优势。对于复杂、量少的零件而言，增材制造也可以实现最快、最便宜的生产。然而，随着制造复杂性的降低和零件体积的增大，传统的制造工艺变得更有优势。因此，一味追求金属增材制造是无益的，应该予以避免。

### 7.1.4　规模化定制

工业革命使世界进入了大规模生产的时代，制造出大量的产品，其规模、吞吐量和成本都是前所未有的。数字革命产生了类似的转变，大规模定制改变了数字产品的生产和分销。增材制造的数字特性为数字制造革命引入了一条潜在的途径，从而可以实现耐用品和产品的大规模定制。由于数字零件模型可以快速修改和打印，因此增材制造能够实现快速定制和生产。然而，定制仍然具有挑战性，因为制造流程并不总是稳定或一致的。如今，规模化定制的增材制造产品已经在医疗领域的植入物中得到应用[1]（图 7.11）。

尽管金属增材制造通常在工业制造企业中讨论，然而规模化定制也包含了创

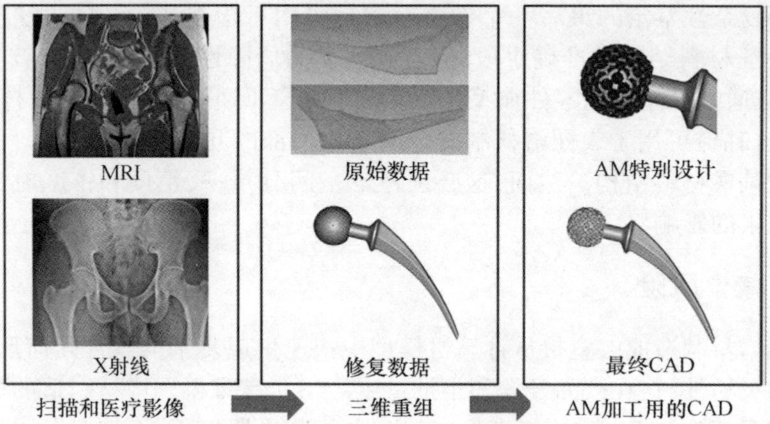


图 7.11　定制骨科植入物的工艺流程[1]

客运动,一个面向有创意、精通技术、经常创业的个体社会网络。创客通常喜欢利用个人或小型车间的工具设计和制造各类产品[47]。他们代表了设计与制造的民主化,并得到了低成本、基于云设计平台、互联网文件共享网络、开源硬件和软件平台及3D打印自由的支持。创客通常使用廉价的消费级聚合物3D打印机来打印装有各种金属合金的丝材[48]。打印出的金属零件以生坯状态存在,然后必须在炉中进行烧制和烧结。创客结合了设计师和制造者的职能,模糊了传统角色,这一趋势很容易被个人维持。在工业领域,类似的设计和制造模糊化的潜在影响仍有待观察。

## 7.2　工艺约束

金属增材制造工艺与传统制造技术相比具有许多优势。然而,工艺约束仍然存在,必须在设计周期中予以考虑。金属增材制造的并行特性,即材料和几何形状同时形成,也要求将零件设计与工艺知识相结合,特别是对于裕量要求苛刻且零件性能重要的高要求应用。

### 7.2.1　工艺细节

金属增材制造的工艺性能受到多种因素影响,包括特定工艺、工艺设置和条件、所使用的机器平台、被打印的金属合金、金属原料形式及所需零件的几何形状。由于金属增材制造中工艺-结构-性能-使役性能(process-structure-property-performance, PSPP)关系高度耦合,因此,必须对每个工艺、机器和母材原料进行研究，以了解它们对零件性能的影响。对于不熟悉工艺的用户来说，根据另一种工艺或材料对零件的可打印性做出假设的情况很常见，例如，使用金属增材制造工艺打印聚合物零件。然而，由于工艺约束并不一定会在不同工艺类型、材料之间，甚至在不同的机器上也适用，因此必须经过验证，而不能假设其有效性。

**1. 零件形状与尺寸**

金属增材制造工艺通常被用来生产传统方法无法实现的复杂几何形状。任何金属工艺都存在工艺约束，因此无法实现完全的几何自由。激光粉末床熔融、电子束粉末床熔融、定向能量沉积、粘结剂喷射成形和超声增材制造具有不同的工艺优势和弱点。虽然各工艺、材料和机器的局限性各不相同，但可以确定基本的工艺约束类别。

零件的最大尺寸取决于机器的制造空间。然而，零件尺寸（更准确地说，是零件体积）也受到工艺沉积速度的影响。例如，采用激光粉末床设备打印一个250mm 的实心金属块，如果使用合理的机器设置（单个粉末层厚度为 50μm，交叉进给为 50μm，激光扫描速度为 1m/s），将需要超过 10 周的连续打印时间。这种方法虽然可行，但不合理且不切实际。此外，最大的零件尺寸也受到残余应力的约束。在打印过程中的材料内应力会引起变形，从而导致零件特征失效或开裂（图 7.12）。约束取决于产生的内应力、零件材料特性和零件强度。具有薄特征、薄壁或点阵的大型零件特别容易出现变形问题，更脆的合金（如 Ti-6Al-4V 合金）也是如此。

图 7.12　打印过程中由于材料应力产生的过度卷曲力而导致的零件失效

（图片由匹兹堡大学的 Albert To 提供）

在相反的尺寸范围内，最小的特征分辨率很有意义，尤其当存在极端的几何复杂性时（如点阵）。首先，材料相互作用区是指在成形平面（$XY$）内可以实现正特征（如墙或支杆）的最小极限尺寸。对于粉末床熔融技术或定向能量沉积技术，该极限尺寸接近熔池尺寸；对于粘结剂喷射成形而言，极限尺寸是粘结剂液滴尺寸；而对于超声增材制造而言，极限尺寸是可以发生超声黏结的材料区域。在成形平面（$Z$）外的特征分辨率（步长）受层厚和生成层的表面光洁度限制。在实践中，最小可打印的特征尺寸应较大，以确保几何尺寸能够承受加工力并成形。该加工力包括粉末铺展、零件变形和残余应力。因此，特征材料强度、长宽比、成形角度、悬垂长度和周围成形的几何形状都是影响因素。

负特征（孔或通道）的最小尺寸和分辨率也取决于特征材料性能、长宽比和成形角度。垂直特征通常打印较好，但受限于材料相互作用区的稳定性。在正交方向上，水平孔和通道的可打印性主要由其悬挑的几何形状决定。最小特征受限于悬挑的表面质量，即表面熔化和熔渣不会使孔塌陷（图 7.13）；最大水平特征尺寸极限受悬垂表面质量的限制。特征塌陷不是挑战，而向下表面的光洁度和尺寸精度是挑战。正是由于这个原因，设计者通常设计成水滴状或钻石状（图 7.13），或对大尺寸的水平孔或通道进行后加工。

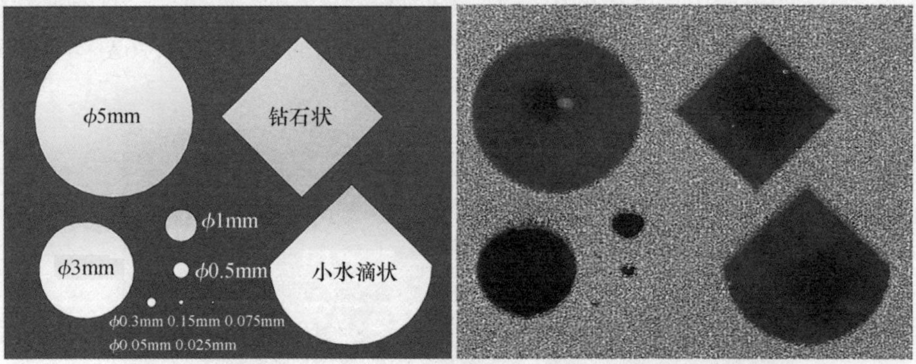


图 7.13 通过激光粉末床熔融技术在 316L 不锈钢上进行水平特征的设计（a）和打印（b），显示了特征尺寸限制和可选择的几何形状

尺寸精度是任何制造工艺的重要要求，金属增材制造也不例外。然而，准确预测零件的几何形状是一个挑战，因为它是多个耦合相互作用的结果。这些相互作用包括进料位置、沉积过程物理特征、机器运动精度（如激光扫描仪跟踪或成形台运动）及由于收缩和材料残余应力引起的零件变形（图 7.14）。因此，几何精度会随着原料质量、沉积条件及机器操作而变化。此外，精度还受零件的几何形状、

方向、在构建体积内的位置及其周围结构和零件的影响。一般来说,粉末床熔融工艺的加工精度最高,与铸件精度处于一个数量级,这是因为其材料相互反应区处于 100~200μm[49]。粘结剂喷射工艺的加工精度与其相当,但由于烧结、渗透和退火过程中的热循环,使零件变形较大且不可预测[7,50]。定向能量沉积工艺的加工精度通常较低,因为它们使用的激光束或线材直径为 1mm 或更大。金属薄材叠层工艺的加工精度由加工公差、不同层材料的重叠和特征强度决定[51]。材料相互作用的复杂性使对零件几何形状精确预测变得不可能。然而,为帮助设计师,基于实验的启发式方法和设计规则被大量开发出来。零件比例模型(见 7.4.3 节)被逐渐用于预测零件变形和最终几何形状。在某些情况下,金属增材制造快速和灵活的特点使其只需要简单地打印零件即可了解零件形状误差,然后反复修改零件的几何形状即可实现理想的最终几何形状。无论采用哪种方法,设计规则、启发式方法和零件模型都是针对特定的材料和工艺的,它们都需要大量的研发投入才能生产出高质量的零件。

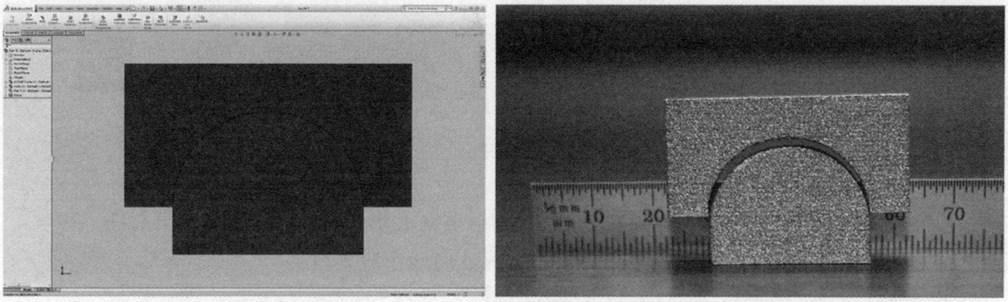


(a)　　　　(b)

图 7.14　用于组装的拱形和半圆形设计(a);电子束粉末床熔融加工的 Ti-6Al-4V 部件(b)经过最小的后处理过程,显示出较大的形状误差[52]

**2. 零件变形和残余应力**

金属增材制造中零件几何形状的一个重要方面,就是当金属从熔融态或烧结态冷却到凝固态时发生变形。在粘结剂喷射成形中,由于烧结和退火不会产生残余应力,因此材料凝固引起的零件收缩和温度梯度是主要的问题[53]。电子束粉末床熔融工艺具有较高的工作温度,当零件在高温下发生凝固,然后在打印周期结束,整体冷却到室温时,也会引起类似问题的发生。

在激光粉末床熔融和定向能量沉积中,材料局部快速加热和冷却引起零件变形和残余应力。这些变形和应力受材料体系、工艺条件和零件几何形状的影响。常见失效包括薄型特征的严重变形和损坏,如薄壁翘曲或点阵支撑缺失。对于大尺寸零件,特别是低塑性材料,可能出现严重变形、开裂,以及基板、支架或其他一些零件区域的剥离。打印过程中零件的变形和失效结果表明,残余应力可能超过材料的屈服强度甚至极限强度。图 7.15 为研究人员直接测量的结果[13,54]。应力松弛发生在零件从基板上移开的过程中,其程度取决于零件的几何形状和后处理。过大的应力可能会产生不可接受的零件变形,或残留在材料内部,劣化零件性能。因此,任何零件设想的终端使用都必须考虑残余应力。对于高后果的应用,这些应力可能是不可接受的,需要进行后续热处理。通常采用 XRD[55]、中子衍射[54]或轮廓法[56]等技术实验量化零件应力,但这些技术在实施中可能存在使用困难、价格昂贵和测试不准确等问题。因此,零件尺度模型对于设计工程师预测和解决残余应力和零件变形问题特别有帮助。

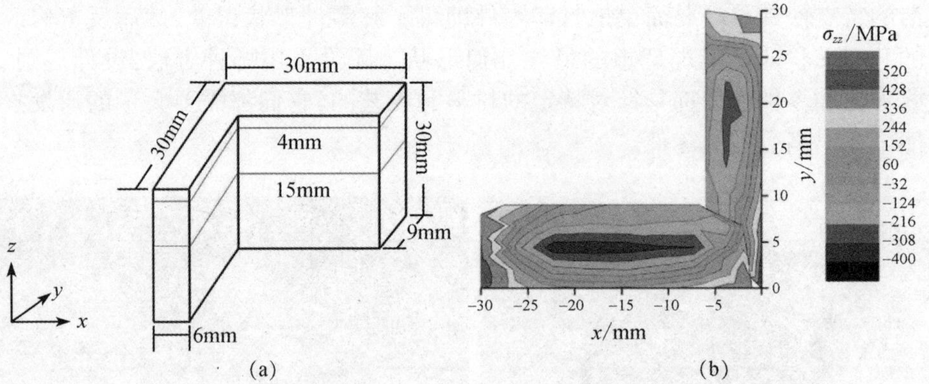


图 7.15 激光粉末床熔融制备的 316L 不锈钢 L 形试样(a)和用中子衍射法测量的距其底部 15mm 的轴向残余应力(b)[54]

**3. 悬挑表面**

金属增材制造过程中一个持续的挑战是制造向下的表面,即悬挑。这些悬挑可能是独立的特征(如简支的悬臂)、跨越特征(如“桥”)或一些两者结合的复杂拓扑特征。超声增材制造中薄材叠层最容易制造悬挑,因为在加工过程中可以一层层放置片层。在重力和黏力的作用下,受材料强度、层厚和层支撑条件影响,沉积层发生偏移产生了不同的几何形状。因此,可以实现比自由悬挂的悬臂更长的跨度。然而,利用定向能量沉积打印悬挑结构则受到很多限制,这是因为由金属丝或粉末形成的熔池不能置于稀薄的空气中,而必须沉积在底层的固体材料表面,因此,一般无法生产超过垂直方向 15°~30°的表面[57]。虽然这个限制约束了仅仅依靠 *XYZ* 笛卡儿运动的定向能量沉积系统,但是并不能限制可以提供 4×4 轴加工的机器平台[58-59]。这类机器允许零件或打印头相对于彼此旋转,以确保材料在与重力平行的方向上发生沉积,从而减少悬挑特征的限制。

由于粉末可以在任何材料层下提供支撑,粉末床工艺能够制造更复杂的悬挑拓扑结构。如前文所述,尽管粉末不足以完全支撑较大的水平构建层,但它的存在确实提供了更大的工艺自由度,特别是在相对较短的跨度内。与零件精度一样,材料、工艺类型、机器系统及零件或成形台的周围结构都会影响悬挑表面的质量和打印能力。就实际生产而言,在设计中考虑所有的影响因素是困难且不切实际的。与预测材料变形一样,工艺软件也可用于过程预测。然而,许多设计者仅依靠实验得出设计指南,这些指南只能根据从简化工件中观察到的限制来指定特征约束,如悬挑长度、悬臂长度,或水平孔的最大直径(图 7.16)。

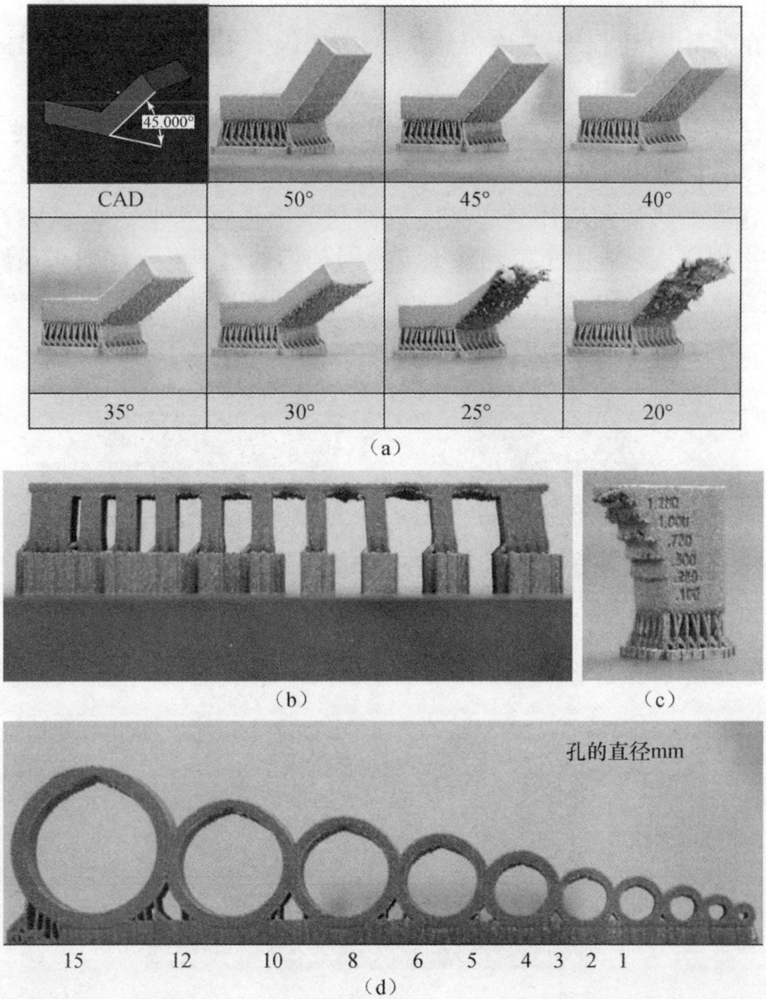


图 7.16　用于确定向下面的坡度限制(a)、跨度(b)、悬臂悬挑(c)和水平孔(d)的制品[60]
(图片由 Protolabs 的 David Bentley 提供)

**4. 支撑结构**

如前所述,向下表面是一个重要的工艺制约因素。粉末床熔融工艺的一个重要解决方法是为向下表面添加材料结构。这种材料通常被称为支撑材料、支撑结构或简单支撑。当激光或电子束第一次通过向下表面时,支撑结构给熔池提供更好的“界面”,以产生比粉末更好的材料。然而,随后支撑结构的作用发生了变化。在电子束粉末床熔融工艺中,支撑结构主要提供散热路径,用于将热量从零件上带走,从而保持工艺的稳定性[61]。在激光粉末床熔融工艺中,支撑结构不仅起到热通道作用,而且能够机械固定零件结构,以抵抗内部残余应力造成的零件变形[62]。粘结剂喷射成形在金属增材制造工艺中仍然是独特的,因为不需要任何支撑结构,而且零件可以在整个构建体积中堆叠,在每个制造周期中最大限度地生产。

虽然已经有关于优化支撑结构的研究[62-65],但工艺软件通常简单地依据表面坡度和跨度长度极限(如 45°和 3mm)来指导支撑结构材料的放置。工艺操作者最终决定在哪里及如何应用支撑物。机器系统中提供多种类型的支撑结构(图 7.17),许多用户从经验中了解到什么支撑对他们的材料和应用效果最好[66]。现在仿真工具已经商业化,可以预测在加工过程中的支撑性能。

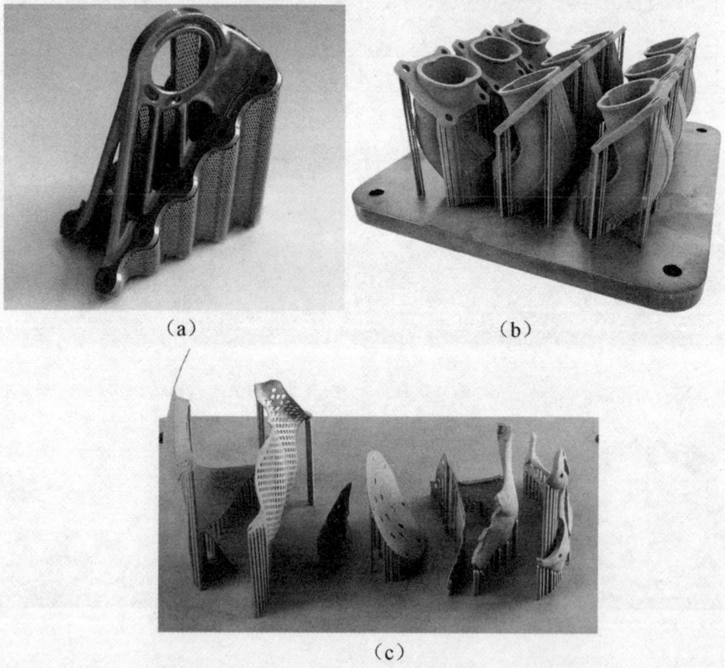

图 7.17 使用各种不同支撑结构的金属零件

(图片(a)由通用电气增材制造公司提供,(b)由雷尼绍公司提供)

**5. 表面粗糙度**

零件的表面粗糙度在各种产品及其应用中至关重要。金属增材制造产生的表面与传统的机械加工表面不同,这在设计中是重要的考虑因素。打印工艺、材料原料和零件表面方向都是决定打印表面拓扑结构的主要因素。一般而言,由粉末床工艺制造的零件表面与铸件接近。顶部和侧面的表面粗糙度大致与平均粉末颗粒尺寸相当(图 7.18),尽管可以采取重熔步骤来改善零件表面粗糙度,但这延长了制造时间[69-72]。向上倾斜的表面是粉末尺寸和层厚的共同作用的结果,而向下倾斜的表面粗糙度取决于表面几何形状和取向角。接近垂直方向的表面表现出与侧壁类似的粗糙度。随着表面逐渐变为悬垂式的水平平面,其表面粗糙度会下降,这是由于熔池在未熔化的粉末床上而不是固体金属上移动,形成浮渣和熔渣。

图 7.18　电子束粉末床熔融后具有代表性的 Ti-6Al-4V 表面,其顶部[(a),$S_a$=2.13μm]、45°朝上表面[(b),$S_a$= 13.01μm]、侧面[(c),$S_a$= 20.83μm]和 45°朝下表面[(d),$S_a$= 21.79μm][73]

(彩色插图见书末)

与粉末床熔融工艺一样,粘结剂喷射成形的表面粗糙度与原料粉末的尺寸密切相关。由于放宽了对粉末流动的限制,粘结剂喷射成形可以采用更细的粉末尺寸,因此原则上可以产生更光滑的表面[53],表面粗糙度低于50%。对于定向能量沉积而言,粉末或线材的尺寸与开口间距或交叉进给相结合,决定了零件表面粗糙度。一般而言,定向能量沉积生产的零件表面质量比粉末床工艺的差,通常需要后加工。这对于大型零件尤为如此,尽管定向能量沉积可以快速沉积材料,但其表面非常粗糙。超声波增材制造零件的光洁度受打印工艺参数的影响较小,但受切割和精加工零件层的加工参数影响。虽然这种加工是超声波增材制造固有的,但增减材混合机床现在也可用于激光粉末床熔融[74]和定向能量沉积[58,75],它们在成形过程中引入机加工步骤,以提高零件的尺寸精度、降低表面粗糙度。

**6. 工件设计**

纵观增材制造和快速成形的历史,研究人员和工程师已经探索、开发并使用计件来表征打印成品许多方面的性能[76]。它们从相对简单的(图7.19)到极其复杂的都有(图7.20),而且可用来量化与工艺性能、设备健康状态和材料性能有关的一系列指标。虽然工艺模型越来越强,但增材制造工艺仍然过于灵活和复杂。因此,收集过程信息以获得设计决策的最快方法仍然是通过打印测试工件,从而探索所需设计空间的变化。当工艺空间相对较小时,尤为如此。潜在的变化范围很广,可能与工艺(如激光配置或原料变化)有关,也可能与几何形状(如特征尺寸或方向)有关。指标范围也很广,包括材料性能或几何属性(如表面光洁度或成形精度)。因此,工件设计是一种实用的方法,即使有时过于简单,也能捕捉到必要的信息,以帮助制定用于指导设计决策的设计指南。

图7.19　在Ti-6Al-4V中采用电子束-粉末床熔融法生产的宽度43mm的26边多面体,以表征不同取向的零件尺寸精度、表面形状精度和表面粗糙度[73]

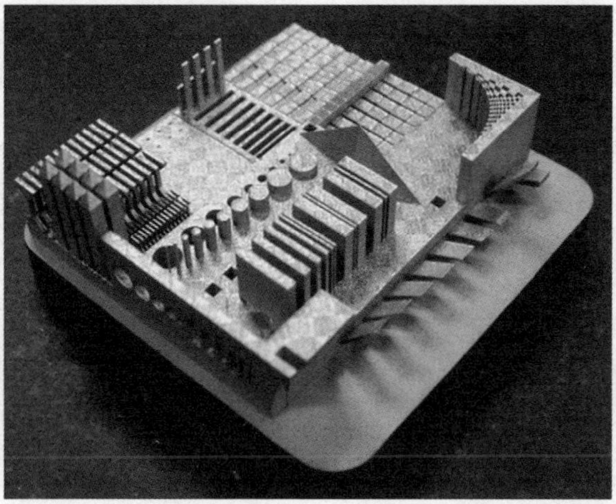

图 7.20　使用激光粉末床熔融技术在 17-4PH 不锈钢中生产的复杂设计工件，以确定工艺能力和材料特性，成形台的尺寸为 100mm×100mm
（图片由 Brad Boyce，桑迪亚国家实验室提供）

### 7.2.2　后处理

尽管几何复杂性和材料复杂性是金属增材制造零件的重要驱动因素，但很少有金属增材制造零件在没有后处理的情况下直接以打印态应用。相反，零件通常是近净成形，需要额外的加工手段来解决尺寸精度、表面光洁度、残余应力、孔隙率和材料微观组织等问题。后处理往往是在设计周期中没有考虑到的隐性成本，因此，设计者必须考虑后处理，这是因为它可能耗时且昂贵，并且可能会降低预期的成本或计划收益。

**1. 粉末和零件清理**

对于任何基于粉末的工艺，打印后的第一步是将零件从机器中取出，然后清理出未固结的粉末（图 7.21）。虽然这些步骤相对简单，但在设计方面也需要有所考虑。在零件从机器上移出之前，就需要将其周围的粉末清除。尽管设计要求可能会限制粉末进入某些结构特征，但在可行的情况下，应尽可能设计有利于粉末排出的结构几何形状。这有利于最大限度地重复使用粉末，降低操作人员暴露在粉尘中的风险，并减少粉末向周围环境转移。将零件从成形台上移除时，粉末对于加工操作来说也是一个问题，特别是采用线切割加工时尤为明显。

粉末床熔融和定向能量沉积都需要在基板或材料上构建零件。除零件维修应用外，其余应用都需要采用线切割或带锯将零件从基板上分离出来。尽管这些操作有挑战性而且不能忽略，但对于简单的零件而言过程可能很容易。设计零件的几何形状时，不管以固体材料还是以支撑结构的形式，都必须在其高度上增加牺牲材料以便移除。如果不希望或无法机加工，则可以将零件完全打印在支撑结构上，然后用简单的手工工具分离零件和支撑物，但设计时必须保证零件在移除过程中不会发生损坏。

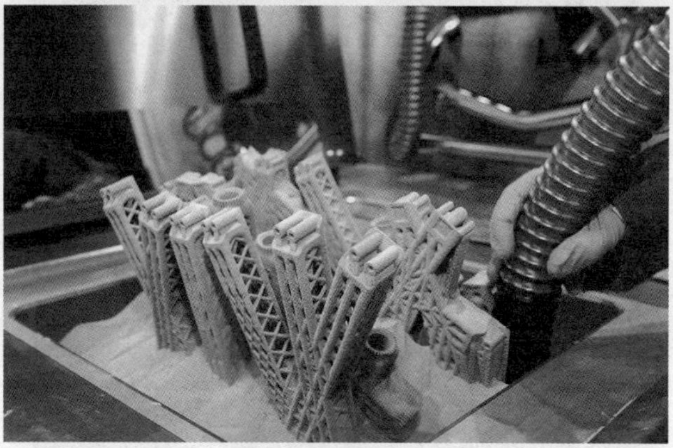

图 7.21　移除打印件周围的粉末
（图片由 APWORKS 提供）

**2. 清洗**

通常当零件从成形台上移除后，便对其进行清洗。对于简单的零件来说，清洗较简单，而且通常受益于其最简单的设计，可以先用吸尘器清理零件，然后采用人工或超声波进行清洗或冲刷。某些应用场合不允许有潜在残留或零星的粉末，因此，在设计时需要考虑结构特征，以确保可以不受限制地清洗零件的各个地方。对于粉末加工，清洗内部几何形状很容易出现问题，除非粉末残留在零件内部是可接受的，甚至是设计需要的。一般来说，出口通道必须存在而且足够大，以便从零件内部移除粉末和清洗液。这些通道可以是固体零件的内部通道，也可以是构建材料几何形状时留存的充分间距。当设计这些特征时，必须考虑粉末的尺寸及其流动性，因此能够打印的最小特征尺寸与其说受限于打印能力，还不如说受限于粉末清洗能力。对于电子束粉末熔融而言尤其如此，因为松散的粉末在打印过程中被烧结成“饼”，在打印后难以去除。基于层压的制造工艺也存在类似的清洗限制，因为必须在加工过程中或后处理中管理和移除加工切屑。

**3. 显微组织**

众所周知，金属增材制造的零件材料性能与传统金属成形的零件不同。有些应用领域不需要这种性能，因此必须对材料进行改性。这些改性方法主要通过热处理消除内部残余应力、转变不需要的物相及改变晶粒结构（图 7.22），可以退火软件或强化最终材料。根据材料体系，还可以采用热等静压消除内部闭孔或改变晶粒结构。这些工艺对材料和零件的性能有很大的影响，因此必须纳入设计决策中。它们还在设计周期中提供了额外的自由度，以优化零件几何形状、零件材料和制造工艺，以达到预期应用目的。

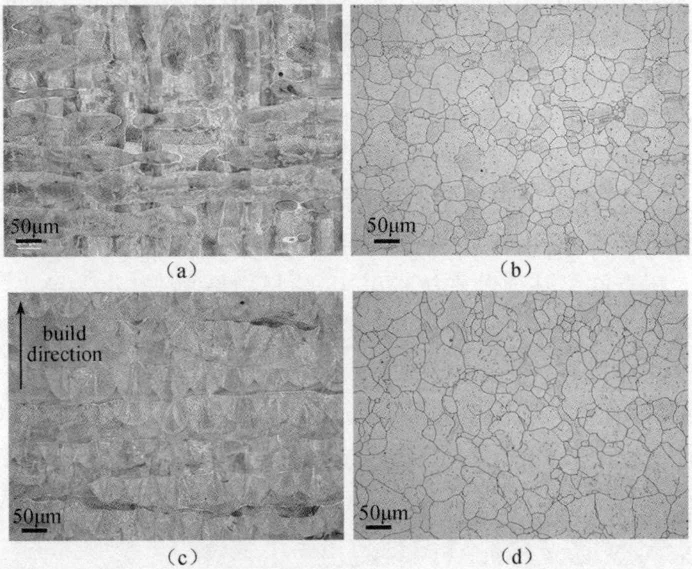


图 7.22　激光粉末床熔炼 316L 不锈钢的显微组织变化。(a)打印时的俯视图;(b)打印时的侧视图;(c)在 1200℃的氩气中 2h 后的俯视图;(d)在 1200℃的氩气中 2h 后的侧视图
(照片由 Don Susan,桑迪亚国家实验室提供)

**4. 精加工**

尺寸精度和表面粗糙度通常被认为是金属增材制造零件的挑战[77]。因此,为了满足这些要求,通常需要对零件进行后续精加工。粉末床熔融、粉末定向能量沉积和金属粘结剂喷射成形都可以被认为是近净成形工艺,因此通常需要精加工精修特定区域,而不是整个零件表面。熔丝定向能量沉积通常产生较粗糙的几何形状和表面,需要对其进行整体加工。由于制造过程中包含机加工,因此超声波增材制造的零件通常不需要后续精加工。

在讨论零件去除时已经提及了机械加工,通常还会执行其他操作来移除支撑结构,并为配合界面或测量基准面创建精确的表面。加工约束与传统操作中的约束类似,首先是由刀具的几何形状和它们进入待加工表面的能力来定义。零件几何体中还必须有足够的材料余量,以确保能够加工到所需的表面粗糙度和最终几何形状。此外,内部特征和凹角也给加工带来了较大障碍。增材制造金属具有独特的凝固结构,除影响力学性能外,还可能影响机加工性能。以电火花加工为例,相对于类似的锻造合金,增材制造金属的工艺设置必须改进。因为增材制造的微观组织不均匀,特别是其内部存在的不导电氧化物颗粒,会破坏材料与电极的相互作用,从而导致短路并降低加工效率。

与机加工零件相比,增材制造的金属零件相对粗糙。因此,通常采用后续精加工,既可以改善表面粗糙度,以满足设计要求,也可以去除依附的粉末颗粒(附着物),以防止这些颗粒在零件服役时发生脱落。通常,喷砂和喷丸是首选的精加工手段,因为它们快速、简单,而且相对便宜。这两种方法都是可见范围内的工艺,主要用于加工易接触的外表面。滚光是车间常用的另一种廉价工艺(图 7.23)。它可以提供比喷砂更好的表面粗糙度,而且对小零件和易碎表面更温和。然而与喷砂一样,由于抛光介质难以进入凹角和内部特征区域,它对外表面最为有效。还有许多其他抛光技术可用,包括电解抛光、化学抛光、振动抛光和磨粒流抛光等。与传统零件一样,工艺约束同样适用于增材制造的零件,并且必须在预期的零件材料和几何形状中加以考虑。这些精加工技术通常用于可接触的外表面,但很难有可以用于精加工内部几何形状的抛光介质和化学药品。

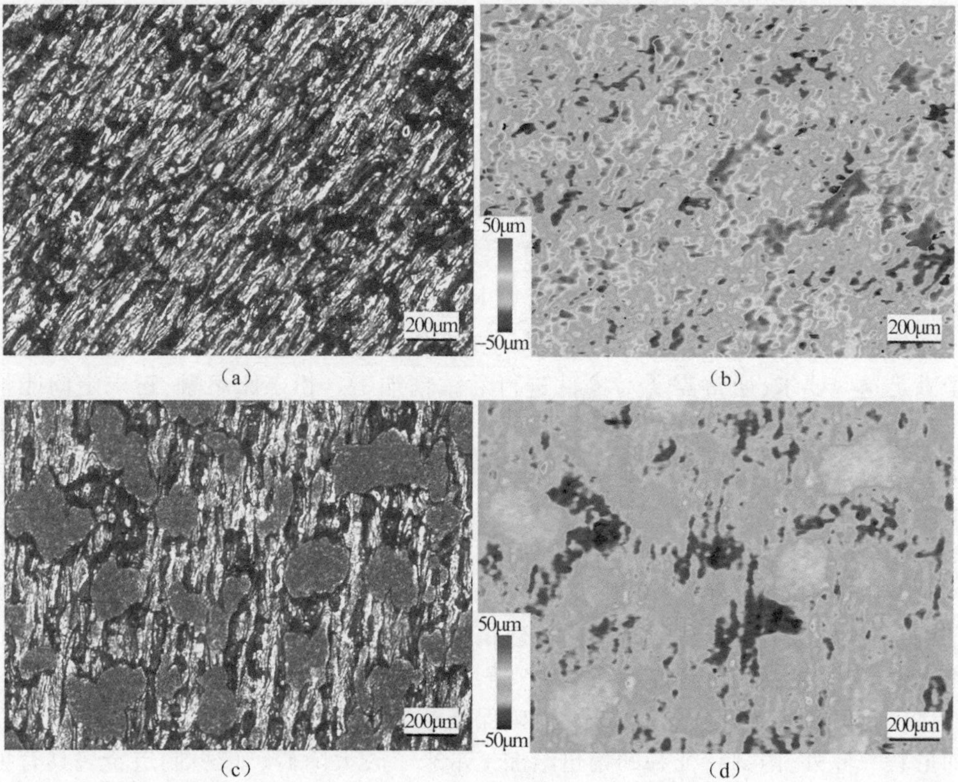


图 7.23　采用激光粉末床熔融法生产的 316L 不锈钢表面(a),表面粗糙度为 13.4 μm $S_a$(b);滚光后的表面(c),表面粗糙度为 9.46 μm $S_a$(d)

(彩色插图见书末)

**5. 测量**

虽然复杂性优先可能是对增材制造中零件成形的准确评估,但测量和检测的成本随着复杂性的增加而急剧增加,可能变得不切实际、成本过高或无法实现。因此,在设计周期中必须考虑计量和检测的成本,以确保金属增材制造为产品、公司和客户提供可持续的效益和价值。对于全球大多数金属零件而言,传统的工业计量技术都是基于表面的。然而,增材制造正在改变这种模式,并随着体积测量变得越发普遍,因而有必要获得与最终性能有关的零件细节。

自由曲面不能用平面或圆柱体等相对简单的形状测量或表示。图 7.24 所示为利用激光粉末床熔融在 PH17-4 钢粉体中打印的多面体几何形状(7.2.1.6 节中讨论)的复杂变体。虽然零件制造相对简单,但测量具有挑战性。基于表面的计量技术在单个装置中仍然难以测量整个表面。将这种几何形状的复杂性扩展到内部,会给测量和检测带来更大的挑战。这样的结构,无论规模大小,商业化设备只能以破坏性的方式或通过辐射技术进行检测,如射线摄影或 CT 表征。这些技术往往成本高、时间长、精度低,并且引入了大型数据集,必须在整个生命周期中高效和有效地管理。如果只有传统的基于表面的测量技术可用,如轮廓仪或机械测量,那么使用仪器获取零件特征的能力就极大地制约了产品的设计。

图 7.24　宽度为 43mm,每面具有设计特征的 26 面多面体,其打印容易但测量困难[78]

# 7.3 材 料

从根本上说,增材制造工艺代表了一种真正的数字化制造模式,因为它们可以通过数字定义在整个零件体的离散或局部位置生产材料。由此引入了设计自由度,可以在过去无法达到的水平上生成复杂的几何和材料。然而,这也带来了设计风险,因为工艺变化和扰动可能在零件体内部的任何位置引入不良的材料缺陷和性能变化。因此,金属增材制造的设计必须有意识地考虑到零件体积内的这些空间属性变化。此外,还必须了解并量化材料和零件性能在多个零件、多台机器、多个构建和不同工艺输入之间的潜在分布。

与传统金属成形技术相比,现有的材料选择有限。目前,已经开展了大量关于材料合金方面的工作,并在应用领域和工业方面得到青睐。这些合金包括不锈钢(316L、15-5PH、17-4PH)、镍(Inconel 625、Inconel 718)、铬(CoCr),钛(Ti-6Al-4V)和铝(Al-Si-10Mg)[79]。研究人员还探索了马氏体时效工具钢、铜合金、难熔合金[79]、高熵合金[80]和形状记忆合金[81]等其他材料体系。定向能量沉积和粉末床熔融工艺仅限于加工在极快的熔化和凝固速率下具有强韧性的材料。例如,虽然 6061-T6 合金在车间和厂房中无处不在,但该合金容易开裂,基本无法作为金属增材制造的原料[82]。粘结剂喷射成形能够加工铝、钴、铜、铁、镍和钨合金[50]。金属超声波增材制造对材料具有极高的灵活度,因此它可以黏合许多金属(如铝、铜、钛、铁)合金和实现多组异种金属(如铝/铜、铝/铁、镍/钛)连接。虽然该工艺不能将金属与非金属黏合在一起,但可以将非金属成分加入金属结构中。

## 7.3.1 空间变化

粉末床熔融和定向能量沉积各自熔化,随后使用比所需零件几何形状小得多的熔池凝固原材料。这些熔池的热历史直接影响着局部材料的微观结构和性能。尽管它们受到工艺输入参数和周围工艺环境的影响,但局部和整体零件几何形状也会对热历史产生影响。因此,不同的构建体积中材料的微观结构不同,从而产生零件各向异性,在零件本身[83]或随着特征尺寸比例[84]及构建过程中的零件位置和方向[85]发生变化(图 7.25)。无论是否有意为之,这些空间变化必须在设计过程中加以确认和考虑。理想情况下,未来的计算设计工具将能够编目、指定和预测增材制造金属设计中的性能变化。尽管这是一个热门的研究课题(见第 6 章),但目前的计算设计工具还没有这种能力。相反,设计人员通常将设计标准建立在材料性能最小值的保守估计上,具有较大的设计裕度和安全系数。

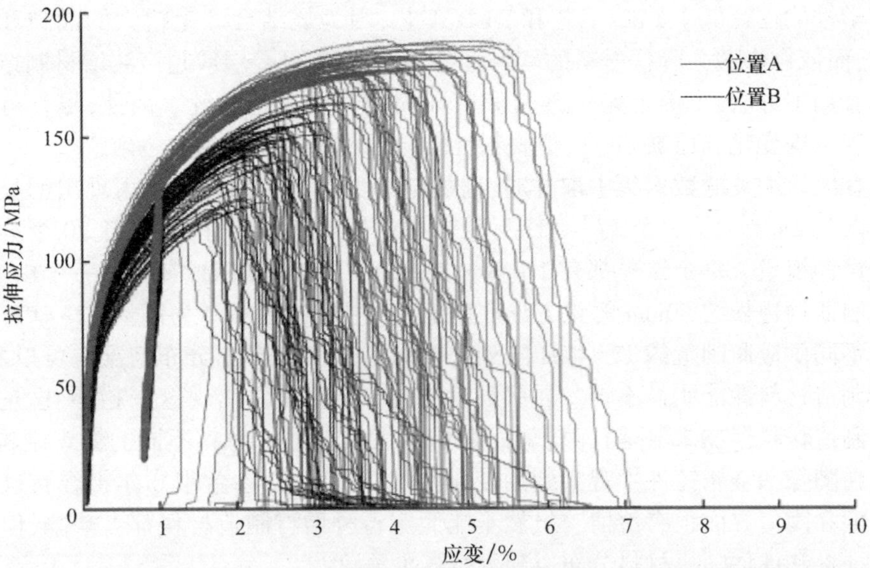


图 7.25　使用激光粉末床熔融产生的 Al-Si-10Mg 拉伸棒的工程应力-应变曲线[85]
位置 A 位于成形台的角落,那里是氩气流动和粉末扩散开始的地方;
而位置 B 是相反的成形台角落
(彩色插图见书末)

## 7.3.2　材料分布

金属增材制造中一个公认的持续挑战,特别是在质量鉴定和认证方面,是材料和零件性能发生变化。这种变化可能发生在单个或多个构件中,也可能发生在使用多种原材料或工艺参数发生变化时。在不同序列号的普通机器系统之间、在相同 OEM 的不同设备之间及在不同 OEM 设备之间,都观察到性能的变化。设计师和工程师通常针对指定产品原材料和机器系统,解决零件生产制造中工艺的变化。

鉴于金属增材制造主要用于生产机械结构件,已开展大量关于力学性能和行为的研究和表征。机械强度、模量、延展性和韧性主要由材料的微观结构决定,因此这些性能受到原材料、机器操作、工艺参数和零件几何形状的影响。缺陷可能与材料物相、原料孔隙率、污染物和合金偏析有关。加工过程中引起的孔隙和材料的未熔融是影响结构性能的主要缺陷形式,并受到工艺参数、原料质量、飞溅(对于 PBF 工艺和 DED 工艺)和粉末流动特征(对于 PBF 工艺和 DED 工艺)的影响。而且金属增材制造零件表面也比机加工零件表面更粗糙,因而还引入了与表面应力集中、微裂纹和未熔粉末有关的额外失效模式[83,86]。粘结剂喷射成形零件的力学性能往往低于 PBF 工艺和 DED 工艺，因为烧结会产生粗大的晶粒和内部孔隙，而依靠渗透会降低材料的均匀性[50]。金属薄材叠层或超声波增材制造是一种固态加工方法，本质上是在连接和打印时对材料进行冷轧。因此，尽管可能存在微观结构变化和层缺陷[87]，但材料性能与原材料的性能基本一致[51]。

在统计相关的数据集中取样时，增材制造金属的结构性能会表现出明显的变化。图 7.26 展示了一个 17-4PH 不锈钢材料的测试阵列，由六排各 20 个狗骨式拉伸试样组成。每个试样都有 1 mm × 1 mm 的规格横截面，安装在一个由 LPBF 工艺制造的边长约 50mm 的正方形底座上[88]。图 7.26 所示为锻造 17-4PH 和两个由不同供应商制造的 17-4PH 阵列失效时的应变韦布尔分布情况。可以看出，增材制造材料性能明显不佳。屈服强度与抗拉强度重复出现这一趋势，这是因为增材制造材料存在未融熔孔隙、表面粗糙度大及与锻造材料不同的微观结构[88]。这与在陶瓷和金属铸件中观察到的变化类似。因此，三参数韦布尔拟合在确定设计裕度和阈值方面很有价值。虽然不能假定每种增材制造材料都有缺陷，但必须正确捕捉和评估随机材料分布以建立准确的裕度。

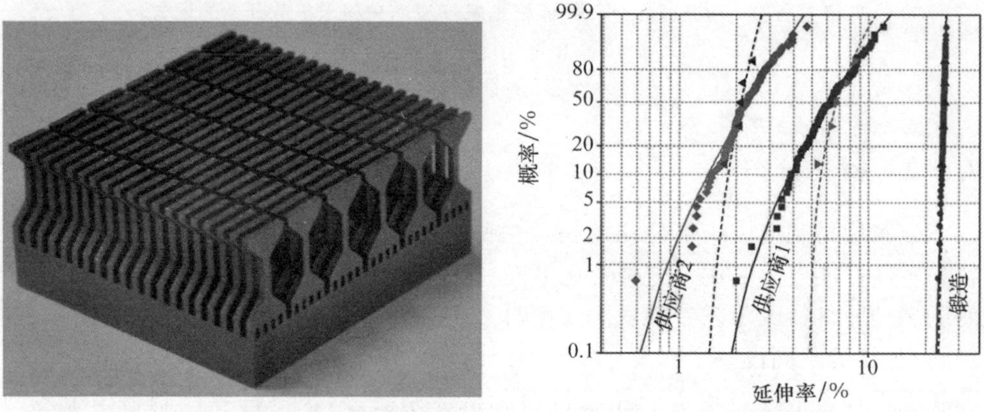


图 7.26　通过激光粉末床熔融产生的 50 mm × 50 mm 17-4PH 不锈钢高通量拉伸阵列(a)以及由此产生的与锻造 17-4PH 相比的失效应变累积概率分布(b)[88]

金属增材制造快速生成零件和材料的能力对开发工程师而言利好，却给材料科学家提出了新的挑战，因为材料表征技术耗时且难以跟上步伐。采用高通量材料表征技术是解决这一挑战的方法之一[89]。图 7.27 所示为一台自动的拉伸试验机和相应测试样品的几何形状，可以在 1~2min 对结构材料的拉伸强度进行量化，而传统技术需要 1~2h。因此，可以通过有效捕获增材制造材料的统计变化，来确保工艺优化、建立裕度、估计异常值概率，并跟踪工艺趋势。

(a)

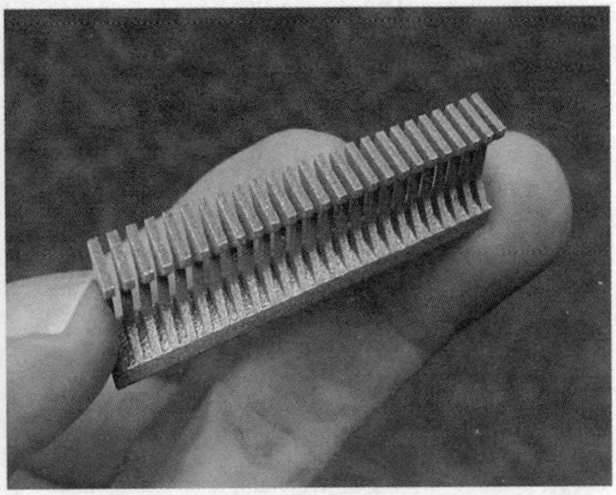
(b)

图 7.27　用于自动高通量拉伸测试增材制造材料的测试平台(a)
及其通过激光-粉末床熔融技术打印的 316L 不锈钢测试样品(b)[90]

# 7.4　设计工具

产品设计是一个非常活跃且充满活力的领域,多年来,随着绘图员、绘图表、模板和铅笔等被 CAD 软件、激光打印机、高性能计算机(HPC)和虚拟现实取代,产品设计发生了巨大的变化。这些工具已经在金属增材制造技术发展中发挥了至关重要的作用,预计这些作用将随着计算和工艺能力的提高进一步扩大。虽然增材制造提供了传统制造技术无法实现的复杂几何形状和材料的制造能力,但现有的设计工具无法充分挖掘这种潜力。因此,正在开发分析驱动的设计工具,以捕捉和利用增材制造的全部潜力,并增加其在一系列应用和行业中的未来影响和效益。

## 7.4.1　计算机辅助设计

今天的 CAD 工具是基于挤压或锻造大宗原料的制造范式进行开发的。几何形状是通过类似于挤压和切割零件体积的步骤产生的[91-93]。这些工具非常强大,能够满足广泛的应用场景、零件几何形状和设计需求。迄今为止,大部分金属增材制造都是依靠这些现有的商业工具进行产品设计的。然而,这些工具也是基于表面定义的,而不是真正的体积表示。因此,金属增材制造所需要的几何和材料的复杂性,对于这些工具而言有巨大的挑战和限制。传统 CAD 软件能够相对容易地生成简单的结构化材料单元(如八角桁架),然而复杂的螺旋单元变得更具挑战性。因为文件过大,而且可用的文件格式也无法准确表示体积,将这些几何形状中的任何一个缩放并重复到一个更大的理想结构中,就会很快出现问题。此外,由于无法指定材料体积内的变化,因此依赖曲面设计定义难以表示任一尺度下的材料复杂性。然而,对于结构化材料而言,这些问题正得到解决,因为设计软件能够分别使用基于梁和非流形表示[42],或通过隐式建模[40]来定义点阵和表面结构(图 7.28)。这种表述需要更小的文件大小,能够定义更复杂的结构,甚至可以提高打印产量。

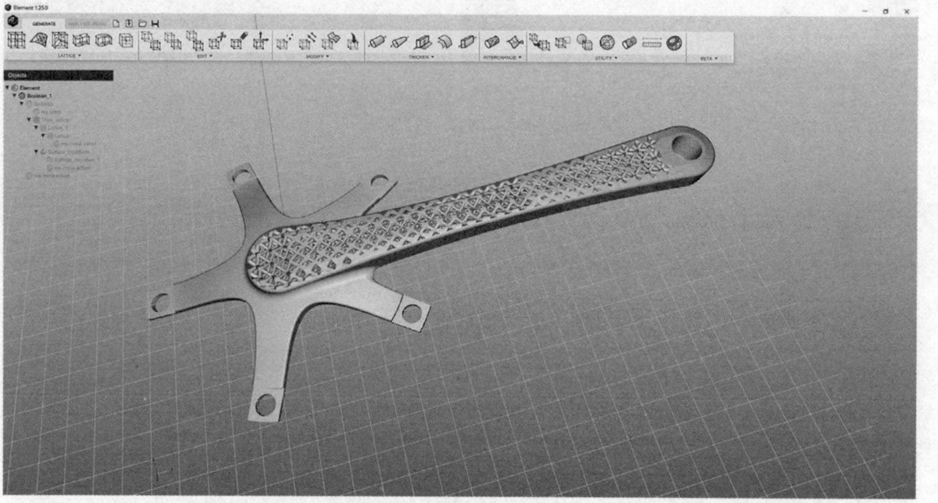

图 7.28　自行车曲柄臂的 CAD 界面,放置在一个立方体顶点网格结构中[40]
(图片由 nTopology 公司提供)

### 7.4.2　设计规则

设计规则对任何技术领域都很重要,因为它们可以指导设计师和工程师基于实践经验、实验及计算模拟得出的验证信息做出决策。随着时间的推移,设计规则甚至可以形成标准和规范。当金属增材制造这样颠覆性创新出现时,设计规则迅速被改变、被废弃或被淘汰。金属增材制造的设计规则通常与工艺和材料限制紧密相关,因此要具体到所使用的材料、工艺和机器。它们通常由个人或组织通过试验件制定(见 7.2.1 小节 6),并被视为专有或商业秘密,以保持竞争优势。尽管指南可以在公开的文献中找到[60,94-95],但在得到必要的验证之前,这些指南应该谨慎使用。金属增材制造工艺、材料和几何形状的密切耦合关系使制定准确且普适的设计规则变得非常困难。因此,可以制定和实施与特定应用场合、机器、材料或工艺密切耦合的设计规则。虽然设计规则通常与零件的几何形状有关,但也可能涉及材料特性和工艺条件。

### 7.4.3 性能模型

零件性能模型已经成为工程师不可或缺的东西，因为它们可以对零件和材料在相关环境中的行为进行准确预测，以提高设计的准确性，从而缩短设计—测试—成形周期，并减少昂贵的实验费用。零件预测的准确性和复杂性取决于负载环境、零件复杂性、材料响应、设计裕度和零件失效的后果。性能预测是传统制造零件的常规操作，并且可以通过一系列的模拟软件包为广大用户提供预测结果。然而，金属增材制造零件的主要区别在于零件模型中材料性能的识别和表示。最简单的可用材料模型是使用各向同性且均匀的整体材料属性，但取决于如何确定与材料数据有关的值，该模型可能过于保守或有风险。引入材料各向异性、空间属性变化和随机分布可以改善材料模型，但随之而来的是模型的复杂性、文件大小和计算成本的增加。在材料模型中引入以晶粒结构、织构和孔隙缺陷形式的异质结构是研究界的一个活跃课题[96-98]（图 7.29），特别是在航空航天和国防领域的高后果应用场合，但这类模型通常是在高性能计算环境下进行的，不能广泛使用。

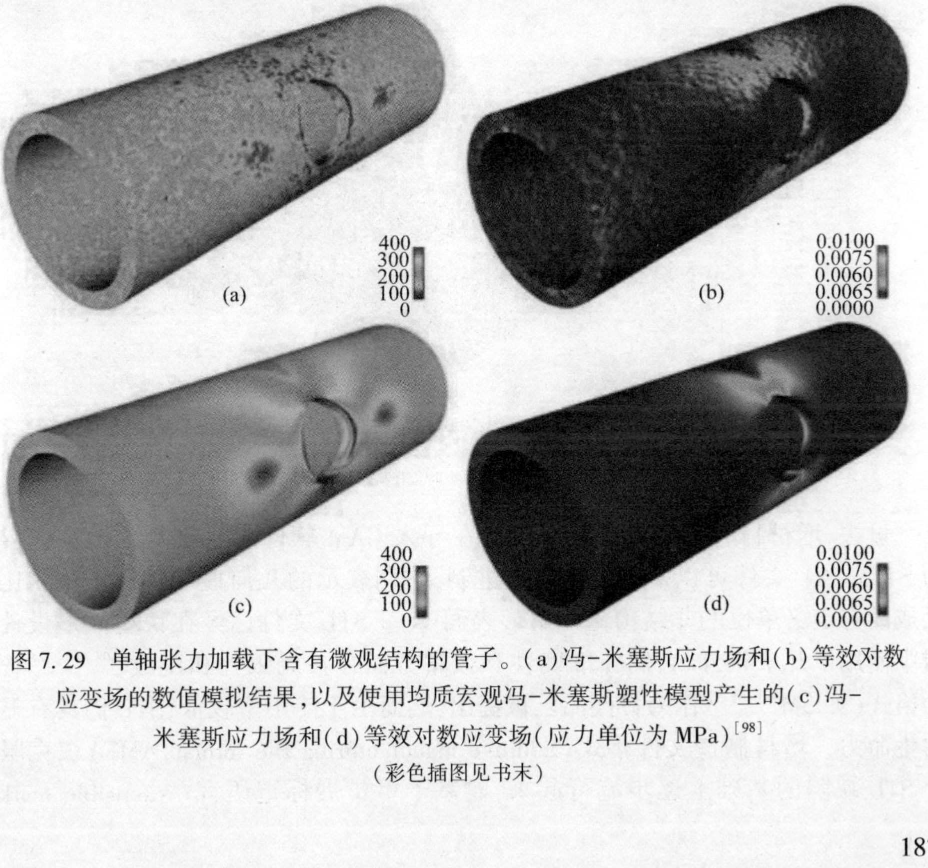


图 7.29　单轴张力加载下含有微观结构的管子。(a)冯-米塞斯应力场和(b)等效对数应变场的数值模拟结果，以及使用均质宏观冯-米塞斯塑性模型产生的(c)冯-米塞斯应力场和(d)等效对数应变场(应力单位为 MPa)[98]

(彩色插图见书末)

### 7.4.4 计算机辅助制造

尽管手动加工时不需要计算机辅助制造工具,但其在机器加工中应用广泛。金属增材制造由于工具路径的复杂性和数字性,使 CAM 软件在各种机床平台和工艺中无处不在,甚至在消费级机床中也是如此。计算机数控(computer numerically controlled,CNC)加工中心通常使用 G 代码进行操作,这是一种标准化的编程语言,很容易学习与编程,并可以在不同的加工平台上进行转换。然而,大多数金属增材制造机器并不采用标准的编程代码,而是利用自有的文件格式和程序结构,由原始设备制造商专门为其机器平台开发和实施的专用 CAM 软件包生成[41,99-100](图 7.30)。然而,整个行业中普遍使用第三方供应商的 CAM 软件[67,101],当然也可以使用开源代码[102],但这些代码通常仅限于开源消费级聚合物机器或研究型金属机器平台。

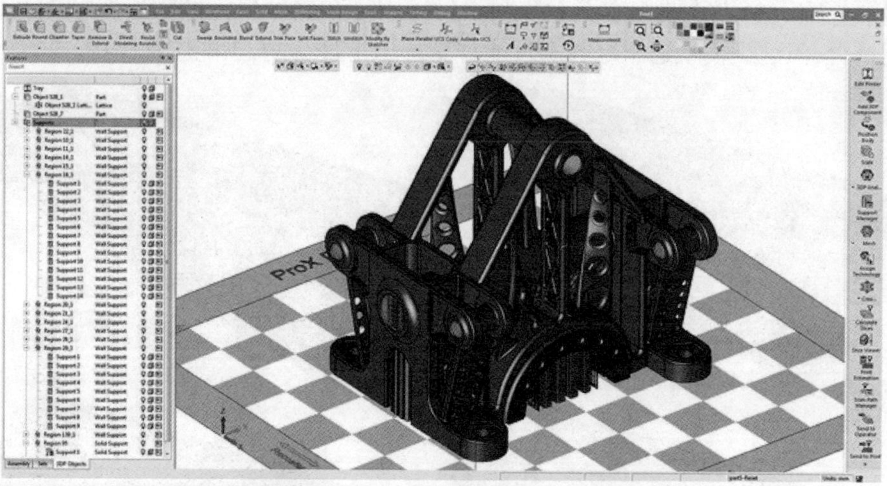

图 7.30 含有成形布局和支撑结构的 CAM 软件[41]
(图片由 3D System 公司提供)

过去,增材制造工艺要求零件模型在导入 CAM 软件之前将其原始格式转换为 STL。STL 文件可以是 ASCII 或二进制,它们表示的几何形状具有不包含比例尺或没有定义单位的非结构化三角形表面[103]。STL 文件已经在快速成形设计领域中使用了几十年,但它们在准确性和效率方面存在局限性和挑战[104]。尽管新的格式(如 3MF[105])作为替代品已被提出,然而由于使用率较低,STL 仍具有显著的生命力。增材制造文件格式(additive manufacturing file format,AMF)在克服多个 STL 缺陷的基础上逐步流行起来,它基于可扩展标记语言(extensible markup language,XML),包含单元信息,并由 ASTM 标准 52915-16[106]定义。然而,与 STL 一样,它使用三角网格描述零件的几何形状,因此也存在分辨率限制。然而,由于最近的 CAM 软件包开始允许直接使用一些原始 CAD 模型,因此中间文件格式可能会被淘汰[41]。此外,许多 DED 平台还能够以产品数据交换标准(standard for the exchange of product data,STEP)、Parasolid 和初始图形交换规范(initial graphics exchange specification,IGES)文件的形式直接处理实体模型。

直至今日,由于原始设备制造商一直严格控制机器和工艺,CAM 软件无法灵活地使用。专有文件格式、编程语言和加密的过程文件都限制了用户修改机器和工艺的能力。而且大多数原始设备制造商还对机器的工艺设置进行了极为严格的控制,因此任何更改都需要购买额外的许可证,否则只能在其限制范围内使用,或完全无法使用。专有的 OEM 材料数据库也常被用来为机器中使用的材料提供工艺条件。然而,随着对工艺设置的控制越来越普遍,新的软件包功能变得更加强大。此外,CAM 软件中还引入更先进的设计功能,如点阵设计[41],简化了开发过程,并为设计和工艺优化铺平道路。有朝一日,设计和工艺优化将协同执行,而不是孤立地执行。此外,多材料打印的出现扩大了 CAM 软件的功能需求,用户也将越发要求控制零件体积内材料的类型。因此不管发生在单层或多层,都必须具有指定和定制材料和工艺参数的能力。

### 7.4.5　工艺模拟

在整个金属增材制造开发和生产周期中,工艺-结构-性能-使役性能关系对预判和确保产品的性能至关重要,然而这种关系极其复杂,依赖多空间和时间尺度上的物理原理。第 6 章较详细地介绍了工艺模型,足以说明工艺仿真在金属增材制造零件设计中发挥显著作用。基于经验的启发式算法对建立设计和工艺指南是必要且宝贵的,但这种方法通常过于简单,特别是随着几何形状、工艺和材料的复杂性增加,模拟结果并不充分。同样,金属增材制造中材料、工艺和几何形状紧密耦合,需要计算模型能够预测、控制和优化零件性能。因此,只有当主导初始阶段技术采用和实施的设计-建造-测试范式被灵活、实用且满足要求与裕度的设计周期所取代时,开发周期才会加速。

多尺度计算模型通过介观现象将原子尺度的单元过程与宏观行为联系起来,是金属增材制造的重要且强大的组成部分[107](图 7.31)。整个增材制造界的研究人员正在长度和时间尺度上开发涵盖原料[108]到零件[96]的模型,旨在量化和探索多物理学的相互作用,优化工艺参数和预测材料的异质性[97]、零件变形和残余应力[96,109]。目前,已有的商业软件可以预测残余应力和零件变形[67-68],这些信息可用于支撑结构设计和执行工艺优化,而无须昂贵的零件迭代成形。然而增材制造工艺的物理学基本原理复杂且各不相同，唯象模型因此必须在时间和长度尺度上捕捉到相关的物理机制，以准确预测材料性能。由于计算成本很高，在可预见的未来，这种全尺寸模型因其复杂性将无法用于零件设计。相反，由全尺寸模型和经验数据得到的材料和工艺降阶模型将更多地用于设计计算。

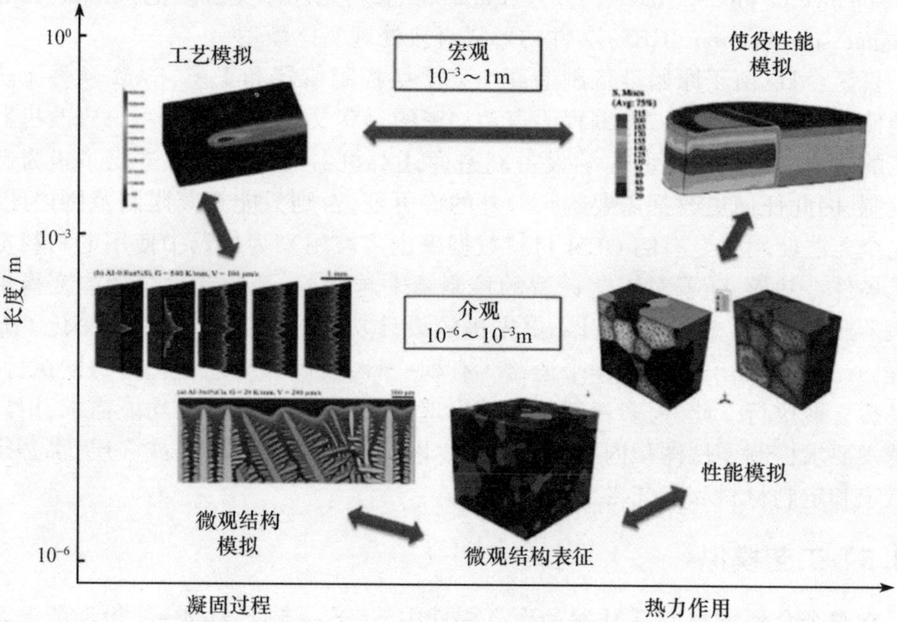


图 7.31 综合工艺-结构-性能-使役性能建模和仿真方法以及相关长度尺度的说明[109]

## 7.4.6 设计优化

性能建模通常是指在给定一个候选设计的响应后，计算解决前向问题。这与求解逆向问题形成鲜明对比，逆向问题相当于为期望的响应寻找设计，即设计优化。增材制造促使了诸如拓扑优化（topological optimization，TO）和形状优化（shape optimization，SO）等优化方法的重新兴起，这些方法的设计和分析同时执行，生成基于功能需求而不是制造约束的几何形状。因此，仿真不是作为验证步骤在设计过程之外进行的，而是直接集成在设计内部。

通常，优化问题是寻找材料属性的空间分布，以优化设计域和需求集的性能目标，其最简单的形式是一个迭代的过程。首先，当满足状态方程的场被确定为当前设计时，可以计算出候选设计的响应，然后用作评价性能目标及其变化敏感性的基础。采用 Abaqus[110]、Nastran[111]或 Sierra Mechanical[112]等成熟的分析软件可以得出场解。然后将计算得到的目标、灵敏度和其他信息传递给优化引擎，该引擎在执行约束的同时进行更新设计，从而确定设计变更。基本迭代将继续进行，直到满足与功能要求相关的最佳设计或超过迭代限制。

虽然拓扑优化已在25年前的文献中提及[113]，但必须采用增材制造工艺才能实现其中一些具有非直观或仿生结构的设计方案。时至今日，优化代码仍主要由计算机科学家、数学家和学者等高级用户掌握。在过去几年中，随着商业软件包的发布，工程师才有机会使用这些代码[114-117]。图7.32展示了一个壳体的设计，其中刚度进行了优化，以最大限度地减少振动环境中的幅度响应。如果没有将拓扑优化和金属增材制造相结合，就无法提出这种设计概念并制造出壳体。这种能力引发了工程师、设计师、发明家和企业家的遐想，掀起了一场产品设计和开发的革命(图7.33)。

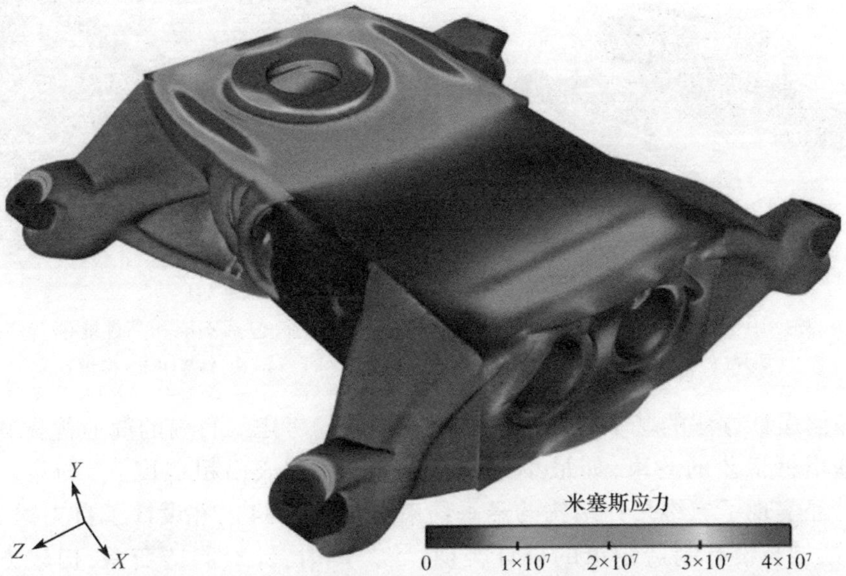


图7.32　使用拓扑优化设计的壳体，通过优化刚度获得最小振动模式和振幅[78]

随着多种技术和工具的出现，基于优化的设计已经成为一个日益活跃和多样化的研究领域[118-120]。研究代码很容易获得，但其提供的功能有限，而且没有得到适当的支持以满足用户的需求[121-122]。商业软件则便于使用，可以提供尺寸、形状、沉积珠、形貌、拓扑和自由曲面的优化方法，以补充拓扑结构计算。在给定质量的条件下，一个常见的问题便是要遵循结构最小化原则，目前存在的工具可以使重量、应力或应变最小化，以获得预期的频率响应或优化流体通道流量。可用的边界约束包括位移、速度、加速度、力、力矩、主体载荷、接触压力、重心、温度、热通量和瞬态热载荷[114-117]。

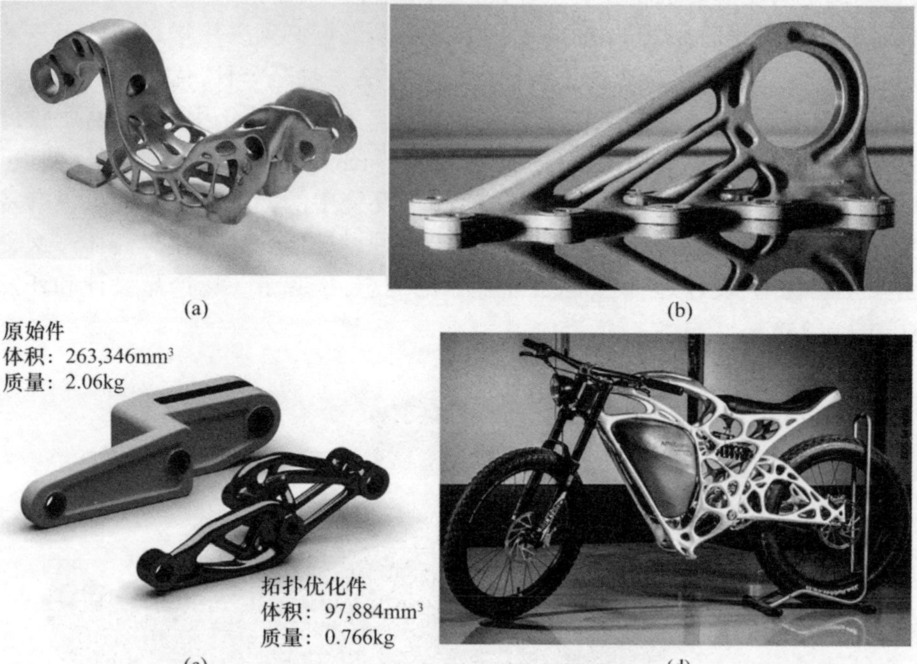


图 7.33　用于探索金属增材制造拓扑优化的零件和装置，包括支架和高性能消费产品（照片(a)由 SLM 解决方案，(b)由空客，(c)由西门子，(d)由 APWORKS 提供）

任何设计方法的基本要素都是对工艺约束的考虑。目前的商业优化软件包括一些增材工艺的约束，如最小特征尺寸[123-125]和表面粗糙度[126]约束。研究人员已经实现了二维拓扑结构的悬垂约束[65]（图 7.34），并设计了自支撑 3D 结构，其性能与没有制造约束的设计类似[127]。同时，针对制造变差，构建方向引起的材料各向异性效应及增材制造设计准则符合性等问题，相关量化评估与协同优化方法体系也在持续研发中[131]。虽然商业软件不具备多材料功能，但对多材料的研究已经活跃了二十多年[132-133]。由于对轻量化的广泛兴趣，结构化材料，即点阵，最近已被纳入工具中[134-135]。然而，将增材制造设计与优化平台相结合仍是一项重要的工作。例如，拓扑优化的几何形状通常需要过多的支撑材料，难以后处理且无法打印，或具有残余应力和变形过大的特征。在优化代码中加入基于启发式工艺约束将减少其中的许多问题，指导零件方向和设置，并减少制造和设计迭代。

商业上可用的设计方案通常都基于线性各向同性的材料性能，但也可以指定

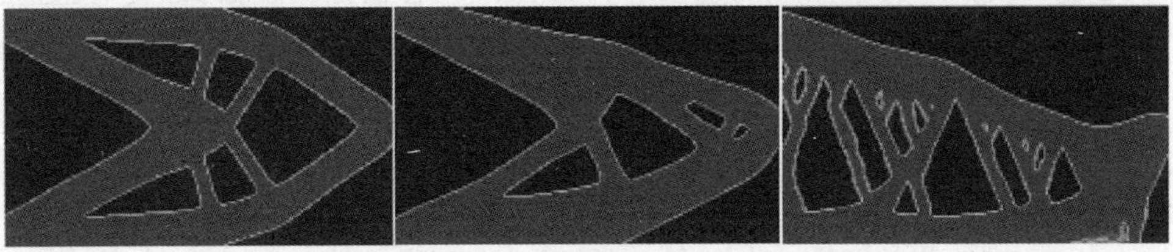


图 7.34　拓扑优化的悬臂梁解决方案:没有悬垂约束(a),自支撑角度约束为 26.6°(b),自支撑角度约束为 63.4°(c)[65]

正交各向异性材料[117,136]。然而,金属增材制造随着材料属性的变化,材料具有复杂性,现有的工具集无法反映这些变化。材料、工艺和结构的内在耦合性进一步要求在优化代码中引入本构 PSPP 关系。虽然使用全尺度工艺模型进行工艺感知优化展现的宏伟愿景,代表了未来科技,但这种模型的计算成本很高,即使孤立的系统计算量也令人望而却步。长期来看,虽然完全整合到优化算法中的前景还不明朗,但可以通过合理捕捉重要过程物理特征,进行必要的降阶平替,这也是近期研究工作的热点。

提高金属增材制造的设计精度并真正优化设计,需要综合考虑材料分布、量化不确定性、工艺约束和工艺过程的物理原理。然而,无论是在模型的复杂性和保真度方面,还是在文件大小和内存分配方面,抑或是在计算机周期方面,这些设计目标的引入都迅速增加了执行它们所需的计算成本。因此,必须推进科研界正在进行的相关研究工作[137-138],以便能够执行大规模的并行计算,提高优化算法性能,从而设计出降阶模型。

# 参考文献

[1] S. L. Sing, J. An, W. Y. Yeong, F. E. Wiria, Laser and electron-beam powder-bed additive manufacturing of metallic implants: a review on processes, materials and designs, J. Orthop. Res. 34 (3) (2016) 369-385.

[2] ASTM International, Standard Terminology for Additive Manufacturing Technologies, 2015.

[3] T. Friedman, When Complexity is Free, The New York Times, September 14, 2013.

[4] D. D. Gill, C. J. Atwood, J. Robbins, T. E. Voth, P. Dewhurst, D. G. Taggart, Titanium Cholla: Lightweight, High-Strength Structures for Aerospace Applications, SAND2007-6775, Sandia National Laboratories, Albuquerque, NM, 2007.

[5] S. Brill, Scott's Place . . . Images and Words. https://seekraz. wordpress. com/tag/tucson-desert/.

[6] D. D. Gu, W. Meiners, K. Wissenbach, R. Poprawe, Laser additive manufacturing of metallic components: materials, processes and mechanisms, Int. Mater. Rev. 57 (3) (2013) 133-164.

[7] ExOne, What is Binder Jetting. http://www.exone.com/Resources/Technology-Overview/What-is-Binder-Jetting.

[8] Fabrisonic, Solid-State Welding at Low Temperature. http://fabrisonic.com/uamoverview.

[9] MicroFab, http://microfab.com/.

[10] Demson, The World's First Multi-Metal Printer. https://www.demcon.nl/en/showcase/the-worlds-first-multi-metal-printer.

[11] Hewlett Packard, Multi Jet Fusiont. http://www8.hp.com/us/en/printers/3dprinters.html.

[12] XJet, https://xjet3d.com/.

[13] B. A. Cowles, Summary Report: The Second Joint Federal Aviation Administration—Air Force Workshop on Qualification/Certification of Additively Manufactured Parts, Dayton, OH, 2017.

[14] Integrated Computational Materials Engineering: A Transformational Discipline for Improved Competitiveness and National Security, Committee on Integrated Computational Materials Engineering, National Research Council, 2008.

[15] Materials Genome Initiative. https://www.mgi.gov.

[16] E. B. Duoss, T. H. Weisgraber, K. Hearon, C. Zhu, W. Small, T. R. Metz, et al., Three-dimensional printing of elastomeric, cellular architectures with negative stiffness, Adv. Funct. Mater. 24 (31) (2014) 4905-4913.

[17] X. Zheng, H. Lee, T. H. Weisgraber, M. Shusteff, J. DeOtte, E. B. Duoss, et al., Ultralight, ultrastiff mechanical metamaterials, Science 344 (6190) (2014) 1373-1377.

[18] J. B. Hopkins, Y. Song, H. Lee, N. X. Fang, C. M. Spadaccini, Polytope sector-based synthesis and analysis of microstructural architectures with tunable thermal conductivity and expansion, J. Mech. Des. 138 (5) (2016) 051401.

[19] J. R. Raney, J. A. Lewis, Printing mesoscale architectures, MRS Bull. 40 (11) (2015) 943-950.

[20] A. Lakshmanan, S. Shabestari, J. Gruzleski, Microstructure control of iron intermetallics in Al-Si casting alloys, Zeitschrift fur Metallkunde 86 (7) (1995) 457-464.

[21] A. Vasinonta, J. L. Beuth, M. Griffith, Process maps for predicting residual stress and melt pool size in the laser-based fabrication of thin-walled structures, J. Manuf. Sci. Eng. 129 (1) (2007) 101-109.

[22] J. Beuth, N. Klingbeil, The role of process variables in laser-based direct metal solid freeform fabrication, JOM 53 (9) (2001) 36-39.

[23] R. R. Dehoff, M. M. Kirka, W. J. Sames, H. Bilheux, A. S. Tremsin, L. E. Lowe, et al., Site specific control of crystallographic grain orientation through electron beam additive manufacturing, Mater. Sci. Technol. 31 (8) (2014) 931-938.

[24] Stratasys, PolyJet Technology. http://www.stratasys.com/3d-printers/technologies/polyjet-technology.

[25] 3D Systems, MultiJet Printing Process. https://www.3dsystems.com/3d-printers/projet-mjp-5600.

[26] Sciaky,Electron Beam Additive Manufacturing (EBAMt). http://www. sciaky. com/additive-manufacturing/electron-beam-additive-manufacturing-technology.

[27] Optomec,LENSs MR-7 Systems. http://www. optomec. com/3d-printedmetals/lens-printers/metal-research-and-development-3d-printer.

[28] M. T. Ensz, M. L. Griffith, D. E. Reckaway, Critical issues for functionally graded material deposition by laser engineered net shaping (LENS), in: Proceedings of the 2002 MPIF Laser Metal Deposition Conference, San Antonio, TX, 2002.

[29] M. L. Griffith, L. D. Harwell, J. T. Romero, E. Schlienger, C. L. Atwood, J. E. Smugeresky, Multi-material processing by LENS, in: Proceedings of the Solid Freeform Fabrication Symposium, Austin, TX, 1997, 11-13.

[30] D. C. Hofmann, J. P. C. Borgonia, R. P. Dillon, E. J. Suh, P. B. Gardner, Applications for gradient metal alloys fabricated using additive manufacturing, NASA Tech Briefs 37 (10) (2013) 54-56.

[31] D. C. Hofmann, S. Roberts, R. Otis, J. Kolodziejska, R. P. Dillon, J. O. Suh, et al., Developing gradient metal alloys through radial deposition additive manufacturing, Sci. Rep. 4 (2014) 5357.

[32] D. C. Hofmann, J. Kolodziejska, S. Roberts, R. Otis, R. P. Dillon, J. O. Suh, et al., Compositionally graded metals: A new frontier of additive manufacturing, J. Mater. Res. 29 (17) (2014) 1899-1910.

[33] T. Monaghan, A. J. Capel, S. D. Christie, R. A. Harris, R. J. Friel, Solid-state additive-manufacturing for metallized optical fiber integration, Compos. A Appl. Sci. Manuf. 76 (2015) 181-193.

[34] D. Godlinski, S. Morvan, Steel parts with tailored material gradients by 3D printing using nano-particulate ink, Mater. Sci. Forum Trans. Tech. Publ. 492-493 (2005) 679-684.

[35] M. Ott, M. Zaeh, Multi-material processing in additive manufacturing, in: Proceedings of the Solid Freeform Fabrication Symposium, Austin, TX, 2010, 195-203.

[36] L. Jepson, J. Beaman, D. Bourell, K. Wood, SLS processing of functionally gradient materials, in: Proceedings of the Solid Freeform Fabrication Symposium, Austin, TX, 1997, 67-80.

[37] Voxel8, The World's First 3D Electronics Printer. http://www. voxel8. com.

[38] F. Medina, A. Lopes, A. Inamdar, R. Hennessey, J. Palmer, B. Chavez, et al., Hybrid manufacturing: integrating direct-write and stereolithography, Proceedings of the Solid Freeform Fabrication Symposium, Austin, TX (2005).

[39] K. Willis, E. Brockmeyer, S. Hudson, I. Poupyrev, Printed optics: 3D printing of embedded optical elements for interactive devices, in: Proceedings of the 25th Annual ACM Symposium on User Interface Software and Technology, Association for Computing Machinery, Cambridge, MA, 2012, 589-598.

[40] nTopology, Engineering Software for Advanced Engineering. https://www. ntopology. com/.

[41] 3D Systems, 3DXpert. https://www. 3dsystems. com/software/3dxpert.

[42] Betatype, Technology for Complex Additive Manufacturing. http://www. betaty. pe.

[43] A. Thompson, I. Maskery, R. K. Leach, X-ray computed tomography for additive manufactur-

ing: A review, Measure. Sci. Technol. 27 (7) (2016) 072001.

[44] F. H. Kim, H. Villarraga-Gómez, S. P. Moylan, Inspection of embedded internal features in additively manufactured metal parts using metrological X-ray computed tomography, 2016 Summer Topical Meeting: Dimensional Accuracy and Surface Finish in Additive Manufacturing, in: Proceedings of the American Society for Precision Engineering Summer Topical Meeting, Raleigh, NC, 2016.

[45] M. B. Bauza, S. P. Moylan, R. M. Panas, S. C. Burke, H. E. Martz, J. S. Taylor, et al., Study of accuracy of parts produced using additive manufacturing, 2014 Spring Topical Meeting: Dimensional Accuracy and Surface Finish in Additive Manufacturing, in: Proceedings of the American Society for Precision Engineering Spring Topical Meeting, Berkeley, CA, 2014.

[46] J. J. Beaman, C. R. Deckard, Selective laser sintering with assisted powder handling, U. S. Patent #4,938,816, The University of Texas, 1990.

[47] Wikipedia, Maker Culture. https://en.wikipedia.org/wiki/Maker_culture.

[48] MatterHackers, 1.75mm Specialty Filament. https://www.matterhackers.com/store/c/1.75mm%20Specialty%20Filament.

[49] B. Song, X. Zhao, S. Li, C. Han, Q. Wei, S. Wen, et al., Differences in microstructure and properties between selective laser melting and traditional manufacturing for fabrication of metal parts: A review, Front. Mech. Eng. 10 (2) (2015) 111-125.

[50] P. K. Gokuldoss, S. Kolla, J. Eckert, Additive manufacturing processes: selective laser melting, electron beam melting and binder jetting—selection guidelines, Materials. 10 (6) (2017) 672.

[51] Fabrisonic, 3D Metal Printing Design Guide and Frequently Asked Questions, http://fabrisonic.com/3dprinting/wp-content/uploads/2018/03/FAQ-Design-Guide_S-1.pdf.

[52] B. H. Jared, H. D. Tran, D. Saiz, C. L. Boucher, J. E. Dinardo, Metrology for additive manufacturing parts and processes, 2014 Spring Topical Meeting: Dimensional Accuracy and Surface Finish in Additive Manufacturing, in: Proceedings of the American Society for Precision Engineering Spring Topical Meeting, Berkeley, CA, 2014.

[53] 3DHubs, Introduction to Binder Jetting 3D Printing. https://www.3dhubs.com/knowledge-base/introduction-binder-jetting-3d-printing#materials.

[54] A. S. Wu, D. W. Brown, M. Kumar, G. F. Gallegos, W. E. King, An experimental investigation into additive manufacturing induced residual stresses in 316L stainless steel, Metall. Mater. Trans. A 45 (13) (2014) 6260-6270.

[55] P. J. Withers, H. Bhadeshia, Residual stress. Part 1. Measurement techniques, Mater. Sci. Technol. 17 (4) (2001) 355-365.

[56] M. B. Prime, A. T. DeWald, The contour method, Pract. Residual Stress Measure. Methods (2013) 109-138.

[57] M. Griffith, D. Keicher, C. Atwood, J. Romero, J. Smugeresky, L. Harwell, et al., Free form fabrication of metallic components using laser engineered net shaping (LENS), Solid Freeform Fabrication in: Proceedings of the Solid Freeform Fabrication Symposium, Austin, TX, 1996,

125-131.
[58] DMG Mori, Lasertec 65 3D Hybrid. https://us. dmgmori. com/products/machines/advanced-technology/additive-manufacturing/powder-nozzle/lasertec-65—3d-hybrid.
[59] Optomec, Large Metal Component Part Repair-LENSs 850-R Systems. https://www. optomec. com/3d-printed-metals/lens-printers/metal-componentrepair-3d-printer/.
[60] D. Bentley, Designing for the DMLS process, Additive Manufacturing with Powder Metallurgy, in: Proceedings of the Metal Powder Industries Federation, Orlando, FL, 2014.
[61] B. Vayre, F. Vignat, F. Villeneuve, Identification on some design key parameters for additive manufacturing: application on electron beam melting, Proc. CIRP 7 (2013) 264-269.
[62] F. Calignano, Design optimization of supports for overhanging structures in aluminum and titanium alloys by selective laser melting, Mater. Design 64 (2014) 203-213.
[63] J. Vanek, J. A. G. Galicia, B. Benes, Clever support: Efficient support structure generation for digital fabrication, Comput. Graph. Forum 33 (5) (2014) 117-125.
[64] G. Strano, L. Hao, R. M. Everson, K. E. Evans, A new approach to the design and optimisation of support structures in additive manufacturing, Int. J. Adv. Manuf. Technol. 66 (9-12) (2012) 1247-1254.
[65] A. T. Gaynor, J. K. Guest, Topology optimization considering overhang constraints: eliminating sacrificial support material in additive manufacturing through design, Struct. Multidiscipl. Optim. 54 (5) (2016) 1157-1172.
[66] Renishaw, Can You Build AM Parts Without Supports? https://www. renishaw. com/en/can-you-build-am-parts-without-supports-42173.
[67] Autodesk, Netfabb Additive Manufacturing and Design Software. https://www. autodesk. com/products/netfabb/overview.
[68] ANSYS, Additive Manufacturing Simulation. https://www. ansys. com/products/structures/additive-manufacturing.
[69] M. Rombouts, G. Maes, W. Hendrix, E. Delarbre, F. Motmans, Surface finish after laser metal deposition, Phys. Proc. 41 (2013) 810-814.
[70] K. Alrbaey, D. Wimpenny, R. Tosi, W. Manning, A. Moroz, On optimization of surface roughness of selective laser melted stainless steel parts: A statistical study, J. Mater. Eng. Perform. 23 (6) (2014) 2139-2148.
[71] E. Yasa, J. P. Kruth, Application of laser re-melting on selective laser melting parts, Adv. Prod. Eng. Manage. 6 (4) (2011) 259-270.
[72] E. Yasa, J. Deckers, J. P. Kruth, The investigation of the influence of laser re-melting on density, surface quality and microstructure of selective laser melting parts, Rapid Prototyping J. 17 (5) (2011) 312-327.
[73] B. H. Jared, H. D. Tran, D. J. Saiz, S. J. Spencer, J. W. Wheeler, Characterizing dimensional form surface texture and feature resolution in additive manufacturing, in: Proceedings of the American Society for Precision Engineering, Portland, OR, 2016.
[74] Matsuura, Lumex Series. http://www. lumex-matsuura. com/english/.

[75] Mazak, Integrex i-400AM. https://www.mazakusa.com/machines/integrex-i-400am/.
[76] S. Moylan, J. Slotwinski, A. Cooke, K. Jurrens, M. A. Donmez, Proposal for a standardized test artifact for additive manufacturing machines and processes, in: Proceedings of the Solid Freeform Fabrication Symposium, Austin, TX, 2012, 6-8.
[77] P. H. Lee, H. Chung, S. W. Lee, J. Yoo, J. Ko, Review: Dimensional accuracy in additive manufacturing processes, International Manufacturing Science and Engineering Conference Collocated with the JSME International Conference on Materials and Processing and the 42nd North American Manufacturing Research Conference, American Society of Mechanical Engineers, 2014, V001T04A045-V001T04A045.
[78] B. H. Jared, B. Boyce, C. C. Battaile, H. Lim, H. D. Tran, J. Robbins, B. W. Clark, T. D. Blacker, Complexity isn't necessarily free: Opportunities and challenges in additive manufacturing, 2015 Spring Topical Meeting: Achieving Precision Tolerances in Additive Manufacturing, in: Proceedings of the American Society for Precision Engineering Summer Topical Meeting, Raleigh, NC, 2015.
[79] Carpenter Additive, PowderRange. https://www.carpenteradditive.com/whatwe-do/powderrange/.
[80] A. B. Kustas, D. F. Susan, K. L. Johnson, S. R. Whetten, M. A. Rodriguez, D. J. Dagel, et al., Characterization of the Fe-Co-1.5V soft ferromagnetic alloy processed by Laser Engineered Net Shaping (LENS), Addit. Manuf. 21 (2018) 41-52.
[81] R. F. Hamilton, B. A. Bimber, M. Taheri Andani, M. Elahinia, Multi-scale shape memory effect recovery in NiTi alloys additive manufactured by selective laser melting and laser directed energy deposition, J. Mater. Process. Technol. 250 (2017) 55-64.
[82] S. Z. Uddin, D. Espalin, J. Mireles, P. Morton, C. Terrazas, S. Collins, et al., Laser powder bed fusion fabrication and characterization of crack-free aluminum alloy 6061 using in-process powder bed induction heating, in: Proceedings of the Solid Freeform Fabrication Symposium, Austin, TX, 2017, 214-227.
[83] J. J. Lewandowski, M. Seifi, Metal additive manufacturing: a review of mechanical properties, Annu. Rev. Mater. Res. 46 (1) (2016) 151-186.
[84] B. Brown, W. Everhart, J. Dinardo, Characterization of bulk to thin wall mechanical response transition in powder bed AM, Rapid Prototyping J. 22 (5) (2016) 801-809.
[85] C. B. Finfrock, A. Exil, J. D. Carroll, L. Deibler, Effect of hot isostatic pressing and powder feedstock on porosity, microstructure, and mechanical properties of selective laser melted AlSi10Mg, Metallogr. Microstruct. Anal. (2018) 1-14.
[86] S. Romano, A. Brandão, J. Gumpinger, M. Gschweitl, S. Beretta, Qualification of AM parts: Extreme value statistics applied to tomographic measurements, Mater. Des. 131 (2017) 32-48.
[87] R. R. Dehoff, S. S. Babu, Characterization of interfacial microstructures in 3003 aluminum alloy blocks fabricated by ultrasonic additive manufacturing, Acta Mater. 58 (13) (2010) 4305-4315.
[88] B. C. Salzbrenner, J. M. Rodelas, J. D. Madison, B. H. Jared, L. P. Swiler, Y. L. Shen, et al.,

High-throughput stochastic tensile performance of additively manufactured stainless steel, J. Mater. Process. Technol. 241 (2017) 1-12.

[89] B. L. Boyce, M. D. Uchic, Progress towards autonomous experimental systems for alloy development, MRS Bulletin (2019).

[90] B. H. Jared, B. L. Boyce, J. D. Madison, J. T. Ostien, J. M. Rodelas, B. Salzbrenner, et al., Defect Characterization for Material Assurance in Metal Additive Manufacturing, SAND2017-13190, Sandia National Laboratories, Albuquerque, NM, 2017.

[91] PTC, CAD Software Solutions. https://www.ptc.com/en/products/cad.

[92] Dassault Systemes, Catia 3DExperience 3D Software. https://www.3ds.com/products-services/catia.

[93] Dassault Systemes, SolidWorks 3D CAD Design Software. https://www.solidworks.com.

[94] D. Thomas, The Development of Design Rules for Selective Laser Melting, University of Wales, 2009.

[95] Renishaw, Design for Metal AM-A Beginner's Guide. https://www.renishaw.com/en/design-for-metal-am-a-beginners-guide—42652.

[96] N. E. Hodge, R. M. Ferencz, R. M. Vignes, Experimental comparison of residual stresses for a thermomechanical model for the simulation of selective laser melting, Addit. Manuf. 12 (2016) 159-168.

[97] T. M. Rodgers, J. D. Madison, V. Tikare, M. C. Maguire, Predicting mesoscale microstructural evolution in electron beam welding, JOM 68 (5) (2016) 1419-1426.

[98] J. E. Bishop, J. M. Emery, C. C. Battaile, D. J. Littlewood, A. J. Baines, Direct numerical simulations in solid mechanics for quantifying the macroscale effects of microstructure and material model form error, JOM 68 (5) (2016) 1427-1445.

[99] Concept Laser, Software. https://www.concept-laser.de/en/products/software.html.

[100] EOS, Additive Manufacturing Process Software. https://www.eos.info/systems_solutions/software_data-preparation.

[101] Materialize, Software for 3D Printing. https://www.materialise.com/en/software.

[102] Slic3r, Open Source 3D Printing. https://slic3r.org.

[103] Wikipedia, STL. https://en.wikipedia.org/wiki/STL_(file_format).

[104] A. B. Varotsis, Understand and Fix Common STL File Errors. https://www.3dhubs.com/knowledge-base/fixing-most-common-stl-file-errors.

[105] 3MF Consortium. https://3mf.io.

[106] ASTM International, ISO/ASTM52915-16, Standard Specification for Additive Manufacturing File Format (AMF) Version 1.2, West Conshohocken, PA, 2016.

[107] M. F. Horstemeyer, Integrated Computational Materials Engineering (ICME) for Metals: Using Multiscale Modeling to Invigorate Engineering Design with Science, John Wiley & Sons, 2012.

[108] W. King, A. T. Anderson, R. M. Ferencz, N. E. Hodge, C. Kamath, S. A. Khairallah, Overview of modelling and simulation of metal powder bed fusion process at Lawrence Livermore National Laboratory, Mater. Sci. Technol. 31(8) (2014) 957-968.

[109] M. M. Francois, A. Sun, W. E. King, N. J. Henson, D. Tourret, C. A. Bronkhorst, et al., Modeling of additive manufacturing processes for metals: challenges and opportunities, Curr. Opin. Solid State Mater. Sci. 21(4)(2017)198-206.

[110] Dassault Systems Abaqus Unified FEA. http://www.3ds.com/products-services/simulia/products/abaqus/.

[111] MSC Nastran Multidisciplinary Structural Analysis. http://www.mscsoftware.com/product/msc-nastran.

[112] Sandia National Laboratories, Sierra. https://sierradist.sandia.gov.

[113] M. P. Bendsøe, Optimal shape design as a material distribution problem, Struct. Optim. 1(4)(1989)193-202.

[114] Altair, Inspire Solid Thinking. https://solidthinking.com.

[115] Dassault Systemes, TOSCA Structural Simulation. https://www.3ds.com/products-services/simulia/products/tosca/structure/.

[116] MSC Software, Design Optimization. https://www.mscsoftware.com/application/design-optimization.

[117] Vanderplaats Research and Development, Inc., Genesis Structural Analysis and Optimization Software. http://www.vrand.com/products/genesis/.

[118] O. Sigmund, K. Maute, Topology optimization approaches, Struct. Multidiscipl. Optim. 48(6)(2013)1031-1055.

[119] N. P. van Dijk, K. Maute, M. Langelaar, F. Van Keulen, Level set methods for structural topology optimization: A review, Struct. Multidiscipl. Optim. 48(3)(2013)437-472.

[120] J. D. Deaton, R. V. Grandhi, A survey of structural and multidisciplinary continuum topology optimization: Post 2000, Struct. Multidiscipl. Optim. 49(1)(2013)1-38.

[121] RMIT, BESO Topology Optimization Software. http://www.rmit.edu.au/research/research-institutes-centres-and-groups/research-centres/centre-for-innovative-structures-and-materials/software.

[122] Technical University of Denmark, TopOpt Research Group. http://www.topopt.dtu.dk/?q5node/898/.

[123] M. Zhou, Y. K. Shyy, H. L. Thomas, Checkerboard and minimum member size control in topology optimization, Struct. Multidiscipl. Optim. 21(2)(2014)152-158.

[124] J. K. Guest, J. H. Prévost, T. Belytschko, Achieving minimum length scale in topology optimization using nodal design variables and projection functions, Int. J. Numer. Methods Eng. 61(2)(2004)238-254.

[125] S. R. M. Almeida, G. H. Paulino, E. C. N. Silva, A simple and effective inverse projection scheme for void distribution control in topology optimization, Struct. Multidiscipl. Optim. 39(4)(2009)359-371.

[126] O. Sigmund, Morphology based black and white filters for topology optimization, Struct. Multidiscipl. Optim. 33(4-5)(2007)401-424.

[127] M. Langelaar, Topology optimization of 3D self-supporting structures for additive manufactur-

ing, Addit. Manuf. 12(2016)60-70.

[128] O. Sigmund, Manufacturing tolerant topology optimization, Acta Mech. Sin. 25(2)(2009) 227-239.

[129] S. Chen, W. Chen, S. Lee, Level set based robust shape and topology optimization under random field uncertainties, Struct. Multidiscipl. Optim. 41(4)(2010)507-524.

[130] R. Hoglund, D. E. Smith, Non-isotropic material distribution topology optimization for fused deposition modeling products, in: Proceeding of the Solid Freeform Fabrication Symposium, Austin, TX, 2015.

[131] S. Yang, Y. F. Zhao, Additive manufacturing enabled design theory and methodology: A critical review, Int. J. Adv. Manuf. Technol. 80(1-4)(2015)327-342.

[132] J. Thomsen, Topology optimization of structures composed of one or two materials, Struct. Optim. 5(1-2)(1992)108-115.

[133] A. T. Gaynor, N. A. Meisel, C. B. Williams, J. K. Guest, Multiple-material topology optimization of compliant mechanisms created via polyjet three-dimensional printing, J. Manuf. Sci. Eng. 136(6)(2014)061015.

[134] J. Robbins, S. J. Owen, B. W. Clark, T. E. Voth, An efficient and scalable approach for generating topologically optimized cellular structures for additive manufacturing, Addit. Manuf. 12 (2016)296-304.

[135] Altair, Design and Optimization of Lattice Structures for 3D Printing. http://insider.altairhyperworks.com/design-and-optimization-of-lattice-structures-for-3dprinting-using-altair-optistruct/.

[136] Dassault Systemes, TOSCA Fluid. https://www.3ds.com/products-services/simulia/products/tosca/fluid/.

[137] P. Yadav, K. Suresh, Assembly-free large-scale modal analysis on the GPU, J. Comput. Inf. Sci. Eng. 13(1)(2013)011003-011003-7.

[138] K. Suresh, Efficient generation of large-scale pareto-optimal topologies, Struct. Multidiscipl. Optim. 47(1)(2012)49-61.

# 第 8 章　金属增材制造的质量鉴定

## 8.1　质量鉴定和产品验收

金属增材制造由始于 20 世纪 80—90 年代的快速成形发展而来[1,2]。快速成形技术提供了一种快速和廉价的方式来展现三维设计形态,因此在各种设计和开发活动中得到了广泛的应用。然而,由于对聚合物材料的依赖[1,2]限制了零件的功能,并阻碍了它们在大多数服务环境中用于制造产品,因此对于增材制造的早期用户来说,质量鉴定、认证和产品验收并不是他们关心的主要问题,他们只是在开发周期的各个阶段,通过打印零件来探索和交流设计。

早期的研究人员认识到基于聚合物的快速成形技术在制造业中的潜力,并试图将其用于制造铸造金属零件所用的模具[3]。但他们也很快致力于开发金属零件的直接制造技术[4](图 8.1),专注为制造满足更广泛功能要求的零件提供工艺路线。对于关注生产而非研发的早期研究人员和用户来说,质量成为一个重要的

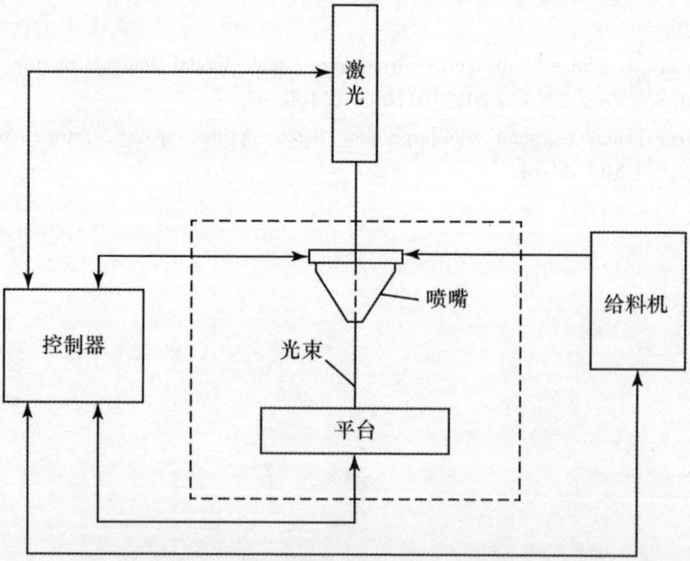


图 8.1　早期专利中基于粉末沉积的金属增材制造示意[4]

关注点[5,7]。产品功能,而不仅仅是外形,推动了对产品和工艺的质量认定、认证和产品验收的众多要求,预示着从“快速成形”最终发展成“增材制造”。

“复杂性是免费的”[8]这个说法,是设计师和发明家在宣传增材制造的效用和机会时常用的套话。其高敏捷性与灵活性也被视为构建响应迅速、成本效益显著的制造基础设施,并以此为降低生产成本与进度风险的有效手段。然而,由于传统的验收方案和方法可能不充分,产品质量保证与验收成本则是金属增材制造需要考虑的一个重要因素。根据设计要求、设计余量和产品故障带来的后果,增材制造金属零件的鉴定和产品验收可能比传统的制造工艺需要更多的资金、资源和时间。因此,设计师和工程师必须在产品开发周期中准确地评估和计算这些成本。

随着产品失效的影响变得更加严竣和不可接受,“复杂性成本”变得越来越重要。因此,质量鉴定成为阻碍金属增材制造工艺在航空航天、汽车、医疗和国防等领域广泛应用的根本障碍。为了促进这些重要行业的采用,必须解决关于增材制造金属的内在可靠性这个基本问题。

由于术语在不同行业、组织和企业之间可能存在差异,因此清晰的定义对沟通交流非常重要。有些组织使用的质量鉴定和认证几乎可以互换使用,而有些组织主要使用单一术语和最常见的质量鉴定。语境往往可以提供清晰的解释和澄清歧义,因此这里的“质量鉴定”是指产品设计在运行环境下满足使用要求的证明和证据。它可以指一个工艺、一台机器、一种材料、一个零件,甚至一个供应商[9]。认证主要是指获得认证机构认可的零件、组件或系统。例如,美国联邦航空管理局(Federal Aviation Administration, FAA)和食品药品监督管理局(Food and Drug Administration, FDA)分别是负责航空航天和医疗部门产品认证的监管机构。质量鉴定和认证都发生在开发阶段。产品验收作为较少使用的术语,具体指生产的零件是否符合产品要求的流程[10]。产品验收方法和验证程序是在开发期间产生的,并且在生产期间实施。这里使用的质量鉴定或认证适用于开发活动,而产品验收与生产活动相关。

### 8.1.1 挑战

由于零件的尺寸、几何形状和材料在金属增材制造过程中同时生成,因此它们之间存在内在耦合关系,必须一起开发、控制和验证。这与传统的减材制造工艺不同,如机加工、锻造、冲压及其他金属成形工艺,在这些工艺中,可以提供原材料证书,以确保零件成形之前的材料质量。尽管铸造、金属注射成形和粉末冶金在同一过程中产生零件材料和几何形状,然而由于材料的凝固体积较大且凝固速率较慢,因此在这些工艺中,材料以块体形式发生凝固。激光焊接的工艺物理原理与定向能沉积和粉末床增材制造工艺相似。然而,焊接工艺无法精确生成有复杂几何形状的零件,而且通常在较短的工艺时间内发生,即与数小时或数天相比,只需要几秒或几分钟。因此,金属增材制造工艺和零件在监测、控制、鉴定和检验方面具有独特性。

十多年来,研究人员一直专注监测和控制金属增材制造工艺以提高和保证成形零件的质量和可靠性[11,13]。然而,由于增材制造工艺物理过程复杂,这项工作已被证明十分困难(图 8.2)。尽管能够精细控制材料在局部范围内的熔化和凝固,但相关物理过程仍是极端且动态的,因为它跨越了多个时空尺度。局部材料的相互反应温度超过了熔化温度,甚至是汽化温度[14],从而导致多相材料行为。材料相互作用区域和沉积速度因工艺而异,送丝定向能量沉积的扫描速度可接近数毫米/分钟,而粉末床熔融可达到几百微米/秒到数米/秒,因此,由此产生的加热和冷却速率范围为 $10^4 \sim 10^6$ °C/s[15,16]。局部工艺条件也会影响零件尺度现象,

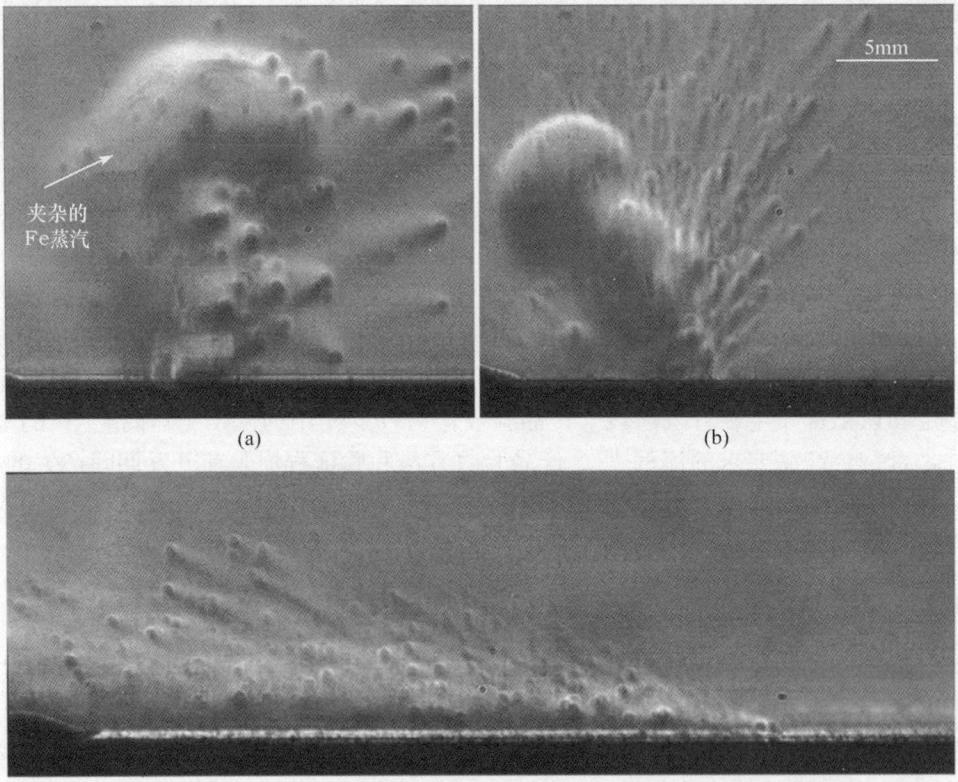


(a) (b)

(c)

图 8.2　316L 不锈钢激光粉末床熔融的纹影图[17]

(图片中显示了打印过程中夹带的铁蒸汽、飞溅物和激光羽流,并显示出高度动态现象)

如覆盖数百毫米范围的残余应力和变形。此外,局部条件与周围的成形环境相耦合,并影响周围的成形环境。因此,不仅是零件的几何形状,成形件周边零件的几何形状也会受到影响。由此产生的材料结构和性能受到飞溅、羽流动力学、局部和整体热历史及边界条件变化等因素的影响。在成形过程中的任何瞬间,观察和捕捉所有这些工艺输入已经十分困难,而要在一个完整的成形周期中捕获它们则更加艰巨,这需要不断地研发和努力。因此,现有金属机器的过程监测和控制是有限的。迄今为止的研究仍聚焦通过检测过程异常来识别具有异常行为的零件。

金属增材制造工艺的复杂性和动态物理特性是导致材料和零件变化和不确定性的重要因素[18,19]。成形环境的波动、输入能量水平、原料质量和放置位置都会影响零件质量。微观结构变化导致了孔隙率、相梯度分布和合金偏析的形成。此外,金属加工过程中固有的其他零件特征,如表面光洁度差、残余应力和几何变形,也会影响零件和材料性能。这些变化和不确定性从根本上促使人们对更广泛地接受和利用金属增材制造犹豫不决,特别是更高后果的应用场合。因此,设计师、工程师、公司和政府机构将金属增材制造用于制备具有冗余、设计裕度大、生产技术标准规范及服役环境相对良好的产品。

## 8.1.2　缺陷的形成

增材制造带来的几何复杂性源于其分层性质。通过分层,每个体积单元,即体素都被打印出来,因此可以在零件的几何体中加工。这种特性提供了在局部区域内无可比拟地控制材料的可能性,并为独特的产品设计提供了可能。它还引入了多种途径,使在零件任意位置都有可能引入导致缺陷的因素。这些途径和机制必须在开发过程中得到澄清和阐释,因为它们为产品在鉴定和认证过程中解决不确定性和可变性提供了基础。

当粉末成分、尺寸或形貌不符合工艺和材料的技术要求时,就会引起原料缺陷。外来颗粒污染是一种严重的成分缺陷,可能有多种来源。适宜的粉末处理、运输、储存和暴露环境,机器的维护和清洁,以及供应商控制对减少这种缺陷来源是必要的。经验表明,大块颗粒污染最有可能通过粒度分析和加工后的金相技术进行观察(图 8.3)。除非材料密度的对比度足够大,方便射线检测,否则很难被鉴别。

当合金成分出错时,粉末污染也会在粉末体内或外表面产生。几乎所有金属粉末颗粒都不可避免存在表面氧化层[21],因此,必须明晰表面氧化层,并通过适当的储存和处理手段来减轻粉体表面氧化。过量的氧化物可以通过颗粒分析技术来鉴别,如能谱仪。氧化层的精确定量分析需要切片和利用高倍扫描电子显微镜(scanning electron microscopy, SEM)或隧道电镜(tunneling electron microscopy, TEM)进行表征(图 8.4)。供应商的粉末雾化对粉末质量至关重要,因为它可以为有害元素扩散到粉末内部提供途径[23]。氮是可以通过 LEICO 燃烧分析检测到的常见元素,它可以降低某些合金钢的性能[24](图 8.5)。尺寸 10 μm 以下的球形的夹带气孔(图 8.6)在增材制造金属中也较为常见[25-28]。这种气孔是粉体雾化时在粉末内部形成[29],并且在打印过程中很少逸出熔池。原料粉末中的气孔需要耗费大量时间通过金相和切片或高分辨率计算机断层扫描来检测。虽然气孔对打印材料的影响较容易识别(如通过密度测量),但用户仍然依赖粉末供应商对气孔进行控制并降到最低。

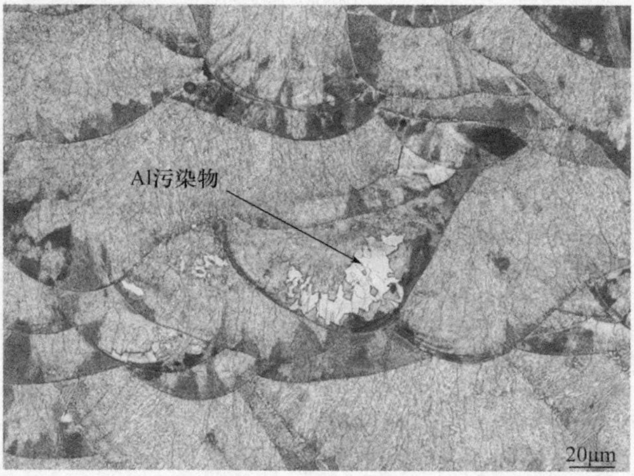


图 8.3　17-4PH 不锈钢中由于粉末原料污染而产生的铝[20]

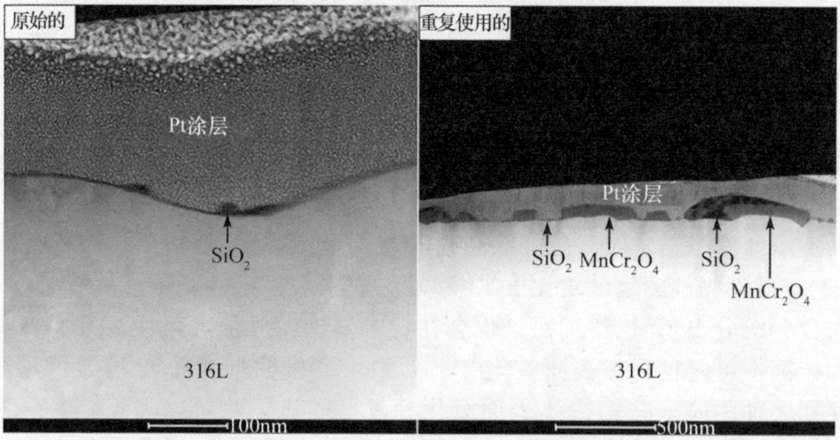


图 8.4　原始和重复使用的 316L 不锈钢颗粒横截面的隧道电子显微镜图,顶部的铂涂层用于成像目的[22]

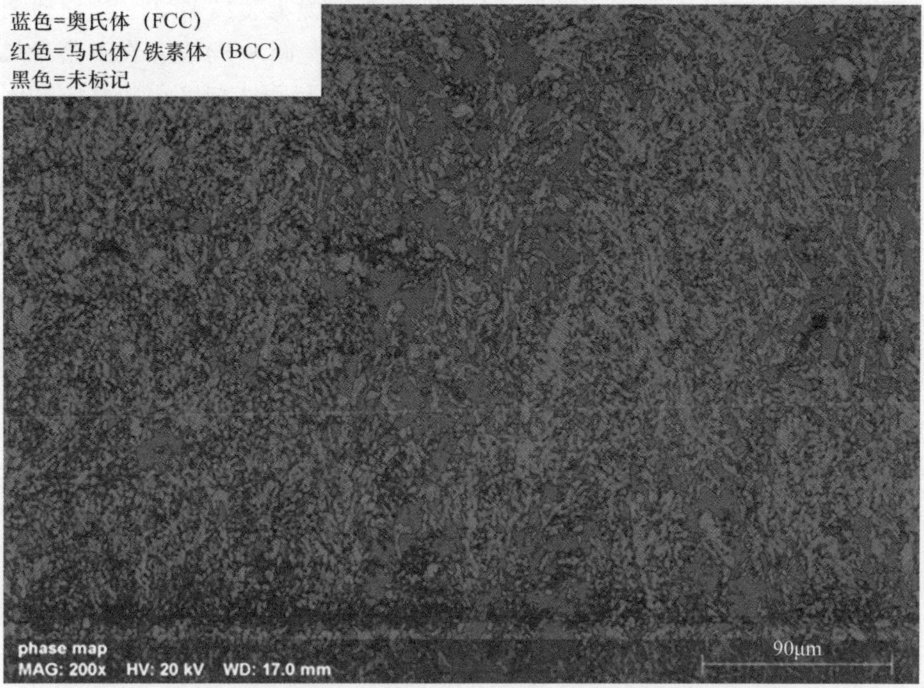


图 8.5　17-4PH 不锈钢经固溶热处理和 H900 时效后的激光粉末床熔融的电子背散射检测图像，由于过量的氮含量增加了强度，但降低了打印材料的延展性，因此观察到 43%的残余奥氏体[20]
（彩色插图见书末）

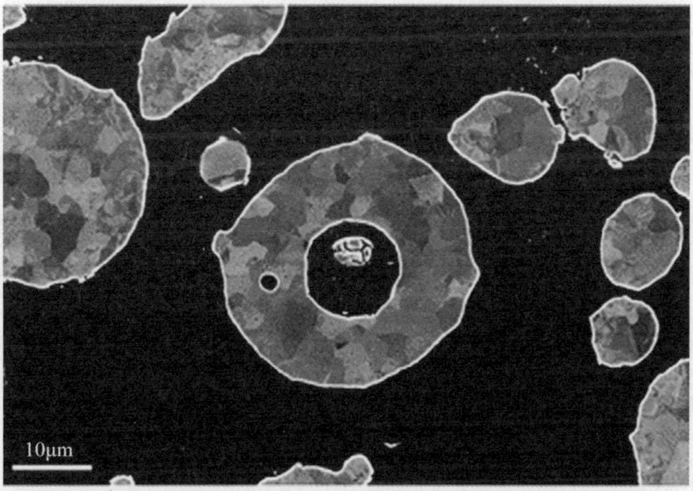


图 8.6　由气雾化制备的 316L 不锈钢粉末中孔隙的扫描电镜图[22]

工艺引起的缺陷降低打印零件的质量，主要表现为裂纹、零件变形、残余应力、表面粗糙度和孔隙。孔隙（图 8.7）和表面粗糙度（图 8.8）发生在亚毫米尺度上，而零件变形和残余应力发生在零件宏观尺度上。已有大量文献将孔隙和表面粗糙度与工艺参数联系起来[30-35]。未熔融孔隙代表含有未熔化粉末的区域，这种缺陷通常在工艺能级太低、扫描速度太快或搭接扫描路径间隔太远时出现。当功率过高或扫描速度过慢导致材料互反应区施加过多能量时，会形成气体夹杂和锁孔。研究表明，通过定制特定的打印机和原料以优化工艺参数，可以最大限度地减少这些孔隙的系统来源[26,36]。打印件的表面粗糙度的形成现象与内部孔隙类似。但是由于表面的边界条件不同，因此内部孔隙率最小化的最优工艺条件与表面粗糙度最小化所需的工艺条件不同。材料内应力会引起零件发生超过几何公差或最大加工余量的变形，而且残余应力的存在也会降低零件发生失效时的外载荷，从而劣化零件性能。

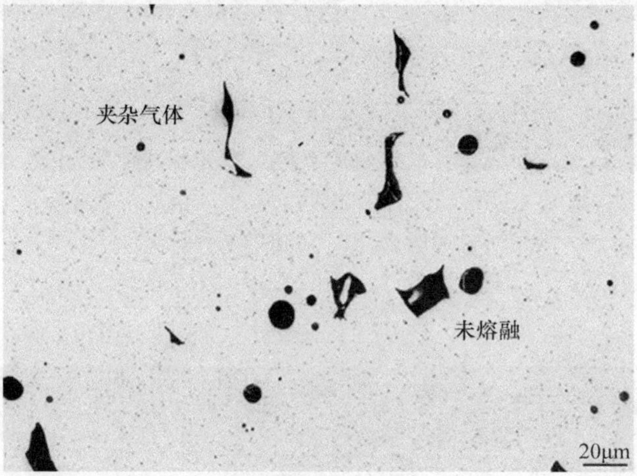


图 8.7　激光粉末床熔融 17-4PH 不锈钢中具有代表性的未熔合和夹杂气孔[37]

图 8.8　打印后的 $S_a$ = 8 μm 的 17-4PH 不锈钢狗骨粗糙表面，宽度为 1 mm，长度为 4 mm[20]

金属增材制造面临的另一个挑战是,动态过程的干扰会使工艺输入偏离最佳状态,从而造成局部缺陷。这些干扰因素包括飞溅[38]、粉末进料错误(如短送粉)[25]、层厚变化、粉末变化和机器漂移(操作环境或能量源的变化)。零件的几何形状、特征尺寸、成形方向和周围零件也都是必须考虑的影响因素。这些影响因素在一次成形、多次成形、相似机型和不同原始设备操作平台之间变化,导致增材制造材料缺乏一致性,为确保材料质量而必须解决这些挑战。

增材制造材料缺陷的最后一个来源是后处理,诸如机加工、表面精加工(如喷丸或滚抛)、清洁和热处理等工序通常都会改善零件和材料的性能。然而,必须注意确保污染残留物(如加工油)不会留在零件表面。此外,由于冲击能量过大,抛光介质(如喷砂)被发现嵌在零件表面。虽然这些工艺在传统制造工艺中被广泛使用,但必须确保其与增材制造材料和工艺的兼容性。

虽然缺陷普遍存在于金属增材制造的零件中,但需要回答的一个重要问题是,哪些缺陷是关键的,即哪些缺陷控制或限制了材料性能。然后,必须基于预期应用场合的质量鉴定和产品验收来回答后续问题。缺陷如何影响产品性能?如何检测缺陷,采用原位还是非原位技术?如何在打印过程中控制或消除缺陷?此外,还必须量化关键缺陷的行为、形成机制和"特征",以便有效识别和表征。未来,对缺陷的深入理解将激励和促进先进的工艺控制,能够实时地识别、修正并可靠地防止其形成。

### 8.1.3　开发组织

美国和世界各地的多个组织正在致力于制定使用金属增材制造零件的方法、指南和标准。大部分前沿工作集中在医疗、航空和国防领域。大型跨国公司[7,39-41]投入了大量的资源来了解工艺、材料和零件的性能,以便为他们的先进产品获取增材制造的红利。然而,中小型公司也对产品质量鉴定发挥着至关重要的作用,如通过建模和模拟[42-45]、材料测试和表征[46-47]和委托生产[48-49]。原始设备制造商已具备广泛参与开发工艺和设备的能力(如通过原位工艺监测),这也必然加速和改进质量鉴定活动[50-52]。学术界[53-57]、政府实验室[58-64]和研究机构[65-66]等一系列组织也在进行研究,以开发鉴定金属增材制造产品所需的方法和科学基础。

企业通常将技术能力与创新成果作为核心竞争力予以内部化管控、尤其是当这些技术能够显著维系利润率并保障企业稳健运营时。然而,最近由于工业界、学术界和政府研究实验室之间的广泛合作,增材制造金属部件质量认证方面取得快速进展。其中许多合作是通过工业发展和学术研究中常用的合作机制进行的。然而,在美国,美国制造已经成为推动金属增材制造质量认证多方合作的又一催化剂。美国制造是美国政府于 2012 年建立的首个国家制造创新网络机构(National Network for Manufacturing Innovation,NNMI),旨在提高美国的全球竞争力。它是一个在全国范围内创新和加速增材制造和 3D 打印的公私合营机构,其成员组织来自工业界、学术界、政府和非政府机构[67]。

增材制造的质量认证是全球标准制定组织(Standards Development Organizations,SDO)的一项重要工作。虽然其中许多工作相对较新且不完整,但有一定的进展。ASTM 和 ISO 做出了最广泛认可的努力,他们已经基于 ASTM F42[68] 和 ISO TC 261[69] 建立了联合标准。美国机械工程师学会(American Society of Mechanical Engineers,ASME)[70]、国际汽车工程师学会(SAE)[71] 和美国焊接学会(AWS)[72] 也在开展相关工作。表 8.1 概述了与金属增材制造相关的现有标准及其范围。可以访问 SDO 网站以查找不同开发阶段的最新标准。

表 8.1　与金属增材制造有关的一般标准

| 参考号 | 标题 |
|---|---|
| 美国材料与试验协会(ASTM)增材制造技术委员会 F42[68] | |
| F3187-16 | 金属定向能沉积标准指南 |
| F2971-13 | 增材制造制备的测试样品数据报告的标准实施规程 |
| F3301-18a | 增材制造标准 - 后处理方法 - 通过粉末床熔融工艺制造的金属零件的热处理标准规范 |
| F3303-18 | 增材制造标准-工艺、特征和性能:金属粉末床熔融工艺满足关键应用的实践 |
| 国际标准化组织(ISO)技术委员会 261 增材制造[69] | |
| ISO 17296-2:2015 | 增材制造——一般原则—第 2 部分:工艺类别和原料概述 |
| ISO 17296-3:2014 | 增材制造——一般原则—第 3 部分:主要特征和相应的测试方法 |
| ISO 17296-4:2014 | 增材制造——一般原则—第 4 部分:数据处理概述 |
| ASTM F42/ISO TC 261 联合标准 | |
| ISO/ASTM 52900:2015 | 增材制造——一般原则—术语 |
| ISO/ASTM 52901:2017 | 增材制造——一般原则—AM 零件的采购要求 |
| ISO/ASTM 52910:2018 | 增材制造—设计—要求、准则和建议 |
| ISO/ASTM 52915:2016 | 增材制造文件格式规范(AMF)1.2 版 |
| ISO/ASTM 52921:2013 | 增材制造的标准术语——协调系统和测试方法 |
| SAE 航空材料规范—增材制造委员会(AMS-AM)[71] | |
| AMS7003 | 激光粉末床熔融工艺 |
| AMS7005 | 等离子弧熔丝定向能沉积增材制造工艺 |

续表

| 参考号 | 标题 |
|---|---|
| 美国机械工程师协会(ASME)[70] | |
| ASME Y14.46-2017 | 增材制造的产品定义[试行标准草案] |
| 美国焊接协会(AWS)[72] | |
| AWS D20.1 | 增材制造金属部件的制造标准 |

## 8.2　鉴定方法

从根本上说,资质认证、产品认证和产品验收的重点是提供必要的证据,证明产品符合特定要求。增材制造并没有改变这一基本前提,因此不太可能修改许多组织在其开发过程中所使用的阶段门决策流程。由于金属零件在生产过程中通常不能在完全运行的环境中进行测试,因此必须建立预测能力。这种预测能力对于金属增材制造质量认证和产品验收而言是一种挑战,这也驱动了行业内对相关技术研发的持续资源投入。不同应用场景下的认证严格度与裕度接受范围存在差异,但质量认证所预期的最终状态是不变的。产品裕度必须相对于要求进行量化,而且必须定义和实施方法,以监视和控制生产过程中的质量指标。

在开发周期的早期,需要解决的一个重要问题是能否以经济有效的方式利用现有的资源和时间来开发、鉴定和生产金属增材制造工艺、材料或零件。这个问题的答案可能相对容易,也可能极难辨别和量化。在进行广泛的开发活动之前,也可能无法完全回答这个问题。首先必须建立零件、材料和工艺的设计要求,包括公差和裕量;其次将这些与量化的工艺、材料和零件指标、不确定性和灵敏度进行比较;最后确定零件检查、材料验证和工艺控制的后续方法。虽然多种因素影响金属增材制造在特定产品的可行性,但首先应先考虑材料和工艺的技术成熟度,它们被表征和控制的水平,以及其属性和性能的不确定性。

在任何金属增材制造产品的开发周期中,必须考虑多个因素以满足质量认定、产品认证和产品验收的需要。图 8.9 所示为这些必要因素,我们将在本章节的其余部分讨论这些要素。功能设计要求、相关裕量和适当的标准为整个开发周期提供基础。这些规范密切相关且密不可分,为零件几何形状、零件材料和打印工艺的后续规范提供了基础。几何形状考虑因素有零件形状和表面光洁度;材料考虑因素包括原料、打印材料和最终处理;工艺规范包括打印、机器和后处理。因此,必须开发验证和控制方法,通过检验、计量、测试和过程控制来确保产品质量。在大多数制造过程中,这些工序针对零件的几何形状、材料和工艺分别执行,这也是大多数金属制造工艺的现状。然而,原则上,这种验证和控制可以通过原位过程监测和控制来同时进行,将这些要素结合起来,就能实现预期目标和产品验收。

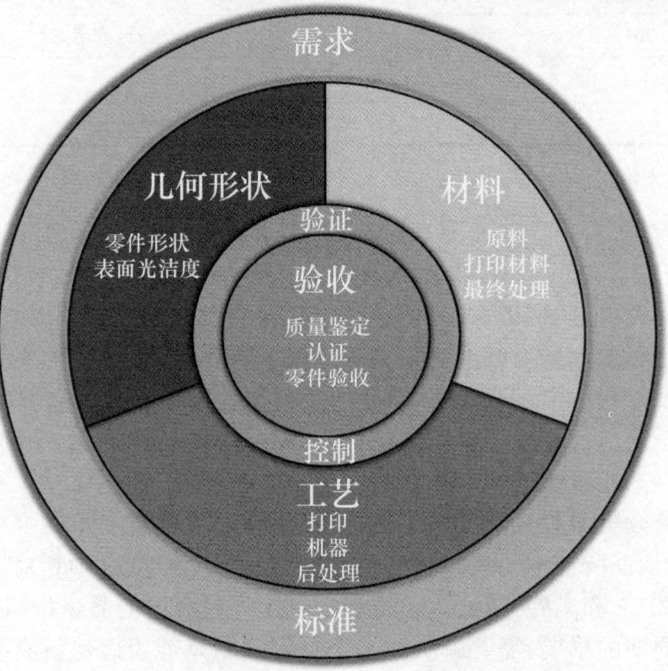


图 8.9　增材制造金属零件质量认证和验收的基本要素
(图片由桑迪亚国家实验室的 Lisa Deibler 和 Bradley Jared 提供)

## 8.2.1　传统制造业

尽管图 8.9 所示是针对金属增材制造提出的,但也强调了任何开发工作所需的关键要素。增材制造的独特要素显然是与打印相关,因此其验证和控制方法也与传统的工艺路线不同。减材制造技术,即机加工、冲压和成形,因为零件在成形前可以对其原料进行检验,将零件的几何形状和材料分离,所以零件的性能通常取决于原料的质量和零件表面尺寸。依赖减材制造技术生产零件的应用领域和行业在向金属增材制造工艺过渡时,面临的最大障碍便是需要在很短的时间内掌握大量的新技术。

激光焊接工艺涉及的物理学与金属增材制造工艺类似,因此可以共享要素,如通过机器校准、原位监测和过程工件等进行过程控制。激光焊接人员熟悉原料和工艺输入对最终零件材料的影响,也掌握破坏性和无损评估技术(nondestructive evaluation,NDE),或者诸如卡扣板和 CT 等无损检测(nondestructive testing,NDT)技术进行材料表征。然而,焊接与金属增材制造不同,尽管需要注意限制接头变形以满足装配的几何要求,但焊接不会明确地制造零件的几何形状。

铸造、锻造、金属注射成形和粉末冶金与金属增材制造相像,它们都能同时产生零件材料和几何形状。这些工艺包含了图 8.9 中的所有要素,因此,为质量鉴定提供了优先考虑方向。事实上,尽管结构铸件同样面临制造变异性、材料异常性及缺乏预测性工艺和材料模型等类似的挑战,但这些铸件已经成功应用于航空领域[73]。因此,一些行业部门积极开发金属增材制造的质量认证方法[9]。铸造行业的一个重要的方法是分区,即把零件分成具有不同要求的离散区域。这种方法引起金属增材制造设计师和工程师的关注。该方法通过减少非关键零件特征和分段的公差来减轻质量鉴定和检查的负担,从而减少非关键零件区域的资源分配[73]。

### 8.2.2　点设计

迄今为止,工艺的复杂性、缺陷的存在及由此产生的材料不确定性促使了相对保守的鉴定方法。该工作依赖传统的点设计或点源鉴定方法。开发这种方法是为了证明使用严格定义的材料和工艺规范设计制造的单一零件,能满足特定产品的应用要求。但由此产生的认证依据无法转移到新的应用、要求、零件、材料或工艺中。这种方法适用于大批量生产,但对于中小批量和需要频繁修改产品的应用场景(如维修或大规模定制)而言,这种方法就显得力不从心。

点方法需要大量的开发资金,因为在测试和表征期间产生的数据必须随着每个独特的产品设计或工艺变化而一起生成。由于增材制造金属的随机性[19],必须对其分布进行量化,以建立含有不确定性的设计余量(图 8.10)。现有的方法需要在开发过程中进行大量的测试,但即使最近被证明可以利用高通量测试方法,但该方法成本仍然很高[18]。因为禁止出现偏差且要求在一些定义的质量框架内进行鉴定活动,因此通常对材料原料、最终材料、工艺步骤、设备设置、成形布局和产品设计文件施加限制性余量和规范。在生产过程中,严格的后处理检查通常较慢且成本较高,而且在某些情况下精确度不足,但在点设计框架中很常见。增材制造研究人员通常探索工艺-结构-性能-使役性能关系的重要性,以便在基本层面上理解工艺的物理和材料行为[74]。虽然这些知识在点设计框架中显然有益且可取,但产品要获得认证并不需要广泛而全面的理解。

### 8.2.3　零件族

随着企业和行业建立起工艺和材料的知识,在早期使用金属增材制造时有望采

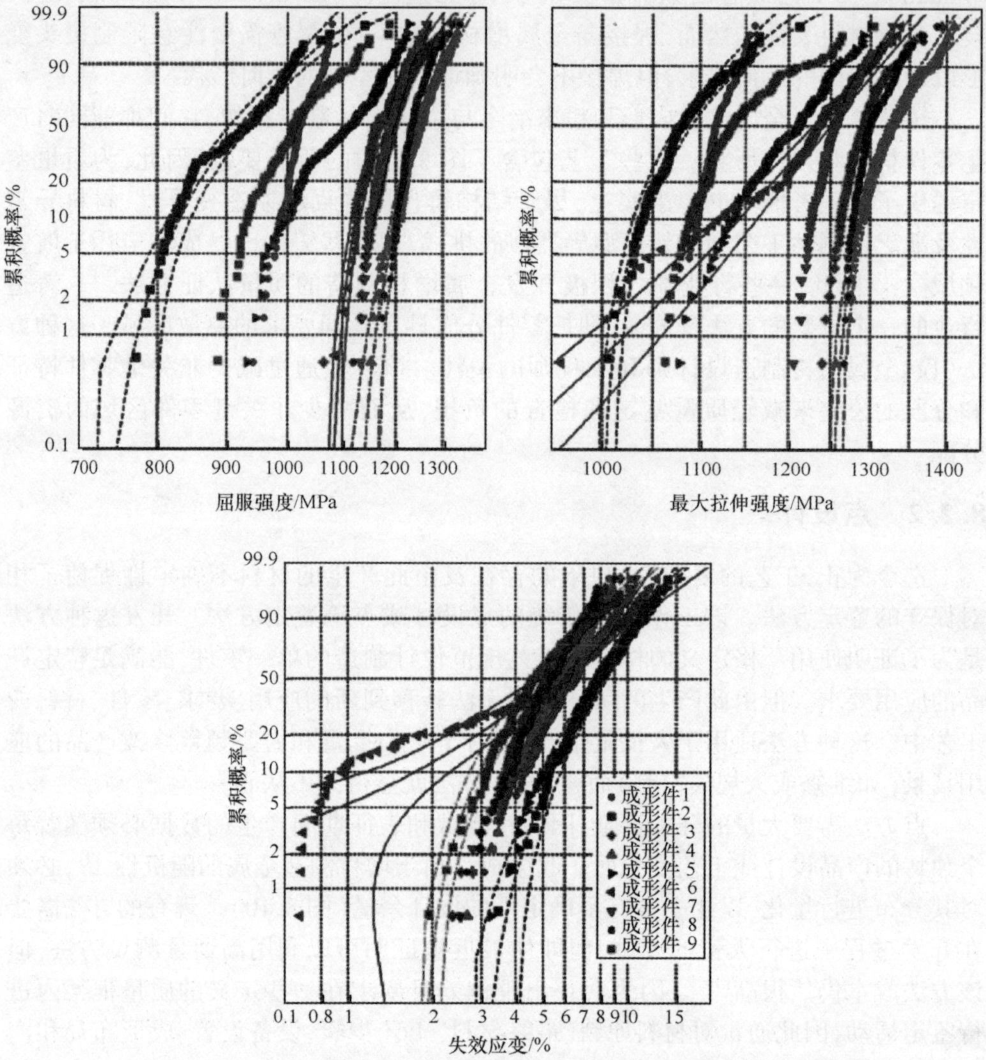


图 8.10　17-4PH 不锈钢在 9 种不同结构下的性能变化,性能被绘制成 Weibull 概率分布,并可以拟合到适当的参数[19]

用点设计方法,然后自然演变到采用零件族鉴定。具有相似功能、材料、几何形状、检测方案和工艺谱系的零件可以使用一个通用的鉴定依据基础来加速开发周期[9]。虽然在点设计和零件族鉴定方法之间可能出现分级,但完全成熟的零件族方法可以鉴定一个基线零件,该基线零件代表了该族所有其他的零件。然后可以获得完全可转移的鉴定依据,这样零件族中的任何新设计都不需要单独的鉴定工作。

### 8.2.4 先进的认证方法

就应用而言,金属增材制造的全部潜力受限于鉴定、认证和产品验收的挑战、进度和成本。为此,全球各地的研究人员致力于加快金属零件的开发速度,以满足广泛的应用和行业需求。各种术语被制造出来用于描述这些先进的方法,如快速鉴定[75]、加速认证[58]、出身鉴定[76]、质量制造[77]、基于模型的鉴定[9]和基于科学的鉴定[78]。无论哪种命名方式,这些先进的方法都力求产生一种预测能力,从而能够准确、快速、低成本地生成、验证和认证鉴定依据、工艺定义、材料属性和零件性能。

图8.9的基本要素在任何先进认证方法中都是保持不变的。然而,开发和验证这些要素的途径不同。先进认证的基础是加强对金属增材制造工艺物理、材料性能和零件性能(PSPP)的科学理解。这些用于集成开发零件工艺、材料和几何形状的PSPP需要与金属增材工艺中存在的物理现象耦合一致,因此可以用于优化零件和工艺,表征工艺的灵敏度,并量化裕量,从而无须花费高昂的设计—制造—测试迭代成本,即可快速可靠地实现零件设计和工艺开发,并满足产品需求。

由于时间和费用的成本,工艺的复杂性不允许单纯依赖经验方法来量化PSPP。相反,需要建模和模拟工具。目前提出了一种集成计算材料工程(integrated computational materials engineering,ICME)的方法[82],该方法在多个空间和时间尺度上捕捉工艺和材料物理学信息。工艺模型必须捕获与原料输送、材料熔化、熔池相互作用及材料凝固相关的物理场和工艺-结构关系,以提供全面的工艺优化能力。材料相互作用尺度的模型(通常为数十微米至几毫米),对于定义减轻和减少缺陷形成的工艺条件是必要的[14,83]。零件尺度的模型主要用于预测残余应力、变形和潜在的成形错误,也可以与热力模型耦合预测材料的微观结构[84-85]。

零件尺度性能模型可以在成熟度、复杂度和准确度三个层次上建立。第一层是利用实验得出的整体材料性能构建有限元分析连续体模型。这些材料性能可以是离散值(如模量或屈服强度),也可以是响应曲线(如工程应力—应变曲线)。第二个层次模型复杂性是将材料缺陷(主要是孔隙率)纳入零件模型(图8.11),然后在开发过程中探讨缺陷分布的影响,以定义余量、产品缺陷公差或检查标准。利用实验法确定这些量既昂贵又困难,因此计算工具非常有价值。如果通过CT获得的零件孔结构信息及时提供给零件模型,可以预测预期产品的性能,那么材料模型(如果能快速有效地执行)能在生产中发挥重要作用。第三个层次的模型准确度基于在相关尺度上捕捉材料的微观结构。这种模型通过纳入孔隙率、晶粒结构、夹杂物、相和其他材料性能的影响因素,可以更准确地预测材料和零件性能[87]。这种能力有助于实现材料和合金设计的宏伟愿景,将材料和零件推入传统方法无法达到的领域。此外,一种更全面的设计和制造范式将这些先进的材料模型与工艺模型,以及基于计算的设计优化工具结合起来[79](图 8.12)。这些模型单元的计算成本相对较高,因此需要将它们组合起来研究以大幅提高计算效率[88]。

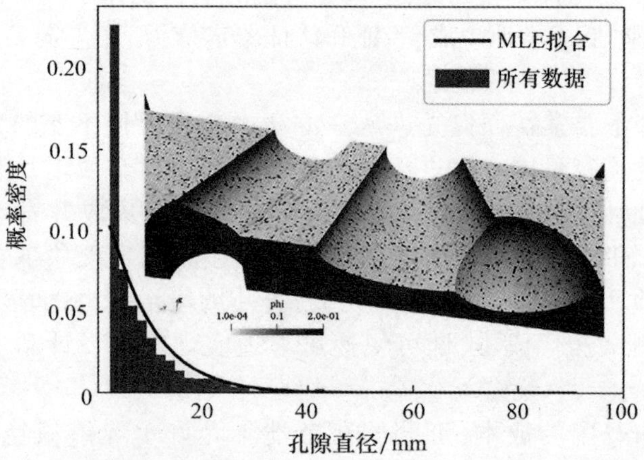


图 8.11 将孔隙概率函数整合到零件几何形状上,进行性能负荷模拟[86]

无论采用何种设计和开发方法,对于金属增材制造工艺而言,产品的验证和验收都至关重要。特别是高后果的应用场合,必须推进原位和非原位的无损检测技术,以促进快速、准确、可靠的筛选、计量、过程监测和过程控制。必须制定标准,以确保材料和工艺规范可信且与鉴定活动相关。数据管理和分析也是重要课题,既能够快速制造不同谱系的零件,生成与这些变体相关的大量输入,也可以强化对数据库和产品管理的需求。解决方案可以是内部开发的[89]也可以是商业采购的[90],但其对构建稳健的开发和生产环境至关重要。无论是设计文件、计算模型、过程中的数据流,还是加工后的检查,都存在大量的数据集,这进一步加重了现有数据基础设施的负担。因此,任何先进的认证方法都必须推进应对这些挑战所需的技术和工具。

### 8.2.5 鉴定设计

在进行功能设计和制造设计时,金属增材制造提供的复杂性和自由度是经常被引用和应用的一个优势。根据鉴定和验收标准来设计,即为合格而设计[91],是开发周期的额外考虑因素。在考虑不确定性和裕度时,需要考虑并仔细管理系统、

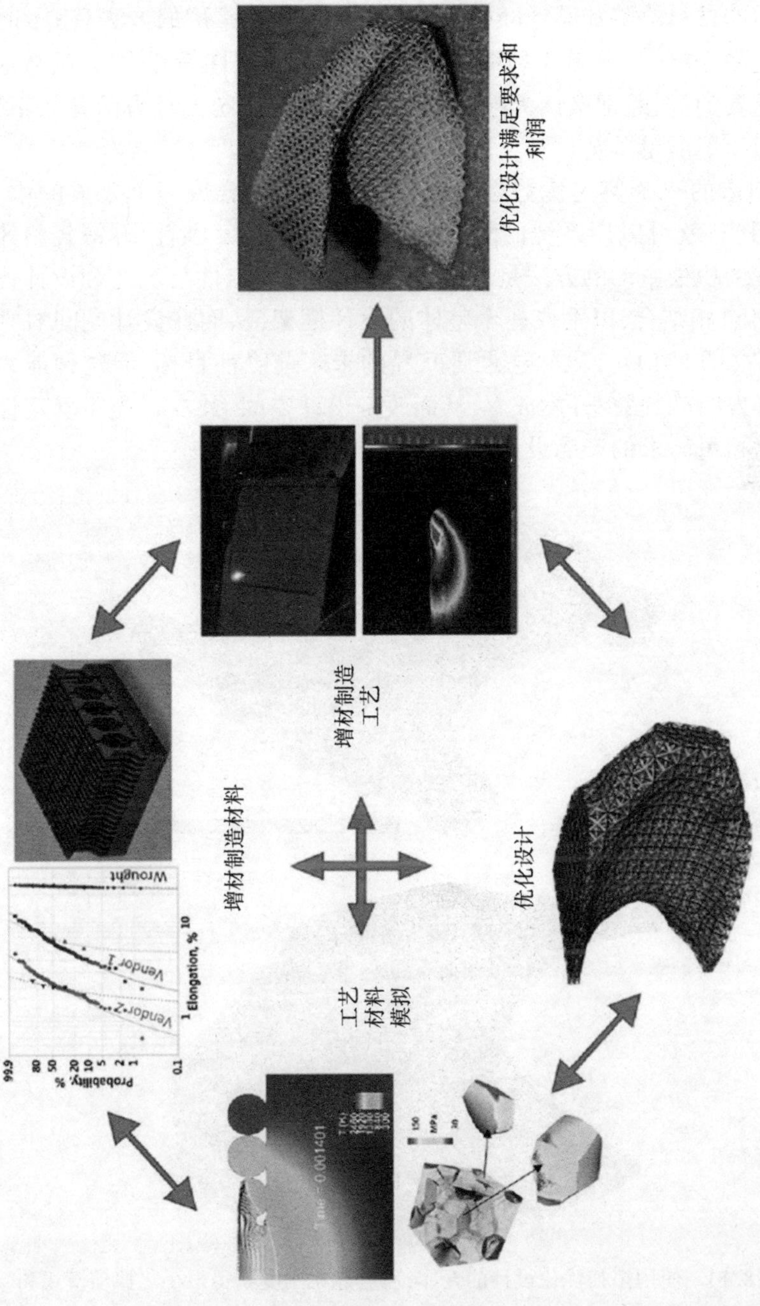


图8.12　融合了计算模型、设计优化、工艺优化和材料认知等元素的高级鉴定示意[79]

部件和零件层面的要求。工程师，尤其是航空航天领域的工程师，能够熟悉地管理随机分布的材料缺陷和其他随机行为现象的影响。常用的方法有击倒因子[92]、概率损伤容限分析[73,93]、基于风险的框架[75]和不确定性量化[94]。虽然这些步骤是必要且重要的，但通常被认为起反作用，特别是在传统设计方法背景下，这些步骤被认为阻碍了质量鉴定。

增材制造的一个鉴定优势是能够将多个零件组合成一个集成的单一零件。如果操作得当，就可以用系统的复杂性来换取材料的复杂性，并减轻整体的鉴定负担。另一个积极主动的方法是，将设计要求和不确定性与工艺和设计优化工具（如拓扑优化）相结合，以生成一个整体的设计框架，从而在设计期间对零件进行基本鉴定[79]（图 8.13）。虽然这是研究界的未来前瞻性目标，但这种能力将从根本上缩短开发时间、减少开发成本，从而改变设计空间，并在存在不确定性的情况下提供满足裕量需求的产品设计。

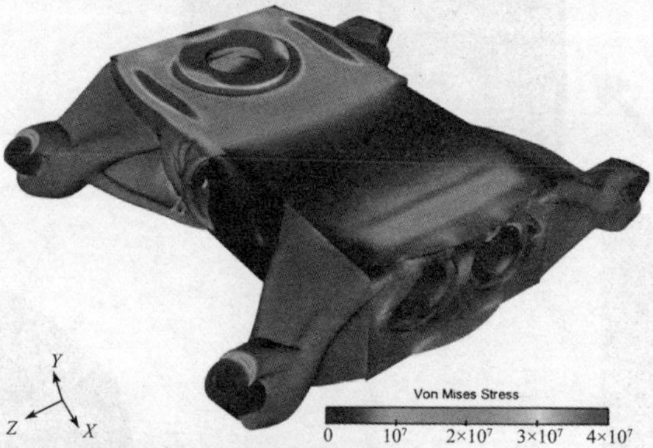


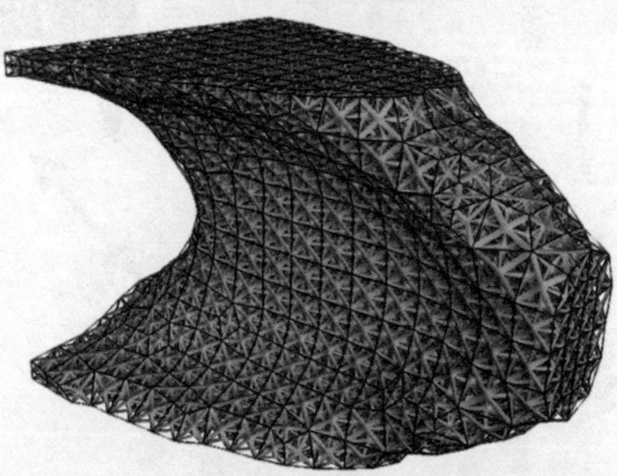

图 8.13　使用拓扑优化设计的壳体，通过优化刚度获得最小化振动模式和振幅（左）[81]和用四面体格子设计的三维米切尔结构（右）[80]

# 8.3 功　能

## 8.3.1 设计要求

设计功能是对系统、部件或零件应用的最高层次需求，其为指导几何、材料、工艺和验证的所有其他规范奠定了基础。虽然功能需求驱动了其他技术规范，但通过金属增材制造提供的结构和材料可以得到传统方法无法实现的功能。因此，需求和增材制造的工艺输出在设计活动中相互约束，也就是说，在约束条件下定义能够以最优方式执行特定任务的组件、系统成工艺[95]。操作功能主导产品需求，但成本、可靠性、可制造性和可重复使用性也是设计中必须考虑的额外因素。

## 8.3.2 性能评估

在产品开发的早期概念设计阶段，功能需求通常是以最初的，有时是名义上的形式提供。因此，研发的一个重要内容是根据操作环境、生命周期、裕量和不确定因素来完善和定义这些要求。根据零件性能的关键性和重要性，建立和验证设计性能的难度和成本都不尽相同。无论规模如何，评估通常包括实验测试、材料和部件的表征和模拟。将测试和表征与模拟相结合特别有益，因为测试和表征结果可以用来评估和改进模型输出。这样可以更快、更高效且低成本地进行模拟，以便更快地进行设计迭代和量化裕量。

性能测试可以涵盖广泛的活动范围，但其目的是检查相关环境下的系统、组件、零件或材料行为。这些环境可提供的载荷包括力（如冲击、震荡）（图 8.14）、热（如高温）、电（如电压、电流）、磁（如磁场）、化学或生物等负载。环境也可以是周期性的（如疲劳），或与时间有关的（如腐蚀）。最后，通过操作测试来验证产品性能和量化裕量。

## 8.3.3 产品验收

研发过程中的鉴定困难是阻碍金属增材制造工艺更广泛应用的常见因素。然而，在生产中确保产品质量同样并非简单或容易的任务。由于生产零件的数量可能大大超过研发零件的数量，因此产品验收被称作更艰巨的挑战并非没有道理。对于高后果的应用而言尤其如此，在这种情况下，有必要积极地禁止接受不符合要求的零件。

理想情况是，在具有代表性的操作环境中进行功能测试，以确保每个部件在生产和最终使用中的性能。然而，由于成本、进度、测试和测量能力，或者在交付

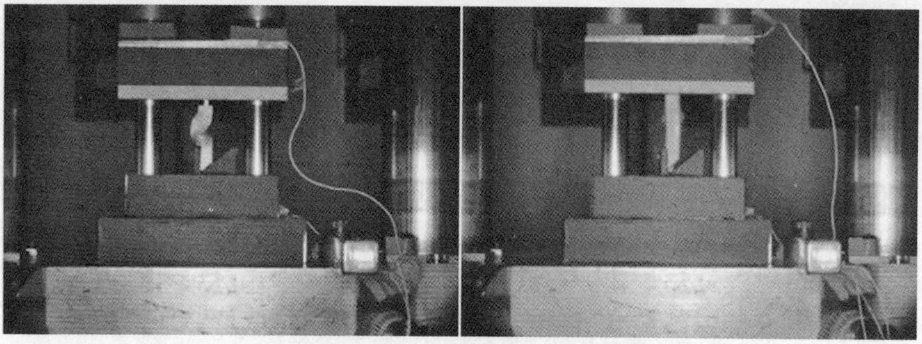

图 8.14　空心金属外壳的冲击测试。一件式增材制造设计(右)
比传统的两件式机加工和焊接设计(左)更轻更强
(照片由桑迪亚国家实验室提供)

前可能损坏产品,这种测试在多数情况下不合理。因此,在生产过程中需要进行替代的、正交的测试和表征,从而对零件质量提供严格且全面的评估[96]。验收标准至关重要,因为生产测试必须对材料和零件的性能进行预测性评估。零件验收标准和零件不符合这些标准的后果通常在开发过程中确定,因此举证责任发生在鉴定期间,这在一定程度上解释了整个金属增材制造应用对鉴定的普遍关注。

对生产零件进行测试是金属增材制造零件的常见且重要的方法。如果设计载荷低于损坏阈值(如屈服强度),则可对每个零件进行无损检测。在测试过程中捕捉载荷曲线,可以识别存在严重缺陷的不良零件,也可以牺牲有限数量的零件进行破坏性批量取样。这种测试被认为可以捕捉到全过程故障,即获得材料原料或工艺输入的变化超出了可接受工艺的范围。在开发过程中需要解决的重要问题包括测试零件的数量、频率和选择标准,如在每个成形平台上随机的成形位置选取一个零件。这些标准本质是零件的相似性,即一个牺牲零件在成形周期中可表示或预测其他零件的行为。

## 8.4　几何特征

### 8.4.1　要求

几何形状的复杂性是任何增材制造工艺的标志,金属增材制造也不例外。增材制造零件的公差与常规几何形状的公差类似,基本上包括两个尺度维度:尺寸形状(或几何精度)及表面光洁度。可实现的形状和光洁度公差因工艺和材料而异,但与减材加工的精确几何形状和光洁度相比,增材制造的净形状和光洁度与铸件更接近。金属增材制造的设计公差与传统设计类似，主要是在三维 CAD 模型中或在有代表性的二维图纸上获取和表达。然而，增材制造独特之处在于内置结构和凹角特征、可计算优化的拓扑结构及建构化材料（图 8.13）。这些拓扑结构的自由形状特征几乎不能用相对简单的形状（如平面或圆柱体）来表示；它们固有的复杂性也无法用二维绘图形式来表示。在标准几何尺寸和公差（GD&T）系统中确实存在形状标注，因此没有必要建立新的尺寸标注和公差框架。然而，对自由形状的拓扑和结构表面上的尺寸公差设计了解甚少，而且比传统的公差要求（如平面度、圆柱度或平行度）的直观性差。因此，设计师和工艺工程师必须共同努力，以确保准确制定、传达和实现设计意图。

商用金属机器利用 CAD 模型表示零件的几何形状并建立工艺顺序。因此，从开发到生产，必须基于模型的基础制造设施，管理和控制几何规格和数据集。零件的几何形状必须通过 CAD 模型来指定，最常用的是与当前 CAD 软件包兼容的格式。然而，拓扑优化的几何形状和结构材料也可以采用不同的格式，最明显的就是水平集[97]和基于梁的表示[98]。但是这些高级的拓扑结构，其文件可能很大，这给网络和软件平台之间的文件存储、传输、管理和转化带来了挑战。

## 8.4.2　尺寸测量学

检查和验证零件几何形状是一门众所周知的技艺。然而，尺寸测量历来侧重量化外部零件表面的精度和粗糙度（图 8.15）。硬度计、卡尺、千分尺、高度计、显微镜、结构光扫描、形状干涉仪和三坐标测量仪都被用于生产中，以检测零件形状并确保它们符合尺寸公差。同样地，触针式轮廓仪、光学轮廓仪、结构光扫描仪和干涉仪通常用于测量零件表面粗糙度。因此，可以获得表面特征的金属增材制造零件的几何形状可以通过各种现有技术进行量化。然而，这些测量技术尽管可行，但并没有考虑其使用过程的相关成本。尽管打印的增材制造零件复杂性成本最低代表了制造工艺的根本模式转变[8]，但零件的复杂性增加了与检查和测量相关的时间、成本和难度。在质量鉴定过程中必须理解和解决这一现实问题，因为它对产品验收至关重要，并且在某些情况下可能会使开发或生产活动变得不切实际或不可能。

尽管内置特征、凹角和建构化的结构为与轻量化或共形通道相关的特征提供了显著的优势，但是这些几何形状仍无法使用传统的尺寸测量方法进行测量。相反，它们必须依赖破坏性的表征（连续切片），或基于辐射的技术（CT）[100-104]，或射线照相[82]，或中子衍射[105]。破坏性切片在开发过程中很有用，但它通常用于了解材料的微观结构而不是零件几何形状。辐射技术更适合产品的验收，因为它们

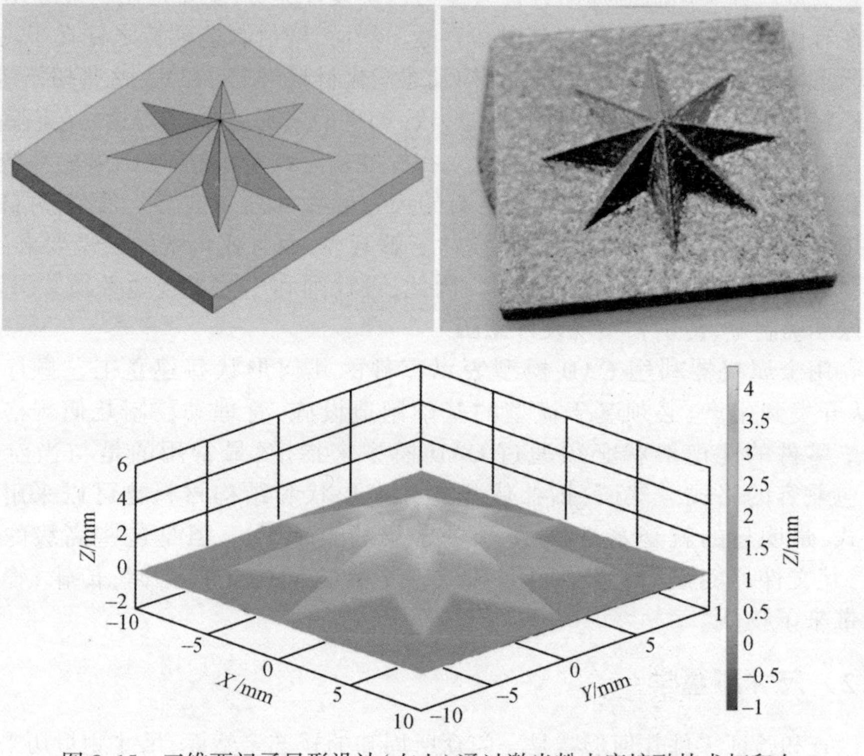


图 8.15　三维西门子星形设计(左上)通过激光粉末床熔融技术打印在 17-4PH 不锈钢上(右上),其表面形貌通过边缘投影显微镜(底部)测量[99]

不会破坏产品的部件,但可以获取内部体积和特征。中子衍射是一种有价值的研发工具,但由于其测量时间长、分辨率低和过高的成本,在产品验收方面仍然不实用。

射线照相和 CT(图 8.16)是表征内部零件几何形状的更可行的途径,目前在整个金属增材制造领域得到广泛的研究。它们过去侧重识别零件缺陷,如裂纹、夹杂物和气孔。然而,最近增材制造的发展及具有内部特征和结构的复杂零件的引入,促使这些技术在尺寸计量中得到应用。因此,测量技术、硬件能力和分析软件都在发展。关键的挑战包括大数据集的管理,提取有用的尺寸量的分析算法、有限的参考标准,以及建立一个量化测量不确定性的可追踪路径。

零件表面的尺寸计量是一个成熟的领域[106],因为在测量技术、分析方法和不确定度量化的方面标准有很多。ASME 委员会 B89 提供了一系列尺寸形状计量标准,包括长度、几何尺寸、坐标测量技术、一般原则、环境和测量不确定度等[107]。同样,ASME 委员会 B46 制定了零件表面光洁度的设计和测量标准[108],包括增材

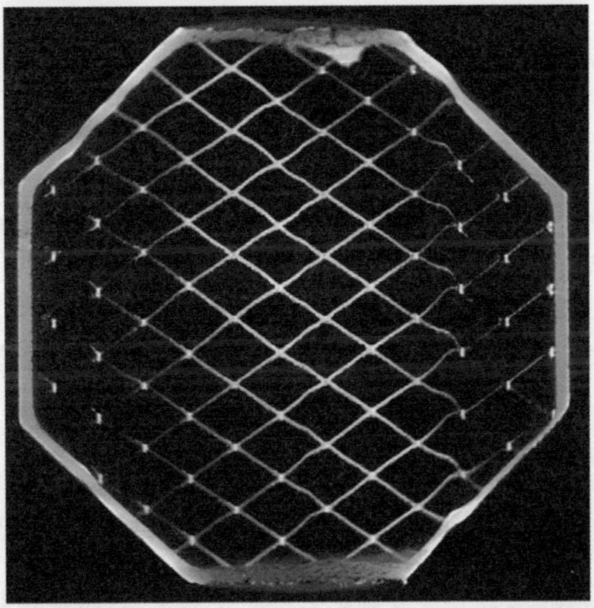

图 8.16　使用激光粉末床熔融技术在 Inconel 718 合金中打印的 43mm 宽的 26 面空心多面体(上)。去除粉末后的零件内部的计算机断层扫描(下)显示了内部支撑结构和壁厚

制造形貌[109]。CT 和结构光扫描是相对较新的计量技术,由于增材制造的发展,技术界对其产生了极大的兴趣和关注。虽然这些工具集的标准有限且不成熟,但标准机构正在积极努力解决差距和问题[103,110]。

# 8.5 原　料

## 8.5.1 要求

原料质量极其重要,因为它是打印材料的基础。原料缺陷在打印过程中很少消失,往往表现为打印件的缺陷。因此,高质量的零件需要优质原材料。金属增材制造的原料有三种主要形式:粉末、线材和板材。粉末用于粉末床熔融、定向能量沉积和粘结剂喷射。线材用于多种沉积工艺,包括激光熔丝沉积、电子束自由成形制造和电弧增材制造[111]。板料则用于薄材叠层或超声增材制造。不同的原料形式和合金面临的挑战各不相同,但要求大致分为成分、几何形状和动态特性。这些要求应在开发和鉴定过程中确立。此外,由于原料、增材制造工艺和最终零件性能之间的密切联系,这些要求必须与工艺开发和零件性能验证活动同时确定。

原料成分规定了合金成分、比率和相分数。在原料形成过程中通常伴有不均匀性,需要通过适当的规范和控制来保证原料生产。原料污染可能出现在表面(如氧化物)、体内(如夹杂物或气孔),或在粉末的情况下以单个异物颗粒的形式出现。它们可能在生产(如过量的氮气)、储存(如湿度或氧化物)、搬运(如异物颗粒)或调节(如筛分、翻转或热处理)过程中产生或引入。在打印过程中,通过引入飞溅颗粒[22]或机器污染物也可能导致污染。必须确定规范定义可接受的原料污染类型和水平,以及在生产、搬运、储存、调节和再利用过程中预防污染的缓解步骤。可以根据标准(表 8.2)、市售现货产品[113,115]或适合产品应用的定制混合物来指定成分。

金属线和金属板是传统的材料形式,因此有大量的标准来表征它们。负责金属涂层钢铁产品的 ASTM 委员会 A05 提供了几个例子[116]。材料认证很容易从供应商那里获得,因为它们的尺寸(直径或厚度)、均匀性和材料的均匀性都可以很好地被控制。

原料的几何形状涉及其尺寸和形状。对于粉末,指的是颗粒的粒径和球形度;对于线材,指的是直径和圆柱度;对于板材,指的是厚度、平整度和平行度。对于线材直径和板材厚度而言,由于其均匀性和一致性,采用单一数值带公差就足以满足规范要求。然而,金属粉末通常由数十亿个小颗粒组成,直径为几十微米到几百微米,很难在严格控制的范围内生产。潜在的分布指标包括平均粒径,10%、50%、90%分布的粒度分布,长宽比和圆形度。实际粒径分布可以根据体积分数或累积频率进行统计。

表 8.2　金属 AM 粉末技术规范的现有标准

| 参考号 | 标题 |
| --- | --- |
| ASTM 国际金属粉末和金属粉末产品委员会 B09[112] | |
| B243-19 | 粉末冶金标准术语 |
| SAE 航空航天材料规范—增材制造委员会(AMS-AM)[71] | |
| AMS7001 | 增材制造用 62Ni21.5Cr9.0Mo3.65Nb 耐腐蚀耐热镍合金粉末 |
| AMS7002 | 航空航天装备零件增材制造用金属粉末原料的生产工艺要求 |
| AMS7003 | 增材制造用 60Ni22Cr2.0Mo14W0.35Al0.03La 耐腐蚀和耐热镍合金粉末 |

原料的动态特性与其在发生沉积时材料相互作用区域的运动有关。对于离散的粉末,其特性与其末流变学有关,并与铺展性(针对粉末床和粘结剂喷射)、流动性(针对 DED)、表观密度和振实密度有关[117]。对于线材和板材原料而言,材料运动的随机性小于粉末,而且受原料刚度和滑动面间摩擦条件的影响。线材和板材原料的动态特性最终由其他特性决定,即尺寸、形状和成分;但由于它们之间的相关性难以建立,因此往往分开表征。

在处理粉末原料时,一个重要的考虑因素是粉末再利用的条件,有时被误称为回收。粉末规格通常适用于以“原始”或“未使用”状态提供的进厂原料(图 8.18)。一种极其保守的方法是要求在所有开发和生产活动中使用来自单一粉末熔炼批次的新粉。因此,可以对整个粉末批次进行检查和检验,并高度确信其性能后再按规范使用。这种方法通常非常昂贵,除非使用过的粉末可以被回收用于制造其他质量要求较低的零件。粉末可以通过球化技术进行真正回收,其中粉末形状和表面污染物(主要是氧化物)可以使用电感耦合等离子体进行修复[118]。虽然已知金属粉末在打印、筛分和搬运过程中会发生变化[22],但其变化率及其对打印材料和零件的影响由合金和工艺决定[9]。例如,300 系列不锈钢、CoCr 和 Inconel 合金对处理和循环利用相对不敏感[9,22]。反应性合金,如 Ti-6Al-4V[9] 和 Al-Si-10Mg[119] 对使用和再利用条件更为敏感,因此必须进行相应的处理和管理。了解这些敏感性及其对材料和零件性能的后续影响,对正确规范粉末要求至关重要。

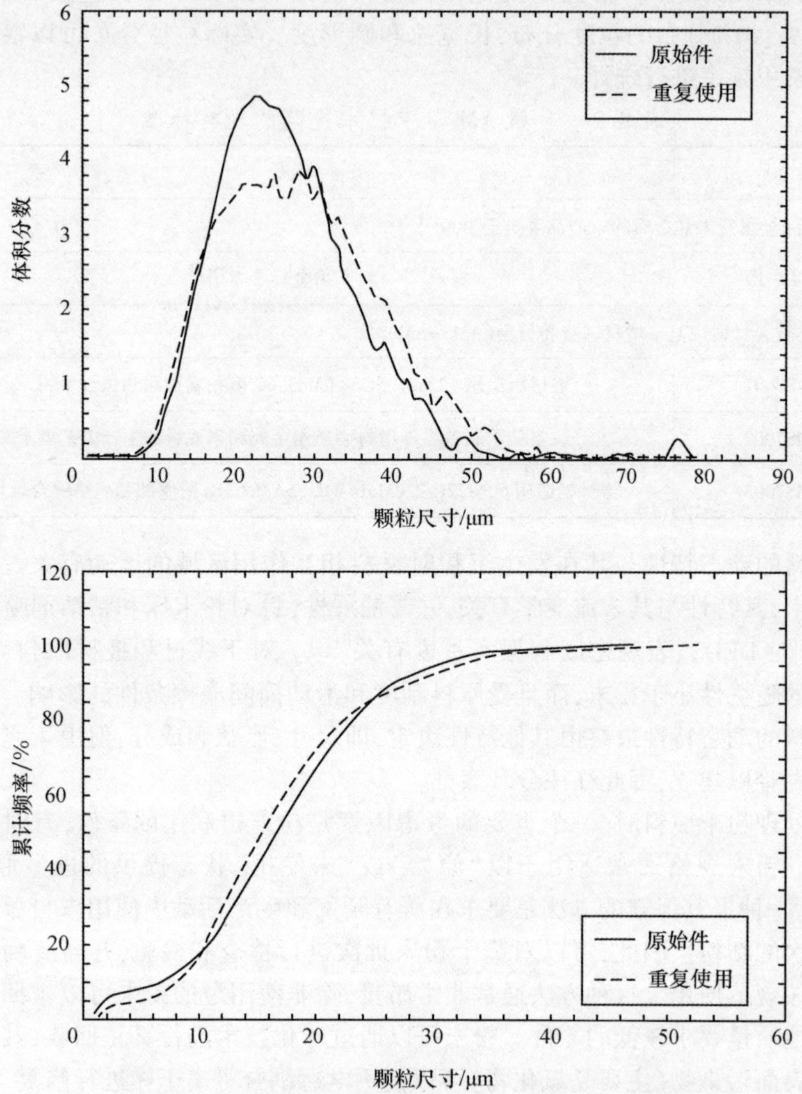


图 8.17　用扫描电子显微镜测量的原始和重复使用的
316L 不锈钢粉末的尺寸差异和累积尺寸分布[22]

## 8.5.2　检查

检查未使用、重复使用或翻新的金属原料是开发过程中确定技术规范的一项重要活动。它对生产同样重要，以确保产品质量。采样的频率是由产品裕量和打

图 8.18　未使用的 316L 不锈钢粉末[22]

印过程中的原料变化率决定的。至少应该在每批原料采购时和翻新后进行检查。尽管可以实施有限的检查方案以降低成本和提高产量,但建议在每次重复使用时进行表征。

线材和板材原料的检测相对简单,可以采用常规制造工艺中的多种测量技术获得其尺寸(如线径或板材厚度)和成分。然而,粉末检测需要不同的表征技术来提供关于成分、形态(尺寸、形状、分布)、流变性(流动性、铺展性、振实或表观密度)和孔隙率的完整信息。表面成分可以采用能谱仪(EDS)[120]来评价,该技术最适合生产,相对较快但准确性不高。更精确的表面表征需要采用 TEM、俄歇光谱或 X 射线光电子能谱。整体成分分析技术包括 TEM、LECO 炉燃烧法和质谱法[22]。粉末的粒径、形状和分布可以通过 SEM 成像[121]或激光衍射[122-123]进行量化。粉末内部孔隙率可以采用氦流法真密度仪[124]、BET[125]、金相制样和 CT 进行量化。粉末流动性和铺展性是难以与工艺物理学联系的主观指标,在业内被广泛讨论和争论[126]。但无论如何,霍尔流量计(ASTM213-17)[127]、阿诺德流量计(ASTM B855-17)[128]、卡尼漏斗(ASTM B964-16)[129]、豪斯纳比率[130]和雪崩角测量仪[136]都可用来量化粉末的相对流动性。虽然研究人员正在探索潜在的表征方法,但目前还没有表征粉末铺展性的标准技术[131-133]。其他表征粉末动态特征的技术主要侧重测量粉末流变测量学的不同方面和指标[134-135]。

多个组织提供了粉末特性的技术规范,其中大部分源于粉末冶金(表 8.3)。虽然这些规范提供了指导,但它们不一定适合金属增材制造工艺[138]。标准委员会正在制定专门针对金属增材制造粉末要求的新标准。其中,包括 ASTM 金属粉末和金属粉末产品委员会 B09[112]、增材制造技术 ASTM 委员会 F42[68]、ISO 技术委员会 261 增材制造[69]、SAE 航空航天材料规范—增材制造委员会(Aerospace Material Specifications-Additive Manufacturing,AMS-AM)[71]和金属粉末工业联合会(Metal Powder Industries Federation,MPIF)[137]。

表 8.3 粉末原料的特征标准

| 参考号 | 标题 |
| --- | --- |
| ASTM 国际金属粉末和金属粉末产品委员会 B09[112] | |
| B212-17 | 使用霍尔流量计漏斗测试自由流动的金属粉末表观密度的标准方法 |
| B213-17 | 使用霍尔流量计漏斗测试金属粉末流速的标准方法 |
| B214-16 | 金属粉末筛查分析的标准测试方法 |
| B215-15 | 金属粉末取样的标准方法 |
| B329-18 | 使用斯科特体积计测试金属粉末和化合物表观密度的标准方法 |
| B330-15 | 使用空气渗透性估算金属粉末和相关化合物平均粒径的标准测试方法 |
| B527-15 | 金属粉末和化合物振实密度的标准测试方法 |
| B703-17 | 使用阿诺德仪测试金属粉末和相关化合物表观密度的标准方法 |
| B821-10(2016) | 金属粉末和相关化合物在液体中分散的粒径分析标准指南 |
| B822-17 | 通过光散射测试金属粉末和相关化合物的颗粒大小分布的标准方法 |
| B855-17 | 使用阿诺德流量计和霍尔流量计漏斗测试金属粉体体积流量的标准方法 |
| B873-17 | 用于 B212、B329 和 B417 测试方法测量表观密度杯体积的标准测试方法 |
| B922-17 | 通过物理吸附面积测试金属粉末比表面的标准方法 |
| B923-16 | 通过氦气或氮气比重测定金属粉末骨架密度的标准测试方法 |
| B964-16 | 使用卡尼漏斗测试金属粉末流速的标准方法 |
| 美国材料与试验协会增材制造技术委员会 F42[68] | |
| F3049-14 | 用于增材制造工艺的金属粉末性能表征的标准指南 |
| 金属粉末工业联合会(MPIF)[137] | |
| 01 | 金属粉末的取样 |
| 03 | 使用霍尔仪测量自由流动的金属粉末的流速 |

续表

| 参考号 | 标题 |
|---|---|
| 04 | 使用霍尔仪测量自由流动的金属粉末的表观密度 |
| 05 | 金属粉末的筛分分析 |
| 28 | 使用卡尼仪器测量非自由流动金属粉末的表观密度 |
| 32 | 利用空气渗透率测定金属粉末的平均粒径 |
| 46 | 金属粉末的振实密度 |
| 48 | 使用阿诺德仪测量表观密度杯的体积 |
| 53 | 金属粉末的表观密度-霍尔/卡尼仪 |

## 8.6 材　料

### 8.6.1 要求

任何产品对材料的要求都是由其设计功能决定的。尽管金属增材制造没有改变这一原则,但它改变了材料的加工方式及其产生的属性。增材制造与传统工艺不同,加工具有相同合金元素或化学成分的金属时,增材制造加工的金属具有独特的微观结构和缺陷。增材制造的金属特性对原料、打印条件、零件几何形状及后处理步骤敏感。因此,开发和鉴定过程中一个重要的组成部分是通过广泛地开展材料测试和表征来量化和优化零件属性。这对于使用新的合金和工艺来说,尤其重要。

金属增材制造产品的性能要求与传统金属相似。结构的机械性能包括密度、弹性模量、屈服强度、极限拉伸或压缩强度、扭转强度、硬度、延展性、断裂韧性、疲劳强度和蠕变等;表面特性可能包括耐磨性和摩擦系数;需要考虑的热性能包括热导率、比热、热膨胀系数、发射率和固态或液态温度;电性能包括电导率、介质击穿和接触电阻;潜在的可靠性和老化需求包括耐腐蚀性和化学相容性。对于增材制造金属来说,性能的各向异性及其随着零件几何和特征尺寸的变化也不能被忽视。另外,产品的应用也必须量化研究温度和应变率的影响。

金属增材制造零件鉴定和验收的一个基本挑战是结构、材料、机械特性相关的不确定性。增材制造金属的偏差受多种因素影响,包括工艺不稳定、原料变化和缺陷结构。由于工艺边界条件和热历史在整个零件制造过程中是不同的,因此,在一个零件中,打印的材料属性也会不同。因此,材料的行为可能会有很大的变化,并出现随机的性质。鉴定工作必须意识到这些不确定性,并试图对其进行量化和说明。在开发过程中,制造和测试的零件数量通常为几十个到100个;而作为产品生产和交付的零件数量要多得多,达到几百个、几千个甚至更多。因此两者的故障率不同,在鉴定和设计时必须意识并解决这一现实问题。特别当测试批次的样本量很小时,在测试过程中观察到的平均或甚至最小特性值可能是不够的。应根据测试样本数量采用统计学上相关的最小阈值(如Weibull阈值)来确定准确的分布[18](图8.19)。

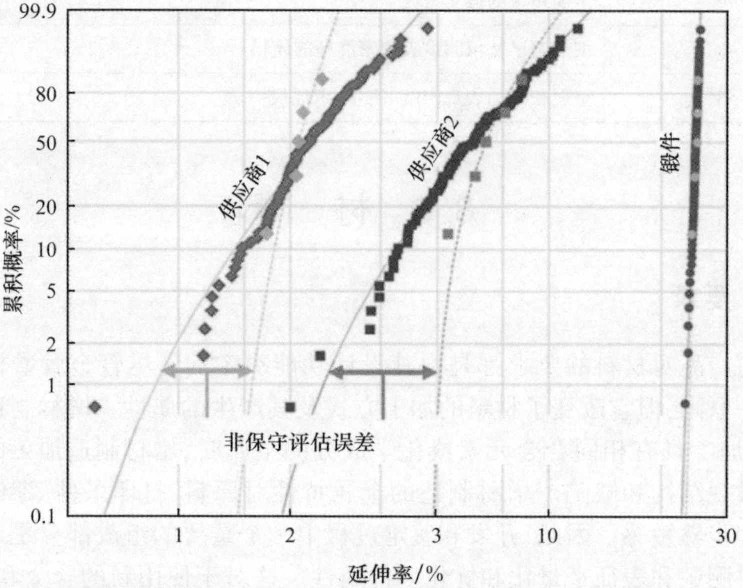


图8.19 仅从5个样品(虚线)与99个样品(实线)进行统计推断的比较,17-4PH不锈钢来自激光-粉末床熔融。五个样品的Weibull拟合产生了对分布左尾的非保守估计[139]

导致增材制造的金属性能变化的一个主要因素是缺陷,其存在形式包括空隙、裂缝、夹杂物、微观结构变化和表面不规则等。如果可以确定对产品性能至关重要的缺陷,量化它们对性能的影响,并在生产过程中实施检测方法对它们进行量化和定性,那么可以量化并减少涉及增材制造金属性能的不确定性。铸造业已经开展类似的工作[140-141]。缺陷的大小、形状、方向、位置和相邻缺陷的关系对材料和零件的质量都很重要。虽然粗大的缺陷显著地降低了零件的性能,但大量较小的缺陷也会对材料性能产生很大的影响[119]。在航空工业中大量的研究表明缺陷会降低疲劳强度[142-143]。与金属增材制造的其他方面一样,缺陷对材料行为的影响是复杂的,难以孤立地进行描述。尽管如此,仍然可以通过材料特性(如极限强度)与平均体积缺陷测量值(如通过阿基米德密度)的关系得到有价值的趋势(图 8.20)。利用这些信息,可以为检查、鉴定和产品验收制定缺陷要求。

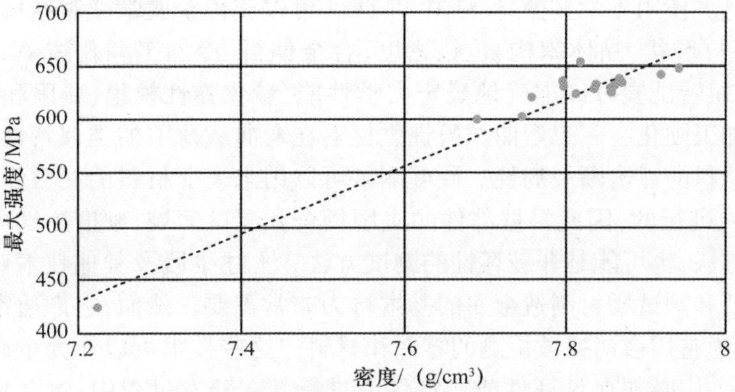


图 8.20　材料密度对激光粉末床熔炼的 316L 不锈钢的极限拉伸强度的影响。每个数据点代表 25 个样品的平均值

金属增材制造一个令人兴奋的进步便是,可以给工程材料引入独特的复杂结构(如梯度结构),但其潜力在很大程度上仍未得到开发。建立、沟通和验证这些结构的规范也在很大程度上没有被探索出来,此外也必须解决材料规范的样式变化。需要根据应用场合制定要求,并且可以在空间上或通过一些可测量的功能输出来定义。

在国际上,金属增材制造有一个被广泛认可的缺陷是缺乏行业标准。虽然在粉末冶金中使用的原材料已经有了指导和标准,但对于 3D 打印的材料来说,情况并非如此。在开发和鉴定活动中,各组织被迫制定并依赖内部规范。虽然这对拥有大量研发预算的大型机构来说,是可以接受的;但对于小型公司来说,缺乏标准是一个重大障碍。然而,随着标准的发布和更多标准的制定,情况正在发生变化。在 ASTM 材料和工艺委员会 F42.05 的带领下,发布了激光和电子束-粉末床熔融(LPBF 和 EPBF)的多种材料规范[144](表 8.4)。这些标准提供了关于部件分类、原料、微观结构、机械性能、化学成分和检查的指导。在撰写本报告时,ISO TC 261 还没有发布标准,但它正在与 ASTM 一起制定关于金属 LPBF 成品性能的联合标准[145]。SAE AMS-AM 已经发布了 DED 和 LPBF 的标准(表 8.4),并且,该机构正在制定关于 Ti-6Al-4V 的激光和等离子弧 DED、Ti-6Al-4V 的 EPBF 和 17-4PH 不锈钢的 LPBF 的标准[71]。

## 8.6.2　检测

### 1. 破坏性测试

金属增材制造的检测在多种应用场合和行业中都是一个普遍存在的基本挑

战。而破坏性测试是一种强大的材料表征方法,可以探索多维度的结构特性。材料消解过程(如通过质谱法、燃烧法、激光诱导击穿光谱技术)能够获得块体成分和杂质信息。使用光学显微镜、SEM 和 TEM 可以获得金属学微观结构信息,如晶粒大小、晶粒形状、晶体织构、位错密度、合金偏析、冷加工和孔隙率等。使用拉伸、压缩或扭转试验可以准确地确定力学性能,量化弹性模量、屈服和极限强度、延展性和加工硬化。三点弯曲试验提供材料在弯曲载荷下的类似特性,而夏比试验提供了材料的冲击断裂韧性。硬度测试可以用来表征材料的屈服强度,它是在局部范围内进行的,因此根据部件的应用场合和测试区域,硬度测试可能是破坏性的测试方法,也可能是非破坏性的测试方法。上述手段及其他技术对于金属冶金学家表征和测试增材制造金属的基本行为非常重要。然而,它们通常被归为研发行为,因为它们会消耗被检测的零件和材料。这些技术可以作为生产验收的一个方面,但它们必须在见证件或牺牲件上进行。在开发过程中,建立其与其他零件性能的相似性和关联性成为优先事项。

表 8.4　增材制造的金属材料规格

| 参考号 | 标题 |
|---|---|
| ASTM 国际金属粉末和金属粉末产品委员会 B09[112] | |
| B311-17 | 含有低于 2%孔隙率的材料粉末冶金(PM)密度的标准测试方法 |
| 美国材料与试验协会增材制造技术委员会 F42[68] | |
| F3122-14 | 通过增材制造工艺制造的金属材料机械性能评估的标准指南 |
| F2924-14 | 粉末床熔融增材制造 Ti-6Al-4V 的标准规范 |
| F3001-14 | 粉末床熔融增材制造 Ti-6Al-4V ELI(超低间隙)的标准规范 |
| F3055-14a | 粉末床熔融增材制造镍合金(UNS N07718)的标准规范 |
| F3056-14e1 | 粉末床熔融增材制造镍合金(UNS N06625)的标准规范 |
| F3184-16 | 粉末床熔融增材制造不锈钢(UNS S31603)的标准规范 |
| F3213-17 | 增材制造标准—成品件性能—粉末床熔融制造 Co-28Cr-6Mo 的标准规范 |
| F3302-18 | 增材制造标准—成品件性能—粉末床熔融制造的钛合金标准规范 |
| F3318-18 | 增材制造标准—成品件性能—激光束粉末床熔融制造 Al-Si-10Mg 的标准规范 |
| SAE 航空航天材料规范—增材制造委员会(AMS-AM)[71] | |
| AMS4999A | 退火态 6Al-4V 直接沉积钛合金产品 |
| AMS7000 | 激光粉末床熔融(LPBF)生产的零件,镍合金,耐腐蚀,耐高温,62Ni-21.5Cr-9.0Mo-3.65Nb,消除应力,热等静压,固溶退火 |
| AMS7004 | 基材上采用等离子弧定向能沉积增材制造钛合金预制品,Ti-6Al-4V,应力消除型 |
| 金属粉末工业联合会(MPIF)[137] | |
| 67 | 粉末冶金金属材料化学分析的样品制备 |
| 69 | 利用自动图像分析确定粉末冶金产品的孔隙率 |

**2. 非破坏性测试**

对于材料科学家和工程师来说,金属增材制造的破坏性测试非常有参考价值,但是除了评估批量样品和见证件,它不可能用于产品验收。作为替代,无损检测方法可用于检测打印产品的关键缺陷。无损检测方法相对成熟,有许多技术可用于材料检测。ASTM 国际无损检测委员会 E07[146]是无损检测的主要标准机构,并有一系列与下面讨论技术相关的标准。虽然这些标准并非专门针对金属增材制造,但它们极具价值,可以对开发和鉴定金属增材制造过程进行评估。

无损检测在铸造行业中很常见,所以已经有一系列的技术来识别增材制造金属的缺陷。无损检测通常依赖缺陷的"特征",在材料不均匀处,或者说缺陷的情况下,其中一些传感器的反应会发生变化。一个非常流行的测量指标是体积密度,用于表征孔隙率。虽然体积密度不能提供关于缺陷大小、形状、位置或数量的局部信息,但它为材料质量提供了一个有用的隐性指标,可以用于工艺控制和评估的初步筛选(图 8.20 和图 8.21)。由于测试成本相对较低,通常被建议用于任何产品的验收。阿基米德法[147]和氦气比重法[124,148]是最常用的无损检测方法。涡流法[149]和模具渗透法[150]是基于表面的筛选技术,用于金属部件和铸件的探伤。尽管上述方法通常仅限于识别体缺陷,但它们对于筛查严重的表面缺陷和裂纹也有参考价值。

共振方法代表了另一类检测方法,在这种方法中,零件受到振动或冲击载荷,以激发其随后的共振响应。这些技术无法识别单个材料的缺陷,但可以识别与共振模式频率和振幅变化有关的零件质量变化。因此,需要与已知良好的参考零件进行比较,通过相对变化进行测量。测试时既可以依靠低频输入来激发低阶共振模式,也可以依靠几十千赫到兆赫的频率来激发高阶模式[151]。零件的反应不仅取决于材料特性,同时也取决于边界条件和零件的几何形状。因此,将变化与打印质量联系起来可能存在一些挑战。

材料特定缺陷的定量化分析耗费巨大,但它为零件质量和性能提供高水平的保证。多种无损检测技术能够对缺陷进行明确的定量化表征,包括声发射检测、太赫兹检测、红外成像、中子成像、X 射线照相和共振检测[152]。CT 是金属增材制造件最常见的表征方法,它代表了商用无损检测方法的"黄金标准",可以生成各种材料和几何形状零件的三维缺陷特征。材料原子序数(高或低 Z)、零件尺寸和零件体积是决定测量分辨率、特征保真度和测量吞吐量的主要因素。CT 最常用于识别孔洞缺陷,但是如果材料原子数差异的对比度足够,也可以对材料夹杂物或污染进行量化分析。由于 CT 提供了孔隙形貌的测量方法,可以探索多种指标来建立材料要求,包括最大缺陷尺寸、总缺陷体积、空隙数量和最近邻缺陷[153](图 8.22)。可以考虑将零件分区以提高测量精度和产品验收的通过率。

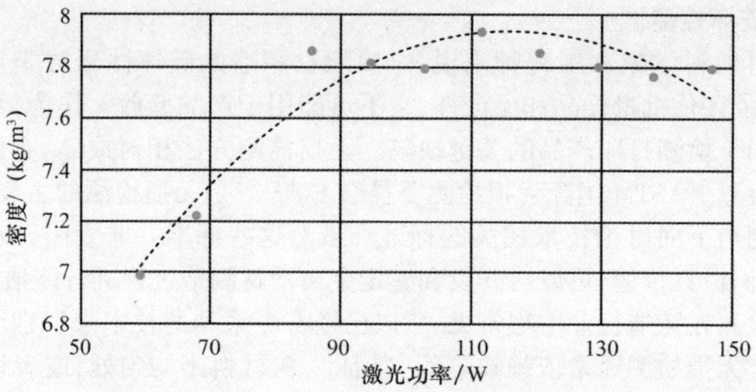


图 8.21　激光功率对激光-粉床熔炼的 316L 不锈钢密度的影响。该数据表明,密度变化可用于指示工艺波动

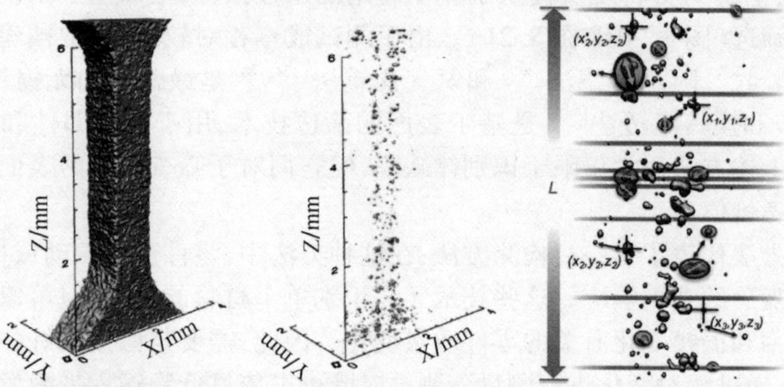


图 8.22　激光粉末熔融 17-4PH 不锈钢拉伸棒的测量截面(左)和内部孔隙率(中)的计算断层图。获得的缺陷指标的视觉描述(右)包括缺陷的总体积、孔隙体积分数、孔隙的空间位置、缺陷的总数量、每单位长度的缺陷、缺陷体积、等效球面直径、由于孔隙率引起的横截面积和最近邻距离[153]

材料结构对其性能至关重要,但通常需要破坏性的金相实验才能定量分析其结构,因此其在大多数生产验收协议中受到的关注有限。X 射线衍射可以定量化得到金属相的分数,但它是一种表面技术,因此描述零件几何形状的能力有限。衍射对比断层扫描(diffraction contrast tomography, DCT)是最近商业化的一种技术[154],用来对体积内的材料织构进行晶体学成像。尽管目前它只限于单相多晶材料,但代表了一种令人兴奋的材料检测新能力。这种有限的能力对定义和制造具有特殊复杂材料结构(如梯度[155-156]或特定地点的微结构[157-159])的部件提出了挑战。因此,可能需要新的检查技术和验收方法来验证这些部件的结构及性能。

虽然内部残余应力本身不是一种材料属性,但它存在于金属增材制造零件的材料体内[160],并能影响零件质量[161]。因为 X 射线和中子衍射[160]代表非破坏性技术,而钻孔和轮廓法提供破坏性方法[162],残余应力的定量化分析具有挑战性和不确定性。所有这些技术都处于开发探索阶段,因此无法在生产环境中实施产品验收。对于有残余应力问题的零件,通常需要使用后加工热处理消除应力。

## 8.7　成形条件

### 8.7.1　要求

**1. 优化**

从理论上讲,可以从零件要求中推导出工艺要求,并根据零件要求进行调整,以达到最佳性能和预期的裕度。然而实际上,金属增材制造通常根据材料指标而非产品指标在单独的开发活动中确定工艺设置。材料密度是一个极其常见的指标,但也可以考虑其他属性(如表面光洁度或强度)。因此,工艺和产品开发活动通常是分开的,一般需要首先完成工艺优化和鉴定。然而,在开发过程中,特别是已知工艺与性能的定量关系时,可能需要调整工艺以适应性能需要。

**2. 工艺**

工艺要求与工艺本身、打印材料和零件的几何形状相关。工艺设置随工艺和设备平台变化,同时也与原料输送、能量沉积、热历史、工艺环境和构建布局等基本要素相关。针对不同 OEM 平台、材料和零件几何形状定义工艺要求,并通过机器直接设置或通过 CAM 工艺文件输入。原料输送取决于原料形式(如粉末或线材),在不同工艺中设置也不同。在 PBF 和 UAM 中需要设置层厚度,而在 DED 中需要设置流速。能量沉积包括诸如 PBF 或 DED 的激光功率、光束直径和扫描速度、粘结剂喷射的烧结温度及 UAM 中的超声波能量等。热历史是对能量沉积的补充,包括 PBF 或 DED 的扫描路径和预热及粘结剂喷射的烧结曲线。工艺环境包括成形室温度、氧气含量、覆盖气体和流速。构建布局是由零件、测试工件和支持结构的几何形状、位置和方向决定的。

任何生产过程的一个重要方面是定义控制范围,在此范围外制造的产品不符合要求。因此,必须量化零件或材料性能与工艺输入量的关系。虽然表征工艺-性能关系可能很昂贵,但在资源允许的情况下,必须优先考虑和确定关键趋势,并进行量化。尽管工艺、成分、结构、性能之间的内在关系(PSPP 关系)很复杂,但可以采用多种形式体现不同工艺输入量之间的相互作用。单一参数的相关性(图 8.23)和探索两个参数(通常是输入功率和扫描速度)的过程图(图 8.24)相对简单[163],然而它们可以用于建立边界条件,以确定可实施的工艺范围。例如,

图 8.23 提供了 LPBF 加工的 316L 不锈钢极限拉伸强度与激光扫描速度的关系。每个数据值代表 25 个拉伸样品的平均值,以及最小和最大的数值。在 1100~1700 m/s,存在一个相对稳定的工艺平台,在单一的工艺设置下,试样属性在整个范围内没有明显的变化。此外,将可接受的最小极限抗拉强度设定为 600 MPa,便定义了 600 m/s 的范围(扫描速度可以在 1100~1700 m/s 变化),在此范围内性能可以被接受,因此提供了额外的裕度。为了真正量化材料裕度和工艺边界,必须掌握工艺和属性变化的关系。

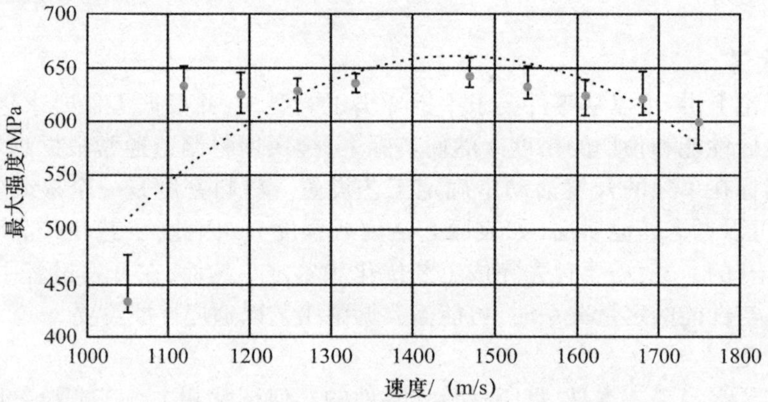


图 8.23 激光扫描速度对激光粉末床熔融加工的 316L 不锈钢的极限拉伸强度的影响。每个数据点代表 25 个样品的平均值,误差条代表最小值和最大值

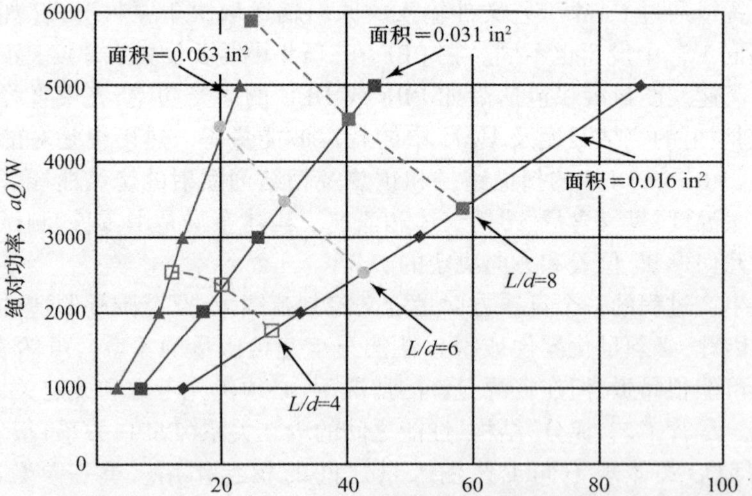


图 8.24 用于控制在送丝电子束增材制造中单珠 Ti-6Al-4V 沉积的熔池尺寸的工艺图[163]

参数调研可能是耗时和昂贵的,特别是如果要处理额外的多个参数。将降阶模型与数据挖掘技术相结合已被证明是减少工艺实验的有效手段之一,并且可以获得定义工艺范围所需的工艺趋势[164]。同样,更完善的计算模型可以为工艺优化和 PSPP 关系提供重要信息。然而,建立更完善的模型需要额外的投资,并面临对模型实用性质疑等多重挑战[88]。

**3. 标准**

可以用分布图来更好地描述增材制造金属材料所展现的特性。行业普遍的一个需求是建立工艺和材料的标准[73,165-166]。然而,由于工艺的复杂性、差异性、变化性和不确定性,使建立系统和普遍的标准变得困难。目前,还不清楚标准协会将如何或甚至是否为金属增材制造建立工艺标准。

## 8.7.2　控制

成功控制金属增材制造工艺对产品的质量和验收至关重要。然而,由于工艺过程物理现象的复杂性和可变性,表征、控制和预测材料和部件的质量具有挑战性。直到最近,由于商业化 OEM 设备中过程控制和缺陷跟踪的能力有限,工艺过程的复杂性越发明显。然而,设备的进步已经开始逐步实现不同程度的过程诊断和控制能力。推进这些控制并将其与 PSPP 相关联,对于推广金属增材制造部件和产品至关重要。传统的过程控制包括建立一个名义的过程状态,监测与该状态的偏差或干扰,然后使用控制措施纠正或适应扰动。任何金属增材制造工艺的成功控制都将遵循类似的方法。

**1. 管理**

通过有限的 PSPP 定量关系弥补控制方面的差距,确定了当前普遍存在的点源鉴定和验收模式。在这种模式下,鉴定过程中对机器硬件、软件、工艺文件和工艺设置进行了严格的规定和限制。通过严格的管理控制,避免生产过程出现偏差。工艺"锁定"包括特定的机器、机器设置、硬件更新和软件版本。同样地,严格管控零件 CAD 模型、中间 STL 文件、工艺模型和机器程序的版本,以防意外地改变。进行必要的零件标记和跟踪,以确保零件的"血统"及机器制造、原料使用和零件位置的可追溯性。此外还要确定操作员的要求并界定培训内容。管理控制的目的在于最大限度地减少工艺变化,但当偶发事件发生时(如机器发生故障),必须做好应急措施。偶发事件可能涉及重新认证协议(如在开发过程中对多台机器进行预审)或冗余控制等。

**2. 过程工件**

一种常见的基于快速成形的工艺评估方法是使用设计工件来量化工艺能力,

以确定材料的性能,并量化机器的操作[167]。这些工件通常复杂,需要消耗宝贵的构建量,并投入大量的资源进行测量和表征。这方面的一个流行的例子可以参见如图 8.25 所示由美国国家标准和技术研究所开发的工件[167]。这样的工件经历了整个"工艺—材料—机器"过程,对工艺变化非常敏感。然而,即使观察到工件变化,也很难给出根本原因。因此,它们提供了粗略的过程反馈,可以通过定期打印(如每周或每月),以确定机器、过程或材料的整体变化。

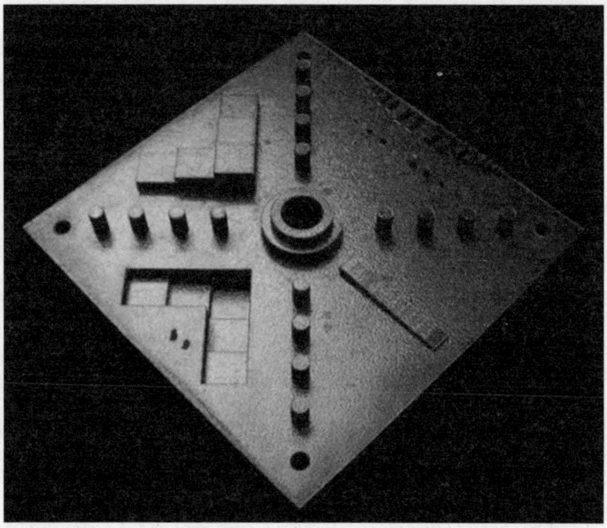

图 8.25　流行的增材制造工艺工件设计[168],打印的零件在水平面上比例是 100mm×100mm

一个更常见、能提供更丰富信息的过程控制方法是在每个构建周期中加入过程工件。类似于焊接中的卡扣板,过程工件通常很简单,消耗最小的构建体积,并且可以使用破坏性和非破坏性的方法进行检测。典型的例子包括立方块和拉伸样(图 8.26),通过量化每个构建周期的材料性能来跟踪全局工艺变化。在开发和生产过程中,通过多次构建跟踪工件,可以建立一个工艺边界范围,用于识别工艺漂移和零件异常。在合理的情况下,工件几何形状的关键零件特征,如横截面和方向性,要尽可能使用代表体积元素(representative volume elements, RVE)来研究。在开发过程中经常追求相似性,以建立基于工件特性预测产品性能的能力。然而,建立这样的关联可能非常困难,而且必须谨慎执行,因为局部的材料变化和缺陷可能会使工件的性能发生变化,从而在比对单个零件时出现偏差。当过程工件性能超出预期范围时,需要建立相应的处理方式,例如,废弃整个构件、进行广泛的零件测试、探索新工艺或修正机器。

图 8.26　10mm 密度立方块和拉伸样品在激光粉末床熔融成形台上的过程工件

**3. 机械**

机械控制通常意味着一系列潜在的活动,但这里指的是确保机械在规范内运行的行动。在金属增材制造方面,一个广为人知的挑战是在机械之间观察到的产量变化。这种变化可能发生在不同原始设备制造商的产品之间、同一 OEM 的不同产品线之间、同一产品线的不同机器之间,甚至随着时间的推移出现在同一台机器上。因此,需要计量和维护程序来量化产品,并且确保机器在开发和生产周期内的性能稳定。这些操作的频率很重要,可以根据稳定的制造周期或固定的时间(如每周或每月),建立一个固定的频率。这种频率是由工艺、设备、材料及最终产品发生变化的速度决定的。

机械计量和监测应侧重对工艺影响最大的设备特性(如激光功率)和造成失败的最大潜在因素(如光学污染)。可以通过相关技术量化原料输送方式(如控制成形台的运动)、能量沉积(如控制激光光束轮廓)、热历史(如控制烧结炉热剖面)和工艺环境(如控制惰性气体流速)。在工艺优化过程中,上述表征非常有价值,而且很有必要。维护规程涉及校准(电流计运动等)、清洁(镜片等)及更换耗材(过滤器等)。传统机床有许多标准,但目前还没有关于金属增材制造机械计量和表征的标准。因此,用户依赖 OEM 的指导和服务、开放的文献资源、用户社区的最佳实践及内部开发的程序和经验。

**4. 过程**

管理控制确保了设备和工艺设置的正确性,而机械计量学确定了设备是否在规范内运行。这样的控制对于材料裕量大的产品来说是足够的,特别是如果可以通过现场取样、测试和检查来准确和经济地完成零件验收。迄今为止,大多数鉴定工作是基于这种方法,尤其许多金属机器主要是开环操作。遗憾的是,这些方法通常缓慢、昂贵、不准确,并且无法实时防止零件缺陷。因此,需要一种不同的模式,即利用增材制造的数字化特征,在制造过程中通过监测和控制每一个体素的过程来实现鉴定。材料原料、工艺输入和机械动力学之间复杂的相互作用,可能导致材料缺陷和成分变化,这种控制对满足更严格的产品裕度是必要的。过程控制的实施也将加速鉴定和开发周期。

在当前机器的多个层面上实施过程控制,并以适当的形式用作产品鉴定和验收工作。记录和分析机械数据日志和过程元数据,用于捕捉工艺、材料和零件的趋势。原位监测可以提供有价值的过程数据集,得到零件的制造质量,并检测零件和工艺缺陷。反馈控制是一个显著的进步,并且已经存在于一些系统的单元中,如 EPBF 中的光束控制。控制可以非常简单,但有助于提高零件质量、纠正或减少缺陷、增加零件成品率并提高产量。未来一个更先进的手段是过程的预测或前馈控制,其中具有预测能力的模型和 PSPP 关系的详细定量将对打印过程、对应的材料和打印的零件进行优化和控制。

市面上的金属机器包含对原料输送、工艺环境、能量沉积和热历史等各个要素不同程度的控制。原料输送涉及 PBF 中的粉末铺展数量和均匀性、DED 中的粉末体积流率或送丝沉积中的送丝速度。这种控制已经可以在多种机器上使用[169-170]。同样地,工艺环境涉及成形室的压力和温度、覆盖气体的流速和氧气含量,这些因素都可以用标准的工业控制方法来把控。确定这些输入量和参数设置通常属于一般的工艺开发和优化,而不是鉴定活动。然而,确保它们在工艺范围内运行,在生产周期中很有必要,并且通常也记录在机器日志文件中。

能量沉积解决了每个增材制造能量来源的基本问题。控制参数包括激光或电子束功率、光束直径、光束质量和用于粉末床熔融的扫描速度、用于送丝沉积的电流和电压,以及用于 UAM 的超声波能量。这些能量源通常是不稳定的,因此很难控制和量化与材料发生交互作用的能量。工业级的电子束、激光和超声波传感器都包含控制单元,但在操作公差范围内仍有波动。其他系统元素也会沿着传输路径引入额外的能量变化,如随时间变化的热透镜变形(图 8.27),以及局部的工艺条件变化(如等离子体烟尘和飞溅)。

尽管能量沉积对每个金属增材制造工艺至关重要,但与熔化和凝固相关的局部热历史最终决定 PBF 和 DED 中打印的材料结构和特性。因此,材料相互作用区(也就是熔池)的温度尤其值得关注。熔池温度和强度也比能量沉积水平更容易监测,因此十多年来一直是研究的热点[11,13,172]。迄今为止,工作主要集中在测量熔池特性上,并努力建立其与零件结构、缺陷和性能的关联性。虽然 UAM 因其固态性质而与众不同,但研究人员也探索了原位过程监测方法,确保材料的正确结合[173]。粘结剂喷射技术的独特之处在于它依赖材料的烧结,而不是熔化和固化。虽然在局部范围内发生烧结物理过程,但在工业级烧结炉内可以精确地监测和控制热曲线,并在全局范围内进行控制。

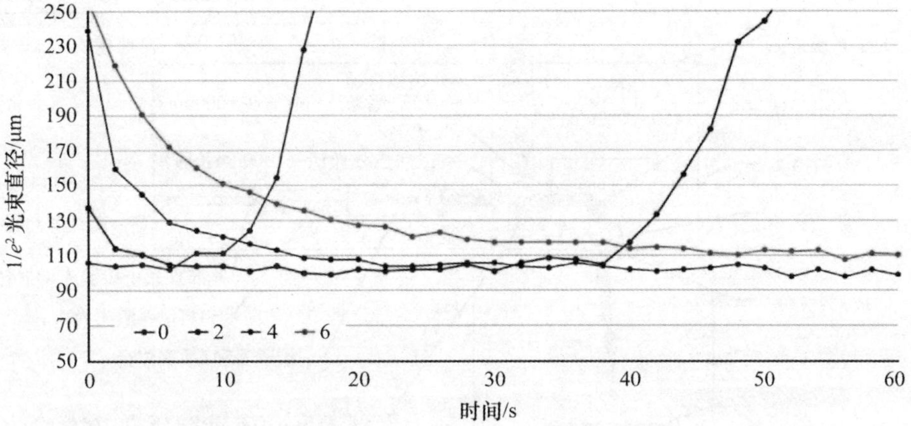


图 8.27　激光粉末床熔融光纤激光束的直径随时间和焦点偏移的变化[171]

DED 工艺和 PBF 工艺中熔池快速熔化和凝固使监测变得困难。当能量沉积过程中扫描速度为 1~10mm/min,或粉末床过程中扫描速度为 1~5m/s 时,材料的熔化和凝固涉及 1000 °C 的温度变化,由此产生的热梯度在 DED 工艺[15]和 PBF 工艺[16]中分别接近 $10^4$℃/s 和 $10^6$℃/s。此外,材料相互作用区很小,DED 工艺的相互作用区域为几毫米或更小,PBF 工艺的相互作用区域小于 100μm。因此,熔池监测需要传感器具有大的动态范围(尤其是温度达 1000℃或更高时)、高分辨率(几十微米或更小)及快速的采集速率(几百赫兹到几千赫兹)。虽然市面上的传感器一般都能满足 DED 的工艺要求,但没有一种传感器技术能满足粉末床工艺的要求。因此,通常需要将具有不同能力和模式的多个传感器交互使用。

在研究界,已经探索了多种技术用于监测熔池。光学技术以相对较低的成本提供高速和高分辨率的测量。其中,包括用于熔池运动和几何形状成像的相机,用于捕捉熔池和等离子体发射强度的光电二极管和光谱仪,以及用于测量熔池和打印表面形貌的光学相干断层扫描技术(OCT)[174]。熔池温度可以用热技术探测,如单色和双色高温测温仪[16](图 8.28)或红外热成像[175]。热技术通常比光学监测慢且分辨率低,但能提供更丰富、更翔实的数据集。文献[176]中也对声学技术进行了探讨,但目前已知还没有基于该技术的商业设备。

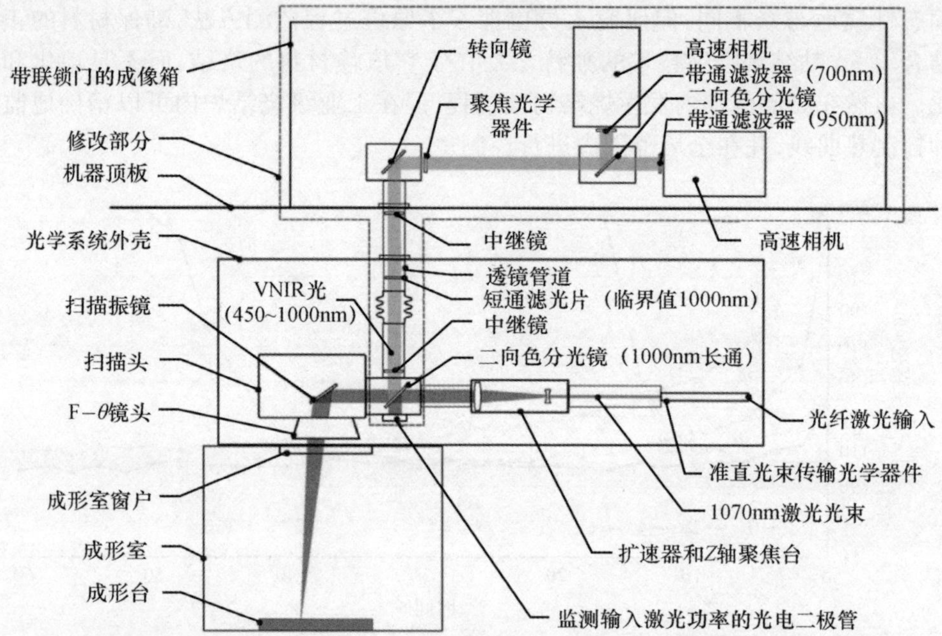


图 8.28　商用激光粉末床熔融机中对熔池进行共轴双色高温测量的物理布局[16]

在任何熔池监测技术中，测量信号必须关联并预测工艺、材料及最终的零件质量，否则过程控制既不可行也没有实际意义。到目前为止，相关研究主要集中在检测未熔合和锁孔加工区域的空隙。然而，热数据的采集也提供了一个估计材料微观结构的途径。将熔池指标与材料结构相关联仍然是研究的热点，但是基于DED 工艺中熔池的几何形状[177]和 PBF 工艺中热成像的熔池辐射强度[175]研究，已经观察到特定孔隙缺陷的分布。大多数 OEM 和第三方供应商[178]具备基于熔池强度获得过程信号的技术，并尝试观察信号的漂移，以从统计概率上表明缺陷的存在。过程信号通常与已知的良好参考零件(黄金标准)进行比较，这并不是为了确定零件体积内的具体缺陷，而是找出不符合规格的异常零件。虽然目前还没有监测技术的标准，但 ASME 内部正在努力制定、收集、管理、分析和交流先进制造数据集的标准[179]。熔池数据集可能很大(通常以 GB 或 TB 为单位)，这是因为监测它们需要一定的数据率和分辨率。因此，任何鉴定和验收方法都必须解决数据收集和存储问题，以及如何分析其与已建立性能的关联性。

## 8.8 后处理

金属增材制造工艺提供的净几何形状和材料，通常需要进行后处理。精加工、抛光、去除粉末或支撑物、清洗、热处理和热等静压都是解决尺寸精度、表面光洁度、残余应力、孔隙率和材料微观结构方面等问题的常用方法。后处理步骤差别很大,但大致可归类为清洁、精加工和微观结构控制几大类。后处理必须充分了解和控制后处理对最终零件和材料质量各个方面的影响。

就像工艺本身一样,后处理的标准和检查方法差别很大。精加工技术与零件的几何形状有关,因此适用 8.4 节中讨论的要求和方法。清洁方法与产品或应用场合(如医疗)密切相关,虽然确实存在清洗金属的标准[180],但清洗技术和规范通常是由公司或制造业内部制定和实施的。通常通过热处理和 HIP 控制金属的微观结构,并在一系列行业中得到应用,因此存在规定、控制和验证其微观结构的标准。打印的增材制造用金属由独特的微结构组成,其性能可能与传统金属有很大的不同。因此,热处理和 HIP 循环的指南可能是有效的出发点,但优化的工艺路线存在不同[181]。同样,所有的后处理技术应根据需要进行开发和应用,以适应增材制造金属产品的独特性能和需求。

# 参考文献

[1] C. Hull, Apparatus for production of three-dimensional objects by stereolithography, U. S. Patent #4,575,330, UVP, Inc. , 1986.

[2] J. J. Beaman, C. R. Deckard, Selective laser sintering with assisted powder handling, U. S. Patent #4,938,816, The University of Texas, 1990.

[3] C. Atwood, G. Mccarty, B. Pardo, E. Bryce, Advances in rapid prototyping, in: Proceedings of the Society of Manufacturing Engineer's Rapid Prototyping and Manufacturing Conference, Dearborn, MI, 1994.

[4] F. P. Jeantette, D. M. Keicher, J. A. Romero, L. P. Schanwald, Method and system for producing complex-shape objects, U. S. Patent #6,046,426, National Technology and Engineering Solutions of Sandia LLC, 2000.

[5] D. Keicher, J. Romero, Free form fabrication using the laser engineered netshaping (LENS) process in: Proceedings of the World Congress on Powder Metallurgy and Particulate Materials, Metal Powder Industries Federation, Washington, DC, 1996.

[6] D. J. Thoma, C. Charbon, G. K. Lewis, R. B. Nemec, Directed light fabrication of iron based materials, in: Materials Research Society Proceedings, Boston, MA 397, 1995, 341.

[7] UTC, Pratt & Whitney Sees Bright Future in Additive Manufacturing. Available from: http://www.utc.com/News/PW/Pages/Pratt-Whitney-Sees-Bright-Future-in-Additive-Manufacturing.aspx.

[8] T. Friedman, When Complexity is Free, The New York Times, September 14, 2013.

[9] B. A. Cowles, Summary Report: The Second Joint Federal Aviation Administration—Air Force

Workshop on Qualification/Certification of Additively Manufactured Parts, Dayton, OH, 2017..

[10] M.A. Dvorack, T.J. Kerschen, E.W. Collins, Product Acceptance Environmental and Destructive Testing for Reliability, SAND2007-5171, Sandia National Laboratories, Albuquerque, NM, 2007.

[11] J.P. Kruth, P. Mercelis, J. Van Vaerenbergh, T. Craeghs, Feedback control of selective laser melting, in: Proceedings of the 3rd International Conference on Advanced Research in Virtual and Rapid Prototyping, Leiria, Portugal, 2007, 521-527.

[12] W. Hoffmeister, M. Wert, J. Smugeresky, J. Philliber, M. Griffith, M. Ensz, Investigating solidification with the laser-engineered net shaping (LENS™) process, JOM 51 (7) (1999).

[13] W. Hofmeister, G. Knorovsky, D. MacCallum, Video monitoring and control of the LENS process, in: Proceedings of the American Welding Society 9th International Conference of Computer Technology in Welding, Detroit, MI, 1999.

[14] S.A. Khairallah, A.T. Anderson, A. Rubenchik, W.E. King, Laser powder-bed fusion additive manufacturing: physics of complex melt flow and formation mechanisms of pores, spatter, and denudation zones, Acta Mater. 108 (2016) 36-45.

[15] W. Hofmeister, M. Griffith, M. Ensz, J. Smugeresky, Solidification in direct metal deposition by LENS processing, JOM-J. Min. Met. Mat. Soc. 53 (9) (2001) 30-34.

[16] P.A. Hooper, Melt pool temperature and cooling rates in laser powder bed fusion, Addit. Manuf. 22 (2018) 548-559.

[17] P. Bidare, I. Bitharas, R.M. Ward, M.M. Attallah, A.J. Moore, Fluid and particle dynamics in laser powder bed fusion, Acta Materialia 142 (2018) 107-120.

[18] B.C. Salzbrenner, J.M. Rodelas, J.D. Madison, B.H. Jared, L.P. Swiler, Y.L. Shen, et al., High-throughput stochastic tensile performance of additively manufactured stainless steel, J. Mater. Process. Technol. 241 (2017) 1-12.

[19] B.L. Boyce, B.C. Salzbrenner, J.M. Rodelas, L.P. Swiler, J.D. Madison, B.H. Jared, et al., Extreme-value statistics reveal rare failure-critical defects in additive manufacturing, Adv. Eng. Mater. 19 (8) (2017) 1700102.

[20] B.H. Jared, B.L. Boyce, J.D. Madison, J.T. Ostien, J.M. Rodelas, B. Salzbrenner, L.P. Swiler, O.D. Underwood, S. DeJong, Defect Characterization for Material Assurance in Metal Additive Manufacturing, SAND2017-13190, Sandia National Laboratories, Albuquerque, NM, 2017.

[21] I. Olefjord, L. Nyborg, Surface analysis of gas atomized ferritic steel powder, Powder Metallur. 28 (4) (1985) 237-243.

[22] M.J. Heiden, L.A. Deibler, J.M. Rodelas, J.R. Koepke, D.J. Tung, D.J. Saiz, et al., Evolution of 316L stainless steel feedstock due to laser powder bed fusion process, Addit. Manuf. 25 (2019) 84-103.

[23] I.E. Anderson, E.M.H. White, R. Dehoff, Feedstock powder processing research needs for additive manufacturing development, Curr. Opin. Solid State Mater. Sci. 22 (1) (2018) 8-

15.

[24] L. E. Murr, E. Martinez, J. Hernandez, S. Collins, K. N. Amato, S. M. Gaytan, et al., Microstructures and properties of 17-4 PH stainless steel fabricated by selective laser melting, J. Mater. Res. Technol. 1 (3) (2012) 167-177.

[25] A. Bauereiß, T. Scharowsky, C. Körner, Defect generation and propagation mechanism during additive manufacturing by selective beam melting, J. Mater. Process. Technol. 214 (11) (2014) 2522-2528.

[26] H. Gong, K. Rafi, H. Gu, T. Starr, B. Stucker, Analysis of defect generation in Ti-6Al-4V parts made using powder bed fusion additive manufacturing processes, Addit. Manuf. 1 (2014) 87-98.

[27] W. E. Frazier, Metal additive manufacturing: A review, J. Mater. Eng. Perform. 23 (6) (2014) 1917-1928.

[28] T. Vilaro, C. Colin, J. D. Bartout, As-fabricated and heat-treated microstructures of the Ti-6Al-4V alloy processed by selective laser melting, Metall. Mater. Trans. A. 42a (10) (2011) 3190-3199.

[29] B. H. Rabin, G. R. Smolik, G. E. Korth, Characterization of entrapped gases in rapidly solidified powders, Mater. Sci. Eng. A-Struct. 124 (1) (1990) 1-7.

[30] D. D. Gu, Y. F. Shen, Balling phenomena in direct laser sintering of stainless steel powder: metallurgical mechanisms and control methods, Mater. Des. 30 (8) (2009) 2903-2910.

[31] D. D. Gu, W. Meiners, K. Wissenbach, R. Poprawe, Laser additive manufacturing of metallic components: materials, processes and mechanisms, Int. Mater. Rev. 57 (3) (2013) 133-164.

[32] L. Thijs, F. Verhaeghe, T. Craeghs, J. Van Humbeeck, J. P. Kruth, A study of the microstructural evolution during selective laser melting of Ti-6Al-4V, Acta Mater. 58 (9) (2010) 3303-3312.

[33] L. E. Murr, S. M. Gaytan, D. A. Ramirez, E. Martinez, J. Hernandez, K. N. Amato, et al., Metal fabrication by additive manufacturing using laser and electron beam melting technologies, J. Mater. Sci. Technol. 28 (1) (2012) 1-14.

[34] G. X. Zhu, D. C. Li, A. F. Zhang, G. Pi, Y. P. Tang, The influence of laser and powder defocusing characteristics on the surface quality in laser direct metal deposition, Opt. Laser Technol. 44 (2) (2012) 349-356.

[35] A. Safdar, H. Z. He, L. Y. Wei, A. Snis, L. E. C. de Paz, Effect of process parameters settings and thickness on surface roughness of EBM produced Ti-6Al-4V, Rapid Prototyping J. 18 (5) (2012) 401-408.

[36] N. T. Aboulkhair, N. M. Everitt, I. Ashcroft, C. Tuck, Reducing porosity in AlSi10Mg parts processed by selective laser melting, Addit. Manuf. 1-4 (2014) 77-86.

[37] B. H. Jared, B. Boyce, J. D. Madison, J. Ostien, J. Rodelas, B. Salzbrenner, L. P. Swiler, O. D. Underwood, D. J. Saiz, The challenges and consequences of material uncertainties in metal laser powder bed fusion, in: Proceedings of the American Society for Precision Engi-

neering, Charlotte, NC, 2017.

[38] M. Simonelli, C. Tuck, N. T. Aboulkhair, I. Maskery, I. Ashcroft, R. D. Wildman, et al., A study on the laser spatter and the oxidation reactions during selective laser melting of 316L stainless steel, Al-Si10-Mg, and Ti-6Al-4V, Metall. Mater. Trans. A 46a (9) (2015) 3842-3851.

[39] GE Additive, Additive Manufacturing Machines and Materials. Available from: https://www.ge.com/additive.

[40] Lockheed Martin Skunk Works @ Advanced Manufacturing. Available from: https://www.lockheedmartin.com/en-us/who-we-are/business-areas/aeronautics/skunkworks/advanced-manufacturing.html.

[41] Ford Explores 3D Printing, VR and Cobots at $45M Advanced Manufacturing Center. Available from: https://www.3dprintingmedia.network/ford-45madvanced-manufacturing-center.

[42] ANSYS, Additive Manufacturing Simulation. Available from: https://www.ansys.com/products/structures/additive-manufacturing.

[43] Applied Optimization, Additive Manufacturing. Available from: http://appliedo.com/am-services.

[44] ESI, Metallic Additive Manufacturing Process Simulations. Available from: https://www.esi-group.com/software-solutions/virtual-manufacturing/additivemanufacturing.

[45] Autodesk, Netfabb Additive Manufacturing Simulation. Available from: https://www.autodesk.com/products/netfabb/features/simulation.

[46] Lucideon, Additive Manufacturing Testing and Characterization. Available from: https://www.lucideon.com/testing-characterization/additive-manufacturing-testing.

[47] Curtiss-Wright IMR Test Labs, Additive Manufacturing Testing. Available from: https://www.imrtest.com/markets/additive-manufacturing-testing.

[48] Sintavia, Available from: https://sintavia.com.

[49] Incodema 3D, Additive Manufacturing for Industry. Available from: http://www.incodema3d.com.

[50] 3D Systems DMP Monitoring. Available from: https://www.3dsystems.com/dmpmonitoring-solution.

[51] EOS, Monitoring of Industrial 3D Printing Processes. Available from: https://www.eos.info/software/monitoring-software.

[52] Concept Laser, Quality Management. Available from: https://www.concept-laser.de/en/products/quality-management.html.

[53] Carnegie Mellon University, NextManufacturing Center. Available from: https://engineering.cmu.edu/next/index.html.

[54] University of Texas-El Paso, W. M. Keck Center for 3D Innovation. Available from: http://keck.utep.edu.

[55] NC State University, The Center for Additive Manufacturing and Logistics (CAMAL). Available from: https://www.camal.ncsu.edu.

[56] Penn State University, Center for Innovative Materials Processing through Direct Digital Deposition (CIMP-3D). Available from: http://www. cimp-3d. org.

[57] University of Nottingham, Centre for Additive Manufacturing. Available from: https://www. nottingham. ac. uk/research/groups/cfam/index. aspx.

[58] Lawrence Livermore National Laboratory (LLNL) Accelerated Certification of Additively Manufactured Metals (ACAMM). Available from: https://acamm. llnl. gov.

[59] Oak Ridge National Laboratory (ORNL), Manufacturing Demonstration Facility (MDF). Available from: https://web. ornl. gov/sci/manufacturing.

[60] Sandia National Laboratories (SNL), Additive Manufacturing. Available from: https://www. sandia. gov/am.

[61] NIST, Additive Manufacturing. Available from: https://www. nist. gov/topics/additive-manufacturing.

[62] NASA, NASA Advances Additive Manufacturing For Rocket Propulsion. Available from: https://www. nasa. gov/centers/marshall/news/nasa-advances-additive-manufacturing-for-rocket-propulsion. html.

[63] Manufacturing Technology Centre (MTC), National Centre for AdditiveManufacturing. Available from: http://ncam. the-mtc. org.

[64] Air Force Research Lab (AFRL), Additive Manufacturing (AM). Available from: http://additivemanufacturing. com/tag/afrl.

[65] Edison Welding Institute (EWI), Additive Manufacturing Consortium (AMC). Available from: https://ewi. org/services/research-services/additive-manufacturingconsortium.

[66] Fraunhofer, Additive Manufacturing Alliance. Available from: https://www. generativ. fraunhofer. de/en. html.

[67] America Makes, About America Makes. Available from: https://www. americamakes. us/about.

[68] ASTM International Committee F42 on Additive Manufacturing Technologies. Available from: https://www. astm. org/COMMITTEE/F42. htm.

[69] ISO/TC 261 Additive Manufacturing. Available from: https://www. iso. org/committee/629086. html.

[70] The American Society of Mechanical Engineers (ASME), Codes and Standards Tools. Available from: https://cstools. asme. org/index. cfm.

[71] SAE AMS AM Additive Manufacturing Metals. Available from: https://www. sae. org/servlets/works/committeeHome. do? comtID5TEAAMSAM-M.

[72] American Welding Society (AWS), D20 Committee on Additive Manufacturing. Available from: https://www. aws. org/standards/CommitteesAndStandardsProgram/d20-committee-on-additive-manufacturing-2.

[73] M. Gorelik, Additive manufacturing in the context of structural integrity, Int. J. Fatigue 94 (2017) 168-177.

[74] T. DebRoy, H. L. Wei, J. S. Zuback, T. Mukherjee, J. W. Elmer, J. O. Milewski, et al.,

Additive manufacturing of metallic components – process, structure and properties, Progr. Mater. Sci. 92 (2018) 112–224.

[75] A. Peralta, M. Enright, M. Megahed, J. Gong, M. Roybal, J. Craig, Towards rapid qualification of powder-bed laser additively manufactured parts, Integr. Mater. Manuf. Innovat. 5 (1) (2016) 1.

[76] R. A. Roach, J. E. Bishop, K. Johnson, T. Rodgers, B. L. Boyce, L. Swiler, et al., Using additive manufacturing as a pathway to change the qualification paradigm, in: Proceedings of the Solid Freeform Fabrication Symposium, Austin, TX, 2018.

[77] Office of Naval Research (ONR), Quality Metal Additive Manufacturing (Quality Made): Integrated Computational Materials Engineering Models and In-situ Process Monitoring Sensors & Control, Broad Area Announcement (BAA) N00014-16-S-BA16, 2017.

[78] J. S. Carpenter, D. W. Brown, B. Clausen, J. C. Cooley, D. F. Teter, M. A. M. Bourke, Additive manufacturing at Los Alamos National Laboratory: Using advanced characterization to explore the science of a new manufacturing method NNSA, Stockpile Q. 7 (1) (2017) 2–4.

[79] B. H. Jared, M. A. Aguilo, L. L. Beghini, B. L. Boyce, B. W. Clark, A. Cook, et al., Additive manufacturing: toward holistic design, Scripta Mater. 135 (2017) 141–147.

[80] J. Robbins, S. J. Owen, B. W. Clark, T. E. Voth, An efficient and scalable approach for generating topologically optimized cellular structures for additive manufacturing, Addit. Manuf. 12 (2016) 296–304.

[81] B. H. Jared, B. Boyce, C. C. Battaile, H. Lim, H. D. Tran, J. Robbins, B. W. Clark, T. D. Blacker, Complexity isn't necessarily free: Opportunities and challenges in additive manufacturing, 2015 Spring Topical Meeting: Achieving Precision Tolerances in Additive Manufacturing, in: Proceedings of the American Society for Precision Engineering Summer Topical Meeting, Raleigh, NC, 2015.

[82] M. Seifi, A. Salem, J. Beuth, O. Harrysson, J. J. Lewandowski, Overview of materials qualification needs for metal additive manufacturing, JOM 68 (3) (2016) 747–764.

[83] W. E. King, H. D. Barth, V. M. Castillo, G. F. Gallegos, J. W. Gibbs, D. E. Hahn, et al., Observation of keyhole-mode laser melting in laser powder-bed fusion additive manufacturing, J. Mater. Process. Technol. 214 (12) (2014) 2915–2925.

[84] T. M. Rodgers, J. D. Madison, V. Tikare, Simulation of metal additive manufacturing microstructures using kinetic Monte Carlo, Comput. Mater. Sci. 135 (2017) 78–89.

[85] K. L. Johnson, T. M. Rodgers, O. D. Underwood, J. D. Madison, K. R. Ford, S. R. Whetten, et al., Simulation and experimental comparison of the thermomechanical history and 3D microstructure evolution of 304L stainless steel tubes manufactured using LENS, Comput. Mech. 61 (5) (2018) 559–574.

[86] K. L. Johnson, J. M. Emery, C. I. Hammetter, J. A. Brown, S. Grange, K. R. Ford, J. E. Bishop, Predicting the reliability of an additively-manufactured metal part for the third sandia fracture challenge by accounting for random material defects, Int. J. Fracture in press, 2019.

[87] J. E. Bishop, J. M. Emery, C. C. Battaile, D. J. Littlewood, A. J. Baines, Direct numerical

simulations in solid mechanics for quantifying the macroscale effects of microstructure and material model form error, JOM 68 (5) (2016) 1427-1445.

[88] M. M. Francois, A. Sun, W. E. King, N. J. Henson, D. Tourret, C. A. Bronkhorst, et al., Modeling of additive manufacturing processes for metals: challenges and opportunities, Curr. Opin. Solid State Mater. Sci. 21 (4) (2017) 198-206.

[89] T. Prater, Database development for additive manufacturing, Progr. Addit. Manuf. 2 (1-2) (2017) 11-18.

[90] GRANTA MI: Additive Manufacturing. Available from: http://www.grantadesign.com/products/mi/am.htm.

[91] C. Dordlofva, P. Törlind, Design for qualification: a process for developing additive manufacturing components for critical systems, in: Proceedings of Nord Design, The Design Society, Linköping, Sweden, 2018.

[92] C. M. Holtam, C. R. Schneider, G. Slater, Best practice guidance for evaluating knock-down factors in corrosive environments, in: 31st International Conference on Ocean, Offshore and Arctic Engineering, American Society of Mechanical Engineers, Rio de Janeiro, Brazil, 2012, 129-136.

[93] W. E. Frazier, D. Polakovics, W. Koegel, Qualifying of metallic materials andstructures for aerospace applications, JOM 53 (3) (2001) 16-18.

[94] F. Lopez, P. Witherell, B. Lane, Identifying uncertainty in laser powder bed fusion additive manufacturing models, J. Mech. Des. 138 (11) (2016) 114502.

[95] C. R. Mischke, Mathematical Model Building, Iowa State University Press, Ames, IA, 1980.

[96] M. V. Benthem, M. Rodriguez, P. Yang, D. Susan, C. Mowry, D. Enos, et al., Materials Assurance Through Orthogonal Materials Measurements, SAND2017-10422, Sandia National Laboratories, Albuquerque, NM, 2017.

[97] O. Sigmund, K. Maute, Topology optimization approaches, Struct. Multidiscipl. Optim. 48 (6) (2013) 1031-1055.

[98] Betatype, Technology for Complex Additive Manufacturing. Available from: http://www.betaty.pe.

[99] B. H. Jared, H. D. Tran, D. J. Saiz, S. J. Spencer, J. W. Wheeler, Characterizing dimensional form surface texture and feature resolution in additive manufacturing, in: Proceedings of the American Society for Precision Engineering, Portland, OR, 2016.

[100] J. P. Kruth, M. Bartscher, S. Carmignato, R. Schmitt, L. De Chiffre, A. Weckenmann, Computed tomography for dimensional metrology, Cirp. Ann-Manuf. Technol. 60 (2) (2011) 821-842.

[101] A. Thompson, N. Senin, I. Maskery, R. Leach, Effects of magnification and sampling resolution in X-ray computed tomography for the measurement of additively manufactured metal surfaces, Precis. Eng. 53 (2018) 54-64.

[102] F. H. Kim, H. Villarraga-Gómez, S. P. Moylan, Inspection of embedded internal features in additively manufactured metal parts using metrological X-ray computed tomography, 2016

Summer Topical Meeting: Dimensional Accuracy and Surface Finish in Additive Manufacturing, in: Proceedings of the American Society for Precision Engineering Summer Topical Meeting, Raleigh, NC, 2016.

[103] A. Townsend, R. Racasan, R. Leach, N. Senin, A. Thompson, A. Ramsey, et al., An interlaboratory comparison of X-ray computed tomography measurement for texture and dimensional characterisation of additively manufactured parts, Addit. Manuf. 23 (2018) 422-432.

[104] A. Thompson, I. Maskery, R. K. Leach, X-ray computed tomography for additive manufacturing: a review, Measure. Sci. Technol. 27 (7) (2016) 072001.

[105] T. Watkins, H. Bilheux, K. An, A. Payzant, R. Dehoff, C. Duty, et al., Neutron characterization for additive manufacturing, 2013.

[106] W. R. Moore, Foundations of Mechanical Accuracy, The Moore Tool Company, Bridgeport, CT, 1999.

[107] ASME, B89, Dimensional Metrology.

[108] ASME, B46 Classification and Designation of Surface Qualities.

[109] ASME, B46 Project Team 53, Surface Finish for Additive Manufacturing.

[110] ASME, B89.4.23, CT Measuring Machines (SC/B89).

[111] D. H. Ding, Z. X. Pan, D. Cuiuri, H. J. Li, Wire-feed additive manufacturing of metal components: technologies, developments and future interests, Int. J. Adv. Manuf. Technol. 81 (1-4) (2015) 465-481.

[112] ASTM International Committee B09 on Metal Powders and Metal Powder Products. Available from: https://www.astm.org/COMMIT/SUBCOMMIT/B09.htm.

[113] Carpenter Additive, Powder Range, https://www.carpenteradditive.com/whatwe-do/powderrange/.

[114] GE Additive, AP&C Materials. Available from: https://www.ge.com/additive/additive-manufacturing/materials/apc-homepage.

[115] GKN Hoeganaes, Materials for Additive Manufacturing. Available from: https://www.gkn-pm.com/en/our-businesses/gkn-hoeganaes.

[116] ASTM International Committee A05 on Metallic-Coated Iron and Steel Products. Available from: https://www.astm.org/COMMIT/SUBCOMMIT/A05.htm.

[117] Standardization Roadmap for Additive Manufacturing, America Makes and ANSI Additive Manufacturing Standardization Collaborative (AMSC), June 2018.

[118] Tekna, Our ICP Technology. Available from: http://www.tekna.com/our-icptechnology.

[119] C. B. Finfrock, A. Exil, J. D. Carroll, L. Deibler, Effect of hot isostatic pressing and powder feedstock on porosity, microstructure, and mechanical properties of selective laser Melted AlSi10Mg, Metallogr. Microstruct. Anal. 7 (4) (2018) 443-456.

[120] J. A. Slotwinski, E. J. Garboczi, P. E. Stutzman, C. F. Ferraris, S. S. Watson, M. A. Peltz, Characterization of metal powders used for additive manufacturing, J. Res. Natl. Inst. Stand. Technol. 119 (2014) 460-493.

[121] ThermoFischer, Explorer 4 Analyzer, Scanning Electron Microscope for Industrial Manufacturing. Available from: https://www.fei.com/products/sem/explorer-4-analyzer.

[122] Malvern Panalytical, Measurement of Particle Size Distributions. Available from: https://www.malvernpanalytical.com/en/products/measurement-type/particle-size.

[123] Horriba Scientific, Particle Size Analysis. Available from: http://www.horiba.com/scientific/products/particle-characterization/particle-size-analysis.

[124] Micromeritics, AccuPyc II 1340 Gas Displacement Pycnometry System. Available from: https://www.micromeritics.com/Product-Showcase/AccuPyc-II-1340.aspx.

[125] Micromeritics, Surface Area Instruments. Available from: https://www.micromeritics.com/Product-Showcase/Surface-Area.aspx.

[126] W. King, Modeling of Powder Dynamics in Metal Additive Manufacturing, HPC4 Manufacturing Final Powder Dynamics Meeting Report, 2017.

[127] ASTM B213-17, Standard Test Methods for Flow Rate of Metal Powders Using the Hall Flowmeter Funnel.

[128] ASTM B855-17, Standard Test Method for Volumetric Flow Rate of Metal Powders Using the Arnold Meter and Hall Flowmeter Funnel.

[129] ASTM B964-16, Standard Test Methods for Flow Rate of Metal Powders Using the Carney Funnel.

[130] R. Grey, J. Beddow, On the Hausner ratio and its relationship to some properties of metal powders, Powder Technol. 2 (6) (1969) 323-326.

[131] Z. K. Snow, Understanding Powder Spreadability in Powder Bed Fusion Additive Manufacturing, Penn State University, State College, PA, 2018.

[132] H. Chen, Q. Wei, S. Wen, Z. Li, Y. Shi, Flow behavior of powder particles in layering process of selective laser melting: numerical modeling and experimental verification based on discrete element method, Int. J. Machine Tools Manuf. 123 (2017) 146-159.

[133] C. Meier, R. Weissbach, J. Weinberg, W. A. Wall, A. J. Hart, Critical influences of particle size and adhesion on the powder layer uniformity in metal additive manufacturing, J. Mater. Process. Technol. 266 (2019) 484-501.

[134] Freeman Technology Powder Testing. Available from: https://www.freemantech.co.uk.

[135] GranuTools, Powder Compressibility, Flow Characterization, Compaction Dynamic. Available from: https://granutools.com.

[136] Mercury Scientific Inc Revolution Powder Analyzer. Available from: http://www.mercury-scientific.com/instruments/revolution-powder-analyzer.

[137] Metal Powder Industries Federation. Available from: https://www.techstreet.com/mpif.

[138] J. Slotwinski, S. Moylan, Applicability of Existing Materials Testing Standards for Additive Manufacturing Materials, US Department of Commerce, National Institute of Standards and Technology, 2014.

[139] B. C. Salzbrenner, High-Throughput Tensile Testing Reveals Stochastic Properties in Additively Manufactured Steel, Mechanical Engineering, University of New Mexico, Albuquer-

que, NM, 2017.

[140] C. Cáceres, On the effect of macroporosity on the tensile properties of the Al-7% Si-0.4% Mg casting alloy, Scripta Metall. Mater. 32 (11) (1995) 1851-1856.

[141] D. F. Susan, T. B. Crenshaw, J. S. Gearhart, B. Salzbrenner, B. Boyce, Weibull statistical analysis of tensile fractures of PH17-4 stainless steel castings, in: Proceedings of the Materials Science and Technology Conference, Columbus, OH, 2015.

[142] Y. Murakami, Metal Fatigue: Effects of Small Defects and Nonmetallic Inclusions, Elsevier, 2002.

[143] P. Nandwana, M. M. Kirka, V. C. Paquit, S. Yoder, R. R. Dehoff, Correlations between powder feedstock quality, in situ porosity detection, and fatigue behavior of Ti-6Al-4V fabricated by powder bed electron beam melting: a step towards qualification, JOM 70 (9) (2018) 1686-1691.

[144] ASTM International Subcommittee F42. A05 on Materials and Processes. Available from: https://www.astm.org/COMMIT/SUBCOMMIT/F4205.htm.

[145] ISO/TC 261 Additive Manufacturing Standards Catalogue. Available from: https://www.iso.org/committee/629086/x/catalogue/p/0/u/1/w/0/d/0.

[146] ASTM International Committee E07 on Nondestructive Testing. Availablefrom: https://www.astm.org/COMMIT/SUBCOMMIT/E07.htm.

[147] ASTM B962-17, Standard Test Methods for Density of Compacted or Sintered Powder Metallurgy (PM) Products Using Archimedes' Principle.

[148] ASTM B923-16, Standard Test Method for Metal Powder Skeletal Density by Helium or Nitrogen Pycnometry.

[149] ASTM STP1151, Electromagnetic (Eddy Current) Testing.

[150] ASTM E165/E165M-18, Standard Practice for Liquid Penetrant Testing for General Industry.

[151] Vibrant, Process Controlled Resonance Testing (PCRT) Resonance Solutions, https://www.vibrantndt.com/about-pcrt/.

[152] Wikipedia, Nondestructive Testing. Available from: https://en.wikipedia.org/wiki/Nondestructive_testing.

[153] J. D. Madison, O. D. Underwood, L. P. Swiler, B. L. Boyce, B. H. Jared, J. M. Rodelas, et al., Corroborating tomographic defect metrics with mechanical response in an additively manufactured precipitation hardened stainless steel, 44th Annu. Rev. Progr. Quant. Nondestruct. Eval. 37 (1) (2018) 020009.

[154] Zeiss, Diffraction Contrast Tomography: Unlocking Crystallographic Information From Laboratiry X-ray Microscopy, https://www.zeiss.com/microscopy/int/products/x-ray-microscopy/zeiss-xradia-610-and-620-versa.html#downloads.

[155] D. C. Hofmann, S. Roberts, R. Otis, J. Kolodziejska, R. P. Dillon, J. O. Suh, et al., Developing gradient metal alloys through radial deposition additive manufacturing, Sci. Rep. 4 (2014) 5357.

[156] D. C. Hofmann, J. P. C. Borgonia, R. P. Dillon, E. J. Suh, P. B. Gardner, Applications for gradient metal alloys fabricated using additive manufacturing, NASA Tech. Briefs (2013) 54-56.

[157] R. R. Dehoff, M. M. Kirka, F. A. List, K. A. Unocic, W. J. Sames, Crystallographic texture engineering through novel melt strategies via electron beam melting: Inconel 718, Mater. Sci. Technol. 31 (8) (2015) 939-944.

[158] R. R. Dehoff, M. M. Kirka, W. J. Sames, H. Bilheux, A. S. Tremsin, L. E. Lowe, et al., Site specific control of crystallographic grain orientation through electron beam additive manufacturing, Mater. Sci. Technol. 31 (8) (2014) 931-938.

[159] M. M. Kirka, Y. Lee, D. A. Greeley, A. Okello, M. J. Goin, M. T. Pearce, et al., Strategy for texture management in metals additive manufacturing, JOM 69 (3) (2017) 523-531.

[160] A. S. Wu, D. W. Brown, M. Kumar, G. F. Gallegos, W. E. King, An experimental investigation into additive manufacturing induced residual stresses in 316L stainless steel, Metall. Mater. Trans. A 45 (13) (2014) 6260-6270.

[161] D. Brown, D. Adams, L. Balogh, J. Carpenter, B. Clausen, G. King, et al., In situ neutron diffraction study of the influence of microstructure on the mechanical response of additively manufactured 304L stainless steel, Metall. Mater. Trans. A 48 (12) (2017) 6055-6069.

[162] M. B. Prime, A. T. DeWald, The Contour Method, Practical Residual Stress Measurement Methods, John Wiley & Sons, 2013, 109-138.

[163] J. Beuth, J. Fox, J. Gockel, C. Montgomery, R. Yang, H. Qiao, et al., Process mapping for qualification across multiple direct metal additive manufacturing processes, in: Proceedings of the Solid Freeform Fabrication Symposium, Austin, TX, 2013.

[164] C. Kamath, Data mining and statistical inference in selective laser melting, Int. J. Adv. Manuf. Technol. 86 (5-8) (2016) 1659-1677.

[165] M. Seifi, M. Gorelik, J. Waller, N. Hrabe, N. Shamsaei, S. Daniewicz, et al., Progress towards metal additive manufacturing standardization to support qualification and certification, JOM 69 (3) (2017) 439-455.

[166] M. D. Monzon, Z. Ortega, A. Martinez, F. Ortega, Standardization in additive manufacturing: activities carried out by international organizations and projects, Int. J. Adv. Manuf. Technol. 76 (5-8) (2015) 1111-1121.

[167] S. Moylan, J. Slotwinski, A. Cooke, K. Jurrens, M. A. Donmez, Proposal for a standardized test artifact for additive manufacturing machines and processes, in: Proceedings of the Solid Freeform Fabrication Symposium, Austin, TX, 2012, 6-8.

[168] NIST, Qualification for Additive Manufacturing Materials, Processes, and Parts. Available from: https://www.nist.gov/programs-projects/qualification-additivemanufacturing-materials-processes-and-parts.

[169] Optomec, LENSR MR-7 Systems. Available from: http://www.optomec.com/3d-printed-

metals/lens-printers/metal-research-and-development-3d-printer.
[170] Sciaky, Electron Beam Additive Manufacturing (EBAM™). Available from: http://www.sciaky.com/additive-manufacturing/electron-beam-additivemanufacturing-technology.
[171] B. H. Jared, D. Saiz, E. Schwaller, J. Koepke, M. Lopez Martinez, Machine metrology for a metal laser powder bed fusion machine, 2018 Summer Topical Meeting; Advancing Precision in Additive Manufacturing, in: American Society for Precision Engineering Summer Topical Meeting, Berkeley, CA, 2018.
[172] J. Mazumder, D. Dutta, N. Kikuchi, A. Ghosh, Closed loop direct metal deposition: art to part, Opt. Lasers Eng. 34 (4-6) (2000) 397-414.
[173] V. K. Nadimpalli, P. B. Nagy, Designing an in-situ ultrasonic nondestructive evaluation system for ultrasonic additive manufacturing, 44th Annu. Rev. Progr. Quant. Nondestruct. Eval. 37 (1) (2018) 020009.
[174] P. J. DePond, G. Guss, S. Ly, N. P. Calta, D. Deane, S. Khairallah, et al., In situ measurements of layer roughness during laser powder bed fusion additive manufacturing using low coherence scanning interferometry, Mater. Des. 154 (2018) 347-359.
[175] S. Foster, K. Carver, R. Dinwiddie, F. List, K. Unocic, A. Chaudhary, et al., Process-defect-structure-property correlations during laser powder bed fusion of alloy 718: role of in situ and ex situ characterizations, Metall. Mater. Trans. A. (2018) 1-24.
[176] K. Wasmer, T. Le-Quang, B. Meylan, F. Vakili-Farahani, M. P. Olbinado, A. Rack, et al., Laser processing quality monitoring by combining acoustic emission and machine learning: a high-speed X-ray imaging approach, Proc. CIRP 74 (2018) 654-658.
[177] T. Stockman, C. Knapp, K. Henderson, J. Carpenter, J. Schneider, Stainless steel 304L LENS AM process monitoring using in-situ pyrometer data, JOM. 70 (9) (2018) 1835-1843.
[178] Sigma Labs. Available from: https://sigmalabsinc.com.
[179] ASME, Subcommittee on Monitoring, Diagnostic, and Prognosis for Manufacturing Operations. Available from: https://cstools.asme.org/csconnect/CommitteePages.cfm? Committee=102342234.
[180] ASTM STP538, Cleaning Stainless Steel.
[181] S. D. Meredith, J. S. Zuback, J. S. Keist, T. A. Palmer, Impact of composition on the heat treatment response of additively manufactured 17-4 PH grade stainless steel, Mater. Sci. Eng. A 738 (2018) 44-56.

# 第 9 章　金属增材制造的市场、应用和成本

## 9.1　金属增材制造的市场和应用

三维打印已被《经济学人》誉为第三次工业革命[1]。随着技术的成熟及增材制造零件质量和生产力的提升,三维打印正在成为主流制造的一部分。过去几年(2014—2018 年),金属增材制造硬件市场(设备)以年增长率(compound annual growth rate, CAGR)约为 25.9%复合式大幅增长,而未来 10 年平均 CAGR 预测为 20%[2]。图 9.1 显示了 2014 年至 2018 年金属增材制造的硬件收入。该图还包括未来 10 年的预测,显示出金属增材制造行业的健康增长。叠加年复合增长率预计将在 2019 年达到峰值。

图 9.2 显示了 2018 年按地理区域划分的金属增材制造硬件销售额[2]。欧洲市场份额高达 40.6%,其次是北美的 20.6%,大中华区和亚太地区均为 12.2%,然后是世界其他地区的 7.4%。如果考虑到技术类别的市场份额,这个数据并不全令人惊讶(图 9.3)[2]。截至目前,在各种金属增材制造技术中,粉末床熔融技术

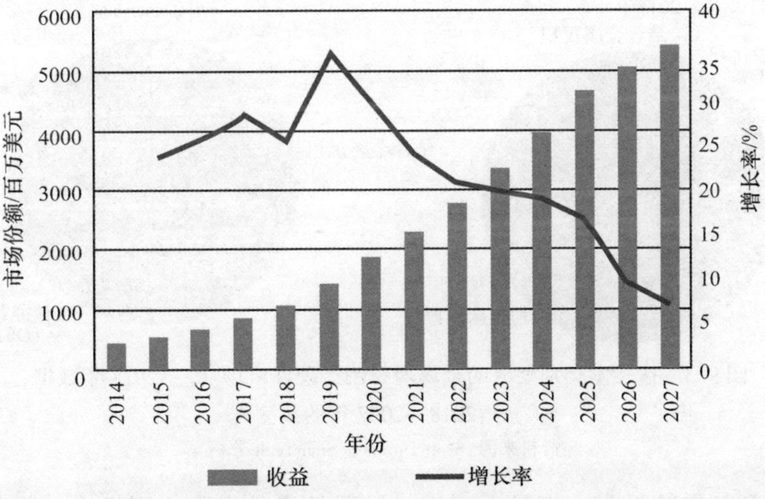


图 9.1　金属增材制造硬件市场收入和增长率:2014—2018 为实际数据,2018—2027 数据为预测数据[2]

(资料来源:Scott Dunham, SmarTech 分析)

最为成熟,它的市场接受度最高(83.6%),其次是定向能量沉积(9.2%)和结合金属沉积(以粘结剂喷射为主;4.5%)。大多数 PBF 机器制造商位于欧洲,因此他们引领着当今的金属增材制造硬件销售市场。然而,随着金属增材制造在市场上越来越受欢迎,行业对其应用和好处愈加了解,对更大零件和更高生产量的需求正在增加,这也推动 DED 和结合金属沉积(如 BJ 等)技术的发展。从未来 10 年的行业预测中可以发现,结合金属沉积的市场份额将增长到 27.9%,DED 工艺也将增长到 22.4%,而 PBF 的市场占有率将变为 19.1%。鉴于大多数 DED 和结合金属沉积机器制造商都位于北美,预计未来几年增材制造硬件市场份额将从地理区域上向北美转移。

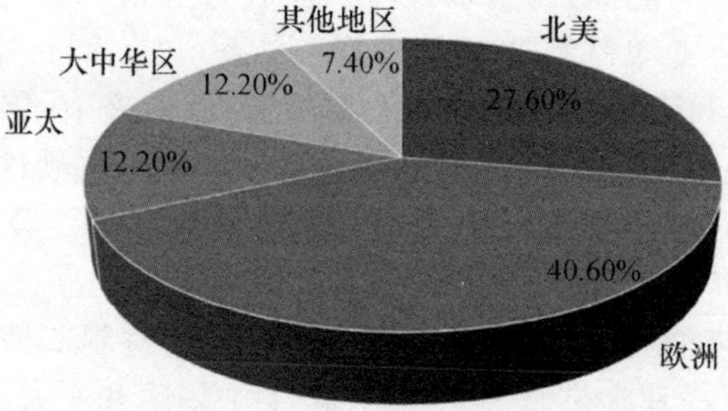


图 9.2 2018 年按地理区域划分的增材制造硬件份额[2]

(资料来源:Scott Dunham,SmarTech 分析)

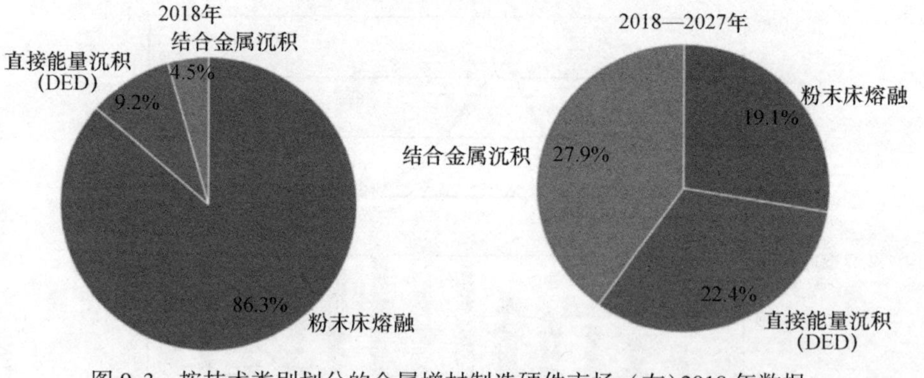


图 9.3 按技术类别划分的金属增材制造硬件市场:(左)2018 年数据;(右):2018—2027 年的预测[2]

(资料来源:Scott Dunham,SmarTech 分析)

医疗和航空航天业一直是金属增材制造技术的潜在应用场合。这些领域零件体积小、成本高,因此很适合当前增材制造技术的应用。目前,在医疗、牙科和航空航天工业中已经大量开展增材制造技术打印钛零件的探索研究。增材制造的其他应用包括汽车、能源、石油、珠宝和天然气等方面。图 9.4 显示了 2018 年不同行业部门的增材制造硬件收入份额[2]。

2018 年,包括服务供应商、委托加工、牙科实验、牙科生产等在内的金属增材制造服务市场的估值刚刚超过 20 亿美元[2]。其中很高的比例(约 40%)来自牙科零件,其次是包括骨科在内的其他医疗设备(约 25%)和航空航天的零部件(约 12%)。其余的应用分布在汽车、石油和天然气及其他工业领域,如重型机械、海事、R&D 机构和专用工具等。

PBF 技术适用于具有中空无支撑通道/结构、几何形状较小且复杂的零部件,而 DED 更适合具有较粗特征、需要较高沉积率的大型零部件。与 DED 工艺相比,由于使用更细的粉末颗粒与更小尺寸的激光(或电子束),PBF 技术建成的零部件具有更高的表面光洁度。然而,在大多数实际应用中,大多数增材制造零部件需要精加工。定向能量沉积技术具有在现有零件上增加金属的能力,使其能够制备表面保护涂层、重新制造和修复损坏的零件、重新配置或增加现有零件的功能,以及制造新的零件。不同的增材制造技术具有不同的能力,使它们成为某些应用场合的最佳选择。以下各节将借助一些案例详细阐述增材制造在各行各业的应用,并描述了增材制造所带来的好处。

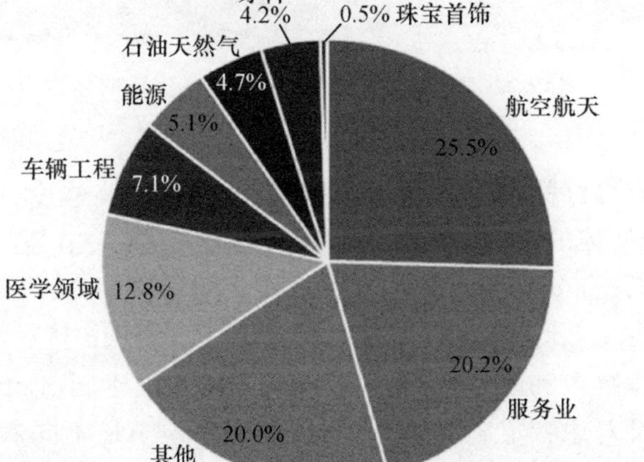


图 9.4　按行业分类的金属 AM 硬件使用情况(2018 年)。“所有其他”类别包括研究机构、工业/重型设备/机械、海事和铁路、消费品等[2]
(资料来源:Scott Dunham,SmarTech 分析)

## 9.1.1　牙科和医疗行业

金属增材制造技术最早应用于牙科和医疗行业。通过口内扫描或通过印模和连续扫描，可以生成病人特定的三维口腔模型。通过增材制造将这些数据制成假牙或牙冠。与黄金及其合金相比，Co-Cr 合金具有更低的成本、更长的耐用性和更好的可打印性，因此该材料成为牙科领域的热门材料。Co-Cr 合金已被广泛用于牙冠、牙桥和义齿修复。与熔模铸造合金相比，PBF 制造的 Co-Cr 合金具有更精细的微观结构。相同成分下，增材制造的假牙和牙冠具有更高的强度和更好的耐用性[3]。3D 打印能够在很短的时间内创造出定制的产品，具有精度高、成本相对较低等特点，使其完美适用于这些应用场合（图 9.5）[4]。

图 9.5　使用 Co-Cr 合金的 DMLS 建造的牙冠[4]
（照片由 EOS 北美公司的 Adam Penna 提供）

钛合金具有良好的生物惰性、相对较低的密度和高强度，以及诱导骨生长的性能，在骨科和假体的领域得到广泛应用。在脊柱、髋关节、膝关节和其他骨科领域，增材制造的钛合金植入物正在迅速增长。据预测，2020 年增材制造制备的钛合金医疗部件占比大约 274000kg（604067 磅）[5]。图 9.6 显示了使用 EBM 技术制造的颅颌面植入物[6]和髋臼杯[7]，以及使用 DMLS 技术制造的胫骨植入物[8]。这些技术有可能针对患者定制出植入物，从而更好地满足不同病人的需求。图 9.7 显示了一个使用 DMD 技术制造的 Ti-6Al-4V 支架[9]。

### 9.1.2　航空航天业

航空航天和国防工业的高性能零件使用如钛、英科耐尔和难熔金属等昂贵金属制备而成。由于这些行业的零件量小成本高，属于增材制造技术的绝佳应用领域，因此航空航天和国防工业是钛合金的最大消费者。

在航空航天领域，钛合金主要用于飞机发动机的较小结构，如支架和外壳等。

(a)　(b)　(c)

图 9.6　医疗植入物应用：(a)使用 EBM 技术的 CMF 植入物[6]；
(b)使用 EBM 技术的髋臼杯[7]；(c)使用 EBM 技术的胫骨植入物[8]
((a)(b)由 Mike Cloran, GE Additive 提供；(c)由 Lawrence Murr, University of Texas at El Paso 提供)

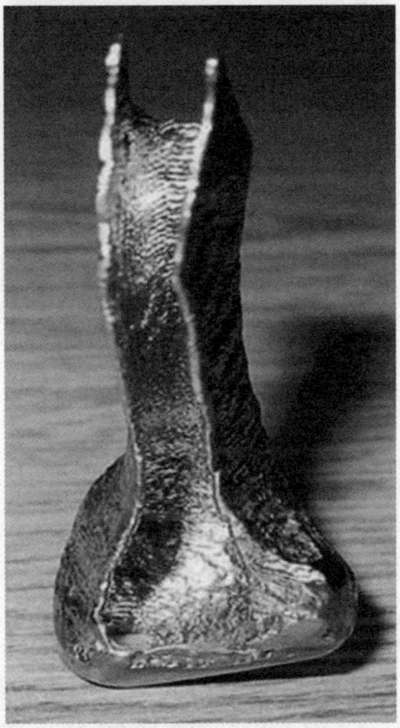

图 9.7　由 DMD 工艺生产的 Ti-6Al-4V 支架[9]

但目前也有尝试将其扩展到较大的结构部件。到 2020 年，航空航天预计将消耗近 155000 公斤(341717 磅)的钛[5]。航天工业正在探索将增材制造用于大型部件，如推进剂罐、喷嘴、喷嘴套、衬垫等[10]。大多数小型部件通过在结构中引入特别设计的空腔，创新性地减轻重量。Yoder 等[11]展示了一个利用拓扑结构优化来减轻重量的例子。拓扑优化的细节已在第七章“金属增材制造的设计”中讨论过。在飞机的服役过程中，减轻重量将节省燃料并带来显著的经济效益。除此以外，增材制造还专注具有高买飞比的零部件,以减少该零部件的输入重量。买飞比被定义为最初购买的库存材料重量与最终完成的零件重量比值。典型的航空航天部件的买飞比为 10-20∶1,在某些情况下,当使用传统工艺制造时,可高达 40∶1。增材制造可以显著地降低这个比率,并使其接近 1∶1。这不仅节省了昂贵的钛合金,还缩短了加工时间、降低了成本。最终使此类零部件节省了数倍的制造成本。当使用增材制造技术制造较大的部件时,通过减少买飞比,预计增材制造工艺将进一步地节约更多的成本,这将扩大钛金属的生产及增材制造在钛合金上的应用。图 9.8 显示了一个使用 SLM 技术制造的航天用钛泵壳[12]。

图 9.8 使用 SLM 工艺制造的钛合金泵壳[12]
(图片由 SLM Solution 的 Kristal Kilgore 和 Mark Hoefing 提供)

增材制造在航空航天业的另一个重要应用是用于维护、检修和大修。基于可持续发展的需要和不断增加的材料成本,迫使航空公司探索超越现有能力的维修方案。增材制造提供的冶金结合具有 HAZ 较小、变形不大、修复后的零部件质量更佳等优点,同时节省了大量的成本、减少了停机时间。图 9.9 显示了一个使用 DMD 技术修复的钛合金压缩机叶片[13]。

## 9.1.3 工具和模具行业

原型模具是金属增材制造技术又一个典型的应用领域。更短的准备时间和更低的成本使增材制造技术在原型工具制造上具有特别的吸引力。图 9.10 显示了一个使用 BJ 工艺制造的原型手工工具[14]。制造这些锁紧钳子的传统方法涉及水刀、电火花和数控加工的组合。取决于设计和重复修订的次数，通常需要 8~9 个月的准备时间和 20000~30000 美元的成本。BJ 制造的工具将交货时间减少到 3~4 周，而成本仅是 1900 美元。增材制造工艺直接通过 CAD 数据制造部件，使缩短原型工具的交货时间和降低成本成为可能。

图 9.9　使用 DMD 工艺修复叶片尖端[13]
（图片由 DM3D 公司提供）

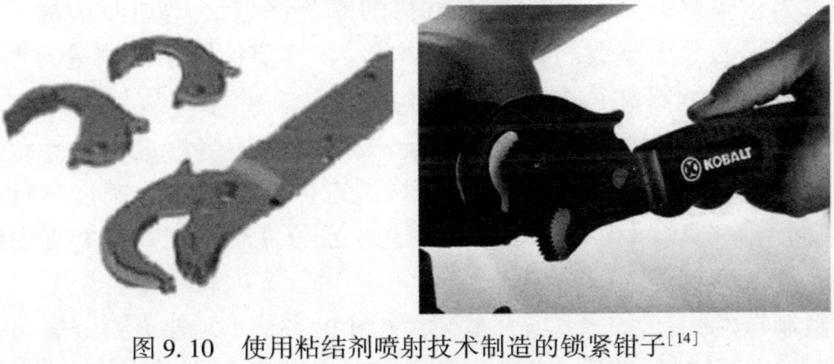


图 9.10　使用粘结剂喷射技术制造的锁紧钳子[14]
（图片由 ExOne 公司的 Mike Shepherd 提供）

金属增材制造的另一个重要应用领域是用于金属注射成形和压铸的保形冷却插件。图 9.11 显示了使用 SLM 制造的 300 马氏体时效钢（1.2709 钢）压铸工具插件，其内部有保形冷却通道[15]。由于 PBF 技术使用金属粉末床来打印连续的层,它有能力建立悬垂和封闭的冷却通道,而任何传统的制造技术都不具备这样的技能。保形冷却通道将每个零件的冷却时间从12秒减少到5秒,使这些工具能够更快地冷却,同时由于冷却均匀而提高了零件质量。冷却时间减少60%,就能显著提高生产力(总周期时间减少12%),从而提高零件制造商的盈利能力。

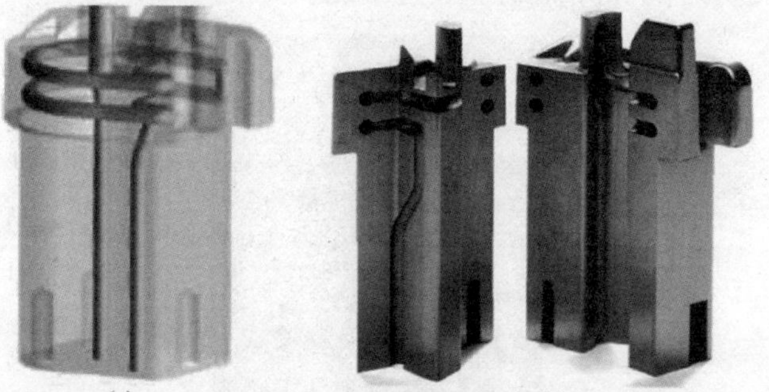


图9.11 使用300马氏体时效钢(1.2709钢)的SLM建造的压铸插件
(a)CAD数据显示蓝线为保形冷却通道;(b)使用SLM制造的实际镶件[15]
(刀片由Oskar Frech Gmb H & Co. KG在SLMs280上设计和制造;图片由SLM Solutions公司的Kristal Kilgore & Mark Hoefing提供)

### 9.1.4 其他行业

其他如化工、石油和天然气等行业,也在探索钛合金的增材制造应用场合。以下是一些多材料制造的应用实例。

防护罩阻止辐射的能力通常随着材料的原子序数 $Z$ 增加而增加。$Z$ 级防护罩是由几种不同的原子序数的材料组合而成。$Z$ 级防护罩单位重量的性能通常比单一材料制成的防护罩高得多。太空结构和卫星多年来一直使用几种不同金属(Ti、Al、Ta、Cu等)的层压板进行辐射屏蔽。然而,因为熔焊过程会导致金属间产生脆性,这些层压板很难生产。超声波增材制造可以在室温下制造这种分级材料防护罩,从而消除金属间化合物形成的隐患。图9.12显示了一个使用铝和钛制造的辐射防护罩的例子[16]。

多材料制造的另一个应用场合是装甲(图9.13)。因为不同金属可以在梯度方向上设计高度定制的结构,使其在厚度方向上获得具有吸引力的力学性能,因此多层混合金属层压板已被广泛用于装甲中。可以改变诸如强度、韧性和刚度等厚度相关特性,以产生一个具有最高性能和最低重量的系统。UAM已被用于生产用铝和钛合金的组合装甲板。通常装甲板材料层厚度在150μm的范围内,逐层交替使用母材[16]。

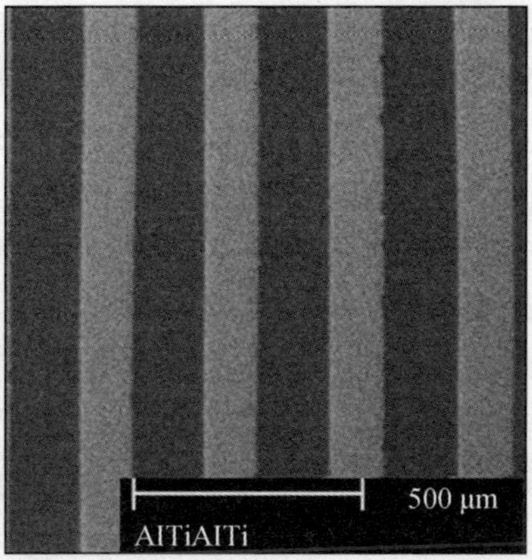


图 9.12　为屏蔽辐射应用场合制作的铝和钛材料的分级层[16]
(图片由 Fabrisonic 公司的 Mark Norfolk 和 Adam Hehr 提供)

图 9.13　弹道测试后的层状装甲[16]
(图片由 Fabrisonic 公司的 Mark Norfolk 和 Adam Hehr 提供)

## 9.2　增材制造的成本分析

基于 PBF 的增材制造工艺成本分析和计算模型已有广泛报道。相关工作的全面总结参见 NIST 报告[17]。与任何制造工艺一样,增材制造的成本取决于各种因素,如机器成本、材料成本、建造时间、能耗、劳动力和包括设施在内的间接成本。这些成本中的大部分很容易理解,但每件构件的时间和成本主要由机器制造的零件尺寸决定。这是因为 PBF 工艺要求每层都要用粉末填满整个构建区域。

随着零件更紧密地填满构建区域,每件构件的时间都会缩短且粉末用量都会减少。两个流行的成本模型:①Hopkinson-Dickens 模型,通过将总成本除以一年内生产的零件总数来计算每个零件的平均成本。总成本是机器成本(按 8 年折旧)、人工成本和材料成本的总和。另外三个假设是系统在 1 年内只生产一种类型的零件,它最大利用了体积,机器 90%的时间都在运行。②Ruffo-Tuck-Hague 模型,该模型基于机器的特定使用情况。将一次生产的总成本计算为原材料成本和间接成本(机器成本、人工成本、管理成本和设施成本的工时费乘以特定的生产时间)之和。每个零件的成本计算为生产的总成本除以生产的零件数量。如果构件由不同尺寸和形状的零件组成,每个零件的成本计算为特定零件相对于总生产量的体积分数,乘总生产成本。Hopkinson 模型中机器使用了统一成本,而 Ruffo 的模型既考虑到了构建单个零件的机器使用量,也考虑到了零件的总体积及各种不同零件的体积,因此对于使用 PBF 系统生产的零件,Ruffo 模型可能更准确地计算生产成本(图 9.14)。这两个模型都是针对生产成本的,没有考虑到为工艺、编程及任何后期处理或重新设计零件所产生的工程成本。

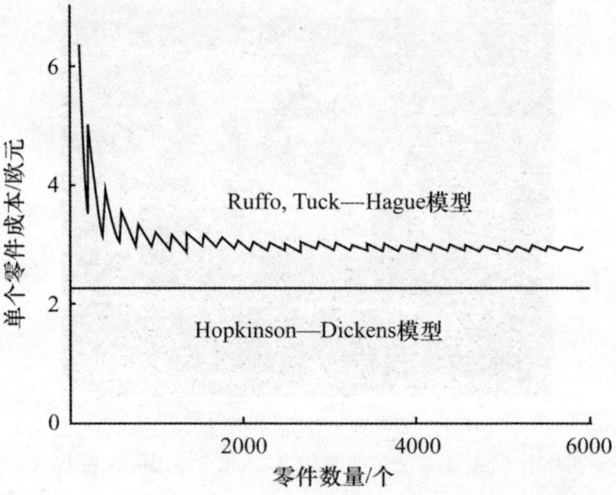


图 9.14　激光烧结系统(PBF 工艺)的两种不同成本模型[17]

图 9.15 显示了使用 PBF 工艺和 DED 工艺的金属增材制造各个步骤的典型成本分解[18-19]。DED 成本模型基于以下假设:①小批量(10~30 个零件),②中型零件,600~900mm(2~3inch)的尺寸和相对简单的几何形状。PBF 成本模型假设以下内容:①建造速度为 6.3mL/h,②机器成本约为 500000 英镑(565000 美元),③机器利用率为 4500h/a,④材料成本为每千克 89 英镑(每千克 100 美元)。应该注意的是,这幅图旨在概念性地为读者提供一个各种成本的组成部分,以及这些组成部分之间的典型分解。影响成本的因素有很多,上述假设的任何变化或任何

其他关键因素都会大大影响成本。与传统的制造工艺相比,增材制造机器昂贵而且产量很低,因此上述两种情况下,最大的成本组成部分是实际加工成本。涉及为制造和工具路径编程而重新设计零件的工程成本,也是成本的一个重要部分。上述成本非常依赖批次大小,在小批量的成本计算中批量数目起着主要作用,而在大批量的成本计算中零件尺寸起着更重要的作用。PBF 工作台的利用率也是一个关键因素,工作台越能有效地装满部件,成本就越能降低。原材料成本取决于材料的类型和零件的体积。大多数零件需要某种形式的后处理,包括热处理、精加工或抛光等。“其他”类别指其余的成本,包括零件准备、清洁、检查等。

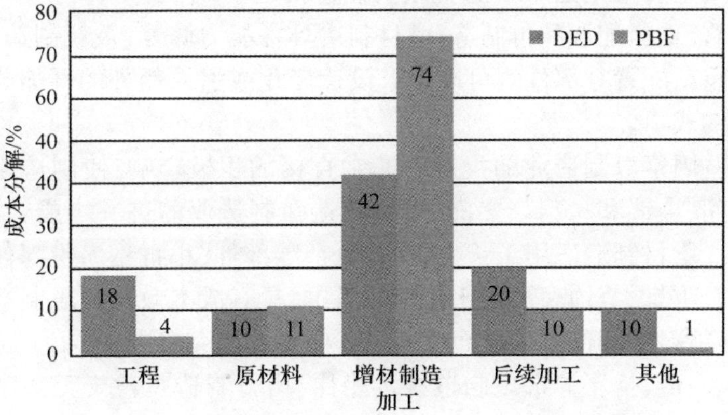


图 9.15　使用粉末床熔融和定向能量沉积工艺的金属增材制造所涉及的各种步骤的典型成本明细[18,19]

# 9.3　增材制造的经济影响

增材制造以多种不同的方式影响制造业和我们的整个社会,可分为直接收益和间接收益。

## 9.3.1　直接收益

增材制造的直接收益包括以下几种。

(1) 短期生产具有成本效益:由于增材制造不需要工具,使用增材制造技术制造的原型件或小批量制造极具成本效益。增材制造的零件成本可以是传统制造的 50%或更低[20]。

(2) 减少加工:增材制造的零件是净形状或接近净形状,只需要很少或根本不需要加工,这导致废品率大幅减少(低至 10%)[20]。

(3) 缩短上市时间:增材制造直接采用 CAD 数据进行零件制造,消除了制造工具的时间。这导致进入市场的时间大大减少,缩短到大约 64%[20]。

(4) 轻量化:增材制造提供了传统制造工艺所不具备的设计自由。利用这种能力,工程师通过引入空腔或桁架结构来取代实体结构,从而实现零件的轻质化(质量低至原来的 64%)[20]。零件的轻量化在运输业、航空业中具有重要意义。在零件的整个使用周期内,重量的减少节约了能源。

(5) 节省材料:由于增材制造构件近乎净形状,材料的利用率很高,废品率也很低。可以在航空航天工业中制造具有高买飞比的零部件。使用传统制造的航空航天零件典型买飞比是 20∶1,而增材制造接近 1∶1。

(6) 维修、重新配置和再制造:增材制造具备能力修复、重新制造旧的或损坏的零部件。重新配置零部件既可以纳入设计变化或引入额外的性能或功能,也可以显著地节约成本。

所有这些因素对制造业的生态有非常直接的积极影响,使制造业更有效率,进而节省时间、金钱和材料。然而,增材制造在制造业的进一步成功需要正确选择应用场合。增材制造适用于长交货期、复杂零部件、小批量昂贵部件、需要通过创新设计减轻重量、节约高买飞比部件的成本、具有成本效益的再制造、定制的医疗植入物、多材料零部件等。下面将通过一些案例研究来进一步说明这些好处。

与铸造、锻造、挤压等常规制造技术相比,增材制造受益于无须制造工具,使其成为小批量制造时最具吸引力的选择。取消工具不仅降低了每件产品的成本,而且还大大缩短了制造周期,这直接转化为显著的经济效益。然而,相对较低的产量使增材制造对大批量制造的吸引力有限,图 9.16 说明了这一点。它比较了使用 DMLS 工艺和高压压铸工艺制造一个起落架部件的单件成本。当零件数量

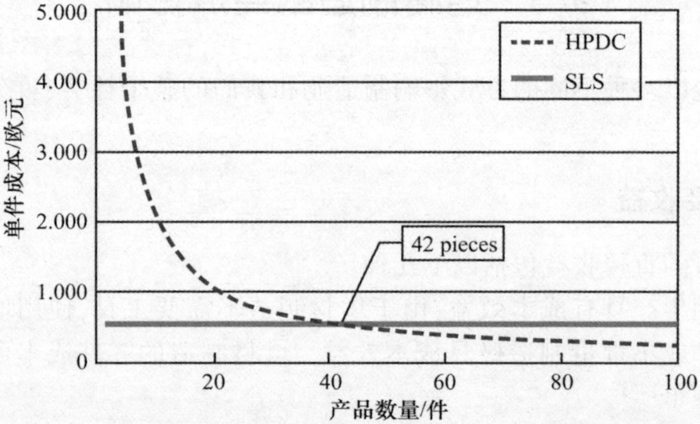


图 9.16 使用选择性激光烧结(SLS)增材制造工艺和传统的高压压铸(HPDC)工艺制造起落架的成本比较[21]

超过 42 件时,HPDC 成为更有经济效益的解决方案,而增材制造在低数量时成本较低[21]。

航空航天工业广泛使用诸如钛和英科耐尔等合金,用于高性能、低重量或高温场合。这些合金不仅昂贵,而且难以使用传统的制造方法进行加工,导致制造成本高。增材制造由于对原材料的要求低及减少后加工工序,成为这些领域一个潜在的选择。Allen[22]比较了增材制造工艺制造和环形锻造加工典型航空发动机用钛合金零件的成本。研究表明在买-飞比为 12∶1 或更高的情况下,增材制造具有经济效益。买飞比的计算方法是原材料的重量除以最终部件的重量,用于表明有多少材料必须被加工掉。成本比较表明,对于具有高买飞比、需要大量加工的复杂形状、材料成本高及难以加工的零部件,增材制造是一个具有吸引力的选择。

通过下面的例子来说明上述分析。橡树岭国家实验室的研究人员使用 EBM 技术为联合攻击战斗机 F-35 发动机制造了一个 Ti-6A-4V 空气泄漏检测支架(bleed air leak detect, BALD)(图 9.17)[23]。采用 Ti-6Al-4V 锻件进行传统制造时,由于高买飞比(33∶1),成本几乎是 1000 美元/磅。相比之下,对于增材制造技术制造的零件,买飞比刚刚超过 1∶1。通过增材制造估计可节省约 50%的成本。

图 9.17　使用电子束熔化技术制造的联合攻击战斗机 F-35 的放气泄漏检测支架[23]
(照片由橡树岭国家实验室、美国能源部提供)

在大型零部件的生产制造过程中,买飞比对零部件制造成本的影响更为明显。图 9.18 显示了一个使用 EBAM 工艺制造的航空用结构"弦"[24]。材料为 Ti-

6Al-4V,最终加工的零件仅重达 2kg。传统数控加工一块重达 99kg 磅的 57″×6″×4 的棒材需要 65.3h。EBAM 工艺在 7h 内将 9.5kg 的净金属沉积到 13kg 的基板上,在 2.5h 的热处理后,需要进行 13.1h 的后加工。如图 9.19 所示,开始时棒料的尺寸很大,传统的加工时间很长,从而产生了巨大的成本。使用增材制造工艺取代传统加工工艺后,可以节省 77% 的材料、72%的时间和 44%的成本。

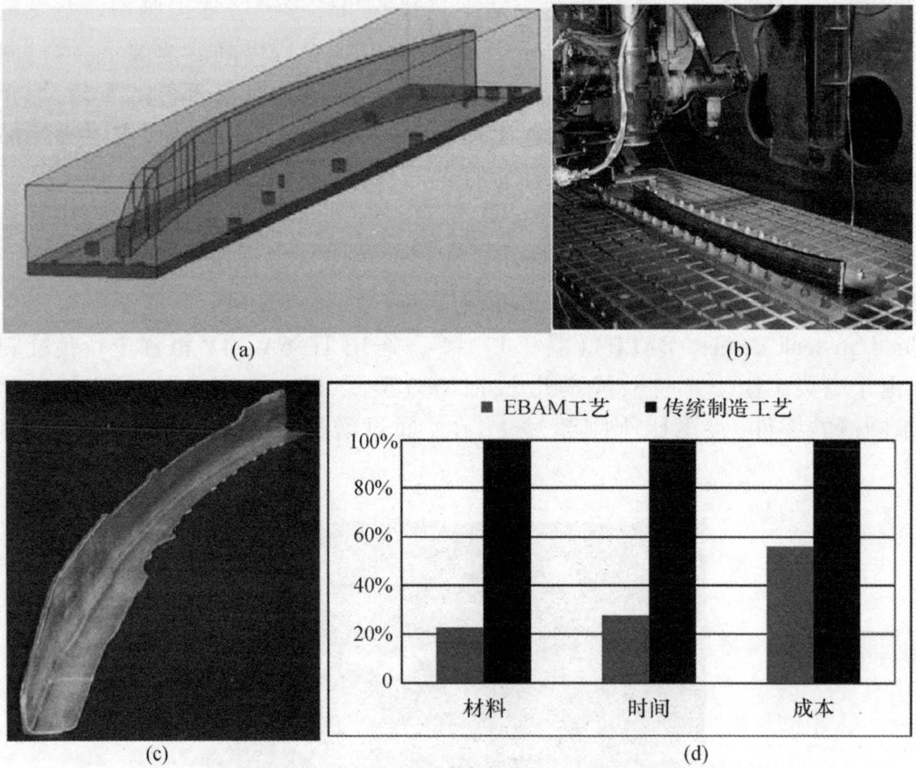


图 9.18　Ti-6Al-4V 弦线零件的 CAD 设计(a);在 EBAM 机器上制造的零件(b);完成加工后的零件(c);使用 CNC 加工的传统制造和 EBAM 工艺之间的材料、时间和成本比较(d)[24]
(图片由 Sciaky 公司的 Jay Hollingsworth 提供)

PBF 工艺的主要优势之一是其具有创造中空结构的能力,从而可以减轻重量。航空航天业在减重方面有非常大的需求,而增材制造工艺的这一特点引起了业界的积极研究。一个典型的案例便是商用客机座椅扣[25]。在大量的有限元分析基础上,设计了一个具有中空结构的轻型座椅扣,以确保有足够的强度来应对冲击载荷。采用 DMLS 工艺生产 Ti-6Al-4V 合金零件如图 9.19 所示。用空心的增材制造钛扣替代传统的钢扣,每只座椅扣可减轻 85g 的重量(重量减少 55%)。

因此，一架拥有 853 个座位的空客 A380 将节省 72.5kg 的质量。该项目由英国技术战略委员会赞助，节省的重量意味着在飞机的使用寿命内可以节省 330 万升的燃料，相当于 200 万英镑（300 万美元），而使用 DMLS 制作所有扣件的成本仅为 16.5 万英镑（25.6 万美元）。

直接沉积技术（如 DMD）既可用于创建零件，也可用于再制造、修理或在现有零件上建立新功能。对于损坏的、昂贵的航空钛合金部件，如轴承座、法兰、风扇叶片、外壳、叶片等，使用增材制造技术能够以新部件 20%～40%的成本完成重建[13]。使用 DMD 重建喷气发动机机壳中磨损的法兰盘，成本不到新零件的一半。目前，已有大量的研究探索使用这种技术来挽救在传统制造过程中被误加工的零部件。一旦上述研究成功，将对钛合金制造业产生非常大的影响。虽然增材制造行业的主要商业活动集中在美国和欧洲，但在世界许多地方（包括中国）也正在进行大量的研究[26]。

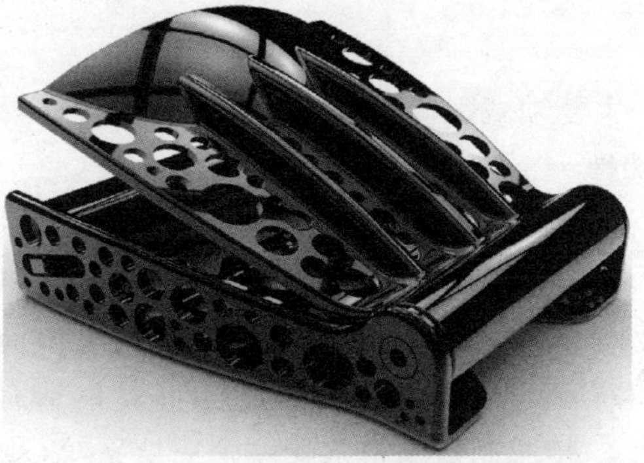

图 9.19　使用直接金属激光烧结技术生产的座椅扣[25]
（图片由 Mike Ayre、Crucible Design、UK 提供）

DED 技术能够进行多材料制造，这使该技术比 PBF 技术具有更明显的优势。图 9.20 显示了一个用于制造手机塑料盖的注塑工具[13,27]。该工具是用 DMD 工艺（基于激光的 DED）制造的，其中采用 DMD 工艺将 H13 工具钢加在铜基体上。在注射成形工艺中，零件冷却占制造总周期时间的 60%。由于铜合金的导热性能几乎高出工具钢 6 倍，工具中的铜基体将作为散热器，为零件提供更快的冷却速度，这也促使成形周期时间的大幅缩短。同时，成形件表面的钢层提供了工具所需的强度和耐磨性。多材料技术的关键在于铜和钢的成功连接。传统的焊接技术无法实现这一目标，而 DMD 技术通过使用激光热源、可控的闭环工艺，以及铜和 H13 钢之间专有的缓冲材料可以实现。与传统工具相比，这种双金属技术将成形周期时间缩短了 33%。

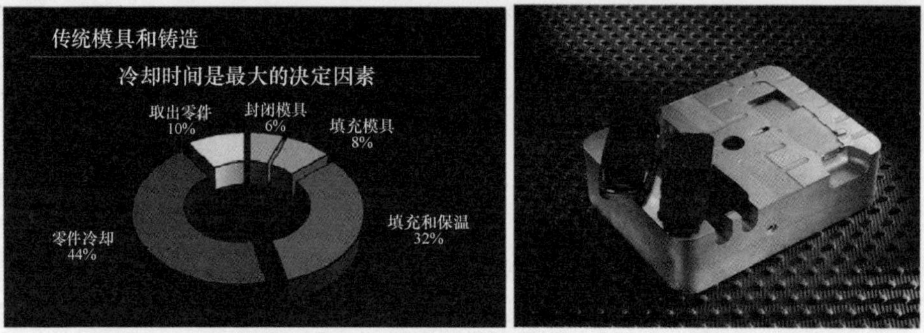


(a) (b)

图 9.20　注塑成形中涉及的不同步骤的周期时间分解，显示最大的影响来自零件的冷却(a)[27]。DMD 制造的手机外壳的注塑模具。该双金属工具包含铜和 H13 工具钢(b)[13]

## 9.3.2　间接收益

增材制造在三个主要领域影响到可持续性发展，即经济、环境和社会[28]。

**1. 经济的可持续性**

上一节已经讨论了增材制造对制造业经济的直接好处，本节重点讨论增材制造对供应链的影响。供应链是生产的关键部分，供应链的任何一步延迟都会对整个生产链产生连锁反应。需要复杂的系统和流程来处理供应商的零件，以最大限度地提高生产效率和缩短交货时间。增材制造与传统制造有很大的不同，对供应链产生重大的影响[29]。传统制造通常依赖一个三层系统(由制造商、工具供应商和仓库组成)，而增材制造提供了一个单层系统，由于增材制造是无工具制造，所以不需要第二层的工具供应商。由于增材制造技术的灵活性，可以从生产一个零件快速切换到另一个零件，增材制造也消除了对大型零件仓库库存的需求，从而消除了供应链中的第三层。此外，增材制造技术允许快速改变设计，并且不需要模具，非常有利于新产品的推出。增材制造技术允许客户将新产品从概念到工程再到制造出来，减少了新零件的交货时间并快速推向市场。精益生产的主要方面包括减少过度生产、运输、过度加工、库存和等待时间，增材制造技术具备上述属性，使其成为精益生产的一个重要工具[17]。

将增材制造引入主流制造业将彻底改造现有的供应链。增材制造的属性之一是它能够进行零件整合，减少装配中的零件数量。一个典型的例子是 GE 的燃料喷嘴，传统的设计包括 20 个不同的零件，增材制造用 1 个零件就取代了这些零件[30]。通过正确的零件选择和谨慎地使用增材制造，实现缩短和简化供应链、减少库存和零件数量。除了简化供应链，增材制造还将导致供应商数量的减少。由于增材制造的大多数产品是按订单生产，对大型仓库的需求将减少。对本地制造来源的日益重视也将导致运输成本的减少和交货时间的缩短。这些都将有助于大幅降低物流成本。

**2. 环境的可持续性**

对环境可持续性的影响来自增材制造的节约能源和材料，这在前面的章节中已经讨论过。所有的节约材料也与节能间接相关(因为它消除了与原材料制造相关的能耗)。增材制造的准净形状或净形状制造，减少了废料，极大地节省了材料。使用传统的五轴轧制工艺，典型零部件的买-飞比为 4∶1(输入材料量比最终部件量)，有些零部件的比率甚至高达 20∶1。大多数情况下，废旧材料不能被回收利用。即使废料可以被回收利用，通常也在价值流的下游进行，而且消耗的能源水平与制造原始材料相似。Fraunhofer ILT 的一个项目证明增材制造可以节约材料，该项目比较了传统制造和增材制造工艺(LMD，激光金属沉积)制造的航空发动机叶片盘(Blisk)。Fraunhofer ILT 开发的早期样机显示，LMD 工艺可以节省大约 60%的材料和 30%的时间[29]。增材制造工艺已被证明可以非常有效地节约材料和能源，可以用于建造网格结构[31]。此外，在增材制造再修复和再制造受损产品时，也可以节省材料和能源。Wilson 等表明，DED 是修复涡轮机叶片小缺陷最为有效的手段[32]。当修复量为 10%时，DED 修复与直接更换新叶片相比，至少改善了 45%的碳足迹并节省了 36%的总能量。

航空航天和其他运输工具中的采用轻量级增材制造结构，可以在部件的整个生命周期中持续节省能源，有助于环境的可持续性发展。供应链中运输的减少也降低了能耗。Verhoef 等关于增材制造对全球能源需求影响的研究表明，节能的大小取决于增材制造对制造业的渗透程度，到 2050 年有可能节省至少 5%~27 %的能源[33]。

**3. 社会可持续性**

增材制造的社会可持续性来自人类生活质量的改善和消费者满意度的提高。例如，增材制造在假肢和牙科的应用，为病人提供了定制的机会，从而增强了病人的恢复能力。这对人类生活质量和患者满意度的提升具有重大影响。使用增材制造定制珠宝则是另一个提升客户满意度和改善生活质量的例子。

在上一节讨论了增材制造的所有潜在益处及增材制造对可持续性发展产生的积极影响后，必须了解到金属增材制造仍处于早期阶段。随着技术和相关工业的发展，整个社会需要了解其潜在的积极影响和消极影响，以便利用其积极影响，并确保不要错过使用增材制造改善可持续性发展的机会。

# 参考文献


[1] Paul Markillie, A third industrial revolution, The Economist April 21st, 2012, https://www.economist.com/special-report/2012/04/21/a-third-industrial-revolution, accessed on 27th Dec 2018.

[2] Private Communication, Scott Dunham, SmarTech Analysis, January 2019.

[3] F. Alifui-Segbaya, R. J Williams, R. George, Additive Manufacturing: A Novel Method for Fabricating Cobalt-Chromium Removable Partial Denture Frameworks, Eur. J. Prosthodont. Restor. Dentis. 25 (3) (2017) 73-78.

[4] https://www.eos.info/dental (accessed Jan 13, 2019).

[5] Titanium Use in Additive Manufacturing to Reach $330 Million by 2020, Advanced Materials and Processes, January 2016, Vol 174, No 1, p. 6.

[6] https://www.ge.com/reports/bone-machine-3d-printing-revolutionizing-plasticsurgery/ (accessed Feb 15, 2019).

[7] http://www.arcam.com/solutions/orthopedic-implants/ (accessed Feb 15, 2019).

[8] L. E. Murr, M. S Gayton, E. Martinez, F. Medina, R. B. Wicker, Next Generation Orthopaedic Implants by Additive Manufacturing using Electron Beam Melting, Int. J. Biomater. (2012). Available from: https://doi.org/10.1155/2012/245727 Article ID 245727, 14 pages.

[9] G. P. Dinda, L. Song, J. Mazumder, Fabrication of Ti-6Al-4V Scaffolds by Direct Metal Deposition, Metall. Mater. Trans. A 39A (2008) 2914-2922.

[10] Paul Gradl, Sandy E. Greene, Christopher Protz, Brad Bullard, James Buzzell, Chance Garcia, Jessica Wood, Kenneth Cooper, James Hulka, Robin Osborne, Additive Manufacturing of Liquid Rocket Engine Combustion Devices: A Summary of Process Developments and Hot-Fire Testing Results, 54th AIAA/SAE/ASEE Joint Propulsion Conference 2018, pp 1-34.

[11] S. Yoder, S. Morgan, C. Kinzy, E. Barnes, M. Kirka, V. Paquit, P. Nandwana, A. Plotkowski, R. R. Dehoff, S. S. Babu, Characterization of topology optimized Ti-6Al-4V components using electron beam powder bed fusion. Addit. Manuf 19 (2018) 184-196.

[12] Private communication, Kristal Kilgore and Mark Hoefing, SLM Solutions, 2019.

[13] Private communication, DM3D Technology, 2019.

[14] https://www.exone.com/Portals/0/ResourceCenter/CaseStudies/X1_CaseStudies_All%2011.pdf. Accessed Feb 2019.

[15] https://slm-solutions.com/fileadmin/user_upload/downloads/en/425en171011-01-002_oskar_frech_web.pdf. (accessed Jan 13, 2019).

[16] Private communication, Adam Hehr and Mark Norfolk, Fabrisonic, 2019.

[17] D. S. Thomas, S. W. Gilbert, Costs and Cost Effectiveness of Additive Manufacturing, NIST Special Publication 1176, U. S. Department of Commerce, December 2014. Available from: https://doi.org/10.6028/NIST.SP.1176.

[18] C. Lindemann, U. Jahnke, M. Moi, R. Koch, Impact and influence factors of additive manufacturing on product lifecycle costs, in: 24th Annual International Solid Freeform Fabrication Symposium-An Additive Manufacturing Conference, Austin, TX, USA, 2013.

[19] B. Dutta, F. H. Froes, Additive Manufacturing of Titanium Alloys, Elsevier, 2016.

[20] J. Coykendall, M. Cotteleer, J. Holdowsky, M. Mahto, 3D Opportunity in Aerospace & Defense, Deloitt University Press, 2016.

[21] E. Atzeni, A. Salmi, Economics of additive manufacturing for end-usable metal parts, Int. J. Adv. Manuf. Technol. 62 (2012) 1147-1155. Available from: https://doi. org/10. 1007/s00170-011-3878-1.

[22] J. Allen, An investigation into the comparative costs of additive manufacture vs. machine from solid for aero engine parts, in: Cost Effective Manufacture via Net-Shape Processing, 17-1-17-10. Meeting Proceedings RTO-MP-AVT-139. Paper 17. DTIC Document, 2006. Available from: http://www. rto. nato. int/abstracts. asp.

[23] D. Ryan, D. Chad, P. William, Y. Yukinori, C. Wei, B. Craig, et al. , Case study: additive manufacturing of aerospace brackets, Adv. Mater. Process. 171 (3) (2013) 19-22.

[24] S. Stecker, K. W. Lachenberg, H. Wang, R. C. Salo, Advanced electron beam free form fabrication methods & technology, in: AWS Conference, 2006, pp. 35-46.

[25] http://www. manufacturingthefuture. co. uk/_resources/case-studies/TSB-AirlineBuckle. pdf (accessed 02. 16).

[26] https://www. tctmagazine. com/topics/china/ Accessed Feb 2019.

[27] B. Dutta, M. Lewan, B. Swenson, J. Mazumder, S. Oak, T. Lodhger, TPOConformal Cooling Tooling Application, Society of Plastic Engineers (SPE) TPO Conference, Detroit, MI, USA, October 8-10, 2007, pp 1-8.

[28] Garrett White Daniel Lynskey, Economic Analysis of Additive Manufacturing for Final Products: An Industrial Approach, Session B6 3039, 2013, 136. 142. 82. 187.

[29] Alex Scott and Terry P. Harrison, Additive Manufacturing in an End-to-End Supply Chain Setting, 3D Printing, Vol. 2, No. 2, 2015. Available from: https://doi. org/10. 1089/3dp. 2015. 0005fder.

[30] Simon Ford and Mélanie Despeisse, "Additive manufacturing and sustainability: an exploratory study of the advantages and challenges", Journal of Cleaner Production 137 (2016) 1573-1587.

[31] W. R. Morrow, H. Qi, I. Kim, J. Mazumder, S. J. Skerlos, Environmental aspects of laser-based and conventional tool and die manufacturing, Journal of Cleaner Production 15 (2007) 932-943.

[32] J. M. Wilson, C. Piya, Y. C. Shin, F. Zhao, K. Ramani, Remanufacturing of turbine blades by laser direct deposition with its energy and environmental impact analysis, Journal of Cleaner Production 80 (2014) 170-178.

[33] L. A. Verhoef, B. W. Budde, C. Chockalingam, B. G. Nodar, A. J. M. van Wijk, The effect of additive manufacturing on global energy demand: An assessment using a bottom-up approach, Energy Policy 112 (2018) pp 349-360.

# 内容简介

本书是一部致力于揭示金属增材制造奥秘的专业著作。全书系统地梳理了增材制造的基本原理、工艺流程、材料科学、热力学建模、微观结构演化、力学性能控制及最新科研成果等内容,为读者构建了一个全方位的认知框架。

书中首先阐述了金属增材制造的各类主流技术,并细致探讨了工艺参数对成形过程及最终零件性能的影响,深入剖析了金属粉末材料的选择、制备、性质及其在增材制造中的作用机制,并强调了热过程控制的重要性,特别是在塑造理想微观结构和确保零件性能一致性方面。此外,书中着重论述了金属增材制造的创新应用,并探讨了该技术在解决复杂结构设计、轻量化、个性化定制、高效维修等方面展现出的巨大优势。同时,作者还对未来金属增材制造技术的发展趋势进行了前瞻性分析,并对相关领域的挑战与机遇提出了独到见解。

本书可作为机械和材料领域科研工作者、工程师的参考用书。

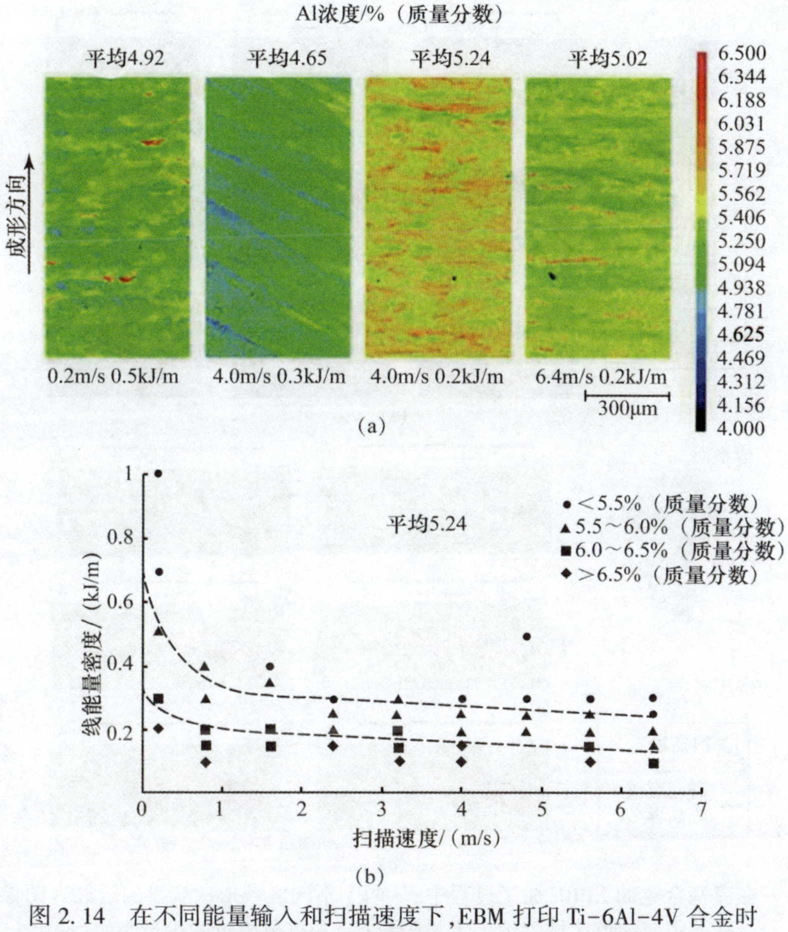


图 2.14　在不同能量输入和扫描速度下,EBM 打印 Ti-6Al-4V 合金时整个构件高度方向的铝分布(a);以及在不同的能量水平和扫描速度下,EBM 打印 Ti-6Al-4V 构件的铝含量的定量测量(b)[39]

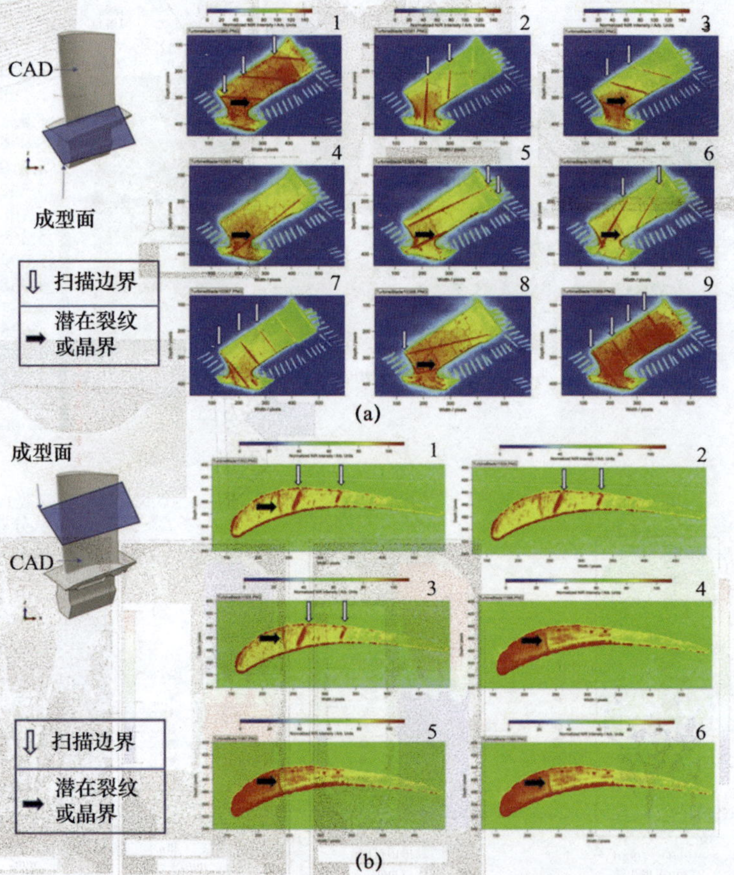


图 5.5　在镍基合金的 EPBF 加工过程中，从两个不同区域依次获得的近红外图像概览，显示底部约束区域附近的大量裂纹(a)和机翼附近的少量裂纹(b)

（图片经许可转载自：S. S. Babu, N. Raghavan, J. Raplee, S. J. Foster, C. Frederick, M. Haines, et al., Additive manufacturing of nickel superalloys: opportunities for innovation and challenges related to qualification, Metall. Mater. Trans. A. 19 (2018) 3764-3780）

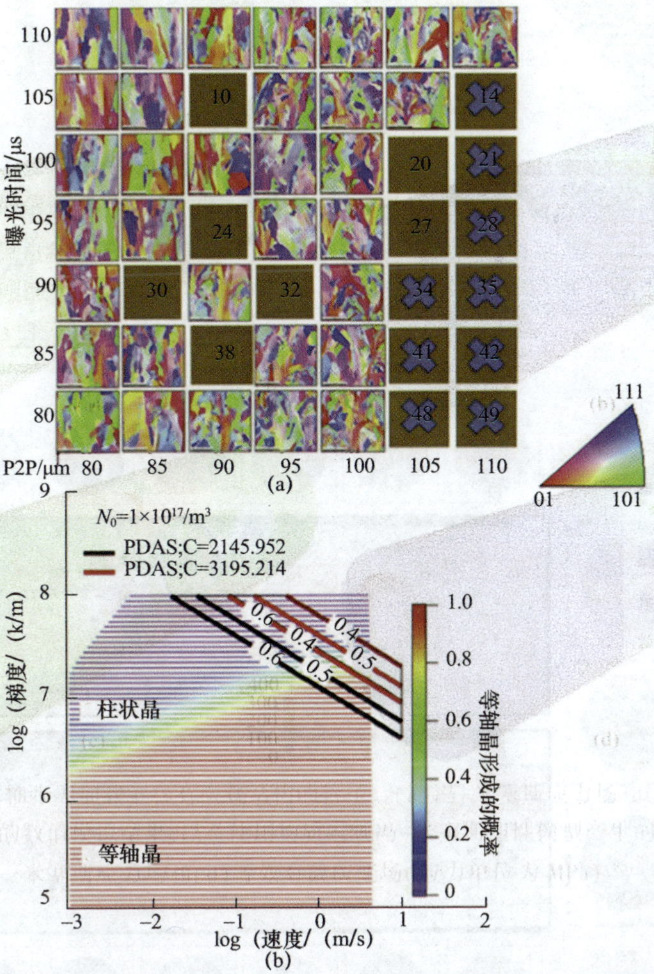


图 5.7　不同 LPBF 加工参数制得的 Inconel 718 合金 EBSD 技术测量的晶体学织构变化概述(a)；基于主晶粒臂间距和凝固图对观察到的微观组织的解释(b)

（图片经授权转载自：S. J. Foster, K. Carver, R. B. Dinwiddie, F. List III, K. A. Unocic, A. Chaudhary, et al., Process-defect-structure-property correlations during laser powder bed fusion of alloy Inconel 718: role of in situ and ex situ char- acterizations, Metall. Mater. Trans. A 49 (2018) 5775-5798)

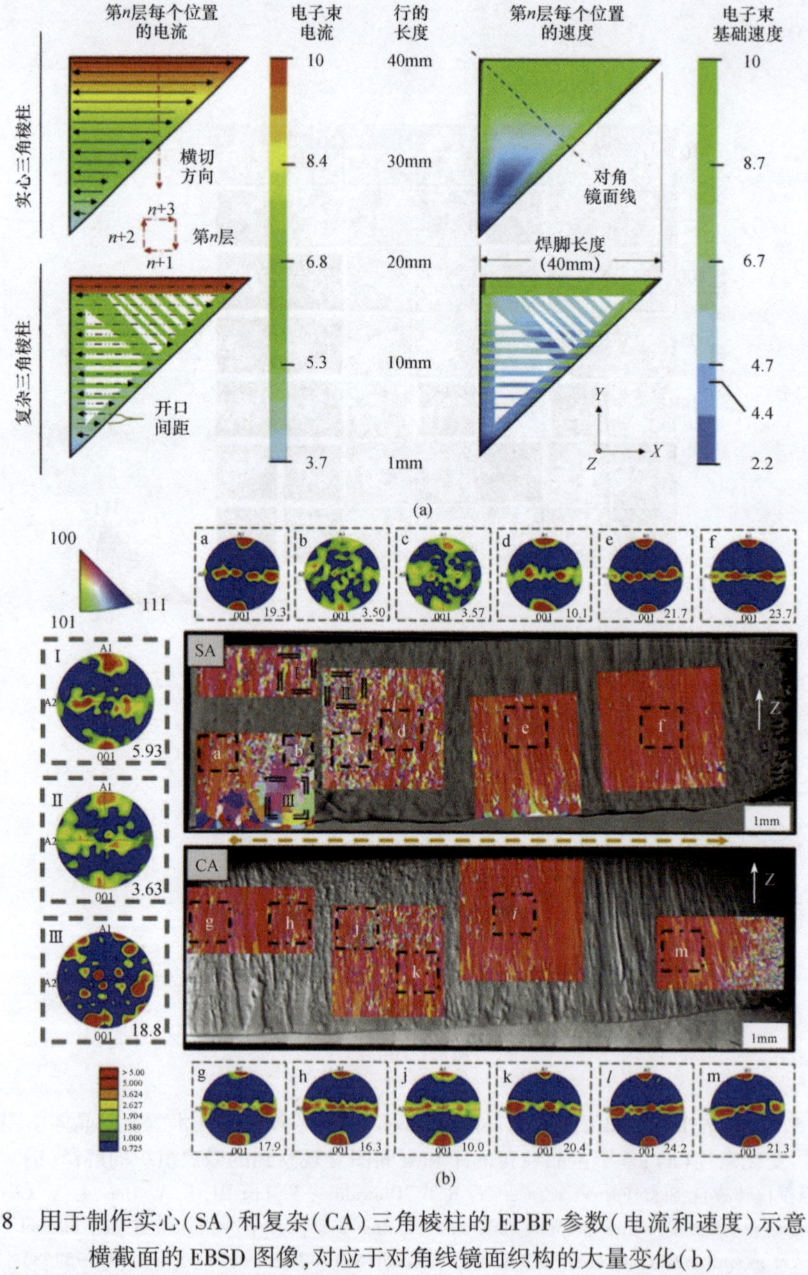


图 5.8 用于制作实心(SA)和复杂(CA)三角棱柱的 EPBF 参数(电流和速度)示意(a);横截面的 EBSD 图像,对应于对角线镜面织构的大量变化(b)

(图片经 C. L. Frederick, A. Plotkowski 许可转载自:M. M. Kirka, M. Haines, A. Staub, E. J. Schwalbach, et al., Geometry induced spatial variation of microstructure evolution during selective electron beam melting of Rene-N5, Metall. Mater. Trans. A 49 (2018) 5080-5096)

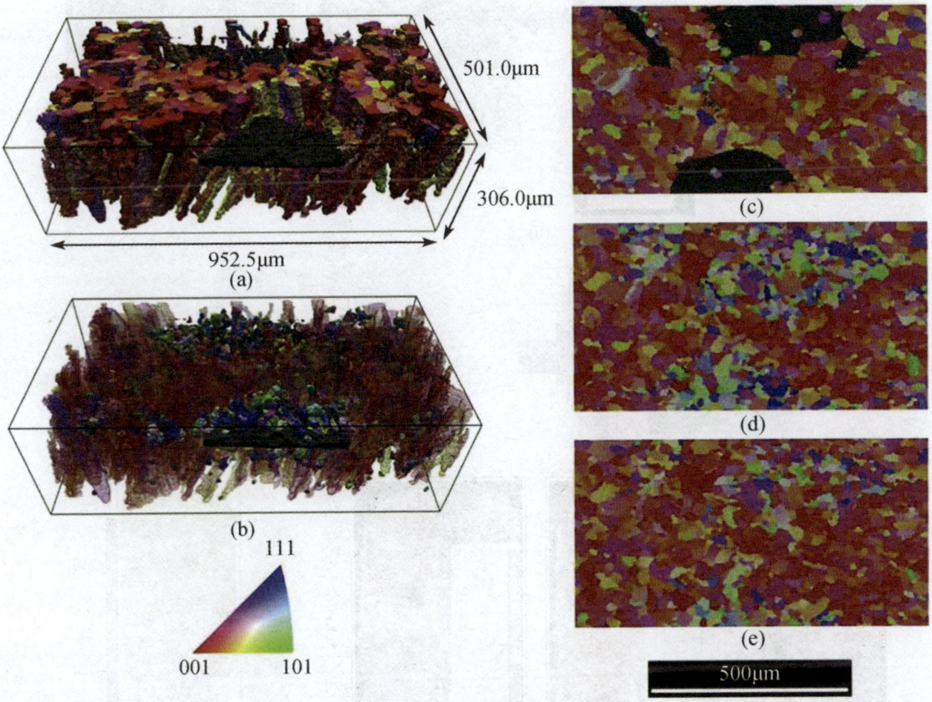


图 5.9　通过 TriBeam 影像技术获得的三维 EBSD 数据表明未熔合缺陷对微观组织演变的影响以及(a)构件内的未熔合缺陷(灰色区域);(b)缺陷上方形成等轴晶的证据;(c)缺陷;(d)缺陷上方 40μm 处;(e)80μm 处组织

(图片经许可转载自:A. T. Polonsky, M. P. Eichlin, W. C. Lenthe, R. R. Dehoff, M. M. Kirka, and T. M. Pollock, Defects and 3D structural inhomogeneity in electron beam additively manufactured Inconel 718, Mater. Charact. 143 (2018) 171-181)

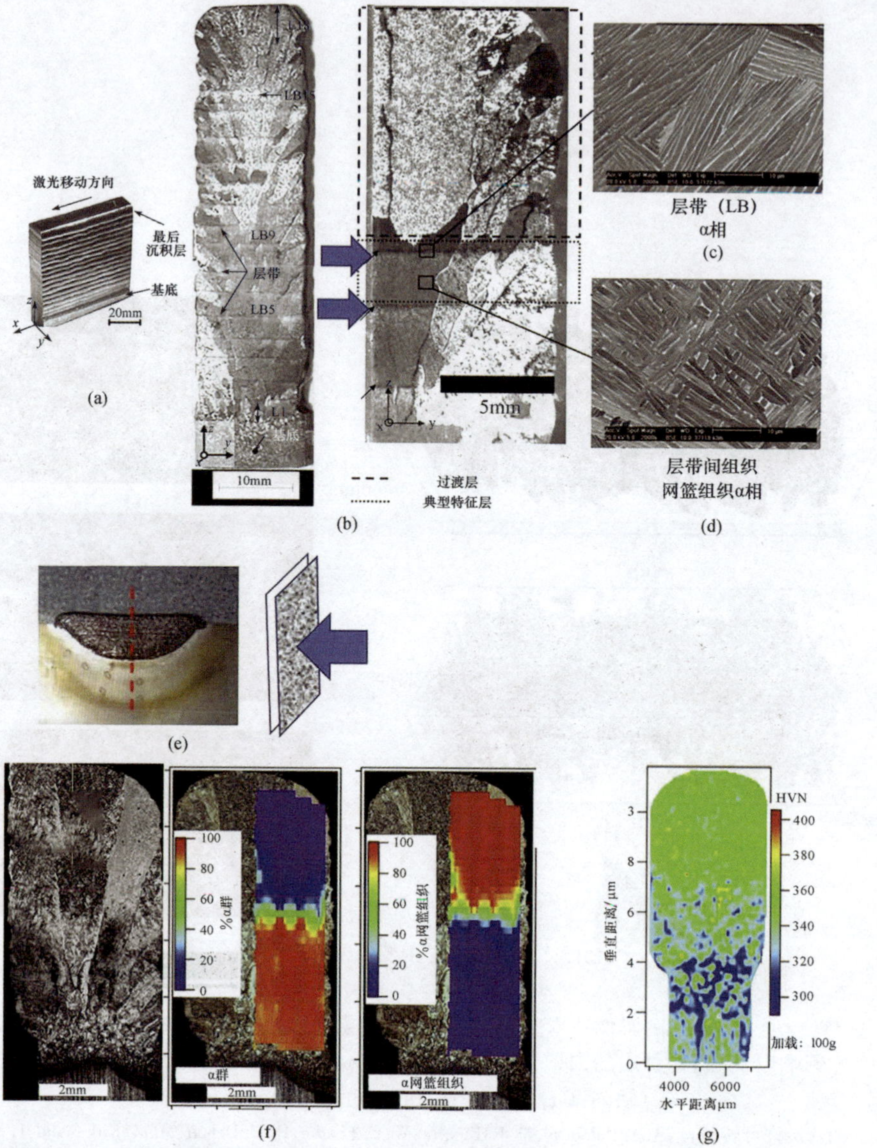


图 5.12　DED 工艺制造的 Ti-6Al-4V 的宏观光学图像显示了白色层的交替带(a)；高倍显微图显示这个光区与之前的 β 晶粒无关(b)，而是与 α-层形态的微小变化有关[(c)和(d)]；用小的几何形状重复类似的实验(e)；柱状的 β-晶粒重现(f)。然而，顶部区域的微观结构主要显示为网篮形态，而底部区域显示为粗大 α-微观结构，这种微观结构的变化也反映在构件的硬度图上(g)

(图片获授权转载自：S. M. Kelly，Thermal and Microstructure Modeling of Metal Deposition Processes With Application to Ti6Al4V(博士论文)，弗吉尼亚理工大学，2004 和 K. Makiewicz，S. S. Babu，M. Keller，A. Chaudhary，Microstructure evolution during laser additive manufacturing of Ti6Al4V alloys，Proceedings of International Conference on "Trends in Welding Research，" Chicago，2012)

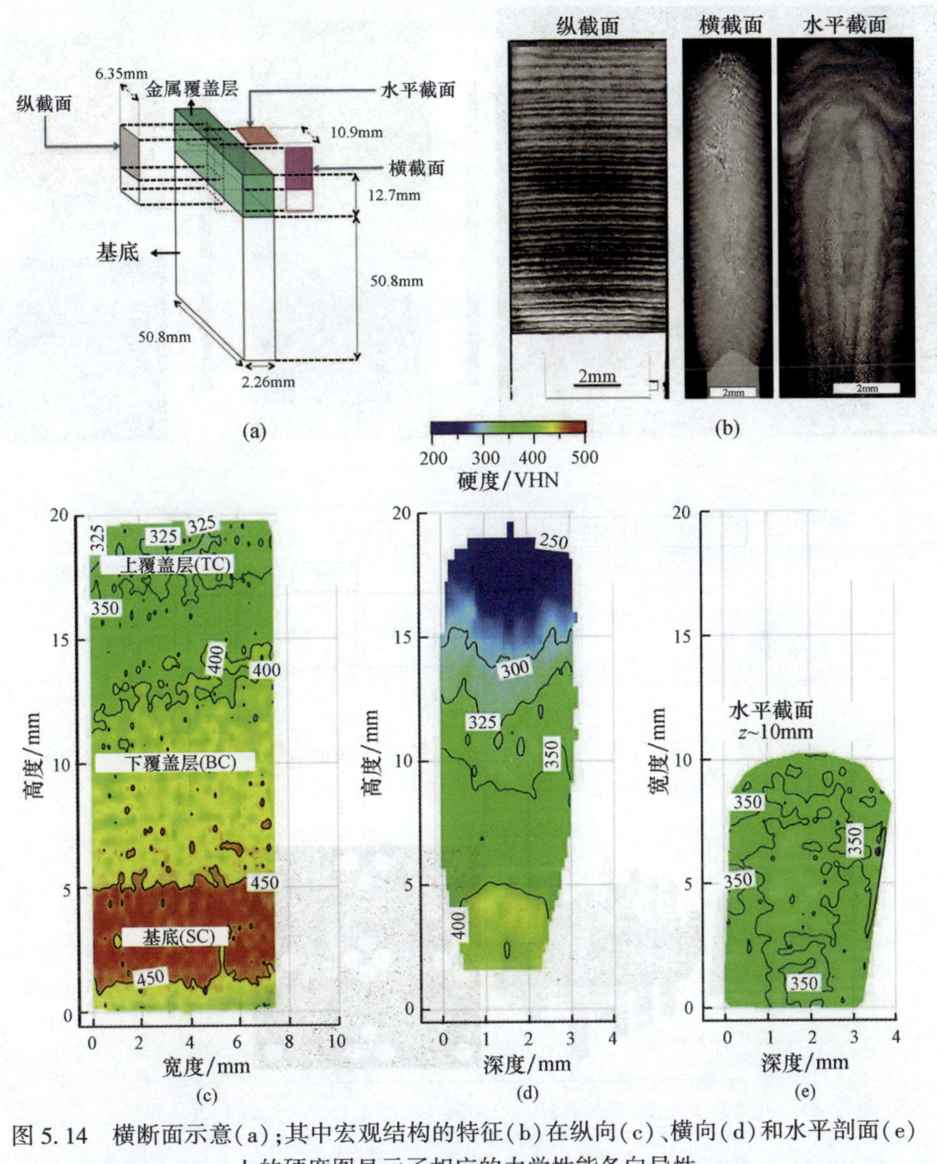


图 5.14 横断面示意(a);其中宏观结构的特征(b)在纵向(c)、横向(d)和水平剖面(e)上的硬度图显示了相应的力学性能各向异性

(图片获授权转载自:Y. Tian, D. McAllister, H. Colijn, M. Mills, D. F. Farson, M. C. Nordin, et al., Rationalization of microstructural heterogeneity in IN-718 builds made by the direct laser additive manufacturing, Metall. Mater. Trans. A 45 (2014) 4470-4483)

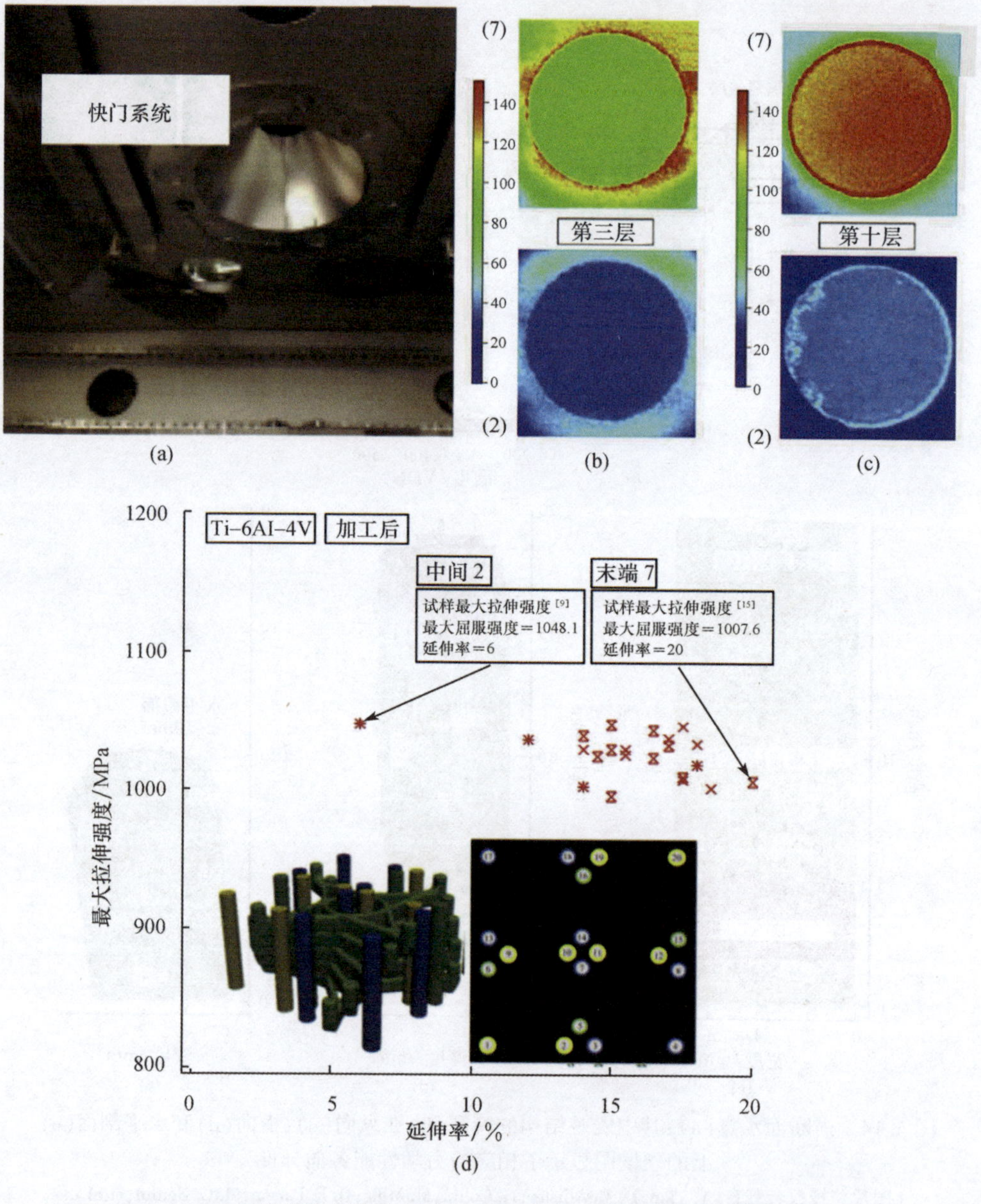


图 5.18　EPBF 过程中使用快门系统，在加工过程中获得近红外图像(a)；编号为 2 号和 7 号的样品的近红外图像，选自分散在中心几何体周围的不同位置(b)；7 号样品(暖色)显示比 2 号样品的伸长率更好(c)；上述样品的极限拉伸强度的测量变化与伸长百分比数据图(d)

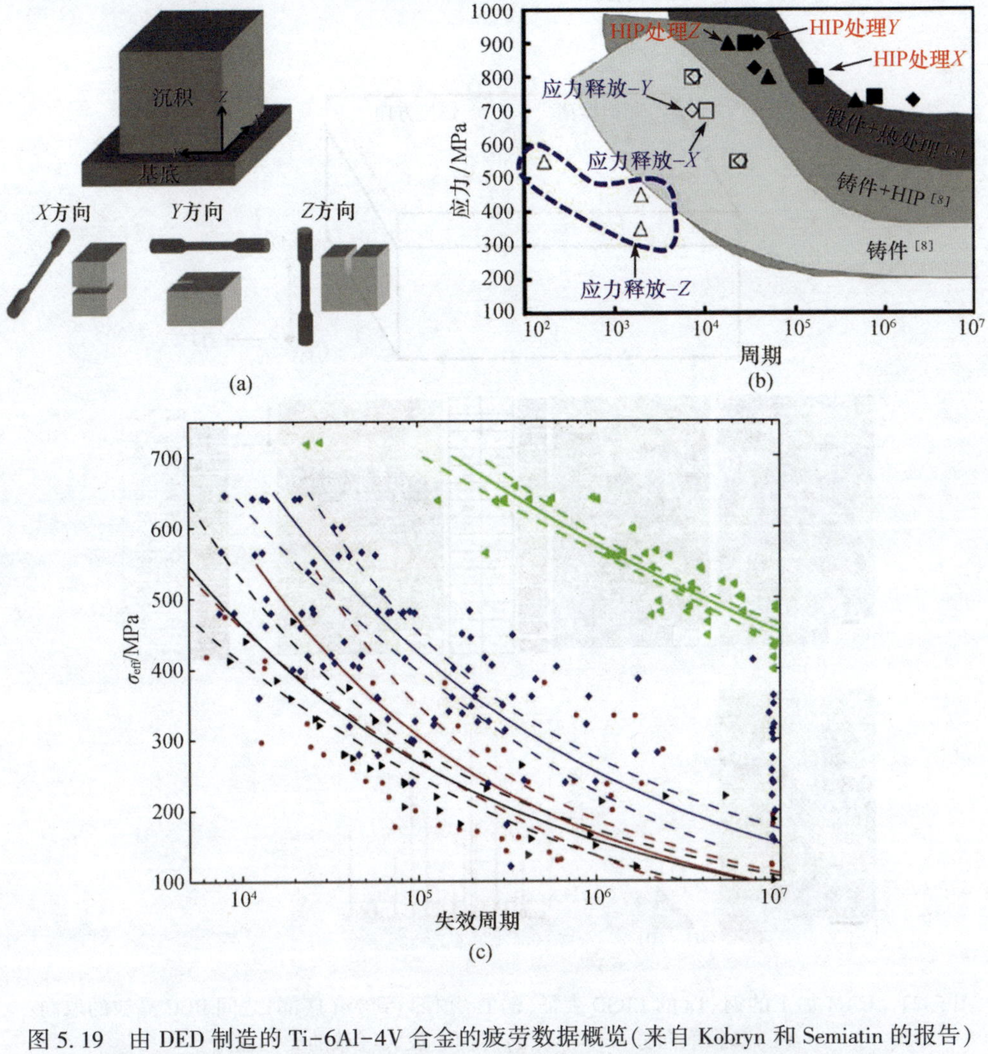


图 5.19　由 DED 制造的 Ti-6Al-4V 合金的疲劳数据概览(来自 Kobryn 和 Semiatin 的报告)
(a)样品位置;(b)比较传统铸造、铸造+HIP 和锻造工艺制造的样品疲劳寿命;(c)通过增材制造工艺制作的 Ti-6Al-4V 样品平均应力与失效周期的概述,受到不同条件影响下的疲劳数据:机械加工+HIP(绿色)、无机械加工+HIP(黑色)、机械加工+无 HIP(蓝色)及无机械加工+无 HIP(红色)

(图片转载自:A. H. Chern, P. Nandwana, T. Yuan, M. M. Kirka, R. R. Dehoff, P. K. Liaw, et al., A review on the fatigue behavior of Ti-6Al-4V fabricated by electron beam melting additive manufacturing, Int. J. Fatigue 119 (2019) 173-184)

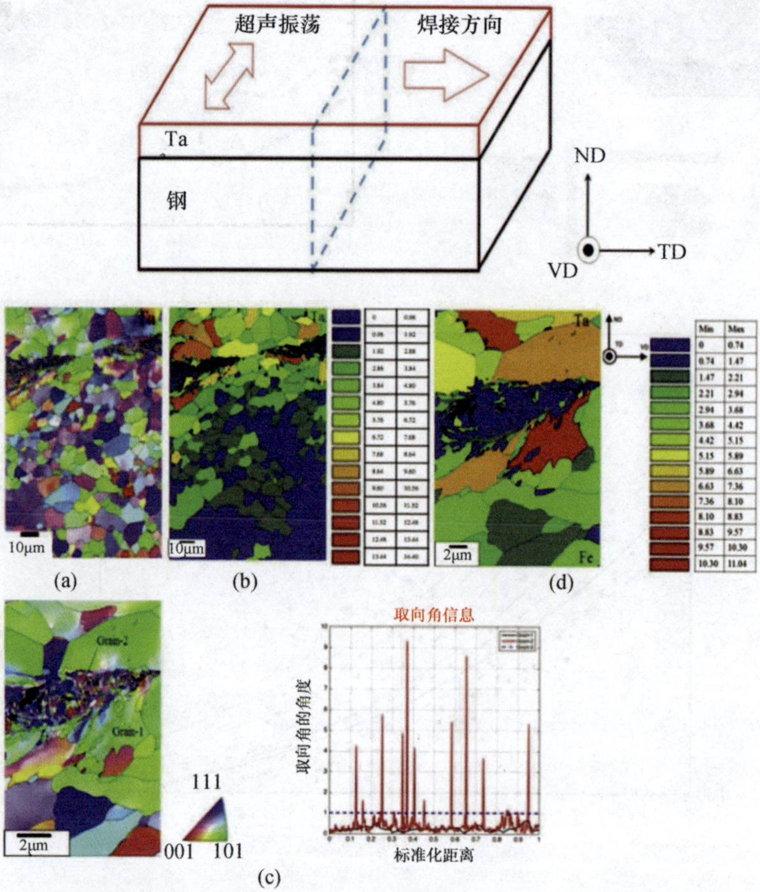


图 5.27　UAM 加工的钢-Ta 的 EBSD 表征(a)Ta(顶部)到 Fe(底部)之间 BCC 晶粒的取向;(b)晶粒取向分布;(c)、(d)界面上放大区域的类似数据

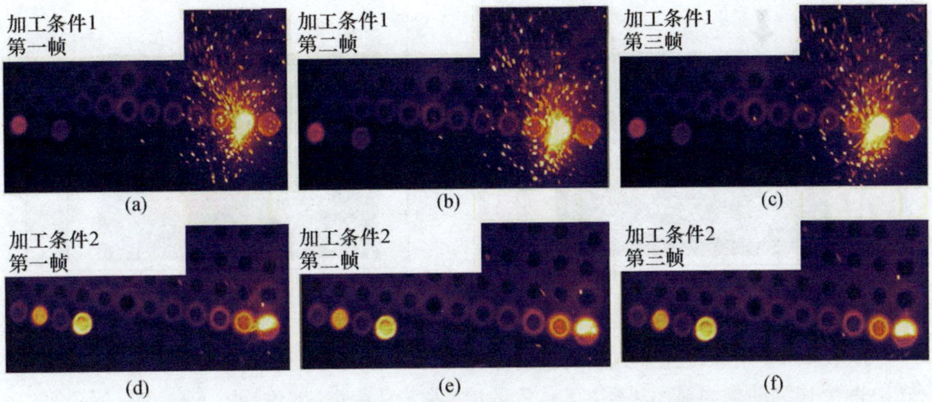


图 6.2　在用 LPBF 增材制造工艺加工 316L 不锈钢粉末期间，通过原位监测获得的红外视频图像截图。(a)~(c)高能量输入条件下引起大量的飞溅；(d)~(f)低能量输入条件下形成平滑的熔池

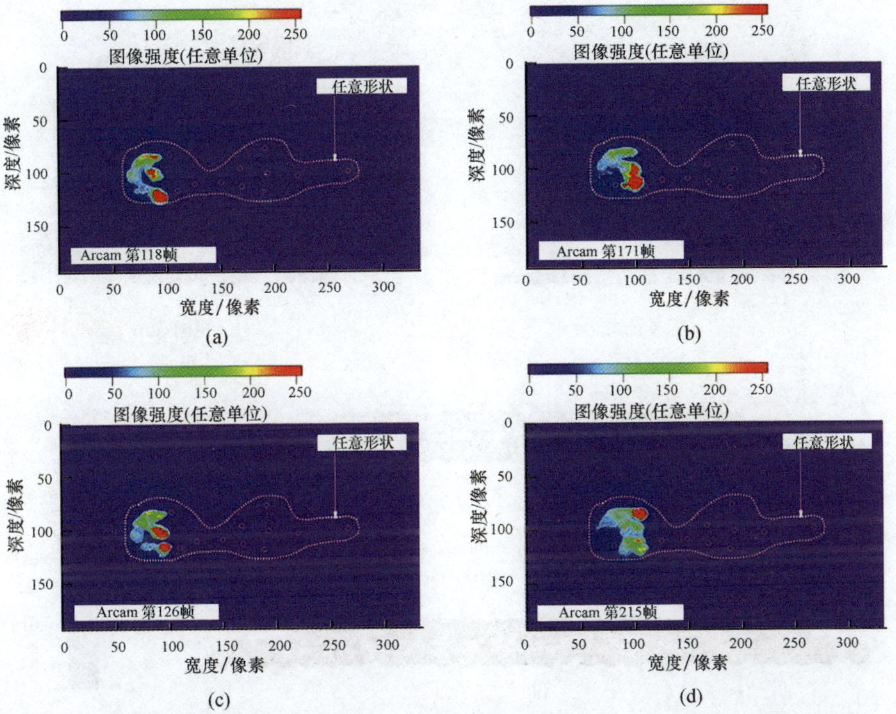


图 6.3　在对一个复杂几何体进行 EPBF 处理过程中，在 4 个不同的时间间隔内，电子束扫描瞬态概述。(a)由于电子束快速运动，观察到三个独立的熔池，在熔融区域的冷却部分发生流动；(b)几帧之后，由于几何体在深度方向的减少，随着时间的推移只观察到两个热区；(c)这两个热区合并到一起；(d)随着时间的进一步推移，只能看到一个热点和大的熔池，这些熔池的空间和时间变化肯定会对基础物理过程产生影响

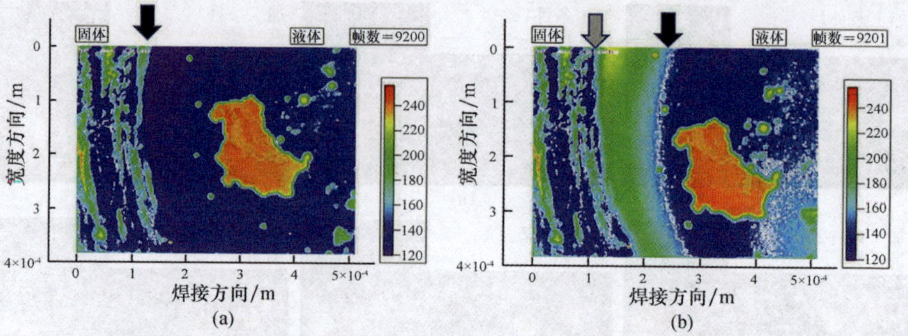


图 6.4　使用原位光学方法测量的脉冲 GTAW 过程中的液-固界面不稳定性。
(a)和(b)两个连续的画面显示了钢液(蓝色区域)内大夹杂物(橙色)和小夹杂物(绿色)的运动。
此外,同样的图像显示了液-固界面带的运动

(图片转载自:S. S. Babu, Towards process-based quality through a fundamental understanding of weld microstructure evolution, Welding Journal, 2018 Vol. 97, pp. 1s-16s)

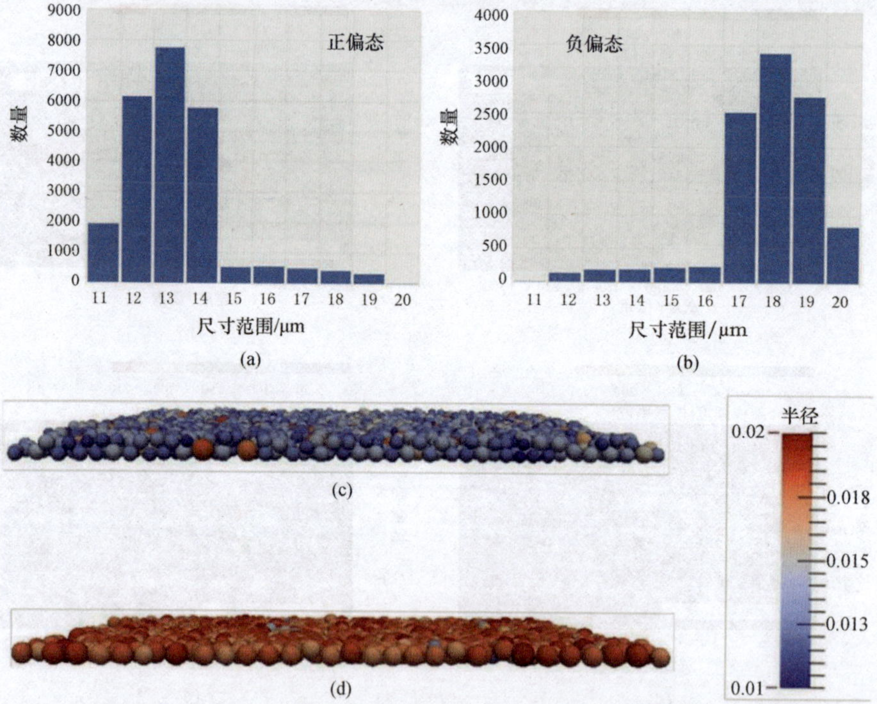


图 6.7　使用 DEM 方法模拟粉末尺寸分布对粉末堆积密度和表面拓扑结构的影响
(a)和(b)球形粉末初始尺寸分布和粉末尺寸分布对粉末堆积的影响;
(c)小尺寸和(d)大尺寸,图片中小球的单位为 mm

(图片经许可转载自:Y. S. Lee, W. Zhang, Mesoscopic simulation of heat transfer and fluid flow in laser powder bed additive manufacturing, in: Proceedings of 26th Solid Free Forming Fabrication, Symposium, USA, 2015, pp. 11454-1165, 〈http://sffsymposium.engr.utexas.edu/sites/default/files/2015/2015-94-Lee.pdf〉)

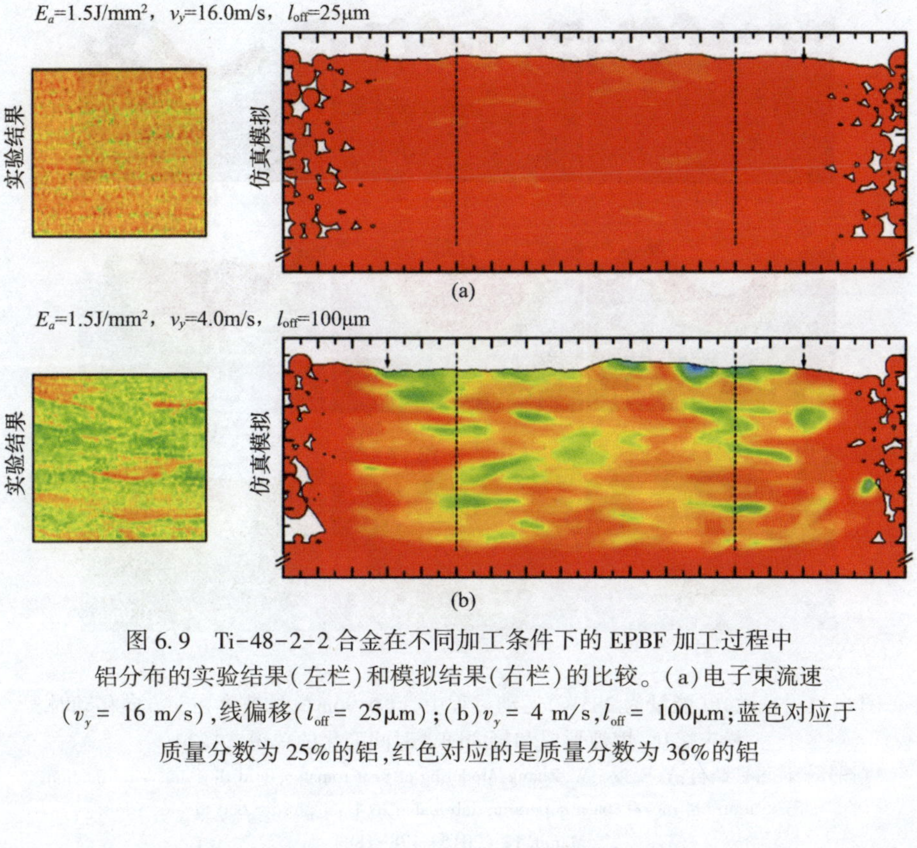


图 6.9　Ti-48-2-2 合金在不同加工条件下的 EPBF 加工过程中铝分布的实验结果(左栏)和模拟结果(右栏)的比较。(a)电子束流速($v_y$ = 16 m/s),线偏移($l_{off}$ = 25μm);(b)$v_y$ = 4 m/s,$l_{off}$ = 100μm;蓝色对应于质量分数为 25%的铝,红色对应的是质量分数为 36%的铝

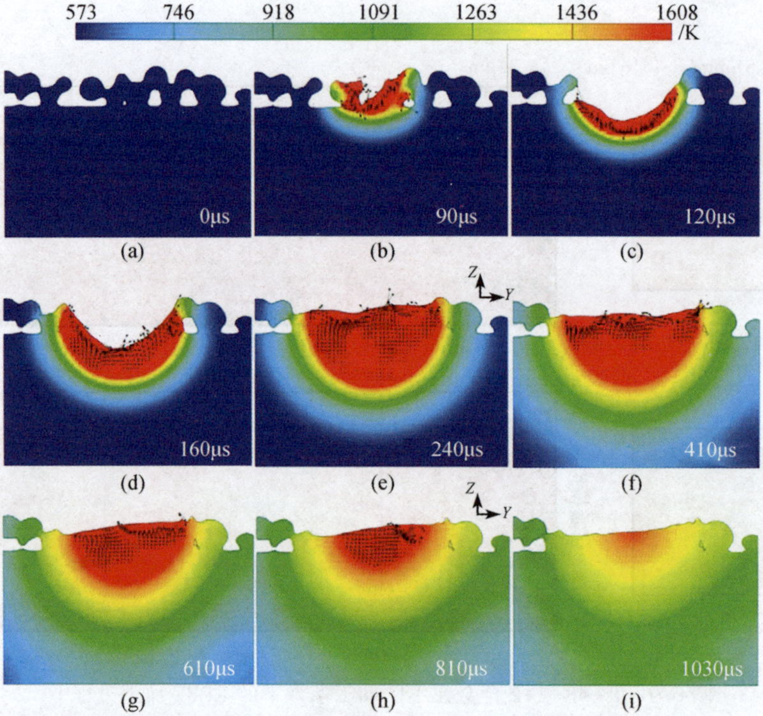


图 6.11　在激光(能量为 285W)运动过程中,以 0.96m/s 的速度在 $x$ 方向移动时,粉末熔化、熔池形成和凝固随着时间变化的单道次模拟

(图片经许可转载自:Y. S. Lee, W. Zhang, Modeling of heat transfer, fluid flow and solidification microstructure of nickel-base superalloy fabricated by laser powder bed fusion, Addit. Manuf. 12 (2016) 178-188)

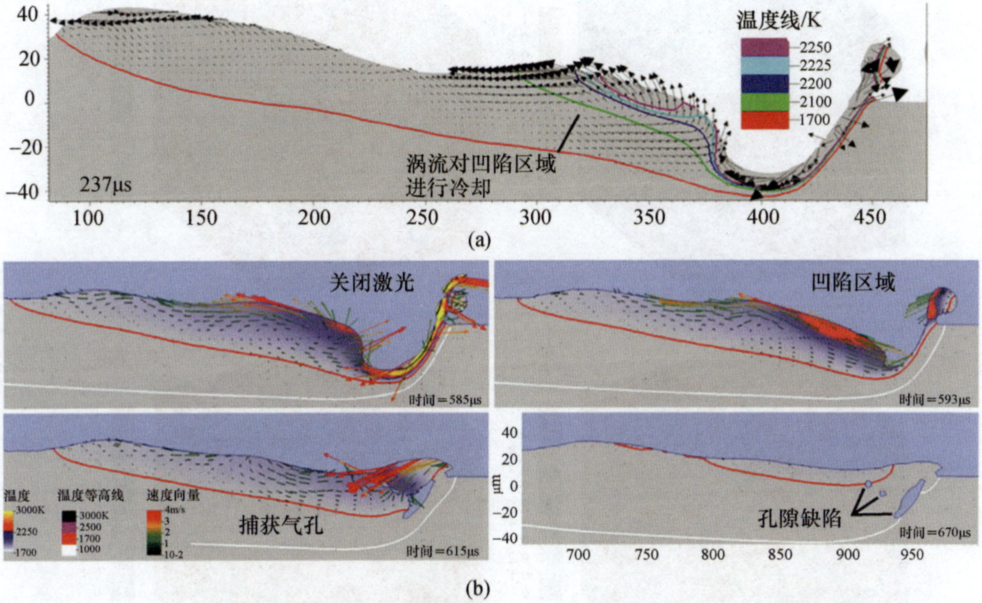


图 6.12　基于热量和质量传递的瞬态模型得到的不同液/固和自由液体表面形貌的模拟结果。(a)温度和速度场显示了两种不同的熔池形状,分别是靠近能量源和远离能量源的熔池;(b)585~670μs 内激光打开后又关闭时气孔的模拟瞬态

(图片经许可转载自:S. A. Khairallah, A. T. Anderson, A. Rubenchik, W. E. King, Laser powder-bed fusion additive manufacturing: physics of complex melt flow and formation mechanisms of pores, spatter and denudation zones, Acta Mater. 118 (2016), 36-45)

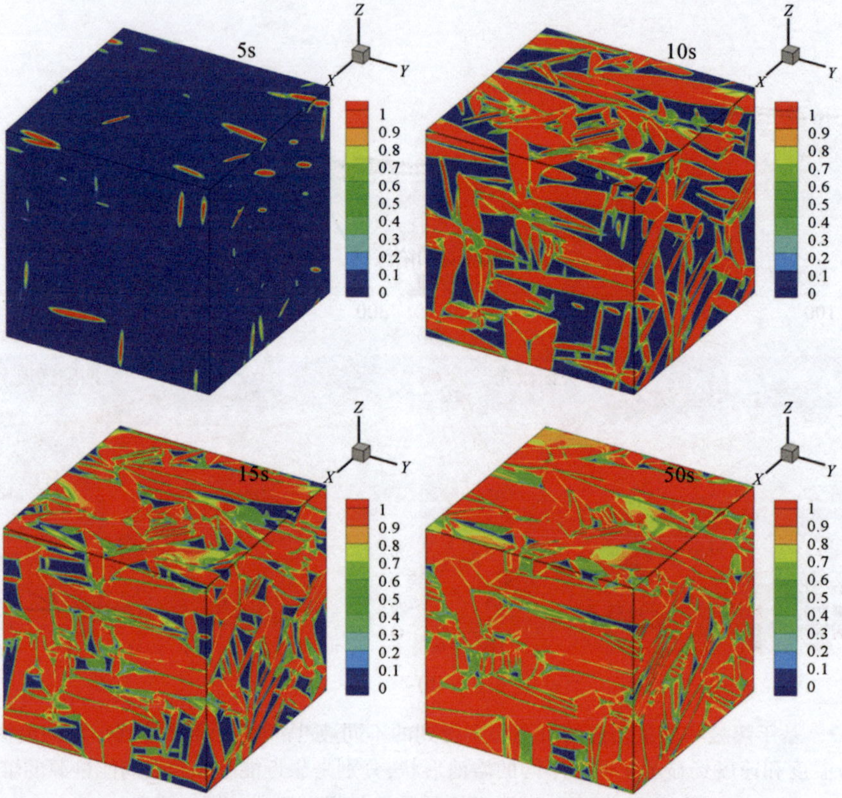


图 6.20　相场模拟的结果总结：在温度为 727K 时，α 相随时间演化，每秒成核 5 次，形成了多种满足柏氏取向关系的变体，颜色代码与有序参数相对应

（图片转载自：B. Radhakrishnan, G. Sarma, and S. S. Babu, "Phase Field Simulations of Autocatalytic Formation of Alpha Lamellar Colonies in Ti-6Al-4V," Metall. and Mater. Trans. A., 2016, Vol. 47A, pp. 6577-6592）

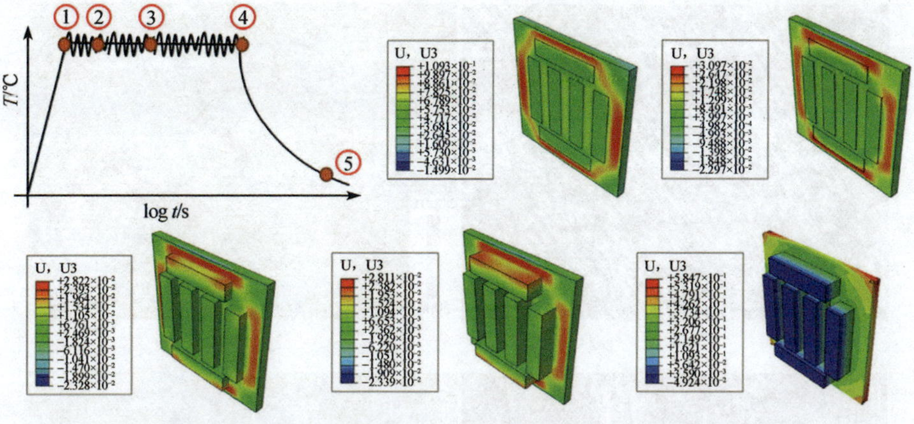


图 6.23　在 Inconel 718 合金在 EPBF 成形过程中底板基体的变形

（图片转载自：S. L. Semiatin and T. R. Bieler, The effect of alpha platelet thickness on plastic flow during hot working of Ti-6Al-4V with a trans- formed microstructure, Acta Mater. 49, 2001, 3565-3573；授权自：P. Prabhakar, W. J. Sames, R. Smith, R. Dehoff and S. S. Babu, Computational modeling of residual stress formation during the electron beam melting process for Inconel 718, Addit. Manuf. 7, 2015, 83-91）

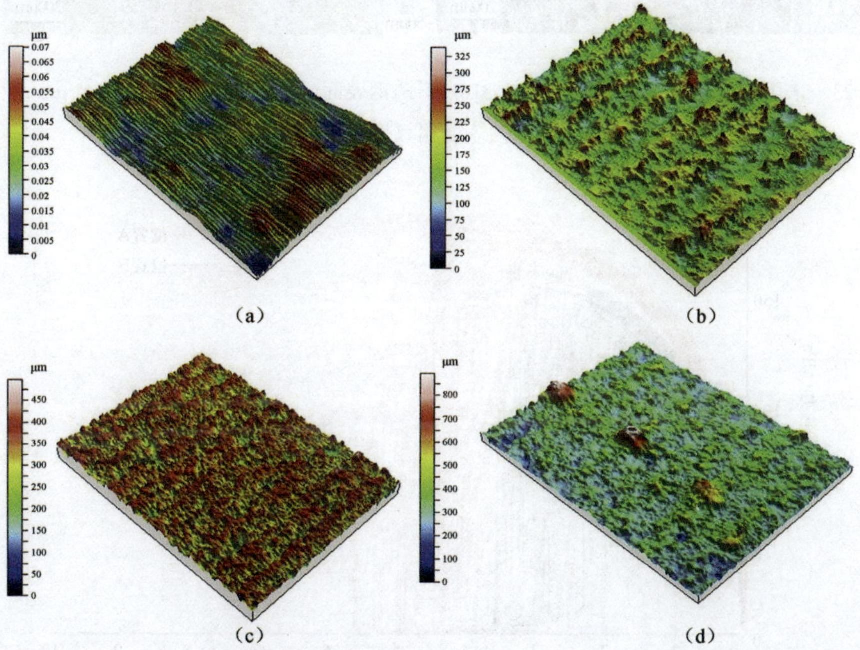


图 7.18　电子束粉末床熔融后具有代表性的 Ti-6Al-4V 表面，其顶部[(a)，$S_a$ = 2.13μm]、45°朝上表面[(b)，$S_a$ = 13.01μm]、侧面[(c)，$S_a$ = 20.83μm]和 45°朝下表面[(d)，$S_a$ = 21.79μm][73]

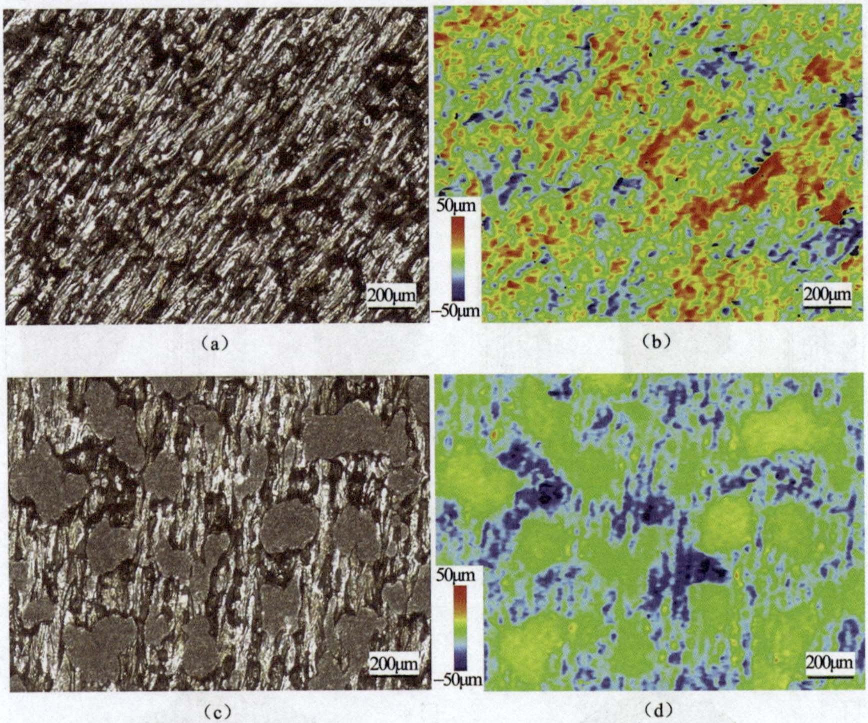


图 7.23　采用激光粉末床熔融法生产的 316L 不锈钢表面(a),表面粗糙度为 13.4 μm $S_a$(b);
滚光后的表面(c),表面粗糙度为 9.46 μm $S_a$(d)

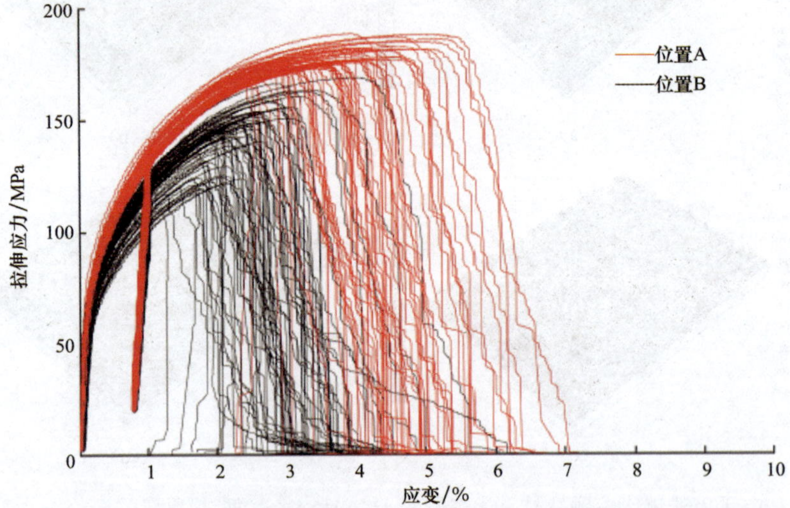


图 7.25　使用激光粉末床熔融产生的 Al-Si-10Mg 拉伸棒的工程应力-应变曲线[85]
位置 A 位于成形台的角落,那里是氩气流动和粉末扩散开始的地方;
而位置 B 是相反的成形台角落

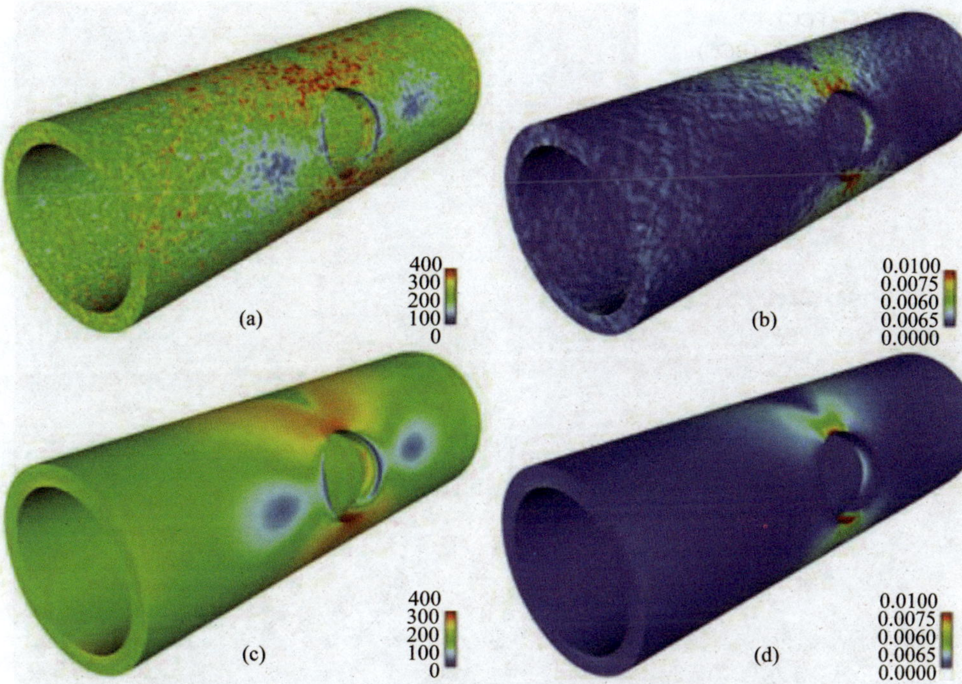


图 7.29　单轴张力加载下含有微观结构的管子。(a)冯-米塞斯应力场和(b)等效对数应变场的数值模拟结果,以及使用均质宏观冯-米塞斯塑性模型产生的(c)冯-米塞斯应力场和(d)等效对数应变场(应力单位为 MPa)[98]

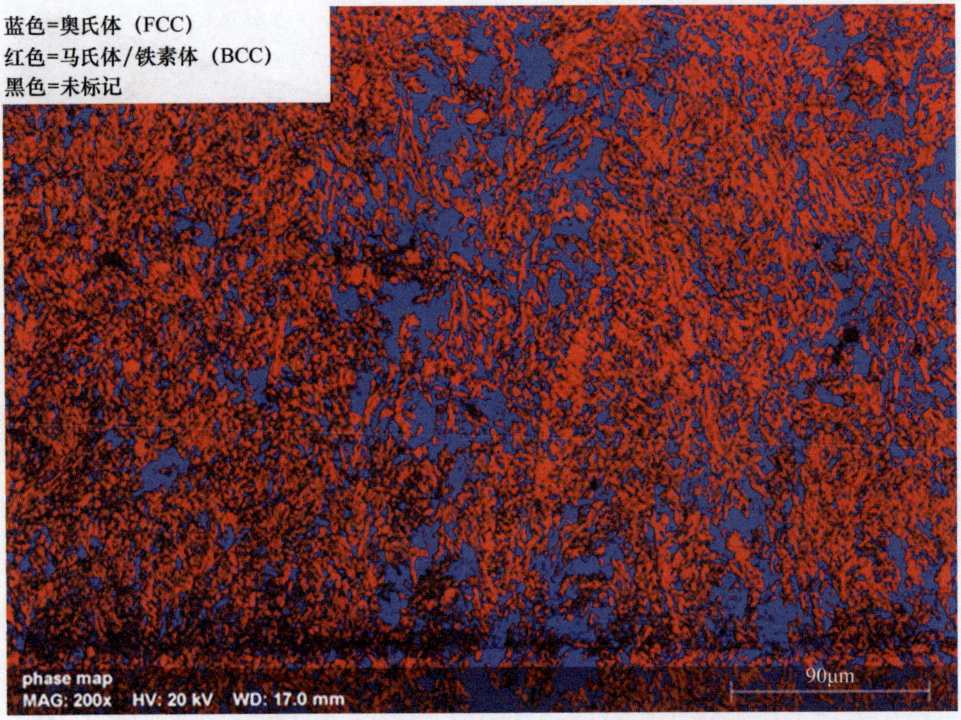


图 8.5　17-4PH 不锈钢经固溶热处理和 H900 时效后的激光粉末床熔融的电子背散射检测图像，由于过量的氮含量增加了强度，但降低了打印材料的延展性，因此观察到 43%的残余奥氏体[20]